Hans-Dieter Reidenbach

Hochfrequenz- und Lasertechnik in der Medizin

Grundlagen und Anwendungen hochfrequenter elektromagnetischer Energie für therapeutische Wärme

Mit 78 Abbildungen und 9 Farbtafeln

Springer-Verlag Berlin Heidelberg New York 1983

Prof. Dr.-Ing. Hans-Dieter Reidenbach
Hochschullehrer mit dem Fachgebiet „Werkstoffe und Bauelemente der Nachrichtentechnik" und den Disziplinen „Optische Nachrichtentechnik" und „Bioingenieurmedizinische Technik" am Fachbereich Nachrichtentechnik der Fachhochschule Köln, Reitweg 1, D-5000 Köln 21

Gewidmet meiner Frau
und den Kindern Andy Dirk und Ron Dominik

ISBN-13: 978-3-642-81908-7 e-ISBN-13: 978-3-642-81907-0
DOI: 10.10007/978-3-642-81907-0

CIP-Kurztitelaufnahme der Deutschen Bibliothek
Reidenbach, Hans-Dieter: Hochfrequenz- und Lasertechnik in der Medizin : Grundlagen u. Anwendungen hochfrequenter elektromagnet. Energie für therapeut. Wärme / Hans-Dieter Reidenbach. – Berlin ; Heidelberg; New York : Springer, 1983.

Softcover reprint of the hardcover 1st edition 1983

2119/3321-543210

Inhaltsverzeichnis

Vorwort

Für das vorliegende Buch standen u. a. die von mir ab 1978 an der Universität Erlangen-Nürnberg für Studenten höherer Semester der ingenieurwissenschaftlich-technischen Fakultät angebotenen Wahlvorlesungen „Hochfrequenztechnik und Lasertechnik in der Medizin" und „Elektromagnetische Energie für medizinische Anwendungen" sowie die seit 1980 an der Fachhochschule Köln durchgeführte 2-semestrige Lehrveranstaltung „Bioingenieurmedizinische Technik" Pate, insbesondere soweit es die Grundlagen betrifft. Darüber hinaus sah sich der Autor bei der Abfassung des Manuskripts zu diesem Buch wegen der langjährig vorwiegend interdisziplinären Tätigkeit als Mittler zwischen Ingenieuren/Naturwissenschaftlern und Medizinern. Naturgemäß geht die Darstellung trotz der Eigenständigkeit bei einer solchen Aufgabenstellung über diejenige eines reinen Lehrbuches hinaus und orientiert sich bei der Darlegung neuer Verfahren und Methoden am forschungs- und entwicklungsbezogenen Stand der Technik. Elektromagnetische Schwingungen und Wellen stehen bereits seit Jahren für therapeutische Maßnahmen in vielfältiger Form zur Verfügung und haben sich in zahlreichen klinischen Anwendungen bewährt.

In diesem Buch werden die Grundlagen hochfrequenter elektromagnetischer Vorgänge und Wechselwirkungen aus der Sicht des Ingenieurwissenschaftlers dargelegt. Bei der Darstellung der verschiedensten Anwendungen werden neben den historisch bekannten und teilweise aus heutiger Sicht neu überdachten Methoden der Einsatz von Hochfrequenz- und Lasertechnik in der Medizin im wesentlichen anhand von in der interdisziplinären Praxis gewonnenen Erfahrungen des Autors grundlegend aufgearbeitet und nicht zuletzt zur Diskussion gestellt, insbesondere in den Fällen, wo eine klinische Anwendung noch nicht erfolgt ist.

Nach der Einleitung in Kapitel 1 befaßt sich Abschnitt 2.1 des Kapitels 2 (Hochfrequenztechnik in der Medizin) mit einem historischen Überblick und Begriffsbestimmungen. In Abschnitt 2.2 werden die Grundlagen der elektrischen Eigenschaften von biologischem Gewebe erläutert. Dabei wurde besonderer Wert darauf gelegt, daß die Darstellung in sich geschlossen und ohne weiteres Literaturstudium aufbauend auf elementaren Zusammenhängen der Grundbausteine der Materie zu den wesentlichen Parametern zur Kennzeichnung der dielektrischen Eigenschaften biologischer Gewebe führt. Die Grundlagenvermittlung wird durch eine Betrachtung experimentell ermittelter Kennwerte abgerundet.

In Abschnitt 2.3 erfolgt eine terminologische und begriffliche Einordnung der wichtigsten Verfahren der Hochfrequenzerwärmung unter Beachtung der spezifischen Parameter der jeweiligen Methode abgestützt auf die theoretischen Grundlagen der Wechselwirkung von elektromagnetischer Energie mit biologischer Materie mit dem Ziel der Erzeugung therapeutischer Wärme. Hochfrequenzkoagulation und Hochfrequenztomie stehen im Mittelpunkt des Abschnittes 2.4. Die neue Methode der flüssigkeitsunterstützten Hochfrequenzkoagulation kann dabei in der Gastroenterologie als eine teils adäquate, teils überlegene Methode der Wahl zur relativ weitverbreiteten Laserphotokoagulation gewertet werden. Bezüglich der flüssigkeitsunterstützten Hochfrequenztomie stützen sich die Erfahrungen bislang noch auf tierexperimentelle Studien und erhalten dadurch forschungsintensiven Charakter, der besonders zur Kritik und Stellungnahme des Lesers herausfordert.

Kapitel 3 gibt einen Überblick über wesentliche Stationen auf dem Weg zur Einführung des Lasers in verschiedenen medizinischen Teildisziplinen. Dabei wird besonders auf die von verschiedenen Forschungsgruppen erzielten methodischen und prinzipiellen Unterschiede bei der endoskopischen Laserphotokoagulation (Abschn. 3.4) eingegangen. Eine kritische Übertragung der Ergebnisse aus exemplarischen Anwendungen von Hochfrequenzströmen und intensivem Laserlicht auf andere medizinische Teilgebiete stellt nur eines der Ziele dieser Abhandlung dar.

Auf dem Weg zur Beseitigung vieler Fehleinschätzungen und Mißverständnisse der Technik in der Medizin steht dabei auch der Wunsch des Autors zur fruchtbaren interdisziplinären Zusammenarbeit und fachlichen Durchdringung von Spezialisten verschiedener Wissensgebiete bei der Anwendung erprobter und bei der Untersuchung möglicher Indikationsgebiete für elektromagnetische Energie zum Zwecke der Erzeugung therapeutischer Wärme.

Nicht zuletzt ist es mir ein Bedürfnis, allen denen, die zum Zustandekommen dieser Monographie beigetragen haben, von Herzen zu danken. Besonders gerne erinnert sich der Autor der fruchtbaren Zusammenarbeit mit seinem langjährigen Kollegen Dr.-Ing. F. Bodem insbesondere bei der interdisziplinären experimentellen Untersuchung zum Einsatz des Lasers bei der endoskopischen Blutstillung im Gastrointestinaltrakt. Basierend auf den pathologisch-histologischen detaillierten Untersuchungen und Ergebnissen von Herrn Dr. med. B. Kaduk gelang Prof. Dr. med. P. Frühmorgen mit dem interdisziplinären Team die erste erfolgreiche Laserphotokoagulation im Magen-Darm-Trakt des Menschen. Nicht zuletzt ein fächerübergreifendes Verständnis verbindet den Autor mit diesen Forschern und Klinikern.

Mit Herrn Dr. med. P. Lex begannen die ersten Untersuchungen zum Einsatz von Hochfrequenzströmen bei der gastrointestinalen Blutstillung. Durch Herrn Dr. med. W. Matek erfuhr das Team seine erfolgreiche Erweiterung bei der tierexperimentellen Untersuchung und klinischen Einführung der endoskopisch durchgeführten flüssigkeitsunterstützten Hochfrequenzkoagulation.

Diese Erfolge beim Einsatz von Laserlicht und Hochfrequenzströmen zur Blutstillung waren nur möglich durch das fördernde Interesse von Prof. Dr. med. L. Demling.

Die tierexperimentellen Studien zur flüssigkeitsunterstützten großflächigen Parenchym-Koagulation und zur flüssigkeitsunterstützten Hochfrequenztomie in der allgemeinen Chirurgie führte der Autor im wesentlichen mit Herrn Priv.-Doz. Dr. med. W. Schellerer durch, während Dr. med. J. Giedl die histologischen Untersuchungen erbrachte.

Erfahrungen des Lasers beim Einsatz in der Dermatologie konnten in einer Zusammenarbeit mit Frau Dr. med. G. Ginsbach gesammelt werden. Weitere Teiluntersuchungen zum Einsatz von Laserlicht und Hochfrequenzströmen in der Medizin, über die in diesem Buch nicht explizit berichtet wird, fanden in zahlreichen klinischen Einrichtungen statt.

Zu danken hat der Autor aber auch den Herren Dipl.-Ing. W. Berschneider, G. Schroeder und W. Zapf, die durch Engagement und Kreativität bei den experimentellen Untersuchungen durch Teilbeiträge zum Gelingen des Gesamtvorhabens beigetragen haben.

Ohne die Hilfe der Mitarbeiter in den verschiedenen Tierställen und Laboratorien wären die tierexperimentellen Studien nicht durchführbar gewesen. Dies gilt ebenso für alle Ungenannten bei der klinischen Durch- bzw. Einführung der neuen Methoden in den Behandlungsräumen.

Die technische Realisierung von Systemkomponenten und Hilfsmitteln durch die Herren K. Seuberth, H. Osswald, sowie Herrn H. Ertl mit seinem Werkstatteam waren ein weiterer Garant für die Machbarkeit vieler experimenteller Studien bis hin zur Klinikreife.

Zu danken ist auch denjenigen Firmen, die durch die Bereitstellung von Geräten bzw. Hilfsmitteln die Untersuchungen unterstützt haben.

Bei der Abfassung des Manuskripts und der mühevollen Erstellung der Reinschrift habe ich meiner Frau zu danken, während die Anfertigung zahlreicher Bilder das Verdienst von Herrn H. Bergmann ist.

Nicht zuletzt gilt mein Dank Herrn Dr. Graf-Baumann und dem Springer-Verlag für das verständnisvolle Eingehen auf meine Wünsche, den Lektoren für ihre nicht leichte Aufgabe, Fr. Pecchia und dem J. F. Bergmann-Verlag für die herstellerische Betreuung und die hervorragende Ausstattung des Buches sowie der Fa. Triltsch für die drucktechnische Ausführung.

Köln, 1982 Hans-Dieter Reidenbach

Verzeichnis der verwendeten Symbole und Formelzeichen

Verwendete Symbole und Operationen

A	Reelle Größe A; skalarer Zeiger
$\underline{A}$	Komplexe Größe A
$\vec{A} = \lvert\vec{A}\rvert \cdot \vec{e}_z = A \cdot \vec{e}_z$	Reeller Vektor
$\hat{A}$	Scheitelwert von A
$A(t)$, $a(t)$	Funktion der Zeit
$\underline{A}(t)$	Zeitfunktion (komplex)
$\underset{\circ}{A}$	Matrix A
$\underline{A}^*$	Konjugiert-komplexe Größe A
$\vec{A}(x, y, z, t)$	Vektorfeld; reeller, zeitabhängiger Vektor
$\underline{\vec{A}}(\vec{r})$	Vektorzeiger
$\underline{A}(x, y, z) =$	
$= \hat{A} \cdot \exp(j \cdot \varphi_A)$	Skalarer Zeiger (komplex), φ_A: Phase
$\underline{A}_x = \hat{A}_x \cdot e^{j \cdot \varphi_{A_x}}$	Skalarer, komplexer Zeiger
$\mathrm{Re}[\underline{A}]$	Realteil von A
j	Imaginäre Einheit
∇	Nabla-Operator
Δ	Delta-Operator

(Weitere Benennungen und Vereinbarungen werden im Text vorgenommen.)

Verzeichnis der verwendeten Formelzeichen

A	Fläche
A_f	Brennfleckfläche
a	Abstand
a_c	COULOMB-Faktor
a_{ij}	Koeffizienten
a_r	Konstante
$a_{1,2}$	Ellipsenachsen
a_{TL}	Lichtleiterdämpfungsbelag
b	Wärmeleitzahl
b_r	Konstante
C'_A	Spezifische Flächenkapazität

C_i	Kapazität
C_W	Wärmekapazität
c_0	Vakuumlichtgeschwindigkeit $(2{,}997924562 \cdot 10^8 \pm 1{,}10)\ m \cdot s^{-1}$
c_p	Spezifische Wärme(-kapazität)
D	Durchmesser, Linsendurchmesser
$\vec{D}$	Dielektrische Verschiebung, Verschiebungsdichte
D_L	Strahldurchmesser
$\vec{D}_0$	Leerflußdichte
d	Abstand, Strahldurchmesser, Brennfleckdurchmesser
d_L	Luftstrecke (Elektroden-Haut-Abstand)
d_{p_A}	Differentielle Verlustleistungsdichte pro Fläche
d_R	Dispersionskonstante, Rohrdurchmesser
$\vec{E}$	Elektrische Feldstärke
E_K	Koagulationstiefe, Eindringtiefe
E_{KT}	Kurzzeitkoagulationstiefe
e	Lineare Exzentrizität
$\vec{e}_z$	Einheitsvektor in z-Richtung
f	Brennweite, Frequenz
f_A	Arbeitsfrequenz
f_g	Grenzfrequenz
f_N	Netzfrequenz
G_i	Leitwert
g_L	Spulengeometriefaktor
$\vec{H}$	Magnetische Feldstärke
h (t)	Funktion
I	Strom
J	Stromdichte
$\vec{J}_G$	Gesamtstromdichte
$\vec{J}_L$	Leitungsstromdichte
$\vec{J}_V$	Verschiebungsstromdichte
k_s	Geometriefaktor
k_1, k_2	Konstante
L	Induktivität
l	Charakteristische Länge
M	Molare Masse, stoffmengenbezogene Masse (früher: Molekulargewicht)
$\vec{M}_e$	Elektrisches Dipolmoment
m	Exponent, Masse
m_e	Elektronenmasse, $9{,}10891 \cdot 10^{-31}$ kg
$\vec{m}_e$	Induziertes elektrisches Dipolmoment des Einzelatoms
m_{Ion}	Ionenmasse
$\vec{m}_v$	Induziertes elektrisches Dipolmoment durch Verschiebungspolarisation
$\dot{m}_{v,b}$	Spezifischer Massenstrom
$\vec{m}_\beta$	Mittlerer Anteil des Momentes in Feldrichtung
N_L	LOSCHMIDT-Zahl, AVOGADRO-Konstante, $6{,}0025 \cdot 10^{-23}\ mol^{-1}$
N_S	Zahl der Einzelschwingungen pro Funke

Nu	NUSSELT-Zahl
n	Brechungsindex, Exponent
$\underline{n}$	Komplexer Brechungsindex
$\vec{n}$	Normalenvektor
n_e	Zahl der pro Volumen enthaltenen Atome bzw. Moleküle
n_F	Funkenzahl pro Sekunde
$\vec{P}$	Gesamtpolarisation, elektrische Polarisation
$\underline{P}$	Komplexe Leistung
P_E	Leistung, dielektrische Verluste
P_R	Wirkleistung
P_{stat}	Statische Polarisation
P_V	Absorbierte Leistung
P_0	Generatorleistung
Pe	PÉCLET-Zahl
Pr	PRANDTL-Zahl
p	Dipolmoment zweier entgegengesetzter Ladungen q
$\underline{p}$	Komplexe Leistung pro Fläche
p_a	Anpreßdruck
$p_{A,f}$	Leistungsdichte im Brennfleck
p_D	Dosisleistung
p_V	Verlustleistungsdichte
Q	Wärmemenge
q	Ladung (Elementarladung: $1{,}602 \cdot 10^{-19}$ A · s), spezifische Wärmemenge
q_{St}	Spezifische Stoffwechselwärmemenge
R	Molrefraktion, Widerstand
R_a	Lastwiderstand
R_i	Innenwiderstand
R_R	Reizwirkung
$R_ü$	Übergangswiderstand einer Halbkugel
$R_{ük}$	Übergangswiderstand einer Kugel
R_W	Wärmewiderstand
Re	REYNOLDS-Zahl
r	Verschiebung des Ladungsschwerpunktes, Entfernung, Radius
r_D	Spezifische Verdampfungswärme
r_K	Koagulationsradius
r_0	Elektrodenradius, Radius der Ladungskugel
$\underline{\vec{S}}$	POYNTING-Vektorzeiger
s	Dämpfungsfaktor
T	Zeitkonstante, Periodendauer, Temperatur, Transmission
T_G	Gewebetemperatur
T_K	Koagulationstemperatur
T_S	Zeitdauer eines Schwingungszuges
T_2	Zeitdauer der Einzelschwingung
t, t′	Zeit
U	Spannung
U_{HF}	Hochfrequenzspannung

U_N Netzspannung
U_{NF} Niederfrequenzspannung
U_R Spannung an einem Widerstand
V Volumen
v_T Isothermenausbreitungsgeschwindigkeit
W Energie
w Wirbelstrombeiwert
x Raumkoordinate, $\frac{p \cdot E}{k \cdot T}$
y Raumkoordinate,
Z Elektronenzahl
$\underline{Z}$ Komplexer Wechselstromwiderstand
z Raumkoordinate
z_K Koagulationstiefe in der Symmetrieachse
z_0 Eindringtiefe
$z_{0,\varkappa}$ Skintiefe
$z_{1/2}$ Halbwertseindringtiefe
α Dämpfungsmaß, Gesamtpolarisierbarkeit, Wärmeübergangskoeffizient
α_a Atompolarisierbarkeit, Absorptionskoeffizient
α_e Elektronenpolarisierbarkeit
α_{or} Orientierungs-, Dipolpolarisierbarkeit
$\alpha_{or, stat}$ Statische Orientierungspolarisierbarkeit
α_v Verschiebungs-, Deformationspolarisierbarkeit
α'_v Realteil der Verschiebungspolarisierbarkeit
α''_v – Imaginärteil der Verschiebungspolarisierbarkeit
$\alpha_\varkappa$ Temperaturkoeffizient der Leitfähigkeit
β Winkel, Phasenmaß
γ Ausbreitungsmaß, Fortpflanzungsmaß
γ_i Innere Feldkonstante
ΔV_m Minutenvolumen
δ Verlustwinkel
δ_e Verlustwinkel einer Ersatzschaltung
ε Dielektrizitätskonstante (absolute), Permittivität
$\underline{\varepsilon}$ Komplexe Dielektrizitätskonstante
ε' Realteil der komplexen Dielektrizitätskonstanten
ε'' – Imaginärteil der komplexen Dielektrizitätskonstanten
$\underline{\varepsilon}_{eff}$ Effektive Dielektrizitätskonstante
$\underline{\varepsilon}_G$ Verallgemeinerte Dielektrizitätskonstante
$\varepsilon_{K,W}$ Emissionszahl
ε_r Relative Dielektrizitätszahl, relative Permittivität
$\underline{\varepsilon}_r$ Komplexe relative Dielektrizitätskonstante
$\varepsilon_{r, ea}$ Relative Dielektrizitätskonstante durch Verschiebungspolarisation
$\varepsilon_{r, or}$ Relative Dielektrizitätskonstante durch Orientierungspolarisation
$\varepsilon_{r, L}$ Relative Dielektrizitätskonstante der Luft

$\varepsilon_{r,\,stat}$ Statische relative Dielektrizitätskonstante
ε''_v Verallgemeinerter Verlustkoeffizient
ε_0 Dielektrizitätskonstante des Vakuums, elektrische Feldkonstante, $8{,}854 \cdot 10^{-12}\,A \cdot s \cdot V^{-1} \cdot m^{-1}$
$\varepsilon''_\varepsilon$ Dielektrischer Verlustkoeffizient
$\varepsilon''_\varkappa$ Dielektrischer Absorptionskoeffizient
η Wirkungsgrad
Θ Voller Fernfelddivergenzwinkel
Θ' Voller Öffnungswinkel
ϑ Temperatur in °C
$\varkappa$ Elektrische Leitfähigkeit
$\varkappa_{eff}$ Effektive elektrische Leitfähigkeit
$\varkappa_n$ Absorptionsindex
$\varkappa_\varepsilon$ Dielektrische Leitfähigkeit
Λ Wärmeleitfähigkeit
λ Wellenlänge im Medium
μ_0 Permeabilitätskonstante, $1{,}2546 \cdot 10^{-8}\,V \cdot s \cdot A^{-1} \cdot cm^{-1}$
ν Kinematische Viskosität
ϱ Dichte
ϱ_v Raumladungsdichte
σ' STEFAN-BOLTZMANN-Konstante, $5{,}67\,W \cdot m^{-2} \cdot K^{-4}$
σ_ε Flächenladungsdichte gebundener Ladungen
τ Zeit
τ_R Relaxationszeit
$\tau_{R,\,i}$ Zeitkonstante
Φ Wärmefluß, Potential, Durchflußmenge
Φ_B Blutflußmenge
φ Phase, Phasenwinkel
φ_i Nullphase(nwinkel)
χ Elektrische Suszeptibilität
Ω, ω Kreisfrequenz
ω_0 Eigenfrequenz, Resonanzfrequenz

1 Einleitung

1.1 Aufgabenstellung und Zielsetzung

Die anwendungsbezogene, klinische Bedeutung verschiedener Methoden zur Erzeugung therapeutischer Wärme mit hochfrequenter elektromagnetischer Energie zeigt sich in der Tatsache, daß es heute kaum noch eine klinische Einrichtung gibt, die ohne den Einsatz eines Hochfrequenzgerätes auskommt. Aber selbst die Angabe des derzeitigen Gerätebestandes in Kliniken und Krankenhäusern vermag die Beobachtung nicht zu widerlegen, daß oft falsche Vorstellungen, insbesondere von der Wechselwirkung elektromagnetischer Energie mit biologischem Gewebe, bestehen, die letztlich zu einem uneffektiven Einsatz von Hochfrequenzgeräten führen können. Teilweise dürfte eine Erklärung auch in dem fehlenden interdisziplinären Verständnis zu suchen sein, da trotz des weiter steigenden Einsatzes technischer Geräte und Hilfsmittel in Diagnose, Therapie und Rehabilitation nicht die erforderliche Basis für ein entsprechendes technisches Wissen und Verständnis in der Ausbildung geschaffen wird.

Mit der gestellten Aufgabe, eine Einführung in die Grundlagen und Anwendungen der therapeutischen Hochfrequenz- und Lasertechnik in der Medizin zu geben, soll durch die Darstellung und Analyse bekannter und insbesondere neukonzipierter Wärmetherapiemethoden das Verständnis für die Wirkung elektromagnetischer Energie, z.B. von Hochfrequenzströmen und von optischen Wellen, auf lebendes Gewebe erzielt werden. Dabei soll die vorliegende Abhandlung den Abstand zwischen den bekannten Tatsachen der Energieausbreitung unter Beachtung der Wechselwirkung von elektromagnetischer Energie mit biologischem Gewebe und den klinischen therapeutischen Anwendungen verringern. Die Darlegung fundamentaler Beziehungen wird hierbei durch die Hoffnung einer möglichen Stimulierung und Initiierung neuer Ideen bei der Anwendung elektromagnetischer Energie in der medizinischen Therapie begründet.

Wegen des interdisziplinär mitgetragenen Charakters dieser Abhandlung werden daher teilweise dem jeweiligen Spezialisten der einen oder auch der anderen Fachrichtung bekannte Tatsachen in einordnender Weise dargestellt, da sie nach Ansicht und Erfahrung des Autors für das Verständnis der interdisziplinären Zusammenhänge einen wesentlichen Beitrag liefern, ohne daß die jeweilige Fachliteratur intensiv bemüht werden muß. Nicht zuletzt erhebt die Darstellung grundlegender und weitgehend bekannter Zusammenhänge aber auch den Anspruch der themabezogenen Vollständigkeit, die den insbesondere terminologischen und mit dem Wechsel von Maßsystemen verbundenen Schwierigkeiten beim Arbeiten mit verschiedenen Fachbüchern und anderen Veröffentlichungen vorbeugen soll. Erst dann kann sich diese Abhandlung auch an den Mediziner und Biologen wenden und auf eine Rückkopplung bezüglich der anwendungsbezogenen ingenieurwissenschaftlich-technischen und technologischen Gedankengänge und Entwicklungen durch Anregungen an Techniker und Ingenieure hoffen.

Der Physik und Technik war es anfangs nur möglich, der Medizin eine gewisse Hilfestellung zu geben. Der beginnende Zusammenschluß zur biophysikalischen Technik ermöglicht erstmals die Übertragung physikalisch-technischer Forschung auf lebendige Substanzen. Ein Erfolg in der medizinischen Therapie ist aber erst möglich, wenn die Beherrschung biophysikalisch-ingenieurwissenschaftlicher Betrachtungsweise und Forschungstechnik gemeinsam mit dem Vertrautsein mit den Besonderheiten der medizinischen Problemstellung vorhanden ist. Nicht die weitere Zersplitterung und „Verspezialisierung", sondern die Synthese verschiedener Wissenszweige ist Herausforderung und Chance zugleich in diesem interdisziplinären Fachgebiet.

Analysen aus dem Bereich der Natur- und Ingenieurwissenschaften bleiben fast ausnahmslos in diesem Bereich, während die biologische Auffassung die Frage nach Reiz und Reaktion als Eigenarten des lebenden Organismus stellt, d. h. bei dem rein naturwissenschaftlich bedingten Ereignis wird nach dem sich daraus ergebenden Wirkungsablauf gesucht. Der medizinische Weg zur Klärung von Fragestellungen ist bevorzugt derjenige der Erfahrungen, wobei eine Reaktion auf eine Aktion festgestellt wird. Darüber hinaus entscheidet in der Therapie letztlich nur der Erfolg und nicht theoretische Erörterungen und Überlegungen. Keiner der drei Wege kann aber allein die Fragen des Einflusses und Einwirkens elektromagnetischer Energie auf biologische Körper klären, und nur das Zusammenspiel aller Auffassungen und Disziplinen erlaubt eine sinnvolle Interpretation und fächerübergreifende Grundlagenforschung.

Die außerordentlich große Zahl der Wechselbeziehungen zwischen den vielen Einzelbausteinen biologischer Systeme führt im allgemeinen und im speziellen Fall der Wechselwirkung mit elektromagnetischer Energie zu Sachverhalten, die sich gegenwärtig nicht aus Atom- und Molekültheorien interpretieren bzw. erklären lassen. Dies erscheint z. Z. nicht einmal möglich, wenn alle Bausteine eines lebenden Systems vollständig bekannt wären, ganz abgesehen von der unbeantworteten Frage, ob der Weg, eine Theorie lebender Systeme vollständig aus physikalisch-chemisch-technischen Theorien ableiten zu wollen, nicht sogar unpraktisch wäre. Unberührt hiervon bleibt die Forderung, daß die Gesetze der Naturwissenschaften, die aus Untersuchungen der realen Welt folgen, soweit sie z. B. in dem Arbeitsgebiet der Physik an unbelebten Systemen bewiesen sind, auch potentiell Gesetzmäßigkeiten in Biologie und Medizin, also an lebenden Systemen, sein können. Darüber hinaus hat aber eine eigene Methodik, die die hochgradige Kompliziertheit lebender Systeme berücksichtigt, also direkt auf einer höheren Ebene der Komplexität ansetzt, als dies in Naturwissenschaft und Technik allgemein der Fall ist, aus arbeitstechnischen Erwägungen durchaus ihre Daseinsberechtigung und führt somit nicht zuletzt zu der Eigenständigkeit von Biologie und Medizin.

Insbesondere das weitere Vordringen der Technik in die medizinische Grundlagenforschung und Therapie wird aber bei einer Verbesserung der Theorienbildung von einem Ersatz spezifisch biologisch-medizinischer Begriffe und Zusammenhänge durch solche der Basiswissenschaften Physik, Chemie und Ingenieurwissenschaften begleitet sein. Die Vertiefung der interdisziplinären Vorstellungen erfolgt daher hier durch die Vermittlung grundlegender Erkenntnisse und durch die exemplarische Darlegung der noch jungen, inzwischen aber zur Klinikroutine gehörenden Laserphotokoagulation und der Hochfrequenzchirurgie, die zwar in ihrer Grundkonzeption bereits älter als 70 Jahre ist (s. 2.4.1), bei der aber in vielen Disziplinen noch intensive Forschungsarbeit geleistet werden kann und die sich oft mangels fehlender Sachkenntnis auch in den älteren medizinischen Disziplinen noch nicht in dem Maße eingeführt hat, wie das ursprünglich zu erwarten war.

Die Anwendung therapeutischer Wärme schlechthin ist beinahe so alt wie die Heilkunst selbst, wie es ein Spruch des HIPPOKRATES beweist: „Krankheiten, die Arzneimittel nicht heilen, heilt das Messer, die das Messer nicht heilt, heilt das Feuer, die das Feuer nicht heilen kann, die muß man als unheilbar betrachten."

Als eine „besondere Art des Feuers" kann man auch die mit hochfrequenter elektromagnetischer Energie erzeugte therapeutische Wärme ansehen. In dieser Abhandlung erfolgt die Darlegung der wichtigsten Grundprinzipien und Anwendungen der jeweiligen Techniken in Anlehnung an die historisch vorgegebene Entwicklung der verschiedenen Methoden und steht damit im Gegensatz zu der zeitlichen Abfolge der eigenen interdisziplinären Erfahrungen, die, basierend auf den bekannten ophthalmologischen Erkenntnissen beim Einsatz des Lasers, über die theoretischen und experimentellen Untersuchungen zur Laserphotokoagulation insbesondere in der inneren Medizin und in der Dermatologie zur systematischen Erforschung und Weiterentwicklung der Hochfrequenzchirurgie führten.

Dies ist ein Beispiel der Initiierung neuer ingenieurwissenschaftlicher Methoden in einer vom Grundgedanken her bekannten Technik, wobei neben der Erweiterung des medizinisch-therapeutischen Indikationsbereiches auch ein Vergleich mit der noch sehr jungen Laserphotokoagulation erfolgen kann. Die auf der Basis eines den realen Verhältnissen entsprechenden Koagulationsmodells erfolgte Neukonzeption der Hochfrequenzkoagulation in Form der flüssigkeitsunterstützten Hochfrequenzkoagulation ist dabei in der klinischen Therapie bereits teilweise an die Stelle der klinisch bewährten Laserphotokoagulation getreten.

Die daraus abgeleitete Aufstellung eines entsprechenden Hochfrequenztomiemodells (s. 2.4.5) wurde tierexperimentell bereits bestätigt und eröffnet der flüssigkeitsunterstützten Hochfrequenztomie den optimierten Einsatz in bekannten Anwendungen und – möglicherweise zusammen mit der flüssigkeitsunterstützten Hochfrequenzkoagulation – einen effektiven Einsatz in bisher nicht in Betracht gezogenen Teildisziplinen der Humanmedizin.

1.2 Elektrophysiologische Grundlagen

Aus den Experimenten GALVANIS am Ende des 18. Jahrhunderts ist die Elektrophysiologie hervorgegangen, eine Fachrichtung, die sich mit den Reaktionen lebender Organismen auf eine elektrische Stimulierung und mit elektrischen Phänomenen in den Organismen selbst befaßt.

Der menschliche Körper kann hinsichtlich seiner elektrischen Reizerscheinungen als ein kompliziertes System verschiedener Elektrolyte angesehen werden, die teils nebeneinander und teils einander umschließend angeordnet und durch permeable Membranen, bei denen das Verhältnis der perforierten zur Gesamtmembranfläche ca. $1:10^4$ beträgt, voneinander getrennt sind.

Hierbei liegen den Elektrolyten die verschiedenen intra- und interzellulären Salzlösungen zugrunde, während die Membranen durch die Zellwände dargestellt werden, d. h. die elektrolytische Zusammensetzung im Gewebe ist inhomogen.

Bei Gleichstrom und bei niederfrequentem Wechselstrom führt der Stromfluß durch den menschlichen Körper zu einer Wanderung von Salzteilchen aus einer Zelle in eine andere, d. h. durch die elektrochemischen Konzentrationsänderungen des Zellinhalts und die damit verbundene Änderung der Potentialverhältnisse an der Zellmembran wird die Isotonie der Zellen untereinander gestört und kann auch durch die aufgrund physiologischer Gegebenheiten vorhandene Diffusion nicht wiederhergestellt werden. Bei Wechselstrom erfolgen diese Konzentrationsänderungen darüber hinaus in mit der Stromrichtung wechselndem Sinne in der Gewebsflüssigkeit und im Zellprotoplasma. An den ca. 10 nm dicken Zellmembranen, die für die elektrolytischen Vorgänge wegen ihrer zwar prinzipiell vorhandenen, aber für verschiedene Ionen ungleichen Permeabilität ein Hindernis darstellen, wodurch auch infolge sog. Membranpolarisation bereits bei erregbaren Zellen in Ruhe ein Diffusions- oder Ruhepotential von ca. 60 – 90 mV über der Membran entsteht, und überall dort, wo zwei verschiedene Medien aneinandergrenzen, kommt es zu Konzentrationsstauungen. Da diese Vorgänge der elektrisch-chemischen Energieumwandlung naturgemäß auch in der Umgebung der Nerven erfolgen, kommt es bei Überschreitung eines bestimmten Betrages der Konzentrationsänderungen, dem daher auch ein Schwellstromwert zugeordnet werden kann, zu einer physiologischen Wirkung, d. h. zu der Ausübung eines Reizes auf die entsprechenden Nerven, m.a.W. die durch die permeablen Wände mit unterschiedlicher Wanderungsgeschwindigkeit hindurchtretenden Salze übernehmen die Stromleitung, während die infolge des unvollständigen Diffusionsausgleichs (Diffusionstendenz der Ionen) gestauten Teilchen eine elektrische Reizung erzeugen, bei der eine Reizschwelle experimentell nachweisbar ist. Bei entsprechend großer Stromstärke können neben starken Reizerscheinungen schwere Zell- und Gewebeschädigungen auftreten.

Die ersten ausführlichen Untersuchungen zur elektrischen Nervenreizung hat bereits NERNST [344] durchgeführt. Eines seiner experimentellen Ergebnisse beschreibt das Auftreten einer Reizerscheinung als Funktion des fließenden Stromes und der Frequenz. Nach NERNST gilt für die „physiologische Reizwirkung“ ([448], S. 8; [364], S. 765)

$$R_R = \frac{k_g \cdot I}{\sqrt{f}}, \quad k_g\text{: Gewebekonstante [344],} \tag{1}$$

d. h. steigende Stromstärke I vergrößert die Reizwirkung, während bei gleichbleibendem Strom der Reiz mit wachsender Frequenz geringer ausfällt, da in den einzelnen Halbwellen immer kleinere Elektrizitätsmengen transportiert werden und demzufolge auch ein geringeres Konzentrationsgefälle auftritt. Die NERNSTsche Beziehung gibt den elektrophysiologischen Sachverhalt im Bereich von $10\,\text{Hz} \lesssim f \lesssim 5\,\text{kHz}$ experimentell befriedigend wieder.

Bei wesentlich höheren Frequenzen kann es in der relativ kurzen Zeit zwischen zwei Stromwechseln nicht mehr zu solchen Ionenverschiebungen kommen, die ausreichen würden, um die für das Auftreten eines elektrophysiologisch nachweisbaren reaktiven Reizes erforderliche elektrochemische Konzentrationsänderung hervorzurufen. Im zeitlichen Mittel nimmt daher mit wachsender Frequenz die reizauslösende Ionenwanderung ab.

Zu wenig beachtet wird in den bisherigen Untersuchungen auch der Mechanismus der Diffusion, die der stromflußbedingten Ionenverschiebung konzentrationsausgleichend entgegenwirkt. Als Folge dieses reaktiven Verhaltens endet die Reizwirkung kurz nach dem Ende des Stromflusses bzw. unterhalb einer reizspezifischen Stromstärke. Da die NERNSTschen Untersuchungen bei relativ geringen Stromstärken (einige mA) durchgeführt wurden, sind sie nicht unmittelbar auch auf die für therapeutische Zwecke erforderlichen, wesentlich höheren Ströme anwendbar. Bislang liegen hierzu aber noch keine systematischen Untersuchungen vor. Außerdem ist zu beachten, daß die zu den Standardergebnissen zählenden NERNSTschen Beziehungen für solche Reize abgeleitet wurden, die nur eine bestimmte Zeit andauern. Nach Untersuchungen von GILDEMEISTER [152] wird für $f \gtrsim 200-300$ kHz Reizfreiheit angenommen und daraus auf die Möglichkeit einer Steigerung der Stromstärke geschlossen, die eine notwendige Voraussetzung für die Anwendung hochfrequenter Ströme für eine Therapie durch Wärmewirkung ist.

Der Autor dieser Abhandlung stimmt mit dem Physiologen SCHAEFER [425] zwar darin überein, daß sich in der Literatur zur therapeutischen Wirkung von Strömen sehr viel Mystizismus findet; anders als bei SCHAEFER, der 1954 „zum Nachweis und zur öffentlichen Bezeichnung mancher elektrotherapeutischer Methoden als Pseudowissenschaften und nicht nur zum Ausstoßen von allgemeinen Warnungen“ aufruft, wird in dieser Abhandlung aber – in der Erkenntnis eines auch heute noch unvollständigen Wissensstandes zur Wechselwirkung hochfrequenter elektromagnetischer Energie mit biologischem Gewebe – über einige Grundlagen und experimentelle sowie klinisch nachgewiesene Erfahrungen in der Anwendung therapeutischer Wärme berichtet und kritisch Stellung bezogen.

Letztlich ist es auch ein Ziel dieser Abhandlung, das durch die „als Konjunkturware vielfach in primitivster Weise zusammengebastelten Hochfrequenzapparate, die dazu beigetragen haben, die Hochfrequenztherapie, die in ärztlichen Kreisen seit jeher kein besonderes Ansehen genoß, und durch die Mitteilung von phantastischen Heilerfolgen von einzelnen Ärzten“ ([266], S. 201) teilweise gestörte Verhältnis zwischen Hochfrequenztechnik und Medizin nicht bis in die heutige Zeit zu übertragen, sondern zweckentsprechend einzuordnen.

1.3 Indikationen für therapeutische Wärme

1.3.1 Hochfrequenztherapie

Experimentelle Untersuchungen und theoretische Betrachtungen lassen erwarten, daß man eine signifikante biologische Wirkung durch elektromagnetische Wellen im Bereich der Hochfrequenz (10 kHz $< f <$ 300 GHz) nur erzeugen kann, wenn ihre Intensität ausreichend groß ist und wenn die Wirkung selbst nur die Umwandlung von elektromagnetischer Energie in Wärme als Ursache hat. Energiemäßig können die Hochfrequenzquanten nur Schwingungen von geladenen Teilchen als Ganzes, z. B. von Ionen, Dipolmolekülen oder kolloidalen Mizellen, anregen.

Die einzelnen kausalen Wechselwirkungsschritte, die hochfrequente Ströme für therapeutische Zwecke sinnvoll erscheinen lassen, sind allerdings noch ungeklärt. Es ist sehr wahrscheinlich, daß die thermisch induzierten physiologischen Effekte in erster Linie für den therapeutischen Erfolg verantwortlich sind. Welche Änderungen in der Blutzirkulation und im Stoffwechsel aber für die letztlich biochemischen Vorgänge ursächlich sind, muß z. Z. noch als weitgehend systematisch-methodisch nicht erfaßbar angesehen werden, d. h. der therapeutische Erfolg in der Anwendung hochfrequenter Energie basiert weitgehend auf der klinischen Erfahrung.

Mit „therapeutischer Wärme“ aus der Sicht der kinetischen Theorie befaßt sich z. B. LICHT [283].

Athermische oder sog. spezifische Effekte, die im wesentlichen in Reaktionen des Gesamtorganismus beobachtet und meist nur qualitativ beschrieben, aber nicht reproduziert wurden und die gegenwärtig Gegenstand von Untersuchungen sind, werden hier nicht betrachtet. Mit der hiermit direkt verknüpften Thematik der Standardisierung und der „erlaubten“ Grenzwerte für nichtionisierende Strahlen beschäftigt sich eine neuere Arbeit [94], die auch zahlreiche Literaturhinweise enthält. Allein bis Anfang 1977 wurden ca. 3700 Literaturzitate zum Thema „Biologische Effekte bedingt durch Mikrowellen“ nachgewiesen.

Aber auch neueren Untersuchungen wird man Beachtung schenken und detaillierte Forschungsbemühungen folgen lassen müssen. So berichteten z. B. GRUNDLER, KEILMANN [178] von nichtthermischen Effekten beim Wachstum von Hefezellen bei $f \simeq 42$ GHz unter dem Einfluß von Leistungsdichten von ca. 0,1 mW/cm^2, die damit erheblich unter dem derzeitigen „Standard“ liegen.

Das Hauptindikationsgebiet für Wärmeanwendungen wird bislang durch infektiös-toxische Prozesse, die zudem vorwiegend chronischer Art sind, dargestellt.

Als Folge einer im Körperinnern erzeugten Erwärmung ergibt sich in diesem Körperbereich eine gesteigerte Durchblutung, da sich die Gefäße primär erweitern. Diese Hyperämie führt zur Förderung der Austauschvorgänge und zur Mobilisierung der Abwehrkräfte. Eine der entscheidendsten Fragen ist hierbei diejenige nach der Beeinflussung der Abwehrfunktion. Eine Erklärung des Wirkungsablaufes experimenteller physikalisch-therapeutischer Maßnahmen ist vielfach allein aus physiologischer Sicht nicht möglich. Nach den bisherigen Erkenntnissen führt die Wärmeanwendung bei chronischen Entzündungen durch Antikörperfixation zu hyperergischer und evtl. sogar bis zur Nekrose reichender Entzündung, während dies beim gesunden, also normergisch reagierenden Körper nicht beobachtet werden kann. Insofern stellt die Wärmeeinwirkung eine Antikörperneutralisation parallergischer Art dar, d. h. der Körper kann anfälliger gegen nachfolgende Krankheiten werden, und es kann zu einer Entlastung lebenswichtiger Organe von unliebsamen allergischen Reaktionen kommen.

Hierauf basierend lassen sich als Standardindikationsgebiete für Kurz- und Mikrowellentherapie (Vakuumwellenlänge $\lambda_0 = 4 - 30$ m bzw. $\lambda_0 = 0{,}001 - 1$ m) angeben:

Krankheiten, die auf Mangeldurchblutung basieren, und solche mit entzündlichen und eitrigen Prozessen – zur Unterstützung der natürlichen Abwehr durch die Mobilisierung körpereigener Abwehrkräfte – und Erkrankungen, die auf Wärme positiv in der Heilung ansprechen. Außerdem findet die Hochfrequenzwärmetherapie häufig Anwendung bei rheumatischen Erkrankungen und zur Besserung endokriner Störungen durch die Aktivierung innersekretorischer Funktionsabläufe.

Im allgemeinen Sinne der Hochfrequenztherapie ist auch die elektrochirurgische Anwendung hochfrequenter Ströme, die bevorzugt zur Blutstillung und Gewebetrennung erfolgt, in vielen medizinischen Disziplinen zu verstehen.

Eine hiervon etwas abweichende Einteilung kann man vornehmen, indem man von thermischen Effekten entweder dann spricht, wenn man die globale Temperaturerhöhung im Sinne einer Ganzkörpererwärmung als Ergebnis der Absorption elektromagnetischer Energie oder die lokale Temperaturerhöhung eines bestimmten Teilvolumens der biologischen Materie gegenüber dem Gesamtkörper betrachtet. Über den Grad der Temperaturerhöhung und des damit beabsichtigten, erwünschten Therapieerfolges sagt diese Unterteilung jedoch nichts aus.

Der in dieser Abhandlung der Hochfrequenztherapie zugeordnete Frequenz- und Indikationsbereich weicht von der „klassischen Definition" ab ([266], S. 191), wonach unter Hochfrequenztherapie in der Regel nur die Methode der sog. „Arsonvalisation" (vgl. 2.4.6.1) verstanden wurde, d.h. die Anwendung hochfrequenter Ströme mit einer Frequenz von $f \simeq 0{,}5-1$ MHz bei hoher Spannung und kleiner Stromstärke.

1.3.2 Lasertherapie

Entsprechend der noch sehr jungen Geschichte der Lasertechnik kann man bislang nur wenige Disziplinen angeben, in denen die Lasertherapie bereits bis zur klinischen Routine herangereift ist. In vorderster Linie ist hier die ophthalmologische Photokoagulation zu nennen, bei der der Einsatz der geeigneten Lichtwellen im optischen System Auge zum gewünschten Therapieerfolg führt. Die überwiegende Zahl therapeutischer Anwendungen des Lasers in der Medizin ist in der Absorption optischer Wellen begründet. Der Grad dieser Wechselwirkung ergibt eine der entsprechenden Disziplin zugeordnete Differenzierung, die von der Stimulierung bei der Wundheilung über dermatologische Veränderungen an der Körperoberfläche und photokoagulative Prozesse, insbesondere bei akut oder potentiell blutenden Läsionen, bis hin zur Anwendung destruktiver Wärme bei der Laserchirurgie reicht.

2 Hochfrequenztechnik in der Medizin

Da eine eindeutige Sprachregelung zur Abgrenzung des Gebietes der Hochfrequenz (HF) hinsichtlich des Frequenzbereiches nach oben bzw. nach unten nicht einmal in der Festlegung der Frequenz- und Wellenlängenbereiche nach DIN 40015 existiert, wird in dieser Abhandlung bei der medizinisch-technischen Grundlagenforschung und Anwendung folgender Frequenzbereich der Hochfrequenz durch die obere und untere Frequenzgrenze definiert:

$$f_u = 10\ \text{kHz} < f < 300\ \text{GHz} = f_o.$$

Hiermit werden die folgenden häufig bezeichneten Frequenzbereiche erfaßt:

a) Mittelfrequenz (MF): 100 Hz – 300 kHz (bereichsweise)
b) Hochfrequenz (HF): 10 kHz – 3 GHz
c) Höchstfrequenz (HHF): 300 MHz – 300 GHz.

Diese sich überschneidenden Frequenzbereiche sind aber keine Termini technici im Sinne eindeutig gegeneinander abgegrenzter Begriffe. In DIN 40015 wird nur eine Benennung mit dekadischer Schrittweite im Wellenlängenbereich von Millimeterwellen bis Kilometerwellen angegeben. Die folgende Zusammenstellung enthält daneben weitere sehr gebräuchliche Benennungen, die im Sinne einer Frequenz- bzw. Wellenlängenorientierung zu betrachten sind:

a) VLF, ohne Benennung (nach DIN 40015):	3 kHz – 30 kHz (bereichsweise)
b) Radio- und Fernsehfrequenzen	
(Hochfrequenz allgemein):	30 kHz – 300 MHz
– LF, LW, km-Wellen:	30 kHz – 300 kHz
– MF, MW, hm (Hektometer)-Wellen:	300 kHz – 3 MHz
– HF, KW, dam (Dekameter)-Wellen:	3 MHz – 30 MHz
– VHF, UKW, m-Wellen:	30 MHz – 300 MHz
c) Mikrowellen:	300 MHz – 300 GHz
– UHF, dm-Wellen:	300 MHz – 3 GHz
– SHF, cm-Wellen:	3 GHz – 30 GHz
– EHF, mm-Wellen (nach DIN 40015):	30 GHz – 300 GHz.

Dabei werden die in der Funktechnik bevorzugten Abkürzungen EHF, SHF etc. von den DIN-Normen nicht empfohlen. Außerdem sind die angegebenen Frequenzgrenzen nicht in allen Ländern gleich, z.B. wird nach [516, 17] als Mikrowellenbereich in den USA der Frequenzbereich $f = 10\ \text{MHz} - 100\ \text{GHz}$ bezeichnet.

In diesen Frequenzbereichen finden sich die bislang in der medizintechnischen Literatur berichteten Verfahren der Mikrowellentherapie, Kurzwellentherapie, Langwellendiathermie und HF-Chirurgie, während die medizintechnische Diagnostik und die Reizstromtherapie beispielsweise bei niedrigeren Frequenzen erfolgen.

Als frequenzmäßige Zuordnung der verschiedenen HF-Therapieverfahren wird folgende Einteilung vorgenommen:

Langwellendiathermie:	f = 200 kHz – 3 MHz	(λ_0 = 100 – 1500 m),
Kurzwellentherapie:	f = 10 – 75 MHz	(λ_0 = 4 – 30 m) und
Mikrowellenbestrahlung:	f = 300 MHz – 300 GHz	(λ_0 = 1 mm – 1 m).

Dabei beinhaltet die Kurzwellentherapie die von manchen Autoren getrennt betrachtete Ultrakurzwellentherapie, da sich weder physikalisch noch medizinisch eine scharfe Grenze ziehen läßt. Die bisher in der Heilkunde benutzten Frequenzen bzw. Vakuumwellenlängen lassen sich in 3 Bereiche einteilen (vgl. 2.3.3): 250 MHz – 3 MHz (1200 – 100 m), 10 – 50 MHz (30 – 6 m) und 300 MHz – 3 GHz (1 m – 10 cm).

Aus biologischen und elektrophysiologischen Gründen wird von Medizinern die Grenze zwischen Niederfrequenz (NF) und Hochfrequenz abweichend von den vorstehenden Angaben, z. B. mit 100 kHz, festgelegt ([258], S. 2; [266], S. 140 f.).

Im Frequenzbereich der Hochfrequenz, einem Teilbereich der sog. nichtionisierenden Strahlen, erfolgt die Wechselwirkung der HF-Ströme mit der Materie innermolekular und innerkristallin.

2.1 Historischer Überblick und Begriffsbestimmungen

Die ersten Experimente des Physikers Hertz [199] mit elektromagnetischen Wellen, insbesondere 1888 bei Vakuumwellenlängen von $\lambda_0 \approx 60$ cm, waren eine notwendige Voraussetzung für den Beginn von Untersuchungen der HF-Wirkungen auf biologisches Gewebe. Im Jahre 1890 wurden durch Kries Untersuchungen über die Reizwirkungen von Wechselstrom vorgenommen, und bereits 1891 vermutete der Ingenieur Tesla im Zusammenhang mit der von ihm eingeführten Erzeugung hochfrequenter Wechselströme bei Spannungen von mehreren 1000 V mit einem HF-Transformator therapeutische Aussichten für die HF-Ströme. Tesla [481] nahm dabei an, daß sich die HF-Energie auf die Oberfläche des Körpers beschränken würde (Skineffekt) und eine „elektrische Massage“ erfolgen könnte.

In den Jahren 1891 – 1896 führte der Physiologie und Biologe d'Arsonval [78] zahlreiche Experimente an Versuchstieren durch, bei denen er eine Wärmeerzeugung bei der hochfrequenten Durchströmung von Gewebe bemerkte. Bereits 1893 fanden seine Experimente durch Cornu und Marey eine Bestätigung. d'Arsonval [80] selbst sah 1897 diese Wärmeerzeugung als eine lästige Nebenerscheinung („une sensation de chaleur dêsagrêable“) seiner Untersuchungen an. Seine Versuche begann d'Arsonval zunächst mit sehr kurzen Wellenlängen, d. h. bei Frequenzen von f = 20 – 30 GHz, um sie dann auszudehnen bis zu Wellenlängen von etwa 600 m.

Bordier [39 a] führte 1897 den Begriff der „Diathermie d'Arsonvalisation“ ein, aber erst 1898 gab v. Zeyneck (zit. in [261 a]) eine Deutung der Erwärmung durch den elektrischen Gewebewiderstand und sprach eine Empfehlung zur therapeutischen Nutzung aus.

Nernst [344] widerlegte die Tesla-Theorie und beschrieb die Stromleitung bei Hochfrequenz durch die Ionenverschiebbarkeit im hochfrequenten Wechselfeld.

Er bestätigte darüber hinaus mit seinen Untersuchungen die Abnahme der Reizwirkung mit der Frequenz, was GILDEMEISTER [152] so formulierte, daß für Frequenzen von $f > 200$ kHz keine Erregbarkeit der Gefühls- und Muskelnerven zu erwarten wäre. BORDIER und LECOMTÉ nahmen 1901 Untersuchungen zur HF-Durchströmung mit resultierender Erwärmung bei Versuchstieren vor, während FREUND die rein mechanische Zerstörung pathologischer Gewebe durch Funkenentladungen beschrieb.

Nach Untersuchungen von STREBEL 1904 [473] mit 1 – 2 mm langen Funken, die er zur Verhinderung neuer Erkrankungen prophylaktisch einsetzte, wurde von STREBEL, FREUND [125a] und CZERNY [74] die thermische Wirkung des Funkens als ebenso wichtig betrachtet. STREBEL sah darüber hinaus die molekulare Gewebezertrümmerung als eine Folge elektrischer, mechanischer und thermischer Wirkungen an [473]. Erste Erfahrungen bei der Behandlung hypertropher Tonsillen, der Entfernung von Narben, Behandlung von Papillomen und Hämorrhoiden mit Funken („high frequency metallic discharge") sammelte COOK (zit. in [240a]) 1904, während v. ZEYNECK 1905 über die Behandlung eines infolge von Gonorrhoe versteiften Handgelenkes mit „TESLA-Strömen" berichtete.

DE KEATING-HART [236], der 1906 mit Funkenbüscheln eine „Sidération", die von RIVIÈRE (zit. in [256]) als „Sidérose" bezeichnet wurde, zur Krebsbehandlung vornahm, sah die Zellzertrümmerung nur auf rein mechanischem Wege durch die auf das Gewebe überspringenden Funken gegeben. Die den HF-Stromfluß begleitende Hitzebildung betrachtete er als unangenehm und suchte sie durch einen Kohlensäurestrom zu beseitigen. Von POZZI wurde 1907 die Funkenbüschelbehandlung als „Fulguration" bezeichnet, während NAGELSCHMIDT [335], der 1907 Demonstrationen der Wärmewirkung von HF-Strömen am lebenden Menschen ausführte, die HF-Behandlung als „Elektrotransthermie" [334] bezeichnete. Hiermit wurde begriffsmäßig der Grundstein für die Bezeichnung der „Diathermie" in Deutschland und „diathermy" in den USA und England für HF-Wärmeverfahren gelegt. In Frankreich begann sich dagegen der von DELHERM und LAQUERRIÈRE geprägte Begriff „Endothermie" durchzusetzen [84].

1908 führten v. ZEYNECK et al. [506] Behandlungen von Arthritiden unter Verwendung des POULSEN-Lichtbogens durch. Der die Rolle einer Funkenstrecke zur Erzeugung ungedämpfter HF-Schwingungen übernehmende Lichtbogen brannte jedoch insbesondere bei stärkerer Belastung durch Einschalten größerer Körperteile in den sekundären Schwingkreis unregelmäßig und wurde durch die Einführung des ersten Diathermieapparates mit Löschfunkenstrecke [266, S. 196ff.] abgelöst. Die nach dem von WIEN entwickelten Prinzip arbeitenden Löschfunkengeneratoren wurden bei $0{,}3\ \mathrm{MHz} \lesssim f \lesssim 1\ \mathrm{MHz}$ betrieben. In der Zeit von 1907 bis 1910 wurde hiermit von DOYEN [95] und CZERNY [74] die klinische Entwicklung eines Elektrokoagulationsverfahrens begonnen. COHN [65] und CZERNY [74] führten für die Verwendung ungedämpfter HF-Ströme den Begriff des „Lichtbogenschnittes" ein. Von DOYEN wurde 1909 [96] erstmals über die Zerstörung bösartiger Geschwülste unter Verwendung eines zweipoligen Verfahrens berichtet, das er [95] „Voltaisation bipolaire" nannte und wobei er die Gewebezerstörung erstmals als „Electrocoagulation" bezeichnete. CZERNY benannte die Voltaisation bipolaire als „elektrische Thermokaustik", und WERNER schlug einfach „Elektrokaustik" vor.

Von KING wurde 1909 die Heilung eines Röntgenstrahlenulkus am eigenen Finger mit relativ langen Funken der Fulgurationsmethode unter Verwendung eines TESLA-Transformators angegeben, während in diesen Jahren DE FOREST mit lanzettförmigen Elektroden und kurzen Funken Krebsoperationen vornahm – eine Methode des elektrischen Operierens, die bald als „Forestisation", oft auch als „Kaltkaustik" bezeichnet wurde. Hierzu gab EITNER 1910 [105] den Hinweis, daß sich sehr wohl auch dabei Wärme im Gewebe entwickelte.

In der Folgezeit führten insbesondere NAGELSCHMIDT [335] und CZERNY [74] Versuche zur Verbreitung der Elektrochirurgie durch. Zusammmen mit WERNER setzte sich dann CZERNY für eine Kombination der Elektrokoagulation mit Röntgen- und Radiumbestrahlung bei der Behandlung inoperabler Krebsgeschwülste ein; sie fanden aber damals keine Nachahmer. Auch der Vorschlag BEERS zur Anwendung der Elektrokoagulation in der Urologie blieb zunächst weitgehend unbeachtet. Ihm gelang 1912 die Koagulation von Papillomen der Blase auf endovesikalem Wege [22, 23].

Nach dieser ersten Phase in der Geschichte der HF-Technik, in der es auch unter den Beteiligten so manchen Streit darüber gab, wer wann als erster welche Untersuchungen für sich in Anspruch nehmen dürfte, folgten einige Jahre, die ohne nennenswerte Berichte über die Anwendung blieben. Erst nach 1918 fand die Elektrokoagulation durch den Einsatz beim Oberkiefer- und Wangenkarzinom Eingang in die sog. große Chirurgie. Insbesondere sind bei der weiteren Verbreitung die Namen von DYROFF, WUCHERPFENNIG, v. SEEMEN [449], HEYMANN [200], KIRSCHNER und KEYSSER [241] zu nennen.

Bedingt durch den ersten Einsatz eines Gerätes („The endotherm", [499]) mit einer Elektronenröhre durch WYETH 1924 für die Elektrotomie [500] und eines kombinierten Röhren- und Funkenstreckengerätes durch BOVIE [40], kam es zu einer zweiten Phase und teilweisen Wiedergeburt [310] der HF-Technik in der Medizin. Damit stieg auch die Zahl der für die Anwendung hochfrequenter Ströme verwendeten Begriffe in den Veröffentlichungen. So wurden bis 1926 in den USA beispielsweise folgende Namen meist synonym verwendet ([500], S. 3): coagulation [96], cold caustic, desiccation [62], destructive fulguration, diathermy (nach NAGELSCHMIDT [335]), electrothermic cautery, electrothermy, fulguration [236], high frequency cauterization, indirect diathermic fulguration, monopolar coagulation, primus pricker (TURRELL [482a]), sparking, surgical diathermy, electric needle, therapeutic death, thermopenetration und transthermy.

Von WYETH erfolgte der erste Vorschlag der Zusammmenfassung von Elektrodesikkation, Fulguration, Elektrokoagulation und chirurgischer Diathermie zur „Endothermy".

Nach 1926 begann SCHERESCHEWSKI [427] mit medizinischen Untersuchungen bei 10 MHz. Die neuen faradisationsfreien Geräte ermöglichten CUSHING 1928 [73] erste Anwendungen in der Neurochirurgie und zusammen mit EISENHARDT den ersten Einsatz der Elektrochirurgie bei einer Meningeombehandlung in der Ophthalmologie.

In Deutschland wurde 1928 durch SCHLIEPHAKE [428] die erste Behandlung im Kondensatorfeld bei 75 – 100 MHz durchgeführt. Zur gleichen Zeit führten HOSMER [213a], CHRISTIE und LOOMIS [60a] Arbeiten an demselben Problem durch

[359]. Im gleichen Jahr machte hier auch Esau [109] seinen Vorschlag zur Anwendung der Spulenfeldmethode.

Erstmals wurden zur Erzeugung einer „Hyperthermie" und „Elektropyrexie" hochfrequente Ströme von Carpenter [58a], Page und Neymann [344a] nach 1930 eingesetzt.

Die Einführung der Spulenfeldmethode erfolgte dann 1934 durch Merriman et al. [316] in den USA und durch Kowarschik [257] in Europa. Pätzold und Wenk [369] lieferten 1936 theoretische Untersuchungen zu dieser neuen HF-Wärmetherapiemethode. Die weiteren bedeutsamen Daten in der Geschichte der HF-Technik in der Medizin verlagern sich damit immer mehr auf detaillierte Einzeluntersuchungen und auf die den jeweiligen Frequenzen und Leistungen entsprechenden Möglichkeiten, womit sie einige historische Entwicklungen in der HF-Technik widerspiegeln. So gab Pätzold [362] 1937 seinen Hinweis auf eine Fettentlastung bei Frequenzen $f > 300$ MHz. Osswald [355] baute 1938 Hochleistungs-HF-Generatoren mit Wellenlängen $\lambda_0 \lesssim 1$ m, und Korb [254, 255] erprobte diese Geräte, die teilweise eine Leistung bis zu 800 W aufwiesen.

Nach 1945 wurden dann in den USA die ersten HF-Geräte bei der Frequenz $f = 2{,}45$ GHz erprobt. In Deutschland und in einigen anderen Ländern erfolgte die Freigabe für Geräte bei einer Frequenz von $f = 433{,}92$ MHz erst 1959, und dies war auch der Beginn einer dritten Phase in der Geschichte der HF-Technik in der Medizin (vgl. 2.3.2.3), die durch den therapeutischen Einsatz gekennzeichnet war.

Da technisch-physikalische und meist auch medizinische Basisangaben den zwar zahlreichen Publikationen in nahezu allen Fällen nicht zu entnehmen waren bzw. nicht zu eindeutigen, übertragbaren und nachprüfbaren Ergebnissen führten, ist eine Darlegung der HF-Wirkungen auf biologisches Gewebe erforderlich, die sich mit den dielektrischen Eigenschaften beschreiben läßt.

2.2 Elektrische Eigenschaften von biologischem Gewebe

In der klassischen Maxwell-Theorie werden die elektrischen Materieeigenschaften durch die spezifische elektrische Leitfähigkeit (Konduktivität) $\varkappa$ und die Dielektrizitätskonstante (DK) ε gekennzeichnet.

Während bei einem idealen isotropen Nichtleiter $\varkappa = 0$ ist und daher ε allein zur Kennzeichnung der Stoffeigenschaften genügt, müssen bei biologischem Gewebe beide Kenngrößen als Funktionen der Frequenz für eine systematisch-wissenschaftliche Methodik bekannt sein, wenngleich in vielen Fällen die experimentelle Empirie zu einer ersten Näherung und Anschauung des Verhaltens von biologischem Gewebe unter dem Einfluß hochfrequenter Ströme führen kann.

Zur Ermittlung der HF-Konstanten des biologischen Gewebes sowie zur Untersuchung der vorliegenden Strukturen ist zunächst eine Betrachtung der statischen oder der NF-Dielektrizitätskonstante besonders geeignet, da hiermit die elementaren Verhältnisse erklärt werden können. Eine Betrachtung der magnetischen Eigenschaften ist bei biologischem Gewebe nicht erforderlich, da es als „magnetisches Medium" mit dem freien Raum vergleichbar ist [445].

Die elektrischen Eigenschaften sind linear bis zu elektrischen Feldstärken von einigen $\frac{\text{kV}}{\text{cm}}$ und Stromdichten bis ca. $1\,\frac{\text{mA}}{\text{cm}^2}$ ([156], S. 256 ff.).

Die zu diskutierenden Werte der relativen DK ε_r liegen zwischen 1 und 10^6 und die spezifischen elektrischen Leitfähigkeiten $\varkappa$ zwischen 10^{-3} und $10^3\,\Omega^{-1}\cdot\text{cm}^{-1}$.

Obwohl Ausführungen über elektrische Eigenschaften von Materie in vielen Lehrbüchern, Monographien und Übersichtsartikeln zu finden sind, soll in den folgenden zwei Abschnitten, beginnend mit der Darlegung allgemeiner Grundlagen der Polarisierbarkeit, nicht zuletzt im Hinblick auf die interdisziplinäre Thematik dieser Arbeit zu den speziellen Problemen der Anwendungen hochfrequenter elektromagnetischer Energie für therapeutische Wärme hingeführt werden. Dieser Weg bietet sich bezüglich der in diesem Konzept liegenden Möglichkeit einer konsequenten Beachtung eindeutiger Nomenklaturen, die ein Zurückgreifen aus den Hauptteilen z.B. in den Bereich der Grundlagen von allen Stellen des Textes aus ermöglichen, unmittelbar an und trägt damit im Sinne einer thematischen Abgeschlossenheit zur Vermeidung eventueller Fehlinterpretationen beim Studium der nicht direkt themenbezogenen Literatur bei. Eine vollständige Abhandlung aller – allgemeiner und spezieller – Probleme der elektrischen Eigenschaften allgemeiner Materie ist damit nicht beabsichtigt; es ist vielmehr ein Ziel der Ausführungen, Hinweise auf weiterführende Behandlungen von Einzelfragen zu geben und den Einstieg in solche Thematiken zu erleichtern.

2.2.1 Allgemeine Grundlagen der Polarisierbarkeit

Durch die Betrachtung der räumlichen Dichte elektrischer Ladungen, d.h. durch die Mittelung über ein gewisses Volumen, kann man eine Beschreibung der atomaren bzw. molekularen Struktur des biologischen Gewebes umgehen und den jeweils zu betrachtenden Gewebeabschnitt in erster Näherung als ein Medium mit Kontinuumseigenschaften beschreiben. Da die Mittelung aber ein eindeutiges Ergebnis, d.h. ein solches, das von dem zur Mittelung herangezogenen Volumen selbst unabhängig ist, nur in elektrisch homogenen Materialien liefert, wird das zu betrachtende biologische Gewebe als abschnittsweise homogen angesehen.

Die pauschale elektrische Polarisation P, d.h. die durch Dipolmomentdichte-Mittelung über ein Volumen (das groß ist gegenüber mikroskopischen Gewebeinhomogenitäten) resultierende Polarisation, bestimmt unmittelbar die beobachteten HF-Spannungen und -Ströme. Zum Verständnis mikroskopischer Beobachtungen kann allerdings eine Betrachtung der Ortsabhängigkeit der mikroelektrischen, d.h. die Inhomogenitäten berücksichtigenden Polarisation erforderlich sein.

Die verschiedenen biologischen Gewebe können hinsichtlich ihrer elektrischen Eigenschaften als Dielektrika durch die beiden Parameter Dielektrizitätskonstante und elektrische Leitfähigkeit quantitativ gekennzeichnet und voneinander abgegrenzt werden. In der Elektrostatik werden die dielektrischen Eigenschafen eines Mediums üblicherweise durch das dem Dielektrikum zugeordnete, auf die Volumeneinheit bezogene elektrische Dipolmoment $\frac{d\vec{M}_e}{dV}$ beschrieben, das sich als elektrische Polarisation $\vec{P}$ beispielsweise aus einer Betrachtung der Flächenladungsdichte-Änderung nach dem Einbringen eines Dielektrikums in das elektrische Feld eines von der Spannungsquelle getrennten, geladenen Kondensators ergibt, d.h. es gelten die Bezeichnungen

$$\frac{d\vec{M}_e}{dV} = \vec{P} \quad \text{und} \tag{2a}$$

$$|\vec{P}| = P = \sigma_\varepsilon, \tag{2b}$$

wobei σ_ε die Flächenladungsdichte der gebundenen Ladungen auf den Kondensatorplatten bedeutet. Ein Dielektrikum mit dem resultierenden Dipolmoment P je Volumeneinheit verhält sich so, als ob an der Begrenzung zu den Platten eine Ladung der Flächendichte P induziert wäre.

Weiterhin gilt für die Polarisation $\vec{P}$ bei der elektrischen Feldstärke $\vec{E}$:

$$\vec{P} = \varepsilon_0 \cdot \chi \cdot \vec{E}, \tag{3}$$

wobei $\chi = \varepsilon_r - 1$ die elektrische Suszeptibilität ist und das Verhältnis der Dichte der gebundenen zu der der freien Ladungen auf den Kondensatorplatten angibt, während ε_r als relative Dielektrizitätszahl (relative Permittivität) bezeichnet wird. Der Proportionalitätsfaktor ε_0 ist die Dielektrizitätskonstante des Vakuums oder elektrische Feldkonstante.

Aus der ursprünglich im Kondensatorfeld vorhandenen elektrischen Leerflußdichte $\vec{D}_0$ und der Polarisation $\vec{P}$ ergibt sich additiv gemäß

$$\varepsilon \cdot \vec{E} = \varepsilon_0 \cdot \vec{E} + \vec{P} = \vec{D}_0 + \vec{P} = \vec{D} \tag{4}$$

die elektrische Flußdichte oder elektrische Verschiebung (elektrische Verschiebungsdichte) $\vec{D}$, wobei ε die (absolute) Dielektrizitätskonstante bzw. Permittivität ist.

Nach der makroskopischen Beschreibung sind nämlich die im Kondensatorfeld vorhandenen, sog. wahren oder realen Ladungen die Quellen des Verschiebungsvektors $\vec{D}$ ($\text{div}\,\vec{D} = \varrho_v$, mit ϱ_v: Raumladungsdichte). Dabei kann man sich aber diese Ladungen zusammengesetzt denken aus gebundenen Ladungen, welche die Quellen von $\vec{P}$ sind, und aus freien Ladungen, die als Quellen von $\varepsilon_0 \cdot \vec{E}$ anzusehen sind.

In einer atomistischen Beschreibung existieren dagegen nur wahre Ladungen, und das elektrische Feld wird nach Einbringen des Dielektrikums in das Kondensatorfeld allein durch $\vec{E}$ beschrieben. Die Polarisation des Dielektrikums führt dabei zu Oberflächenladungen, die entsprechend der Dielektrizitätszahl (DK) des Materials eine bestimmte Zahl von Ladungen auf den Kondensatorplatten kompensieren. Ein polarisiertes Dielektrikum kann man sich z.B. aus „kleinen Bereichen" mit bestimmtem Dipolmoment vorstellen, wobei das gesamte Dipolmoment des Dielektrikums (z.B. biologischer Körper) die Vektorsumme der Momente der fiktiven Bereiche ist. Für ein Verständnis der makroskopischen Größe P der verschiedenen biologischen Gewebe genügt aber die Betrachtung elektrostatischer Verhältnisse nicht, sondern es ist erforderlich, daß man anhand der möglichen Zurückführung der Gesamtpolarisation auf die Einzelbeiträge der Mikrobestandteile der Materie allgemein eine charakteristische Deutung für die wesentlichsten Gewebestrukturelemente geben kann, die es ermöglicht, das Polarisationsverhalten der biologischen Gewebe als Funktion der Frequenz wechselwirkender elektromagnetischer Energie darzustellen. Darüber hinaus ist im Hinblick auf die zu Therapiezwecken gewünschte selektive bzw. Ganzkörpertemperaturerhöhung die Kenntnis eines funktionalen Zusammenhangs zwischen den Mikrokonstanten des Gewebes und der Temperatur erforderlich.

Die klassische Ableitung der Beziehungen zwischen Dielektrizitätskonstante, Verlusten, Frequenz, Dipolmoment, Molekülgröße und Viskosität bei einem Dielektrikum geht auf DEBYE ([81], Kap. 5) zurück. Bei der folgenden Darstellung der Verhältnisse in einem Dielektrikum und zur Herleitung der DEBYE-Gleichungen, Gl. 40a und 40b, wurden teilweise abweichende Definitionen verwendet, insbesondere um „Maßsystemwechselschwierigkeiten“ vorzubeugen, und es ist ein Ziel dieser Darlegung grundlegender Zusammenhänge, die notwendigen Voraussetzungen für das Verständnis und die Interpretation meßtechnischer Ergebnisse zur Frequenzabhängigkeit der elektrischen Kenngrößen des biologischen Gewebes zu schaffen.

Die Gesamtpolarisation $\vec{P}$ setzt sich additiv aus der Verschiebungs- und der Orientierungspolarisation zusammen, die im folgenden kurz charakterisiert werden sollen. Bei der Verschiebungs- oder Deformationspolarisation unterscheidet man mikroskopisch die Elektronen- von der Atompolarisierbarkeit. Findet eine Verschiebung der Elektronen eines Atoms relativ zum positiven Kern in einem homogenen elektrischen Feld statt, wie dies in Abb. 1a die resultierende Verlagerung der Schwerpunkte der positiven und negativen Ladungen zeigt, so spricht man von der Elektronenpolarisierbarkeit α_e eines Atoms. Das einzelne Atom besitzt daher Dipolcharakter und kann durch das induzierte elektrische Dipolmoment (elektrisches Moment, Dipolmoment, Moment nach [127, S. 15]) $\vec{m}_e = \alpha_e \cdot \vec{E}$ gekennzeichnet werden.

Im Atomverband (Abb. 1b) kommt es im Dielektrikum unter dem Einfluß eines elektrischen Feldes zur Ausbildung von Oberflächenladungen, deren Anzahl insbesondere von der Zahl der vorhandenen Einzelladungsbeiträge, der Struktur und der Verschiebbarkeit der Ladungen in den Atomen abhängt. Bei Kenntnis der atomaren Struktur kann die Elektronenpolarisierbarkeit α_e durch elementare Berechnungen ermittelt werden. Mit der Zahl n_e der pro Volumeneinheit enthaltenen

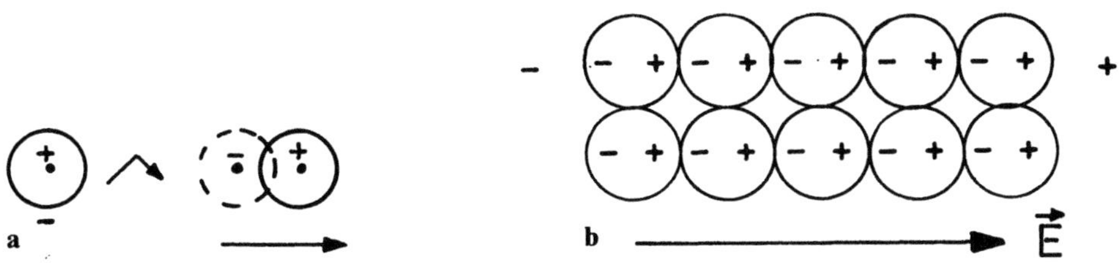

Abb. 1. a Dipolcharakter eines Atoms, **b** Elektronenpolarisierbarkeit im Atomverband

Atome bzw. Moleküle folgt aus der Polarisation (elektrisches Moment pro Volumeneinheit)

$$\vec{P} = n_e \cdot \vec{m}_e = n_e \cdot \alpha_e \cdot \vec{E} = (\varepsilon_r - 1) \cdot \varepsilon_0 \cdot \vec{E} \tag{5}$$

für die Elektronenpolarisierbarkeit

$$\alpha_e = \frac{\varepsilon_r - 1}{n_e} \cdot \varepsilon_0 \tag{6}$$

bzw. für die elektrische Suszeptibilität

$$\chi = \frac{n_e \cdot \alpha_e}{\varepsilon_0}\,. \tag{7}$$

Die Elektronenpolarisierbarkeit ist erfahrungsgemäß praktisch unabhängig von der Temperatur und trägheitsarm bis in den UV-Bereich, d. h. man kann mit einer Zeitkonstanten in der Größenordnung von 10^{-15} s ([460], S. 52, und [493], S. 1) rechnen. Generell gilt, daß Atome mit vielen Elektronen eine höhere Elektronenpolarisierbarkeit aufweisen als solche mit geringerer Anzahl von Hüllenelektronen. Die Elektronen der äußeren Schalen liefern dabei wegen ihrer schwächeren Bindung an den Kern größere Beiträge als die der inneren Schalen. Außerdem sind positive Ionen schwächer polarisierbar als neutrale Atome, da gerade die am schwächsten gebundenen Elektronen bereits abgespalten sind. Negative Ionen weisen dagegen eine relativ hohe Polarisierbarkeit auf.

Die Verschiebung der Atome relativ zueinander in einem Molekül, das sich in einem elektrischen Feld befindet, wird als Atompolarisierbarkeit α_a bezeichnet. Dabei muß man Moleküle ohne permanentes Dipolmoment wie z. B. 2atomige Gase (H_2, O_2, N_2) und symmetrisch aufgebaute Moleküle (CO_2, CH_4, C_6H_6), die sich auch in biologischen Geweben finden, von den sog. polaren Molekülen wie z. B. CO und H_2O unterscheiden. Bei Molekülen ohne permanentes Dipolmoment bewirkt ein äußeres elektrisches Feld z. B. eine Änderung des Winkels, unter dem die Atome des Moleküls angeordnet sind. Die hierdurch bedingte Unsymmetrie der Ladungsverteilung führt zur Atompolarisierbarkeit α_a. Bei polaren Molekülen ist dagegen bereits ein permanentes Dipolmoment vorhanden, d. h. es liegt auch ohne äußeres Feld eine räumliche Verteilung der Ladungen vor, indem sich z. B. die Valenzelektronen mehr in der Nähe der einen als der jeweiligen anderen Atomsorte befinden. Ein äußeres elektrisches Feld bewirkt auch bei dieser Molekülkonstellation eine Atompolarisierbarkeit.

Die Atompolarisierbarkeit ist ebenfalls temperaturunabhängig und trägheitsarm bis in den IR(Infrarot)-Bereich, was einer Zeitkonstanten von $10^{-14} - 10^{-12}$ s ([460], S. 52) entspricht.

Ein Vergleich theoretischer Berechnungen für diese beiden Verschiebungspolarisationsbeiträge zeigt, daß i. allg.

$$\alpha_a \approx 0{,}1 \cdot \alpha_e$$

ist, was auch meßtechnisch bestätigt wird.

Additiv resultiert aus beiden Beiträgen ein induziertes elektrisches Dipolmoment

$$\vec{m}_v = (\alpha_e + \alpha_a) \cdot \vec{E} = \alpha_v \cdot \vec{E}, \quad (8)$$

wobei α_v die Verschiebungs- oder Deformationspolarisierbarkeit angibt.

Die Annahme eines linearen Zusammenhangs zwischen der elektrischen Feldstärke und dem jeweiligen induzierten elektrischen Dipolmoment gilt natürlich nur unterhalb der Sättigung, die erfahrungsgemäß bei $E > 10^7 \, V \cdot m^{-1}$ beginnt ([201], S. 5). Im Hinblick auf die therapeutische Anwendung elektromagnetischer Energie muß daher die Gültigkeit des angegebenen Zusammenhangs bei einer strengeren Analyse im Einzelfall geprüft werden.

Moleküle aus geladenen Atomen (Ionen) besitzen bereits im feldfreien Raum ein elektrisches Moment. So besitzen z.B. Eiweißkörper eine gewisse symmetrische Anordnung der positiven und negativen Ladungen, wobei das eine Molekülende vorwiegend positiv und das andere vorwiegend negativ geladen ist. Wegen der endlichen Materietemperatur T ist die Orientierung der Dipole jedoch ungeordnet. Ein äußeres elektrisches Feld orientiert die vorhandenen Dipole in Vorzugsrichtung, d.h. es liegt eine Orientierungs- oder Dipolpolarisation vor. Im Falle der Orientierungspolarisation geht die modellmäßige Beschreibung nicht mehr davon aus, daß die Ladungen quasielastisch an eine Gleichgewichtslage gebunden sind, sondern daß mehrere Gleichgewichtslagen vorhanden sind, deren energetische Einzelwahrscheinlichkeit von der äußeren Feldstärke E abhängt. Ein äußeres Feld verschiebt nämlich die einzelnen Gleichgewichtslagen der Ladungsanordnung, was zu einem Unterschied in den potentiellen Energien gegenüber den jeweiligen Gleichgewichtslagen führt ([127], S. 17f.). Da aber die Änderung von Gleichgewichtslagen eines Dipols durch ein äußeres Feld gleichbedeutend mit der Drehung des Permanentdipols um einen Winkel β ist, kann man für den in Feldrichtung auftretenden mittleren Anteil des Momentes schreiben ([460], S. 5 und [127], S. 20)

$$\bar{m}_\beta = \frac{p^2 \cdot \cos^2\beta}{k \cdot T} \cdot E, \quad (9)$$

wobei $|\vec{p}| = p = \frac{1}{2} \cdot q \cdot a$ das Dipolmoment zweier entgegengesetzter Ladungen q mit der Entfernung $\frac{1}{2} \cdot a$ entsprechend dem Abstand a zweier Gleichgewichtspositionen ist. Bezeichnet man mit $\bar{m}$ das mittlere wirksame Dipolmoment, das ein Molekül zum Gesamtmoment beiträgt, so folgt für den Beitrag des Einzelmoleküls unter Berücksichtigung der Winkelorientierung zum äußeren Feld das Verhältnis

$$\frac{\bar{m}}{p} = \coth x - \frac{1}{x}, \quad (10)$$

d.h. die LANGEVIN-Funktion (vgl. z.B. [457], S. 599) mit der Abkürzung $x = \frac{p \cdot E}{k \cdot T}$.

Für $x \ll 1$, d.h. unterhalb der Sättigung $\bar{m} = p$, die bei Biopolymeren experimentell bei $E > 5 \cdot 10^6 \, V \cdot m^{-1}$ liegt (nach FRÖHLICH [127, S. 21] sind in einem Feld mit $E \approx 10^5 \, V \cdot cm^{-1}$ nur etwa 2% aller Dipole ausgerichtet im Sinne einer Entropieverringerung), erhält man die Näherung

$$\bar{m} = \frac{1}{3} \cdot \frac{p^2}{k \cdot T} \cdot E = \alpha_{or} \cdot E, \tag{11}$$

d. h. für die Orientierungs- oder Dipolpolarisierbarkeit gilt

$$\alpha_{or} = \frac{1}{3} \cdot \frac{p^2}{k \cdot T}. \tag{12}$$

In dieser Näherung erhält man also einen temperaturabhängigen Polarisationsbeitrag.

Die Zeit, die für den Vorgang der Orientierungspolarisation benötigt wird, hängt vom Reibungswiderstand des Gewebematerials gegenüber einer Molekülorientierung ab. So liegt für Gase die Zeitkonstante in der experimentell verifizierten Größenordnung von 10^{-12} s ([460], S. 52), d. h. die entsprechenden Frequenzen liegen im FIR-Bereich (Fernes Infrarot).

Resonanzabsorption, die einer Änderung der Rotationsenergieniveaus entspricht, tritt bei einigen Molekülen in Flüssigkeiten bei relativ niedriger Viskosität mit Zeitkonstanten von $10^{-11} - 10^{-10}$ s ([493], S. 5) auf, d. h. sie kann auch im Mikrowellengebiet vorkommen. Normalerweise ist der hierdurch bedingte Energieverlust gering. Bei großen Molekülen oder bei Flüssigkeiten mit großer Viskosität liegt die erforderliche Zeit bei etwa 10^{-6} s ([460], S. 53), d. h. im Radiofrequenzbereich. Wegen des hohen inneren Reibungswiderstandes von Flüssigkeiten mit sehr großer Zähigkeit, von Gläsern und Festkörpern wird die Zeitkonstante dieses Polarisationsbeitrags auf Sekunden, Minuten oder noch längere Zeitintervalle ausgedehnt, d. h. im Frequenzspektrum in den NF-Bereich.

Die Tatsache, daß bei polaren Molekülen neben der Verschiebungspolarisation noch die Orientierungspolarisation hinzukommt, äußert sich makroskopisch darin, daß polare Moleküle höhere Dielektrizitätszahlen aufweisen als vergleichbare nichtpolare Moleküle. Allgemein gilt für die Gesamtpolarisation

$$\vec{P} = n_e \cdot (\alpha_e + \alpha_a + \alpha_{or}) \cdot \vec{E} = n_e \cdot \alpha \cdot \vec{E}. \tag{13}$$

Beispielsweise beträgt bei Wasser bei Raumtemperatur der Deformationsanteil 5%, während der Orientierungseffekt 95% ausmacht ([213], S. 9). Die Gesamtpolarisierbarkeit α setzt sich nach Gl. 13 gemäß

$$\alpha = \alpha_e + \alpha_a + \frac{p^2}{3 \cdot k \cdot T} = \alpha_v + \alpha_{or}(T) \tag{14}$$

aus einem temperaturunabhängigen und einem temperaturreziproken Anteil zusammen.

Die makroskopische relative DK ε_r zeigt daher nach Gl. 3 und 13 die gleiche Abhängigkeit:

$$\varepsilon_r = 1 + \frac{n_e \cdot \alpha}{\varepsilon_0}. \tag{15}$$

Bei der bisherigen Betrachtung wurde davon ausgegangen, daß betragsmäßig die Feldstärke E auch tatsächlich am Ort eines jeweils für theoretische Untersuchungen herausgegriffenen Dipols vorliegt. Das von außen an das Dielektrikum angelegte Feld ist jedoch nicht dasjenige, das am Ort eines Dipols wirklich vorhanden ist, sondern es muß noch durch die Felder der jeweiligen Nachbardipole modifiziert werden. Man unterscheidet daher die äußere makroskopische Feldstärke E, die z. B. in die bekannten MAXWELL-Gleichungen eingeht, und die innere (lokale) Feldstärke E_i.

Wegen der relativ geringen Wechselwirkung und des daraus resultierenden kleinen Polarisationsbeitrags kann man bei Gasen $E \approx E_i$ setzen. Allgemein liegt am Ort eines betrachteten Teilchens als Folge der feldbedingten Polarisation der übrigen Teilchen die innere Feldstärke

$$\vec{E}_i = \vec{E} + \frac{\gamma_i}{\varepsilon_0} \cdot \vec{P} \qquad (16)$$

vor, wobei γ_i als innere Feldkonstante angesehen werden kann, d. h. bei den angeführten Ergebnissen der makroskopischen dielektrischen Eigenschaften biologischen Gewebes muß die äußere elektrische Feldstärke durch die induzierte innere Feldstärke ersetzt werden, was allgemein auch für Flüssigkeiten und feste Körper gilt. Hiernach gilt z. B. für die relative DK

$$\varepsilon_r = 1 + \frac{n_e \cdot \alpha}{\varepsilon_0} \cdot \frac{E_i}{E}. \qquad (17)$$

Für den Spezialfall eines kubischen Raumgitters, bei dem nach LORENTZ ([285], S. 306) das am Aufpunkt wirksame elektrische Feld, das von den innerhalb eines Kugeldipols vorhandenen polarisierten Volumenelementen herrührt, aus Symmetriegründen verschwindet (sog. LORENTZ-Feld), gilt das in der CLAUSIUS-MOSOTTI-Gleichung unter der Voraussetzung $n_e \cdot \alpha/\varepsilon_0 \ll 3$ abgeleitete Verhältnis

$$\frac{\varepsilon_r - 1}{\varepsilon_r + 2} = \frac{n_e \cdot \alpha}{3 \cdot \varepsilon_0} \qquad (18)$$

in diesem Fall exakt. Gleichung 18 entspricht der DEBYE-Gleichung für die statische Permittivität [81]. Nach Gl. 18 ist nur in dieser Näherung daher auch die Angabe der sog. Molrefraktion R (molare Polarisation, [460], S. 9), die häufig auch irreführend als Molekularpolarisation bezeichnet wird, zur Kennzeichnung dielektrischer Materieeigenschaften geeignet. Es gilt:

$$R = \frac{\varepsilon_r - 1}{\varepsilon_r + 2} \cdot \frac{M}{\varrho} = \frac{1}{3} \cdot N_L \cdot \frac{\alpha}{\varepsilon_0}, \qquad (19a)$$

wobei M die molare Masse (stoffmengenbezogene Masse), ϱ die Dichte und N_L die LOSCHMIDT-Zahl (AVOGADRO-Konstante) bedeuten. In diesem Fall kann die Molrefraktion gemäß

$$R = \frac{1}{3 \cdot \varepsilon_0 \cdot E} \cdot \frac{M}{\varrho} \cdot P \qquad (19b)$$

aus der meßtechnisch bestimmten Gesamtpolarisation ermittelt werden. Die sich aus einer Messung der DK in statischen Feldern ergebenden Werte zur Ermittlung der Polarisierbarkeit der Moleküle, die mit einer Bestimmung der Molrefraktion verknüpft sind, müssen bezüglich der Gültigkeit für Bestandteile des biologischen Gewebes im Einzelfall geprüft werden. In jedem Fall läßt sich, wie in Abb. 2 qualitativ gezeigt, der für polare bzw. nichtpolare Substanzen charakteristische Verlauf der Gesamtpolarisierbarkeit als Funktion der Temperatur erkennen.

Die Temperaturabhängigkeit der DK steckt wesentlich in der Zahl der Teilchen pro Volumeneinheit, also in der Dichte. Mit den Entropieverhältnissen in Medien mit temperaturabhängigen ε_r-Werten befaßt sich FRÖHLICH ([127], S. 9ff.) ausführlich.

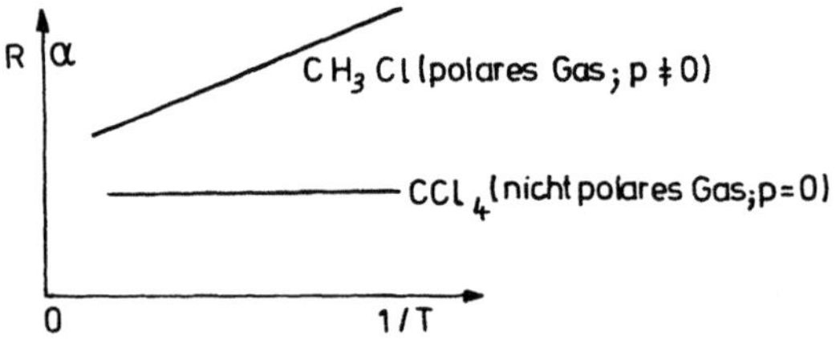

Abb. 2. Molrefraktion *R* und Gesamtpolarisierbarkeit α als Funktion der Temperatur *T*. (Modifiziert nach [415])

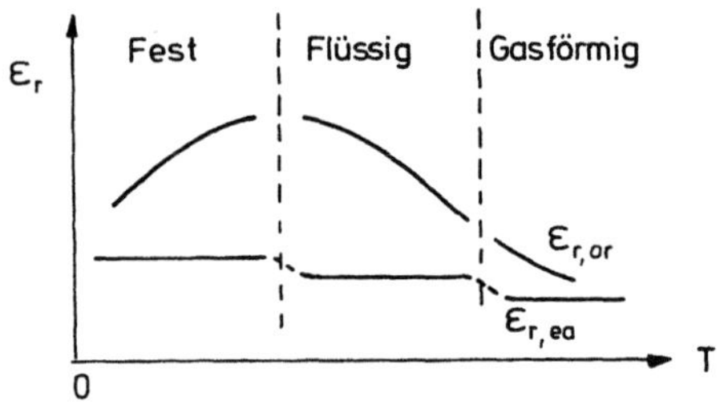

Abb. 3. Qualitativer Verlauf der Dielektrizitätszahl ε_r als Funktion der Temperatur *T* für die verschiedenen Aggregatzustände

Je nach Aggregatzustand läßt sich etwa die in Abb. 3 dargestellte Temperaturabhängigkeit der relativen DK ε_r zugrunde legen. Dabei kennzeichnet $\varepsilon_{r,ea}$ die allein durch Verschiebungspolarisation bzw. $\varepsilon_{r,or}$ die durch Orientierungspolarisation hervorgerufenen relativen Dielektrizitätskonstanten.

Diese Verhältnisse sind bei der Wechselwirkung elektromagnetischer Energie mit biologischem Gewebe, insbesondere bei der selektiven Temperaturerhöhung zum Zwecke der Veränderung bzw. Trennung von Gewebeabschnitten, zu berücksichtigen.

Als eine der Voraussetzungen wurde in der vorgestellten Darlegung der Polarisierbarkeit von Materie davon ausgegangen, daß das elektrische Feld als homogen in Bereichen von der Ausdehnung eines Dipols angenommen werden darf, da sonst $\vec{m} = \alpha \cdot \vec{E}_i$ nicht mehr gilt. Wenn die Bausteine des biologischen Gewebes jedoch sehr kleine Strukturabstände haben, so kann das Feld im Bereich eines Dipols nicht mehr als homogen angesehen werden, und es muß eine die experimentellen Befunde richtig beschreibende Modifizierung des Feldes gefunden werden.

Die Darstellungen bei der Polarisation zeigen, daß das Verhalten eines Dielektrikums im elektrischen Wechselfeld nur vollständig beschrieben werden kann, wenn die Struktur der beteiligten Moleküle berücksichtigt wird.

2.2.2 Dielektrisches Verhalten als Funktion der Frequenz

2.2.2.1 Beschreibung des Dispersionsverhaltens der relativen Dielektrizitätszahl

Wenn die elektrischen Felder zeitabhängig sind, müssen die in Abschn. 2.2.1 beschriebenen verschiedenen Mechanismen der Polarisation dahingehend modifiziert werden, daß sie hinsichtlich ihres Beitrags zur elektrischen Suszeptibilität auch einen Verlustprozeß berücksichtigen.

Bei der Verschiebungspolarisation (Deformations- und Vibrationspolarisation), die bei Elektronen und Ionen auftritt, ist das klassische Modell zur Beschreibung das eines verlustbehafteten Oszillators. Dabei ergibt sich die Resonanz aus der Trägheit des verschobenen jeweiligen Ladungsträgersystems, das mit den von der COULOMB-Wechselwirkung gelieferten rücktreibenden Kräften in Beziehung tritt. Die Verluste werden im klassischen Modell als Dämpfung angesetzt, die der Geschwindigkeit der schwingenden Ladungsträger proportional ist.

Im quantentheoretischen Bild entsteht die Resonanz als Folge von Quantenübergängen zwischen den einzelnen Energieniveaus, während die Verluste die Emission bei verschiedenen Frequenzen und die Anregung von Phononen, d.h. eine Temperaturerhöhung des betrachteten Mediums, beinhalten.

In jedem Falle führt aber die Annahme, daß das Medium quasielastisch gebundene äußere und damit resonanzfähige Elektronen besitzt, zu einer relativ komplizierten Beziehung für die relative Dielektrizitätszahl ε_r, die auch die Frequenz des wechselwirkenden elektrischen Feldes enthält.

Aus theoretischen und experimentellen Untersuchungen ist bekannt, daß ε_r in der Nähe der jeweiligen Resonanzfrequenz ein Maximum und ein Minimum durchläuft. Dieser Bereich liegt für Elektronen im UV-Bereich und für quasielastisch gebundene Ionen im IR-Bereich.

Enthält das zu betrachtende Medium feste Dipole, so besitzen diese, wie in Abschn. 2.2.1 ausgeführt, meist zwei oder mehrere Orientierungen minimaler Energie, zwischen denen sie infolge der endlichen Mediumtemperatur und der damit verbundenen Wärmebewegung hin- und herpendeln. Ein Wechselfeld kann nun z.B. eine dieser charakteristischen Energien erniedrigen, so daß im neuen Gleichgewicht diese Orientierung statistisch bevorzugt wird. Zur Einstellung der neuen Orientierung selbst ist eine gewisse Zeit, die sog. Relaxationszeit τ_R, erforderlich, die eine Verzögerung in der Antwort des Dipolsystems auf eine energetische Änderung darstellt. Es zeigt sich hierbei, daß sich die vorhandenen Dipole für Frequenzen $f \ll \frac{1}{\tau_R}$ in Feldrichtung einstellen und daher zur Polarisation beitragen können, während dies für $f \gg \frac{1}{\tau_R}$ nicht mehr der Fall ist. Daraus ergibt sich, daß die Polarisierbarkeit des jeweiligen Mediums in einem Relaxationsbereich um $f = \frac{1}{\tau_R}$ herum, der frequenzmäßig üblicherweise ca. eine Zehnerpotenz umfaßt, ohne ein Maximum zu durchlaufen, absinkt. Dipolrelaxationen finden sich experimentell bevorzugt im Mikrowellenbereich.

Die Polarisierbarkeit eines dielektrischen Mediums läßt sich nach diesen Ausführungen als Funktion der Frequenz schematisch nach Abb. 4 darstellen.

Zur analytischen Behandlung des frequenzabhängigen Polarisationsverhaltens ist eine Unterteilung der Frequenzachse in die charakteristischen Bereiche der Relaxationen und Resonanzen zweckmäßig.

Im Bereich der klassischen HF-Technik erfolgt die Verschiebungspolarisierbarkeit praktisch trägheitslos (in Mehrkomponentensystemen nach WIESE [493] in weniger als 10^{-14} s), so daß hier in ausreichender Näherung eine Betrachtung der Orientierungspolarisierbarkeit α_{or} nach Gl. 12 genügt.

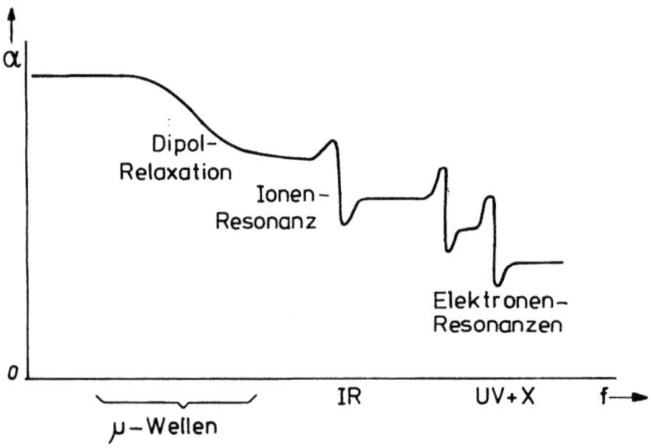

Abb. 4. Polarisierbarkeit α als Funktion der Frequenz

Vom strukturellen Standpunkt aus betrachtet ist die Orientierungspolarisation, die von der inneren Molekülstruktur und der molekularen Anordnung im Dielektrikum abhängt, der interessanteste dielektrische Relaxationsmechanismus in einem elektrischen Wechselfeld. Nach der DEBYE-Theorie stellt die dielektrische Relaxation das zeitliche Zurückbleiben der Dipolorientierung hinter dem verursachenden elektrischen Wechselfeld dar. Unter dem Einfluß eines solchen Feldes $\vec{E}$ orientieren sich die polaren Moleküle in einen Gleichgewichtszustand, der einer bestimmten elektrischen Polarisation entspricht.

Die Polarisation stellt sich also mit einer endlichen Geschwindigkeit auf einen Endwert

$$\vec{P}_{stat} = \varepsilon_0 \cdot (\varepsilon_{r,stat} - 1) \cdot \vec{E} \tag{20}$$

ein, wobei $\varepsilon_{r,stat}$ die statische, relative DK ist.

Bei sehr kleinen Frequenzen werden die Dipole innerhalb des biologischen Gewebes phasengleich im Rahmen der BOLTZMANN-Statistik dem von außen angelegten elektrischen Feld folgen.

Ist nun aber das polare Molekül des Gewebes sehr groß oder die Frequenz des Wechselfeldes sehr hoch oder z. B. die Viskosität der Gewebeflüssigkeit sehr groß, dann kann die Orientierungsbewegung der Moleküle nicht schnell genug erfolgen, um einen Gleichgewichtszustand mit dem HF-Feld zu erlangen.

Für die zeitliche Änderung der Polarisation selbst kann man die folgende Differentialgleichung ansetzen:

$$\frac{d}{dt}\vec{P}(t) = \frac{1}{\tau_R} \cdot [\vec{P}_{stat} - \vec{P}(t)], \tag{21}$$

deren Lösung beim Einschalten eines Feldes für die Polarisation

$$\vec{P}(t) = \vec{P}_{stat} \cdot \left[1 - \exp\left(-\frac{t}{\tau_R}\right)\right] \tag{22}$$

ergibt, wobei τ_R die Relaxationszeit (molekulare Umorientierungszeit) ist, d.h. diejenige Zeit, innerhalb der die Polarisation den e-ten Teil des Endwertes erreicht.

Damit kann man nun für die frequenzabhängige Orientierungspolarisierbarkeit schreiben:

$$\underline{\alpha}_{or}(\omega) = \alpha_{or,\,stat} \cdot \frac{1}{1 + j \cdot \omega \cdot \tau_R}, \tag{23}$$

mit $\alpha_{or,\,stat} = \underline{\alpha}_{or}(0)$ nach Gl. 12.

Die Polarisation erhält dabei einen Anteil, der nicht in Phase mit dem verursachenden Wechselfeld ist, d.h. zu dem reinen Verschiebungsstrom kommt ein konduktiver Stromanteil, der mit dem Wechselfeld in Phase und verantwortlich für die Entstehung einer thermischen Dissipation von Energie ist.

Die hiermit beschriebene dielektrische Relaxation erklärt auch den exponentiellen zeitlichen Abfall der elektrischen Polarisation eines Dielektrikums nach Wegnahme eines äußeren elektrischen Feldes.

Da die zur Polarisierbarkeit proportionale relative DK in diesem Frequenzbereich mit wachsender Frequenz abnimmt, spricht man häufig vom Gebiet der anomalen Dispersion. Im Gegensatz dazu wird der optische Frequenzbereich als Gebiet normaler Dispersion bezeichnet, da in diesem Frequenzbereich die relative DK ε_r mit der Frequenz ansteigt.

Mit wachsender Frequenz des HF-Feldes bleibt die Orientierungspolarisation immer mehr unter ihrem Gleichgewichtswert und trägt daher immer weniger zur Gesamtpolarisation bei. Die Polarisierbarkeit fällt vom Wert $\alpha = \alpha_e + \alpha_a + \alpha_{or}$ auf $\alpha_v = \alpha_e + \alpha_a$ ab, während gleichzeitig als Folge der dielektrischen Dispersion Absorption elektromagnetischer Energie auftritt.

Wenn das elektrische HF-Feld allgemein durch den reellen, zeitabhängigen Vektor (vgl. [420], S. 4)

$$\vec{E}(\vec{r}, t) = \mathrm{Re}\,[\underline{\vec{E}}(\vec{r}) \cdot \exp(j \cdot \omega \cdot t)] \tag{24a}$$

bzw. in kartesischen Koordinaten durch

$$\vec{E}(x, y, z, t) = \mathrm{Re}\,[(\underline{E}_x \cdot \vec{e}_x + \underline{E}_y \cdot \vec{e}_y + \underline{E}_z \cdot \vec{e}_z) \cdot \exp(j \cdot \omega \cdot t)] \tag{24b}$$

mit den skalaren, komplexen Zeigern

$$\underline{E}_i = \hat{E}_i \cdot \exp(j \cdot \varphi_i) = |\underline{E}_i| \cdot \exp(j \cdot \varphi_i), \qquad i = x, y, z \tag{25}$$

dargestellt wird, wobei die vektorielle, komplexe und zeitunabhängige Größe $\underline{\vec{E}}(\vec{r}) = \underline{\vec{E}}$ der Vektorzeiger ([42], S. 11) der elektrischen Feldstärke ist, so gilt unter der Voraussetzung, daß die verursachende Schwingung linear polarisiert ist (hiervon wird im folgenden stets ausgegangen, wenn nicht ausdrücklich eine abweichende Schwingungsform besonders gekennzeichnet wird), auch für diesen Sonderfall eine den skalaren Zeigern ([42], S. 10) entsprechende Darstellung des komplexen Vektorzeigers der elektrischen Feldstärke (vgl. [420], S. 4), d. h.

$$\underline{\vec{E}}(\vec{r}) = \underline{\vec{E}} = \vec{E}(\vec{r}) \cdot \exp[j \cdot \varphi_0(\vec{r})] = \vec{E} \cdot \exp(j \cdot \varphi_0) \tag{26}$$

mit dem durch Betrag und Richtung gekennzeichneten reellen Feldstärkevektor $\vec{E}$ und der Phase φ_0. Damit ist es nun möglich, die Verknüpfungen bei der Wechselwirkung elektromagnetischer Energie mit biologischem Gewebe modellmäßig analytisch durch komplexe, zeitunabhängige Vektoren darzustellen. Wenn der Einfachheit halber außerdem die Richtung des elektrischen Feldstärkevektors mit der z-Richtung eines kartesischen Koordinatensystems übereinstimmt und der Nullphasenwinkel φ_0 ohne Beschränkung der Allgemeinheit $\varphi_0 = 0$ gesetzt wird, kann für den reellen Vektor der elektrischen Feldstärke

$$\vec{E} = |\vec{E}| \cdot \vec{e}_z = E \cdot \vec{e}_z \tag{27}$$

geschrieben werden, wobei hier der Betrag (Scheitelwert) durch die reelle Größe $|\vec{E}| = E$ darstellbar ist und die Richtung vom Einheitsvektor $\vec{e}_z$ gekennzeichnet wird. In diesem Fall läßt sich dann die elektrische Feldstärke des HF-Feldes durch den Ausdruck

$$\vec{E}(\vec{r}, t) = \text{Re}[E \cdot \exp(j \cdot \omega \cdot t) \cdot \vec{e}_z] = \text{Re}[\underline{E}(t)] \cdot \vec{e}_z \tag{28}$$

darstellen mit der skalaren, komplexen, von der Frequenz f abhängigen Zeitfunktion $\underline{E}(t)$.

Die Orientierungspolarisation verursacht eine Phasendifferenz δ zwischen $\vec{E}$ und $\vec{D}$, d. h. es gilt:

$$\vec{D}(\vec{r}, t) = \text{Re}[D \cdot \exp(-j \cdot \delta) \cdot \exp(j \cdot \omega \cdot t) \cdot \vec{e}_z], \tag{29}$$

wobei sowohl D als auch δ i. allg. Funktionen der Frequenz sind. Zur Interpretation dieses Sachverhalts kann man 2 frequenzabhängige Dielektrizitätszahlen einführen und zur weiteren Darstellung die komplexen Zeitfunktionen $\underline{E}(t)$ und $\underline{D}(t)$ betrachten. Setzt man die DK komplex ([127], S. 6) an

$$\underline{\varepsilon} = \varepsilon' - j \cdot \varepsilon'' = \varepsilon_0 \cdot \underline{\varepsilon}_r = \varepsilon_0 \cdot (\varepsilon_r' - j \cdot \varepsilon_r''), \tag{30}$$

so folgt mit den Gln. 4, 28 und 29 für den Tangens des Phasenverschiebungswinkels (Verlustfaktor, vgl. Gl. 49a)

$$\tan\delta = \frac{\varepsilon''}{\varepsilon'} = \frac{\varepsilon_r''}{\varepsilon_r'}\,. \tag{31}$$

Setzt man in Gl. 4 die komplexen Zeitfunktionen gemäß

$$\underline{D}\,(t) = \varepsilon_0 \cdot \underline{E}\,(t) + \underline{P}\,(t) \tag{32}$$

ein, wobei

$$\underline{P}\,(t) = \varepsilon_0 \cdot (\underline{\varepsilon}_r - 1) \cdot \underline{E}\,(t) \tag{33}$$

gilt, so resultiert unter Beachtung der Tatsache, daß die statische Polarisation in einem elektrischen Wechselfeld ebenfalls gemäß

$$\underline{P}_{stat}\,(t) = \varepsilon_0 \cdot (\varepsilon_{r,\,stat} - 1) \cdot \underline{E}\,(t) \tag{34}$$

zeitabhängig ist, aus Gl. 22

$$j \cdot \omega \cdot \varepsilon_0 \cdot (\underline{\varepsilon}_r - 1) \cdot \underline{E}\,(t) = \frac{1}{\tau_R} \cdot [\varepsilon_0 \cdot (\varepsilon_{r,\,stat} - 1) \cdot \underline{E}\,(t) - \varepsilon_0 \cdot (\underline{\varepsilon}_r - 1) \cdot \underline{E}\,(t)] \tag{35}$$

und damit:

$$\underline{\varepsilon}_r - 1 = \frac{\varepsilon_{r,\,stat} - 1}{1 + j \cdot \omega \cdot \tau_R}\,. \tag{36}$$

Realteil

$$\varepsilon_r' = 1 + \frac{\varepsilon_{r,\,stat} - 1}{1 + (\omega \cdot \tau_R)^2} \tag{37}$$

und $(-1) \cdot$ Imaginärteil

$$\varepsilon_r'' = \frac{\omega \cdot \tau_R \cdot (\varepsilon_{r,\,stat} - 1)}{1 + (\omega \cdot \tau_R)^2} \tag{38}$$

der komplexen relativen DK $\underline{\varepsilon}_r = \mathrm{Re}\,(\underline{\varepsilon}_r) + j \cdot \mathrm{Im}\,(\underline{\varepsilon}_r) = \varepsilon_r' - j \cdot \varepsilon_r''$ sind in Abb. 5 dargestellt.

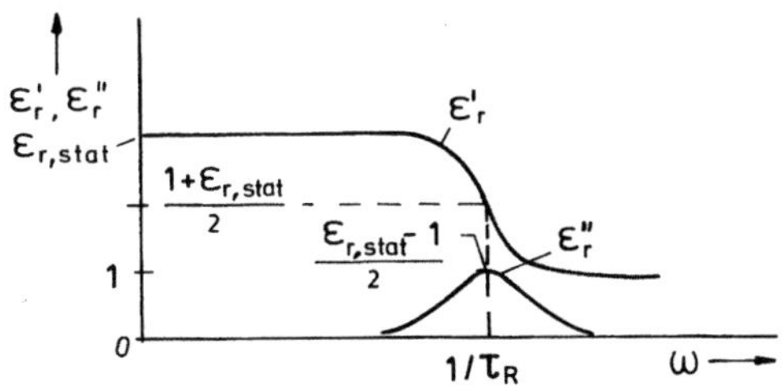

Abb. 5. Realteil und Imaginärteil der komplexen relativen DK $\underline{\varepsilon}_r$ als Funktion der Frequenz ω

Reale Dielektrika können nach diesem Relaxationsmodell dadurch in ihrem HF-Wechselwirkungsverhalten besser beschrieben werden, indem man anstelle des bei sehr hohen Frequenzen gemäß Gl. 37 resultierenden Wertes $\varepsilon_r''(\omega \to \infty) = 1$ (Abb. 5) die durch die bei höheren Frequenzen auftretende Verschiebungspolarisation bedingte relative DK $\varepsilon_{r,\,ea}$ setzt. Dies führt zu den im HF-Bereich bekannten DEBYE-Gleichungen (vgl. z. B. [75] und [460], S. 56 und 59)

$$\underline{\varepsilon}_r = \varepsilon_r' - j \cdot \varepsilon_r'' = \varepsilon_{r,\,ea} + \frac{\varepsilon_{r,\,stat} - \varepsilon_{r,\,ea}}{1 + j \cdot \omega \cdot \tau_R} \tag{39}$$

bzw.

$$\varepsilon_r' = \varepsilon_{r,\,ea} + \frac{\varepsilon_{r,\,stat} - \varepsilon_{r,\,ea}}{1 + (\omega \cdot \tau_R)^2} \tag{40a}$$

und

$$\varepsilon_r'' = \frac{(\varepsilon_{r,\,stat} - \varepsilon_{r,\,ea}) \cdot \omega \cdot \tau_R}{1 + (\omega \cdot \tau_R)^2}, \tag{40b}$$

die allerdings hier in einer gegenüber [81] vereinfachten Darstellung hergeleitet wurden. Es gilt außerdem nach Gl. 31

$$\tan\delta = \frac{(\varepsilon_{r,\,stat} - \varepsilon_{r,\,ea}) \cdot \omega \cdot \tau_R}{\varepsilon_{r,\,ea} \cdot (\omega \cdot \tau_R)^2 + \varepsilon_{r,\,stat}} \tag{41}$$

mit einem Maximalwert

$$(\tan\delta)_{max} = \frac{\varepsilon_{r,\,stat} - \varepsilon_{r,\,ea}}{2} \cdot \frac{1}{\sqrt{\varepsilon_{r,\,stat} \cdot \varepsilon_{r,\,ea}}} \tag{42}$$

bei der Frequenz

$$\omega_\delta = \frac{1}{\tau_R} \cdot \sqrt{\frac{\varepsilon_{r,\,stat}}{\varepsilon_{r,\,ea}}}\,. \tag{43}$$

Die Gln. 40 und 41 sind in Abb. 6 dargestellt.

Der Abfall von ε_r' von $\varepsilon_{r,stat}$ auf $\varepsilon_{r,ea}$ erstreckt sich dabei theoretisch über ca. 3 Zehnerpotenzen. In der Praxis ist jedoch häufig der Fall anzutreffen, daß die Dispersion einen größeren Frequenzbereich einnimmt und daß außerdem das Maximum von ε_r'' kleiner ist, als es theoretisch vorausgesagt wird (gestrichelte Kurven in Abb. 6). Dieser experimentelle Befund kann durch das Vorhandensein mehrerer Relaxationszeiten erklärt werden; man spricht dann von einer „verschmierten Relaxation".

Mathematisch läßt sich die „realere" Dispersionskurve dadurch beschreiben, indem man in der von DEBYE modifizierten Gl. 36 bzw. 39 den frequenzbestimmenden Term $j \cdot \omega \cdot \tau_R$ durch $(j \cdot \omega \cdot \tau_R)^{1-d_R}$ ersetzt, wobei d_R eine Konstante ist, die die Dispersionskurve verbreitert und gleichzeitig abflacht. Die Konstante d_R entspricht dabei dem sog. COLE-COLE-Faktor in [67] und [437], S. 169. Die Relaxa-

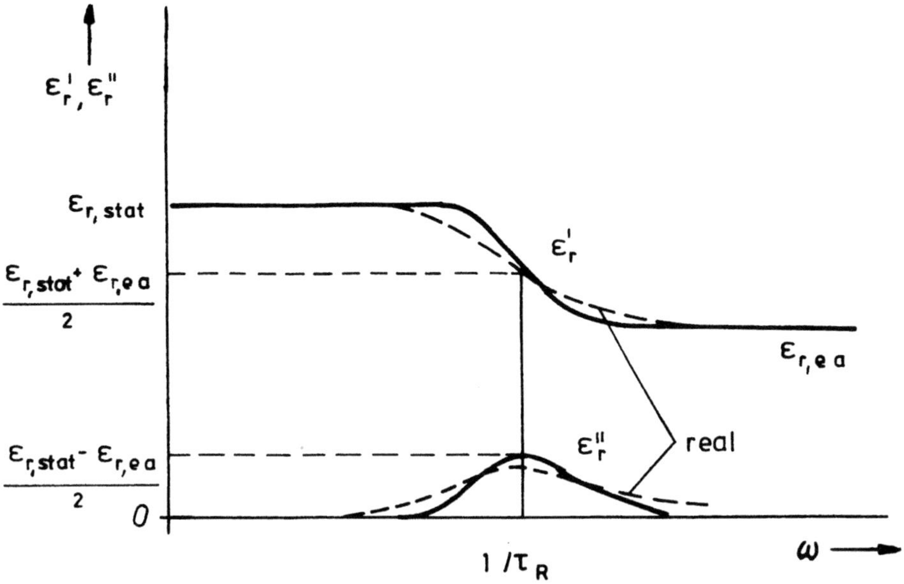

Abb. 6. DEBYE-Gleichungen für ε_r' und ε_r'' als Funktionen der Frequenz; (--- reale Dispersionskurven)

tionszeit τ_R erhält überdies die Bedeutung eines Mittelwertes einer Zeitkonstanten. Nach [493], S. 2, kann man in einem n-Komponenten-System, wozu auch die biologischen Gewebe zu rechnen sind, mit n diskontinuierlichen Relaxationszeiten rechnen.

Nach den vorangestellten Modellvorstellungen über die Polarisierbarkeit dielektrischer Materie, insbesondere biologischer Gewebe, ist die Polarisation mit der Verschiebung bzw. Orientierung von atomaren und molekularen Bausteinen verbunden, wozu die benötigte Energie dem elektrischen Feld entnommen werden muß. Diese Energie wird z. T. im polarisierten Material gespeichert, z. T. aber auch bei dem genannten atomaren Bewegungsvorgang in Wärme ungewandelt. Entsprechend den verschiedenen Polarisationsmechanismen kommt es bei den jeweiligen charakteristischen Frequenzen infolge Resonanzanregung im elektrischen bzw. elektromagnetischen Wechselfeld zu quasiselektiv gesteigerter Energieabsorption.

Die von einem homogenen Dielektrikum absorbierte Leistung P_V (Zeitmittel der elektrischen Verlustleistung) kann formal aus

$$P_V = \mathrm{Re}\,[\underline{P}_E(t)] \tag{44}$$

berechnet werden, wobei mit der HF-Spannung $\underline{U}(t)$ und der HF-Stromdichte $\underline{J}(t) = \underline{I}(t)/A$

$$\underline{P}_E(t) = \frac{1}{T} \cdot \int_0^T \frac{1}{2} \cdot \left[\int_A \underline{U}(t) \cdot \underline{J}^*(t) \cdot dA\right] \cdot dt \tag{45}$$

die komplexen dielektrischen Verluste darstellt. Legt man ein homogenes biologisches Gewebe zwischen den Platten eines Kondensators mit der Fläche A und dem Abstand d zugrunde, so gelten folgende Zusammenhänge:

$$\underline{U}(t) = \underline{E}(t) \cdot d \tag{46}$$

und

$$\underline{J}(t) = \frac{d\underline{D}(t)}{dt} = \underline{\varepsilon} \cdot \frac{d\underline{E}}{dt}. \tag{47}$$

Damit folgt aus Gl. 44 mit dem Volumen $V = A \cdot d$

$$P_V = \mathrm{Re}\left[\frac{-j \cdot \omega \cdot \varepsilon^*}{2 \cdot T} \cdot \int_0^T \underline{E}(t) \cdot \underline{E}^*(t) \cdot V \cdot dt\right] \tag{48}$$

und nach Einsetzen von $T = \frac{2\pi}{\omega}$ für die Zeitkonstante und mit Gl. 31

$$P_V = \tfrac{1}{2} \cdot \varepsilon_0 \cdot \omega \cdot E^2 \cdot V \cdot \varepsilon_r'' = \tfrac{1}{2} \cdot \varepsilon_0 \cdot \omega \cdot E^2 \cdot V \cdot \varepsilon_r' \cdot \tan\delta. \tag{49 a}$$

Selbstverständlich steigt die in einem Dielektrikum erzeugte Wirkleistung nicht linear mit der Frequenz an, da sowohl ε_r', ε_r'' als auch $\tan\delta$ Funktionen der Frequenz sind (vgl. z.B. Gln. 40a, b und 41).

Gleichung 49 läßt sich nach Einführung eines verallgemeinerten Verlustkoeffizienten (vgl. Abschn. 2.3.1) in die bekanntere Form

$$P_V = \tfrac{1}{2} \cdot \varkappa(\omega) \cdot E^2 \cdot V \tag{49 b}$$

überführen ([127], S. 162), wobei $\varkappa(\omega) = \varepsilon_0 \cdot \varepsilon_r'' \cdot \omega$ die frequenzabhängige Leitfähigkeit (dielektrische Verlustleitfähigkeit) ist. Zur Erweiterung der Betrachtungen über die Frequenzabhängigkeit der relativen DK nach noch höheren Frequenzen muß der bisher für $\varepsilon_r(\omega \to \infty) = \varepsilon_{r,ea}$ angenommene Wert durch die physikalische Realität der Verschiebungspolarisation den experimentellen Gegebenheiten angepaßt werden. Schematisch läßt sich diese Abhängigkeit durch Abb. 7 interpretieren.

Zur analytischen Beschreibung der Elektronen- und Ionenresonanzen kann man bei einem polarisierbaren Teilchen von der Annahme quasielastisch gebundener

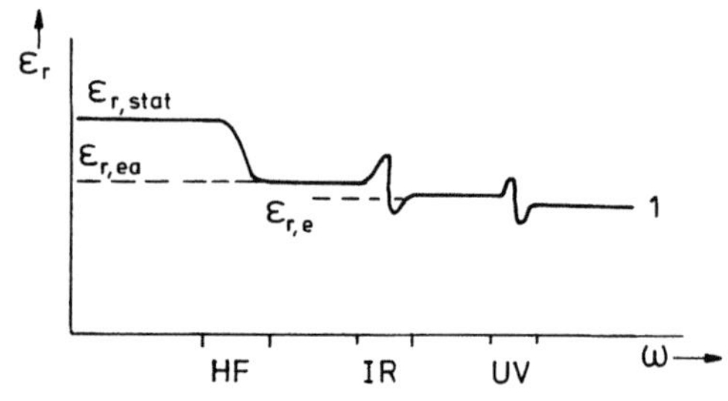

Abb. 7. Realteil der relativen DK als Funktion der Frequenz ($\varepsilon_{r,e}$: relative Dielektrizitätskonstante durch Elektronenverschiebungspolarisation)

Elektronen und feststehender Ionen ausgehen. Die Entfernung r eines Elektrons aus seiner Ruhelage unter dem Einfluß eines elektrischen Feldes $\underline{\underline{E}}(t)$ ergibt daher eine hierzu proportionale rücktreibende Kraft, die als Dämpfung anzusetzen und proportional der Geschwindigkeit des schwingenden Systems ist. Die hieraus resultierende Bewegungsgleichung

$$m_0 \cdot \frac{d^2 \underline{r}(t)}{dt^2} = -a_c \cdot \underline{r}(t) - s \cdot \frac{d\underline{r}(t)}{dt} + q \cdot \underline{\underline{E}}(t) \tag{50}$$

für die komplexe Zeitfunktion der Verschiebung $\underline{r}(t)$ des Ladungsschwerpunktes mit dem Dämpfungsfaktor s, dem COULOMB-Faktor $a_c = (Z \cdot q)^2/(4\pi \cdot \varepsilon_0 \cdot r_0^3)$ (Z: Zahl der Ladungen, $Z \cdot q$: Ladung der Elektronenwolke, r_0: Radius einer fiktiven Ladungskugel) und der anregenden Kraft $q \cdot \underline{\underline{E}}(t)$ hat für die komplexe, zeitabhängige Verschiebung die Lösung

$$\underline{r}(t) = \underline{r} \cdot \exp(j \cdot \omega \cdot t) = \frac{\frac{q}{m_0}}{\omega_0^2 - \omega^2 + j \cdot \omega \cdot \frac{s}{m_0}} \cdot \underline{\underline{E}}(t), \tag{51}$$

wobei

$$\omega_0 = \sqrt{\frac{a_c}{m_0}} \tag{52}$$

die Resonanzfrequenz (Eigenfrequenz) des schwingenden Systems kennzeichnet. (Eine Betrachtung ohne Berücksichtigung der Dämpfung und für statische Felder wurde von FRÖHLICH ([127], S. 17) durchgeführt, während sich in [457] eine der hier vorgestellten Darstellung vergleichbare Vorgehensweise findet.)

Mit dem Dipolmoment $\underline{\underline{m}}(t) = q \cdot \underline{r}(t)$ eines Teilchens und dem Dipolmoment der Volumeneinheit (makroskopisches Dipolmoment) nach Gl. 5

$$\underline{P}(t) = n_e \cdot \underline{\underline{m}}(t) = n_e \cdot \underline{\alpha}_v \cdot \underline{\underline{E}}(t) \tag{53}$$

folgt mit Gl. 51 für die komplexe Verschiebungspolarisierbarkeit

$$\underline{\alpha}_v = \alpha_v' - j \cdot \alpha_v'' = \frac{\frac{q^2}{m_0}}{\omega_0^2 - \omega^2 + j \cdot \omega \cdot \frac{s}{m_0}}. \tag{54}$$

Wendet man hierauf Gl. 15 an und bezeichnet mit $\frac{s}{m_0}$ den Kehrwert der Zeitkonstanten τ', so ergibt sich die Gleichung:

$$\underline{\varepsilon}_r(\omega) = 1 + n_e \cdot \frac{\underline{\alpha}_v}{\varepsilon_0} = 1 + \frac{\omega_0^2}{(\omega_0^2 - \omega^2) + j \cdot \frac{\omega}{\tau'}} \tag{55}$$

bzw.

$$\varepsilon_r'(\omega) = 1 + \frac{n_e \cdot \alpha_v'}{\varepsilon_0} = 1 + \frac{(\omega_0^2 - \omega^2) \cdot \omega_0^2}{(\omega_0^2 - \omega^2)^2 + \left(\frac{\omega}{\tau'}\right)^2} \tag{56a}$$

und

$$\varepsilon_r''(\omega) = \frac{n_e \cdot \alpha_v''}{\varepsilon_0} = \frac{\omega \cdot \frac{1}{\tau'} \cdot \omega_0^2}{(\omega_0^2 - \omega^2)^2 + \left(\frac{\omega}{\tau'}\right)^2}, \tag{56b}$$

deren charakteristischer Verlauf in Abb. 8 dargestellt ist. Die Extrema von $\varepsilon_r'(\omega)$ erhält man bei

$$\omega_{\mathrm{min;\,max}} = \sqrt{\omega_0 \cdot \left(\omega_0 \pm \frac{s}{m_0}\right)} \tag{57a}$$

bzw. für $\omega \approx \omega_0$ aus der Näherung

$$\omega_{\mathrm{min;\,max}} \approx \omega \pm \frac{s}{2 \cdot m_0}. \tag{57b}$$

Für Ionen ist das gleiche analytische Vorgehen möglich. Da aber die Masse der von einem elektrischen Feld zu Schwingungen angeregten Ionen größer ist als diejenige der Elektronen ($m_{\mathrm{Ion}} \gg m_0$), so ergibt sich gemäß

$$\omega_{0,\,\mathrm{Ion}} = \sqrt{\frac{a_c}{m_{\mathrm{Ion}}}} \tag{57c}$$

eine kleinere Resonanzfrequenz als bei Elektronenverschiebungspolarisation.

Im optischen Frequenzbereich kommt nur noch die Elektronenpolarisation zur Geltung. An die Stelle der Gl. 19 tritt dann die LORENTZ-LORENZ-Gleichung [284 – 286]

$$\frac{n^2 - 1}{n^2 + 2} \cdot \frac{M}{\varrho} = \frac{1}{3} \cdot N_L \cdot \frac{\alpha_e}{\varepsilon_0}, \tag{58}$$

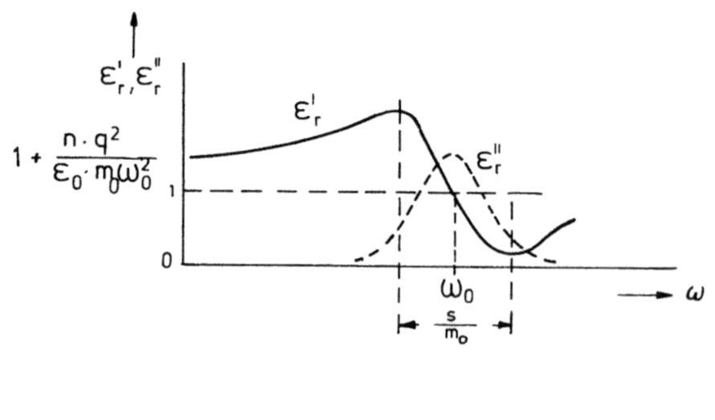

Abb. 8. Relative DK bei Verschiebungspolarisation als Funktion der Frequenz

wobei von der MAXWELL-Beziehung [302] für den Brechungsindex n

$$\varepsilon_r = n^2 \tag{59}$$

Gebrauch gemacht wurde.

Mit der Betrachtung nichtlinearer Polarisationsanteile in Gl. 16, die wegen der fehlenden Proportionalität zwischen der lokalen Feldstärke $\vec{E}_i$ und dem nichtlinearen Anteil in $\vec{P}$ nicht zu einer Form gemäß Gl. 19 und folglich auch im optischen Spektralbereich nicht zu Gl. 58 führen, befaßt sich z.B. PAUL (zit. in [360], S. 37ff.). Diese Gedankengänge sind u. U. bei nichtlinearen Prozessen in der Lasertherapie zu berücksichtigen.

Im IR-Bereich ist es zweckmäßig, auch die Atompolarisierbarkeit zu berücksichtigen. Dies führt in

$$\varepsilon_{r,\,IR} = 1 + \frac{n_e \cdot (\alpha_e + \alpha_a)}{\varepsilon_0} \tag{60}$$

zu einer verhältnismäßig kleinen Korrektur.

Obwohl natürlich auch der Brechungsindex eine komplexe, frequenzabhängige Größe ist, kann die folgende erstmals angegebene phänomenologische Beschreibung der DK bei homogenem Dielektrikum das prinzipielle Dispersionsverhalten bei höchsten Frequenzen anschaulich darstellen.

Ein gegebenes elektrisches Feld $\underline{E}$ (t) erzeugt z.B. in einem Nichtleiter eine bestimmte materialabhängige Polarisation $\underline{P}$ (t). Außerdem wirkt sich die Annäherung $\underline{r}$ (t) der Ladungsträger unterschiedlichen Vorzeichens bezüglich der Ladung auf die Polarisation aus. Andererseits hängt die Geschwindigkeitsänderung (Beschleunigung) der Ladungsträger von der elektrischen Feldstärke linear ab und wird mit zunehmender Entfernung der Ladungsträger voneinander kleiner. Diese Zusammenhänge lassen sich bei periodischer Zeitabhängigkeit durch die folgenden Gleichungen ausdrücken:

$$\underline{P}(t) = a_{11} \cdot \underline{E}(t) + a_{12} \cdot \underline{r}(t) \tag{61}$$

$$\frac{d^2 \underline{r}(t)}{dt^2} = \ddot{\underline{r}}(t) = a_{21} \cdot \underline{E}(t) + a_{22} \cdot \underline{r}(t) = -\omega^2 \cdot \underline{r}(t) \tag{62}$$

bzw.

$$\begin{pmatrix} \underline{P}(t) \\ \ddot{\underline{r}}(t) \end{pmatrix} = \underset{\circ}{A} \cdot \begin{pmatrix} \underline{E}(t) \\ \underline{r}(t) \end{pmatrix} \tag{63}$$

mit den endlichen skalaren, reellen Koeffizienten a_{ij} (i, j = 1, 2). Damit gilt für die Polarisation nach Elimination von $\underline{r}$ (t) in den Gln. 61 und 62

$$\underline{P}(t) = \left[a_{11} + \frac{a_{12} \cdot a_{21}}{-a_{22} - \omega^2} \right] \cdot \underline{E}(t) \tag{64}$$

und mit Gl. 4 und Gl. 5 folgt die formale Gleichheit:

$$\varepsilon_0 \cdot [\varepsilon_r(\omega) - 1] = a_{11} + \frac{a_{12} \cdot a_{21}}{-a_{22} - \omega^2}. \tag{65}$$

Hierin beschreibt der 2. additive Term das DK-Verhalten bei optischen Frequenzen, d. h.

$$-a_{22} = \omega_0^2, \tag{66}$$

wobei ω_0 die bevorzugt im IR-Bereich liegende Resonanzfrequenz ist. Für $\omega \gg \omega_0$ läßt sich der 1. Koeffizient zu

$$a_{11} = \varepsilon_0 \cdot [\varepsilon_r(\infty) - 1] \tag{67}$$

bestimmen, wobei $\varepsilon_r(\infty) = \lim_{\omega \to \infty} \varepsilon_r(\omega)$ ist. Für $\omega \to 0$ erhält man

$$a_{12} \cdot a_{21} = \varepsilon_0 \cdot [\varepsilon_r(0) - \varepsilon_r(\infty)], \tag{68}$$

und damit läßt sich die frequenzabhängige relative DK durch

$$\varepsilon_r(\omega) = \varepsilon_r(\infty) + \frac{[\varepsilon_r(0) - \varepsilon_r(\infty)]}{1 - \left(\frac{\omega}{\omega_0}\right)^2} \tag{69}$$

ausdrücken. Diese Beziehung ist in Abb. 9 schematisch dargestellt.

Bei einer quantitativen Untersuchung müssen selbstverständlich die für das jeweilige biologische Gewebe charakteristischen Größen, z. B. nach Gl. 56a, eingesetzt werden.

Wenn Realteil und Imaginärteil der Dielektrizitätskonstanten $\underline{\varepsilon}$ analytische Funktionen in der rechten Halbebene der komplexen Frequenzebene ($\omega > 0$) sind, d. h. wenn die CAUCHY-RIEMANN-Beziehungen von $\varepsilon'(\omega)$ und $\varepsilon''(\omega)$ erfüllt werden, so lassen sich die KRONIG-KRAMERS-Gleichungen ([127], S. 8)

$$\varepsilon'(\omega) = \varepsilon_\infty + \frac{2}{\pi} \cdot \int_0^\infty \frac{\Omega \cdot \varepsilon''(\Omega)}{\Omega^2 - \omega^2} \cdot d\Omega \tag{70a}$$

$$\varepsilon''(\omega) = -\frac{2 \cdot \omega}{\pi} \cdot \int_0^\infty \frac{[\varepsilon'(\omega) - \varepsilon_\infty]}{\Omega^2 - \omega^2} \cdot d\Omega \tag{70b}$$

mit $\varepsilon_\infty = \varepsilon_0 \cdot \varepsilon_r(\infty)$ angeben.

Für $\omega = 0$ erhält man die statische DK:

$$\varepsilon'(\omega = 0) = \varepsilon'(0) = \varepsilon_{stat} = \varepsilon_\infty + \frac{2}{\pi} \cdot \int_0^\infty \varepsilon''(\Omega) \cdot \frac{d\Omega}{\Omega}. \tag{71}$$

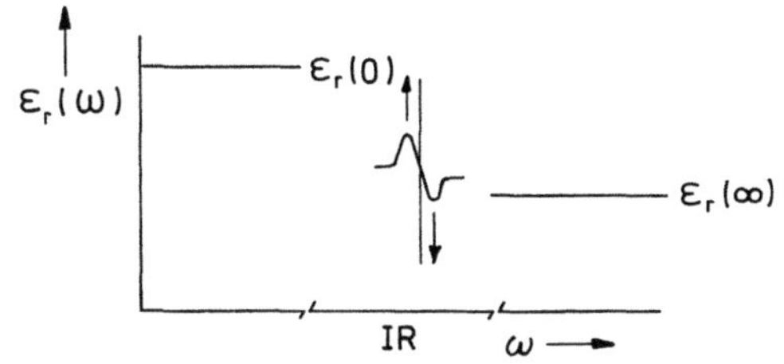

Abb. 9. Resonanzverhalten der relativen DK bei optischen Frequenzen

Hieraus kann man ersehen, daß bei einem biologischen Material, bei dem $\varepsilon_{\text{stat}} - \varepsilon_\infty \approx 0$ gilt, nur geringe dielektrische Verluste auftreten, die nach Gl. 49a proportional zu ε_r'' sind.

Bei einer Betrachtung von Zeitfunktionen (eine ähnliche Vorgehensweise findet sich bei FRÖHLICH [127], S. 6ff.), bei denen man z.B. von

$$\underline{E}(t) = \begin{cases} \underline{E}(t') & \text{für} \quad t' < t < t' + dt' \\ 0 & \text{für} \quad t < t' \quad \text{und} \quad t > t' + dt' \end{cases}$$

ausgehen kann, existiert wegen der Trägheit der Polarisation $\underline{P}(t)$ die dielektrische Verschiebung $\underline{D}(t)$ auch für $t > t' + dt'$, d.h. es gilt: $\underline{D}(t - t') = \varepsilon_0 \cdot \underline{E}(t')$; $h(t - t') \cdot dt'$. Dabei ist $h(t - t')$ eine Zeitfunktion, die die Relaxation der Polarisationsvorgänge beinhaltet, mit der Bedingung $\lim_{t \to \infty} h(t - t') = 0$. Da in der dielektrischen Verschiebung ein Anteil enthalten ist, der praktisch momentan einer Feldänderung folgt, und ein zweiter, der die Trägheit der Polarisation beinhaltet, kann man für $t' < t < t' + dt'$ schreiben:

$$\underline{D}(t - t') = \varepsilon_0 \cdot \varepsilon_\infty \cdot \underline{E}(t') + \varepsilon_0 \cdot \underline{E}(t') \cdot h(0) \cdot dt'.$$

Durch das Überlagerungsprinzip kann man weiterhin mit

$$\underline{D}(t) = \varepsilon_0 \cdot \varepsilon_\infty \cdot \underline{E}(t) + \int_0^\infty \varepsilon_0 \cdot \underline{E}(t') \cdot h(t - t') \cdot dt'$$

berücksichtigen, daß bei $t' = 0$ ein kontinuierlich-zeitlich veränderliches elektrisches Feld angelegt wird. Für harmonische Zeitabhängigkeit $\underline{E}(t) = E \cdot \exp(j \cdot \omega \cdot t)$ folgt unter Berücksichtigung, daß für $t > t_0$ $h(t_0) \to 0$ geht, mit $t - t' = \tau$

$$\underline{D}(t) = \varepsilon_0 \cdot E \cdot \left[\varepsilon_\infty \cdot e^{j\omega t} + \int_0^\infty e^{j\omega \cdot (t - \tau)} \cdot h(\tau) \cdot d\tau \right] = \varepsilon_0 \cdot \underline{\varepsilon}_r \cdot \underline{E}(t), \tag{72}$$

und hieraus erhält man die beiden Relationen

$$\varepsilon_r'(\omega) = \varepsilon_\infty + \int_0^\infty h(\tau) \cdot \cos \omega \tau \cdot d\tau \tag{73a}$$

und

$$\varepsilon_r''(\omega) = \int_0^\infty h(\tau) \cdot \sin \omega \tau \cdot d\tau, \tag{73b}$$

welche die Abhängigkeit von Real- und Imaginärteil der relativen DK voneinander ausdrücken.

Biologisches Gewebe kann nun aber wegen seiner makro- und mikroskopischen Strukturschichtung nicht wie in den voranstehenden theoretischen Ausführungen vollständig und in jedem Fall als homogenes Dielektrikum betrachtet werden.

In heterogenen Medien kommt ein zusätzlicher Polarisationseffekt hinzu, und zwar die sog. Grenzflächenpolarisation. Dieser Beitrag entsteht durch die Anhäufung von Ladungen an der Grenzfläche zweier verschiedener Medien. Er tritt nur dann auf, wenn die beidseitigen Strukturen unterschiedliche Dielektrizitätswerte und Leitfähigkeiten besitzen.

Die Ansammlung von Ladungsträgern an einer Grenzfläche setzt einen Strom durch die unterschiedlichen Dielektrika voraus. Bei geringer Leitfähigkeit der betroffenen Bereiche kann dieser Vorgang der Ladungsanhäufung Sekunden oder gar Minuten benötigen, d.h. er wird dann nur bei niedrigsten Frequenzen beobachtet. Ist jedoch die Leitfähigkeit auf einer Seite der Grenzfläche relativ hoch, so kann dieser Polarisationsbeitrag sogar in den Radiofrequenzbereich fallen.

Die Unkenntnis der Einzelparameter erschwert eine quantitative Betrachtung der dielektrischen Eigenschaften, insbesondere bei solch extrem heterogenen Medien, wie sie die biologischen Gewebe in der Regel darstellen.

2.2.2.2 Diskussion experimenteller Ergebnisse

Biologisches Gewebe stellt also mit seinem kolloidalen Aufbau der Zell-, Faser- und Schichtstrukturen ein inhomogenes Dielektrikum dar. Zur Diskussion experimenteller Ergebnisse und zur Interpretation des dielektrischen Verhaltens muß man die elektrophysiologischen Grundlagen nach 1.2 berücksichtigen, in denen die Grundstrukturen des biologischen Gewebes Zellen sind, die von einer dünnen Membran umgeben werden. Die Zahl dieser Zellen beträgt beim Menschen ohne Berücksichtigung der Blutzellen $10^{13} - 10^{14}$ ([486], S. 9). Die intrazelluläre Flüssigkeit enthält verschiedene Salzionen, polare Proteinmoleküle und polare Wassermoleküle. Die extrazelluläre Flüssigkeit besitzt ähnliche Ionenkonzentrationen und vergleichbare polare Moleküle; einige Elemente können dabei aber verschieden sein von denjenigen in der intrazellulären Flüssigkeit.

Der Einfluß elektromagnetischer Felder bewirkt bei biologischem Gewebe insbesondere 2 Effekte:

1. Schwingungen von freien Ladungsträgern und von Ionen und
2. Rotationen von Dipolmolekülen.

Die Schwingungen von freien Ladungsträgern und Ionen führen zu Leitungsströmen, und der elektrische Gewebewiderstand bewirkt einen Energieverlust. Andererseits sind die Dipolmolekülrotationen mit den Verschiebungsströmen für die dielektrischen Verluste verantwortlich. Das dielektrische Verhalten des biologi-

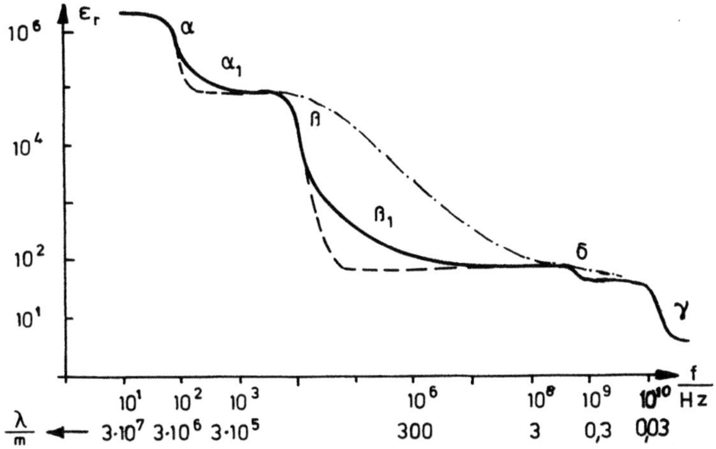

Abb. 10. Relative DK ε_r als Funktion der Frequenz f für Muskelgewebe (– · – · – nach [442], S. 52; [436, 437])

schen Gewebes weist in der Regel mehrere der in 2.2.2.1 beschriebenen Relaxationsbereiche auf. In Abb. 10 ist das Frequenzverhalten der relativen DK ε_r für muskelhaltiges Gewebe dargestellt (durchgezogene Linie).

Dieser Kurvenverlauf zeigt, daß das biologische Gewebe mit seinen heterogenen Strukturen kein abruptes Dispersionsverhalten (gestrichelte Kurve in Abb. 10) aufweist. Entsprechend Gl. 37 bzw. 39 kann man den Realteil der relativen DK durch den funktionellen Zusammenhang

$$\varepsilon_{r,i}(\omega) = a_{r,i} + \frac{b_{r,i}}{1 + \left(\dfrac{\omega}{\omega_{0,i}}\right)^2} \tag{74a}$$

darstellen, wobei $a_{r,i}$ und $b_{r,i}$ durch den Beginn und das jeweilige frequenzmäßige Ende des i-ten Dispersionsbereiches bestimmt werden, während $\omega_{0,i}$ die zugehörige Relaxationsfrequenz angibt. Der Frequenzverlauf der komplexen DK von biologischem Gewebe läßt sich unter Beachtung der Gln. 36, 39, 55 und 69 näherungsweise durch eine Summe von n_1 DEBYE- und n_2 DRUDE-Mechanismen [277], also Relaxationen und Resonanzen, darstellen:

$$\underline{\varepsilon}_r(\omega) = \varepsilon_r(\infty) + \sum_{i=1}^{n_1} \frac{(\varepsilon_{r,1} - \varepsilon_{r,2})_i}{1 + j \cdot \omega \cdot \tau_{R,i}} + \sum_{j=1}^{n_2} \frac{(\varepsilon_{r,a} - \varepsilon_{r,b})_j \cdot \omega_{0j}^2}{(\omega_{0j}^2 - \omega^2) + j \cdot \dfrac{\omega}{\tau_j'}} . \tag{74b}$$

Dabei stellt $\varepsilon_r(\infty)$ praktisch die optische relative DK, $(\varepsilon_{r,1} - \varepsilon_{r,2})_i > 0$ die „Stufe" der relativen DK bei der i-ten Relaxation (vgl. Abb. 5 u. 6), $(\varepsilon_{r,a} - \varepsilon_{r,b})_j > 0$ die „Stufe" der relativen DK bei der j-ten Resonanz (vgl. Abb. 8 und 9), $\tau_{r,i}$ die i-te Orientierungs- oder Dipolrelaxations-Zeitkonstante, τ_j' die j-te Verschiebungszeitkonstante und ω_{0j} die j-te Verschiebungseigenfrequenz (Deformations- oder Vibrationseigenfrequenz) dar. Gleichung 74b enthält noch nicht die Leitfähigkeitsverluste $\left(-j \cdot \frac{\varkappa}{\varepsilon_0 \cdot \omega}\right)$ nach Gl. 80 bzw. 81.

Der in Abb. 10 dargestellte Realteil von $\varepsilon_r(\omega)$

$$\varepsilon_r'(\omega) = \varepsilon_r(\omega) = \varepsilon_r(\infty) + \sum_{i=1}^{n_1} \frac{(\varepsilon_{r,1} - \varepsilon_{r,2})_i}{1 + (\omega \cdot \tau_{R,i})^2} + \sum_{j=1}^{n_2} \frac{(\varepsilon_{r,a} - \varepsilon_{r,b})_j \cdot \omega_{0j}^2 \cdot (\omega_{0j}^2 - \omega^2)}{(\omega_{0j}^2 - \omega^2)^2 + \left(\frac{\omega}{\tau_j'}\right)^2} \tag{74c}$$

enthält im zugrunde gelegten Frequenzbereich praktisch nur Dipolrelaxationen.

Von den verantwortlichen Mechanismen für die verschiedenen Dispersionen ist man bei der α-Dispersion am meisten auf Vermutungen angewiesen, da dieser niederfrequente Dispersionsbereich bisher am wenigsten geklärt ist und die ersten Anzeichen einer NF-Dispersion erst nach 1945 entdeckt wurden. Bei der in Abb. 10 dargestellten α-Dispersion könnte die Ursache in der innerzellulären Struktur des Systems zusammenhängender Röhrchen liegen, die den raschen Stofftransport vom extrazellulären Raum zu den Myofibrillen gestatten und die einzelnen Fibrillen der Muskulatur umgeben, wobei sie mit der äußeren Zellmembran der zusammenhängenden Muskelfasern verbunden sind. Diese Erklärung kann selbstverständlich nur in einem Gewebe Gültigkeit haben, das die gleiche Zellstruktur besitzt.

Die DK-Werte bei diesen niedrigen Frequenzen sind bei Muskelgewebe vergleichsweise größer als bei anderen Geweben, was in den relativ großen Strukturen wie z.B. den Fibrillen begründet ist. Die der α-Dispersion überlagerte α_1-Dispersion wird teilweise durch die Relaxation der Ionenwolke bedingt, die sich nach SCHWAN [437] und SCHWARZ [446a] um die Oberfläche von geladenen Teilchen oder von ganzen Zellen herum ausbildet. Andererseits kann das Relaxationsverhalten der Zellmembranen selbst dafür verantwortlich sein.

Die β-Dispersion wird nach Untersuchungen von RAJEWSKY [381], DÄNZER [76], SCHWAN [439] und FRICKE [125b] durch die inhomogene Gewebestruktur hervorgerufen. Die Polarisation rührt folglich von den Grenzflächen her, die als Membranen die Flüssigkeiten innerhalb und außerhalb der Zellen trennen (MAXWELL-WAGNER-Effekt [488]).

Auch der β-Dispersion ist eine mehr oder weniger stark ausgeprägte, sich frequenzmäßig häufig über mehrere Zehnerpotenzen erstreckende weitere Dispersion überlagert. Diese sog. β_1-Dispersion bei „mittleren" Frequenzen wird durch kleinere, subzelluläre Strukturen bedingt. Zu diesen biologischen Makromolekülen zählen z.B. die Zellkerne und subzelluläre Organellen wie die meist 1 – 2 µm langen oder runden Mitochondrien, das endoplasmatische Retikulum, die GOLGI-Felder, Lysosomen, Zentriolen und Teile der Zellmembranen. Da diese Strukturen kleiner als die zugehörige Zelle sind, liegen ihre jeweiligen Relaxationsfrequenzen auch entsprechend höher und ergeben eine „verschmierte" β_1-Dispersion. Dies ist insbesondere dann verständlich, wenn man bedenkt, daß diese Bestandteile als „aktive" Zellorganellen durchaus ihre Form, Lage und Größe verändern können und in mannigfaltiger Gestalt im biologischen Gewebe vorhanden sind. Eine experimentelle Isolierung der einzelnen Strukturen würde daher wenig zusätzliche Informationen über den Dispersionsmechanismus bringen, da die gesamte funktionelle Vielfältigkeit in der Umgebung der viskösen Zellflüssigkeit zu berücksichtigen ist und den realen β_1-Dispersionsverlauf ergibt.

Die γ-Dispersion läßt sich durch die Trägheitseffekte bei der Orientierung polarer Moleküle (Permanentdipole) im HF-Feld erklären (DEBYE-Effekt). Als Moleküle kommen in erster Linie freies Wasser (flüssiges Wasser) und Proteine, d.h. einfache Eiweißkörper, die nur aus Aminosäuren bestehen, in Frage. Dabei ist es sehr wahrscheinlich, daß H_2O die reine γ-Dispersion bewirkt, während die Proteinmoleküle auch den hochfrequenten Ausläufer der β-Dispersion beeinflussen, d.h. einen additiven Beitrag zur β_1-Dispersion liefern können. Die freien Wassermoleküle sind also für den steilsten Abfall der relativen DK zwischen dem statischen und dem optischen Wert verantwortlich, der bei f $\approx$ 22 GHz liegt und dessen zugeordnete Wellenlänge auch als Sprungwellenlänge bezeichnet wird.

Da DK-Messungen an biologischem Gewebe bei Frequenzen oberhalb von f $\approx$ 30 GHz bisher praktisch nur bei wenigen Einzelfrequenzen durchgeführt wurden, sind keine weiteren Dispersionen in der Literatur bekannt geworden. Es kann aber z.B. nicht ausgeschlossen werden, daß beispielsweise stark wasserhaltige Gewebe die bei freiem Wasser bei ca. f $\approx$ 186 GHz verstärkt auftretende Absorption bei genauerer DK-Messung als eine weitere Relaxationsstufe zeigen. Die bei vielen biologischen Geweben zwischen der β- und γ-Dispersion nachweisbare δ-Dispersion wurde als letzte charakteristische Relaxation ermittelt. Man kann annehmen, daß es sich hier ursächlich um Relaxationen der vorwiegend in den hydrophilen Aminosäuren der Proteine gebundenen Wassermoleküle, um Orientierungen von Aminosäuren oder um unvollständige Proteinrotationen, d.h. um Orientierungen geladener – also polarer – Seitenkettengruppen der Proteine, handelt. Durch Vergleich der δ-Dispersion der effektiven Dielektrizitätskonstanten von Hämoglobinlösungen mit verschiedenem Hydrationsgrad, d.h. verschiedenem Anteil gebundenen Wassers, kann nach SCHWAN [440] mit einer ausgeprägten Dispersion im Bereich von f $\approx$ 20 – 500 MHz gerechnet werden, wobei die relative DK des gebundenen Wassers von ca. 80 auf Werte um $\varepsilon_r \approx 10$ absinkt (vgl. γ-Dispersion von freien Wassermolekülen). Die molekularen Bewegungen sind im gebundenen Wasser (z.B. Hydratwasser) stärker behindert als beim flüssigen Wasser, wodurch die Dispersion bei vergleichsweise niedrigeren Frequenzen erfolgt.

Als Alternative zur Annahme der Frequenzabhängigkeitsursache von ε_r durch das an Protein gebundene Wasser könnte eine Rotation der polaren Proteinseitengruppen angenommen werden. Eine eindeutige Klärung hiervon bleibt zukünftigen Forschungen vorbehalten. Wegen der Verschiedenartigkeit der biologischen Gewebe kann man keine eindeutigen, allgemeingültigen Frequenzangaben für die hier diskutierten einzelnen Dispersionsbereiche machen, da die Lage der charakteristischen Dispersionsfrequenzen durch das jeweilige Gewebe und seine Substruktur bestimmt wird. Nach bisherigen experimentellen Ergebnissen kann man jedoch den einzelnen Dispersionen folgende Frequenzbereiche zuordnen:

α-Dispersion: f $\approx$ 10 Hz – 100 kHz,
β-Dispersion: f $\approx$ 10 kHz – 100 MHz,
δ-Dispersion: f $\approx$ 300 MHz – 2 GHz und
γ-Dispersion: f $\approx$ 22 GHz.

Dabei liegt die γ-Dispersion praktisch fest, die δ-Dispersion zeigt nur eine geringe Abhängigkeit, aber α- und β-Dispersion werden vom jeweiligen Gewebetyp bestimmt, und ihre Relaxationsfrequenzen können über mehrere Zehnerpotenzen variieren. Beispielsweise wird für Blutzellen eine schwach ausgeprägte α-Dispersion bei $f_{0,\alpha} \approx 2$ kHz und eine β-Dispersion bei $f_{0,\beta} \approx 3$ MHz angegeben. Muskelzellen zeichnen sich dagegen durch eine stark ausgeprägte α-Dispersion bei $f_{0,\alpha} \approx 100$ Hz aus, während die β-Dispersion bei $f_{0,\beta} \approx 100$ kHz liegt. Als wesentlich bestimmender Faktor ist nach den Ausführungen dieses Abschnitts insbesondere für die α- und β-Dispersionen die Zellgröße selbst zu nennen, da nach der allgemein gültigen Kern-Plasma-Relation ([486], S. 9) große Zellen auch große Kerne und Organellen besitzen.

Ein bislang noch wenig beachteter Gesichtspunkt bei der Wechselwirkung elektromagnetischer Energie mit biologischem Gewebe ist die auf Beobachtungen basierende Tatsache, daß funktionell bedingte Kernvergrößerungen in rasch wachsenden Geschwülsten und vorübergehend auch in solchen Organteilen, die einen temporär besonders belasteten Stoffwechsel aufweisen, auftreten können. Untersuchungen über das hierdurch veränderte Dispersionsverhalten sind ebensowenig bekannt wie gezielte Einflußnahmen auf therapeutische Wechselwirkungen durch ein geändertes Absorptionsverhalten des Gewebes. Dies könnte insbesondere bei pathologischem Gewebe ein Ansatzpunkt für eine möglicherweise frequenzabhängige Therapie sein.

Ordnet man den funktionellen Gewebebestandteilen entsprechende Einflußnahmen auf die verschiedenen Dispersionen zu, so läßt sich dies nach den vorstehenden Ausführungen etwa in der folgenden Form summarisch durchführen:

1. Elektrolyte → γ-Dispersion;
2. Biologische Makromoleküle:
   - Aminosäuren → δ-, γ-Dispersion,
   - Proteine → β-, δ-, γ-Dispersion,
   - Nukleinsäuren → α-, β-, δ-, γ-Dispersion;
3. Zellen:
   - geladene Zellen → α-, β-, γ-Dispersion,
   - angeregte Zellmembranen → α-, β-, γ-Dispersion;

wobei insbesondere zu beachten ist, daß eine γ-Dispersion infolge der stets vorhandenen freien Wassermoleküle bei allen Gruppen auftreten kann und sich in der jeweiligen Frequenzcharakteristik niederschlägt. Wasser als Hauptbestandteil aller Lebewesen ist z. B. im menschlichen Körper zu 60% enthalten, wobei das Blut 80%, Knorpel, Gehirn, Muskel, Leber 70 – 75% und die Knochen im Mittel 20% enthalten ([486], S. 11). Die winkelige Molekülform und die unterschiedliche Ladungsverteilung machen das H_2O-Molekül zu einem Dipol, der auch das Dispersionsverhalten biologischen Gewebes in besonderem Maße mitbeeinflußt. Für die Frequenzabhängigkeit der relativen DK kann der in Abb. 11 dargestellte Verlauf zugrunde gelegt werden. Dabei sind bei einzelnen Frequenzen sehr genaue Werte ermittelt worden, wie z. B. $\underline{\varepsilon}_{r,25\,°C} = (76{,}3 \pm 0{,}4) - j \cdot (11{,}4 \pm 0{,}4)$ [259] für $f = 3$ GHz.

Da aber die relative DK von H_2O eine starke Temperaturabhängigkeit aufweist, wie dies in Abb. 12 a, b für destilliertes Wasser im Bereich $\vartheta = 0 - 400$ °C zum Ausdruck kommt, ist auch die Temperaturabhängigkeit der relativen DK bei der Wechselwirkung elektromagnetischer Energie mit biologischem Gewebe im Hinblick auf eine Ganzkörpertemperaturerhöhung oder einen selektiven, lokalen und raschen Temperaturanstieg von besonderem Interesse. Experimentelle Untersuchungen sind hierzu jedoch bislang nicht gezielt durchgeführt worden.

Experimentelle Ergebnisse über Messungen der relativen DK der verschiedenen biologischen Gewebe bzw. Körperschichten und -strukturen wurden bislang von relativ wenigen Autoren ([70, 108, 197], [347], S. 215f., [440, 444, 445], in [182] sind dabei die $\varkappa$-Werte für Fett 10^3fach zu hoch angegeben) berichtet und sind meist einem speziellen Problem frequenzmäßig zugeordnet.

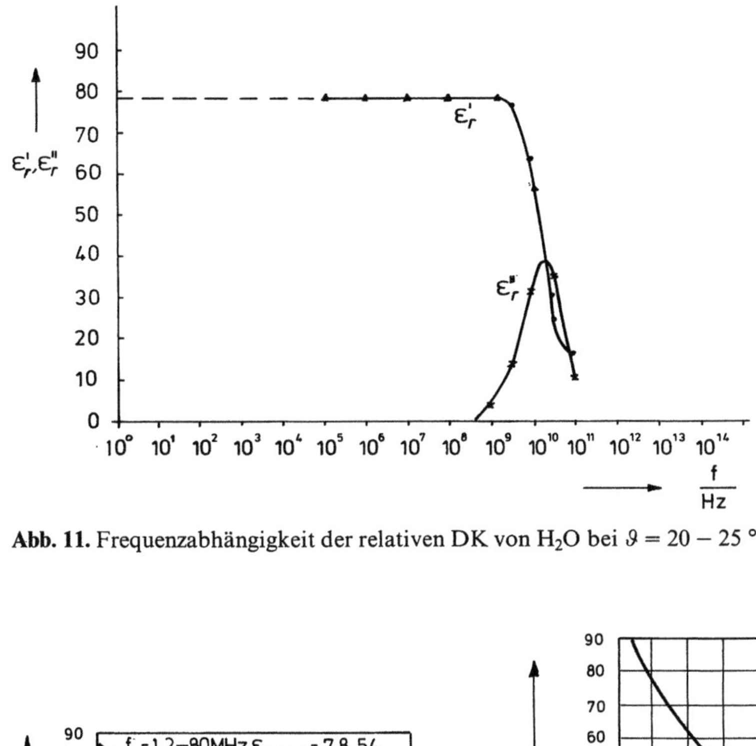

Abb. 11. Frequenzabhängigkeit der relativen DK von H_2O bei $\vartheta = 20 - 25$ °C

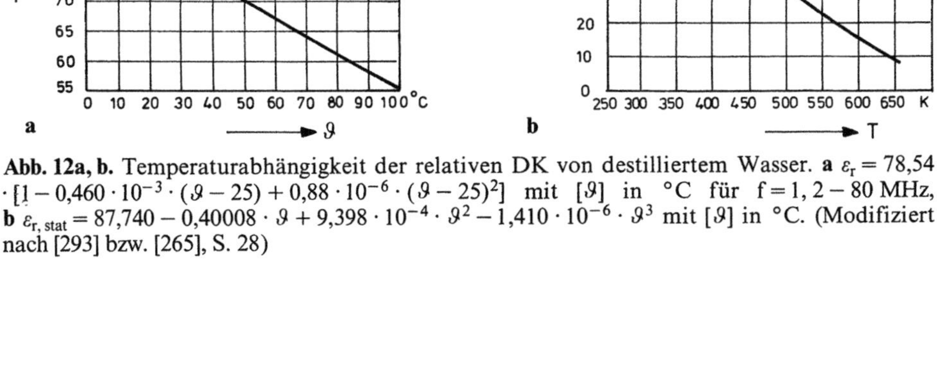

Abb. 12a, b. Temperaturabhängigkeit der relativen DK von destilliertem Wasser. **a** $\varepsilon_r = 78{,}54 \cdot [1 - 0{,}460 \cdot 10^{-3} \cdot (\vartheta - 25) + 0{,}88 \cdot 10^{-6} \cdot (\vartheta - 25)^2]$ mit $[\vartheta]$ in °C für $f = 1{,}2 - 80$ MHz, **b** $\varepsilon_{r,\,stat} = 87{,}740 - 0{,}40008 \cdot \vartheta + 9{,}398 \cdot 10^{-4} \cdot \vartheta^2 - 1{,}410 \cdot 10^{-6} \cdot \vartheta^3$ mit $[\vartheta]$ in °C. (Modifiziert nach [293] bzw. [265], S. 28)

Tabelle 1. Relative DK ε_r von tierischem Gewebe bei $\vartheta = 20$ und 37 °C für f = 25, 50 und 100 MHz und $\frac{\Delta\varepsilon_r}{\varepsilon_r \cdot \Delta T}$ bei f = 50 MHz ([354], [364], S. 782, [445])

Gewebe	$\frac{\vartheta}{°C}$	ε_r $\lambda_0 = 3$ m f = 100 MHz	 $\lambda_0 = 6$ m f = 50 MHz	 $\lambda_0 = 12$ m f = 25 MHz	$\frac{\Delta\varepsilon_r}{\varepsilon_r \cdot \Delta T}$ in % bei $\lambda_0 = 6$ m
Muskel	20 37	Mittelwert (Mw): Mw 71 69 – 73 Mw 73,3 71 – 76	 85 83 – 89 89 85 – 97	 96 91 – 100 108 103 – 115	0,4
Leber	20 37	Mw 73 71,8 – 73,5 Mw 78 76 – 79	85 83 – 90 90 88 – 93	122 120 – 123 137 136 – 138	0,4
Milz	20 37	Mw 89 88 – 90 Mw 100 100 – 101	116 115 – 117 137 135 – 140	205 198 – 214 > 200	1,1
Niere	20 37	Mw 83,5 83 – 84 Mw 89,5 87 – 92	115 110 – 120 127 119 – 132	200 > 200	0,6
Gehirn	20 37	Mw 72,5 70 – 75 Mw 82,5 81 – 83	95 92 – 99 112 110 – 114	140 136 – 143 160	1,1
Bauchspeicheldrüse	20 37	Mw 61 51 – 71 Mw 67 60 – 75	89 85 – 95 96 94 – 97	140 135 – 145 158	0,5
Fettgewebe	20 37	Mw 12 11 – 13			
Knochenmark	20 37	Mw 7,3 6,8 – 7,7			
Blut	20 37	Mw 73 72 – 73,5 Mw 74 73 – 76	86 85 – 87 89 88 – 91	120 115 – 125 140 130 – 150	0,3
Serum	20 37	Mw 82 Mw 76			– 0,4
Lunge	20 37	(Meßwertstreuungen) 27 – 50		≲ 200	
Galle	20 37	Mw	83,4 77,6		– 0,35

In Tabelle 1 sind für verschiedene tierische Gewebe bei $\vartheta = 20\,°C$ bzw. $37\,°C$ die Werte der relativen DK ε_r für die Frequenzen f = 25, 50 und 100 MHz angegeben.

Aus Tabelle 1 ist zu ersehen, daß Serum und Galle die für Elektrolyte typische DK-Abnahme mit steigender Temperatur $\frac{\Delta \varepsilon_r}{\Delta T} < 0$ aufweisen. Im angegebenen Frequenzbereich haben Organe, die Fett oder Luftblasen enthalten, viel geringere ε_r-Werte als Wasser. Die größere Anzahl von Gewebetypen weist jedoch wasserähnliche DK-Werte auf, so daß sich eine grobe Unterteilung in Gewebe mit hohem und niedrigem Wassergehalt für weitere Untersuchungen empfiehlt. Oberhalb von $f \approx 400$ MHz ist der Temperaturkoeffizient von ε_r für alle wasserhaltigen Gewebetypen nach SCHWAN und LI [444] negativ, und für Fett bleibt er positiv.

Einen Überblick der ε_r-Werte über den Frequenzbereich von $f \approx 1$ MHz bis $3 \cdot 10^4$ MHz gibt Abb. 13.

Die Frequenzabhängigkeit wird im dargestellten Frequenzbereich z. T. durch die inhomogene Schichtstruktur und z. T. durch polare Moleküle hervorgerufen. Zum Vergleich enthält Abb. 13 den Frequenzverlauf der relativen DK für H_2O mit der ausgeprägten γ-Dispersion, die sich bei Frequenzen f > 10 GHz dem organischen Gewebe aufprägt. Über ε_r- und $\varkappa$-Messungen bei f < 1 MHz an Muskelgewebe berichtet SCHWAN [436].

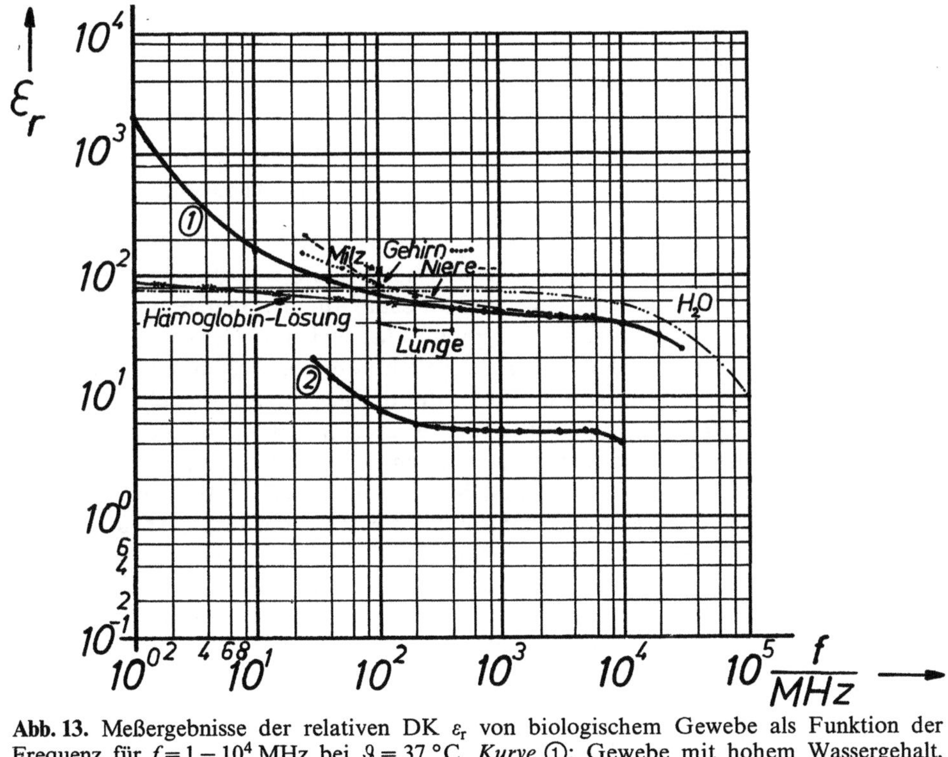

Abb. 13. Meßergebnisse der relativen DK ε_r von biologischem Gewebe als Funktion der Frequenz für $f = 1 - 10^4$ MHz bei $\vartheta = 37\,°C$. *Kurve* ①: Gewebe mit hohem Wassergehalt, z. B. Muskel, Herzmuskel, Leber, Haut, (Blut); *Kurve* ②: Gewebe mit niedrigem Wassergehalt, z. B. Fett, Knochen

Wie die vorstehenden Ausführungen zeigen, hängt das dielektrische Verhalten der verschiedenen biologischen Gewebe wesentlich von den unterschiedlichen Bestandteilen ab. Messungen der DK-Werte an diesen Basisstrukturbestandteilen liegen bislang z. B. vor zur Konzentrationsabhängigkeit von ε_r für Hämoglobinlösungen mit verschiedenen pH-Werten ([263], S. 782, Abb. 82) bei cm-Wellen, zur Frequenzabhängigkeit von ε_r für wäßrige Lösungen von Kohlenoxidhämoglobin (HbCO), d. h. einer Verbindung von Hämoglobin (Hb) mit Kohlenmonoxid (CO), im Bereich von $f \approx 100$ kHz – 1 MHz ([263], S. 783) sowie zur Frequenzabhängigkeit von ε_r' und ε_r'' für wäßrige Lösungen von Ferrimyoglobin, dem roten, dem Hämoglobin ähnlichen Muskelfarbstoff, im Bereich von $f \approx 1 - 40$ MHz ([263], S. 783). Bei der in diesem Frequenzbereich dargestellten β-Dispersion des Myoglobins wird allerdings bereits bei $f \approx 40$ MHz mit dem Wert $\varepsilon_r'(\infty) \approx 77{,}2$ gerechnet, was nach den vorstehenden Ausführungen insbesondere bezüglich des Wassereinflusses bei Frequenzen im GHz-Bereich nicht haltbar erscheint, nach Kenntnis des Autors dieser Abhandlung aber noch nicht nachgeprüft wurde.

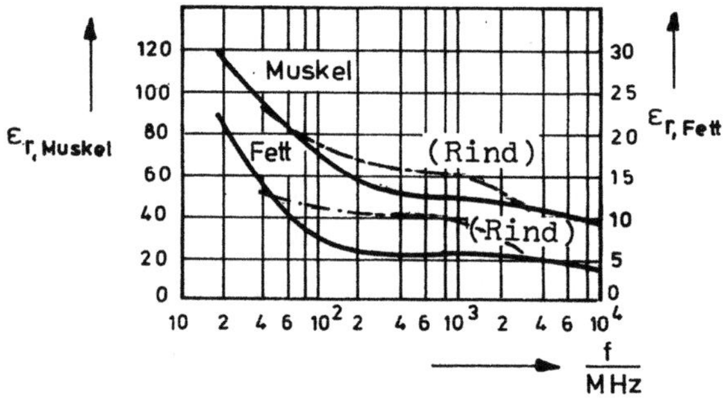

Abb. 14. Relative DK ε_r als Funktion der Frequenz f für Muskel- und Fettgewebe. (Modifiziert nach [445])

Um die Dispersionsgebiete optisch deutlicher zum Ausdruck zu bringen, wurde in Abb. 14 ein halblogarithmischer Maßstab für die Darstellung der Frequenzabhängigeit der relativen DK für typisches Muskel- und Fettgewebe gewählt.

Die bisherigen experimentellen Ergebnisse zur Frequenzabhängigkeit der relativen DK wurden bei Feldstärken ermittelt, die die jeweilige molekulare Struktur der organischen Gewebe unverändert lassen. Es ist aber z. B. noch völlig ungeklärt, ob diese Verhältnisse auch bei den relativ hohen HF-Spannungen, die im Bereich der HF-Chirurgie üblich sind, Gültigkeit besitzen. Der Bereich der sog. dielektrischen Sättigung, d. h. der DK-Abnahme mit wachsender Feldstärke, ist für die verschiedenen Gewebe weitgehend unbekannt. Da im Verlauf einer therapeutischen Anwendung hochfrequenter Ströme und Spannungen Veränderungen innerhalb des biologischen Materials zu erwarten sind, wird sich auch das DK-Verhalten verändern. Insbesondere sind nach den bisherigen Ausführungen dynamische Änderungen des δ- und γ-Dispersionsverhaltens biologischer Gewebe zu erwarten, wenn als Folge einer Erwärmung strukturelle Veränderungen der polaren Moleküle auftreten. Darüber hinausgehende Veränderungen an der Zelle selbst beeinflussen die Lage der β-Dispersion und somit das „tieferfrequente" DK-Verhalten, d. h. temperaturbedingte Strukturänderungen, die z. B. infolge lokaltherapeutischer Leistungsdichten bis zu ca. 1 W/cm^2 auftreten können und damit 10^2- bzw. 10^{5}fach höher sind als die für eine Dauerbestrahlung zulässigen Intensitätsstandardwerte in den USA bzw. der UdSSR, sind als wesentliche Parameter einer umfassenden elektrischen Beschreibung biologischer Gewebe genau zu beachten. Bislang wurde diesem Tatbestand nur wenig Beachtung geschenkt; um aber eine exaktere Analyse der HF-Wärmetherapien durchführen zu können, müssen diese phänomenologischen Ergebnisse meßtechnisch-quantitativ erfaßt und eingeordnet werden.

2.2.3 Elektrische Leitfähigkeit als Funktion der Frequenz

Obwohl bislang noch kein Versuch gemacht wurde, die Abhängigkeit der elektrischen Leitfähigkeit $\varkappa$ von biologischem Gewebe zusammenfassend als Funktion der Frequenz darzustellen, so kann man aus den bisherigen experimentellen Ergebnissen feststellen, daß die elektrische Leitfähigkeit $\varkappa(\omega)$ mit wachsender Frequenz in verschiedenen Stufen ansteigt, d.h. sich also umgekehrt wie die relative DK verhält.

Diese Stufen sind in Übereinstimmung mit der theoretischen Forderung, daß das Verhältnis von Kapazitäts- zu Leitwertsänderung für jeden Relaxationsmechanismus durch die jeweilige Zeitkonstante oder im Falle mehrerer Zeitkonstanten durch einen geeigneten Mittelwert $\tau_{R,i}$ gegeben ist, d.h. es gilt der formale Zusammenhang

$$\frac{\Delta C_i}{\Delta G_i} = \frac{\Delta \varepsilon_i}{\Delta \varkappa_i} = \tau_{R,i}. \tag{75a}$$

Mit Gl. 39 und Gl. 40 läßt sich folgende Frequenzabhängigkeit der elektrischen Leitfähigkeit angeben:

$$\varkappa(\omega) = \varkappa_{stat} + \varepsilon_0 \cdot \frac{\varepsilon_{r,stat} - \varepsilon_{r,ea}}{\tau_R} \cdot \frac{\omega^2 \cdot \tau_R^2}{1 + (\omega \cdot \tau_R)^2}, \tag{75b}$$

wobei $\varkappa_{stat}$ die praktisch frequenzunabhängige Ionenleitfähigkeit repräsentiert und τ_R wie in Abschn. 2.2.2 eine Relaxationszeitkonstante ist, deren physikalische Bedeutung je nach der zugrunde zu legenden Deutung des Leitfähigkeitsdispersionseffektes verschieden sein kann. Die bei der Frequenz $f = 0$ vorhandene Gleichstromleitfähigkeit ist $\varkappa_{stat} = \varkappa(\omega = 0)$.

Die bereits bei der Messung der relativen DK angesprochene Schwierigkeit, die in der strukturellen Variationsbreite der verschiedenen biologischen Gewebe begründet ist, muß natürlich auch bei der experimentellen Ermittlung der elektrischen Leitfähigkeit Berücksichtigung finden. Weitere Schwierigkeiten liegen in der Art der Meßprobenherstellung, d.h. in der Gewebeentnahme und -aufbereitung zur Messung. Außerdem ist es ein Unterschied, ob das zu untersuchende Gewebeteil für sich allein oder im funktionellen Zusammenhang mit der Aufgabe im Körper, d.h. in vitro oder in vivo, gemessen wird. Entsprechende nähere Angaben sind nur in Ausnahmefällen in der mit elektrischen Leitfähigkeitsmessungen befaßten Literatur vorhanden. Trotzdem kann man sich aus den für spezielle Fragestellungen und Frequenzbereiche bestimmten Leitfähigkeitswerten einen Überblick vom

Tabelle 2. Elektrische Leitfähigkeit $\varkappa$ von tierischem Gewebe bei $\vartheta = 20$ und 37 °C für NF und f = 25, 50 und 100 MHz sowie $\frac{\Delta\varkappa}{\varkappa \cdot \Delta T}$ bei f = 50 MHz ([354, 361], [364], S. 783, [422, 445])

Gewebe	$\frac{\vartheta}{°C}$	$\varkappa \cdot 10^{+3}$ $[\Omega^{-1} \cdot cm^{-1}]$				$\frac{\varkappa_{HF}}{\varkappa_{NF}}$	$\frac{\Delta\varkappa}{\varkappa \cdot \Delta T}$ $= \alpha_\varkappa$ [%]
		NF	$\lambda_0 = 3$ m f = 100 MHz	$\lambda_0 = 6$ m f = 50 MHz	$\lambda_0 = 12$ m f = 25 MHz	bei f = 50 MHz	bei f = 50 MHz
Muskel . .			Mittelwert (Mw):			$\lambda_0 = 6$ m	$\lambda_0 = 6$ m
	20	Mw 0,9		5,9		6,5	2,5
		0,7 – 2,5		5,7			
	37	Mw 1		8,1		8,1	
		0,7 – 3 (–6)		6,8 – 8,5			
Leber . . .	20	Mw 1,5	5	4,7	4,0	3,1	2
		0,8 – 2,6	4,8 – 5,5	4,6 – 4,9	3,9 – 4,1		
	37	Mw 1,2	6,1	5,5	5,2	4,6	
		0,7 – 1,9	5,6 – 6,5	5,1 – 5,8	4,8 – 5,4		
Milz . . .	20	Mw 1,2	6,8	6,4	5,7	5,3	2,3
		0,7 – 1,6	6,8	6,3 – 6,5	5,3 – 6		
	37	Mw 1,4	8,3	7,3		5,2	
		1,3	8,3 – 8,4	6,6 – 7,8			
Niere . . .	20	Mw 0,7	6,8		4,9	9,5	1,6
		0,56 – 0,77	6,4 – 7,9		4,5 – 5,4		
	37	Mw 0,9	8,4			9,3	
		0,75 – 1,3	6,9 – 11				
Gehirn . .	20	Mw 1,1	4,3	4,1	3,1	3,7	1,4
		0,9 – 1,3	3,8 – 4,5	3,9 – 4,2	2,8 – 3,2		
	37	Mw 1,7	5,4	5,1	4,5	3	
		1,5 – 1,9	5,1 – 5,6	4,8 – 5,3			
Bauchspeicheldrüse	20	Mw 1,6		4		2,5	2
		0,9 – 2,9		3,5 – 5,2			
	37	Mw 1,3		5,4		4	
		0,7 – 2,4		4,1 – 5,9			
Fettgewebe	20	Mw 0,26		0,36		1,38	2,5
		0,1 – 0,4		0,23 – 0,45			
	37	Mw 0,4		0,5		1,25	
		0,28 – 0,5		0,4 – 0,58			
Knochenmark . . .	20	Mw 0,16		0,20		1,25	2
		0,14 – 0,19		0,19 – 0,24			
	37	Mw 0,22		0,27		1,22	
		0,17 – 0,25		0,20 – 0,35			
Blut	20	Mw 5,2		7,5		1,44	2,7
		4,9 – 5,7		6,7 – 8,5			
	37	Mw 7,3		11		1,52	
		6,6 – 8,4		10 – 12,5			

Tabelle 2. (Fortsetzung)

Gewebe	ϑ °C	$\varkappa \cdot 10^{+3}$ $[\Omega^{-1} \cdot cm^{-1}]$				$\frac{\varkappa_{HF}}{\varkappa_{NF}}$	$\frac{\Delta\varkappa}{\varkappa \cdot \Delta T}$
		NF	$\lambda_0 = 3$ m f=100 MHz	$\lambda_0 = 6$ m f=50 MHz	$\lambda_0 = 12$ m f=25 MHz	bei f = 50 MHz	$= \alpha_\varkappa$ [%] bei f = 50 MHz
Serum . . .	20	Mw 12 11 – 13		12		1	1,97
	37	Mw 16 14 – 18		16		1	
Lunge . . .	20	0,4 – 1,2	Mw	2 1,8 – 2,4			2,5
	37		Mw	2,9 2,2 – 3,9			
Galle . . .	20	12,8		13,1		1,02	1,8
	37	15,2 – 16,7		17		1,02	

Leitfähigkeits- bzw. Widerstandsverhalten als Funktion der Frequenz verschaffen. Dabei resultieren die unterschiedlichen Versuchsbedingungen in einer entsprechenden Streubreite der Meßergebnisse, die aber ohnehin aufgrund der im lebenden Organismus möglichen Variationsbreite des jeweiligen Gewebetypus zu erwarten ist.

Tabelle 2 enthält Leitfähigkeitswerte von verschiedenen tierischen Geweben bei $\vartheta = 20$ und 37 °C für die Frequenzen f = 25, 50 und 100 MHz sowie Angaben zur NF-Leitfähigkeit.

Für Leber, Gehirn, Milz und Niere steigt im angegebenen Frequenzbereich von f = 25 – 100 MHz der $\varkappa$-Wert noch an, während für die anderen aufgeführten Gewebe bzw. -bestandteile der Grenzwert der HF-Leitfähigkeit bereits erreicht ist.

Einen Überblick der für verschiedene Gewebetypen von verschiedenen Autoren experimentell ermittelten Leitfähigkeitswerte für den Frequenzbereich f = 10 kHz bis 10 GHz bzw. 30 GHz gibt die Zusammenstellung in Abb. 15.

Die in Abb. 15 dargestellten Meßergebnisse erlauben die Einteilung organischer Gewebe in 2 Gruppen, wie dies schon bezüglich der relativen DK-Werte in 2.2.2.2 vorgeschlagen wurde. Dabei weisen diejenigen Gewebe mit einem hohen Wassergehalt von ca. 70% wie z. B. Muskel, Haut, Leber, Niere und Herz eine etwa 10 – 50fach größere Leitfähigkeit auf als solche Gewebe mit einem niedrigen Wassergehalt, zu denen beispielsweise Knochen, gelbes Knochenmark und Fett gehören. Die Erklärung dieses quantitativen Unterschieds ist bislang jedoch noch recht unbefriedigend. Dies dürfte in erster Linie dadurch begründet sein, daß man das Verhältnis von freien Wassermolekülen zu den verschiedenen gebundenen Wassermolekülen nicht genau kennt. Da außerdem der Wassergehalt z. B. in Fett variieren kann, Wasser selbst aber relativ hohe ε_r- und $\varkappa$-Werte besitzt, bedeutet bereits eine geringe Wassergehaltänderung eine deutliche Änderung der relativen DK und der elektrischen Leitfähigkeit, der man z. B. durch die Angabe einer

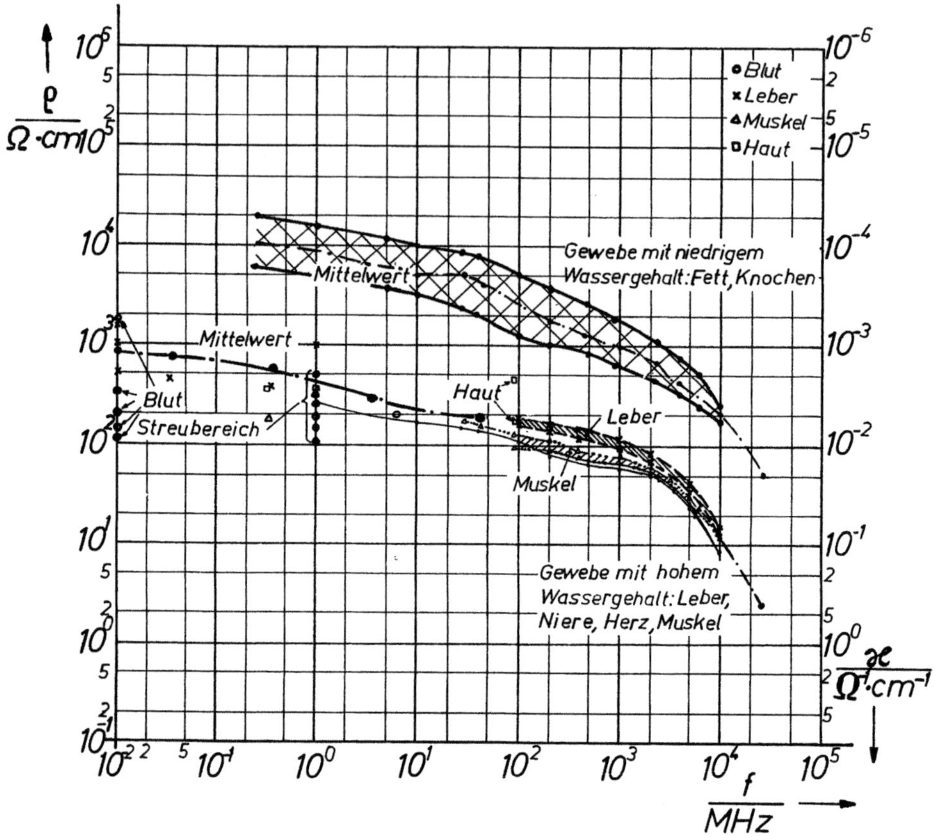

Abb. 15. Spezifischer Widerstand ϱ und elektrische Leitfähigkeit $\varkappa$ als Funktion der Frequenz für verschiedene biologische Gewebe

Streubreite (Schwankungsbereich) Rechnung tragen muß, die, wie Abb. 15 zeigt, für Gewebe mit niedrigerem Wassergehalt entsprechend größer ausfällt als für stark wasserhaltige Gewebearten. Folglich kann auch nur für stärker wasserhaltige Gewebe mit einer ausreichenden Reproduzierbarkeit der elektrischen Kenngrößen gerechnet werden (vgl. z. B. [438]).

Neben der typischen $\beta - \beta_1$-Dispersion zeigt Abb. 15 die δ- und γ-Dispersionen, die sich entsprechend der Debye-Theorie (2.2.2.1) für die Dipolmoleküle der jeweiligen Körpersubstanz ergeben. Diese weiteren Dispersionsgebiete der Leitfähigkeit im GHz-Bereich entsprechen einer DK-Erniedrigung und Absorptionserhöhung. Sie sind infolge des höheren Wassergehalts für Gewebe wie Muskel, Magenschleimhaut und Leber stärker ausgeprägt als für das relativ wasserarme Fettgewebe.

Der β-Dispersionsverlauf des spezifischen Widerstandes ϱ verschiedener Körpergewebe wird in der halblogarithmischen Darstellung in Abb. 16 besonders deutlich.

Die angegebenen Zahlenwerte für die verschiedenen Gewebearten können aber auch hier nur als Mittelwerte angesehen werden. Dies wird am Beispiel der Meßergebnisse für ein und dasselbe Gewebe besonders deutlich. Abbildung 17 zeigt für Lebergewebe die an frischem Sektionsmaterial, d. h. Operationsmaterial, bei $\vartheta = 23\,°C$ meßtechnisch ermittelte Streubreite der spezifischen Widerstandswerte. Der Verlauf der Streubreite der Dispersionskurve zeigt, daß die Auffächerung für längere Wellen größer ist als für kürzere, d. h. die „UKW-Leitfähigkeiten" sind in diesem Falle nahezu gleich groß.

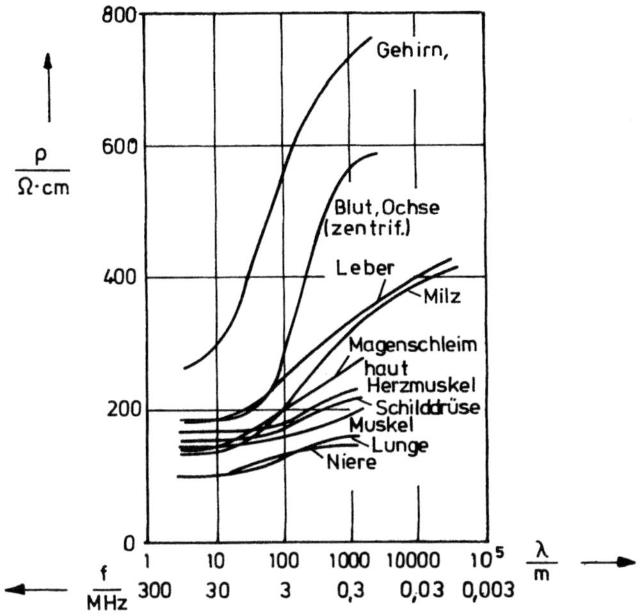

Abb. 16. Dispersionsverlauf des spezifischen Widerstandes ϱ (Mittelwerte) für verschiedene Körpergewebe des Menschen und Ochsenblut

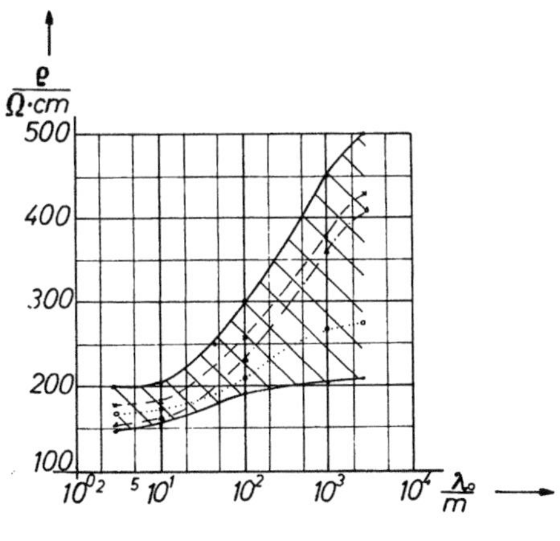

Abb. 17. Streubreite des Verlaufes der Dispersionskurve des spezifischen Widerstandes ϱ für Lebergewebe (frisches Sektionsmaterial, $\vartheta = 23\,°C$)

Bei Leitfähigkeitsmessungen an Sektionsmaterial ergeben sich durch die fehlende Durchblutung und den Stoffwechselausfall selbst bei konstant gehaltener Gewebetemperatur gegenüber In-vivo-Verhältnissen Abweichungen der $\varkappa$-Werte. Mit dem Zeitabstand der Gewebeentnahme schreitet die autolytische Zersetzung fort und bewirkt nach [354] ein Ansteigen der elektrischen Leitfähigkeit bei niedrigen Frequenzen.

Die bei den meisten organischen Geweben dominante β-Dispersion läßt sich näherungsweise durch die aus Gl. 75 b folgende Beziehung

$$\frac{\varkappa(\omega \to \infty)}{\varkappa(\omega = 0)} = \frac{\varkappa_{\mathrm{ea}}}{\varkappa_{\mathrm{stat}}} = 1 + \varepsilon_0 \cdot \frac{\varepsilon_{\mathrm{r,\,stat}} - \varepsilon_{\mathrm{r,\,ea}}}{\varkappa_{\mathrm{stat}} \cdot \tau_{\mathrm{R}}} \tag{75c}$$

beschreiben. Entsprechend der mehr oder weniger stark ausgeprägten, überlagerten β_{I}-Dispersion genügt daher zur Erklärung der Dispersionskurven in Abb. 15 – 17 eine Relaxationszeitkonstante τ_{R} nicht.

Die bisherigen Meßergebnisse (Abb. 16) zeigen, daß das β-Dispersionsgebiet fast bei allen Geweben zwischen dem Gebiet der klassischen Diathermie, d. h. der LW-Diathermie (s. 2.1), und demjenigen der KW-Therapie liegt. So kann man z. B. für den spezifischen Widerstand des Blutes aus Abb. 16 für Frequenzen $f \lesssim 10\,\mathrm{kHz}$ einen konstanten Wert $\varrho_{\mathrm{NF}} \approx 625\,\Omega \cdot \mathrm{cm}$ $\left(\text{NF-Leitfähigkeit } \varkappa_{\mathrm{NF}} \approx 1{,}6 \cdot 10^{-3} \frac{1}{\Omega \cdot \mathrm{cm}}\right)$ ablesen, während sich für Frequenzen $f \gtrsim 15\,\mathrm{MHz}$ ein Wert $\varrho_{\mathrm{HF}} \approx 185\,\Omega \cdot \mathrm{cm}$ $\left(\text{HF-Leitfähigkeit } \varkappa_{\mathrm{HF}} \approx 5{,}4 \cdot 10^{-3} \frac{1}{\Omega \cdot \mathrm{cm}}\right)$ ergibt, d. h. ein Leitfähigkeitsverhältnis $\frac{\varkappa_{\mathrm{HF}}}{\varkappa_{\mathrm{NF}}} \approx 3{,}38$ kennzeichnet die β-Dispersion des Blutes. Ähnliche Werte ergeben sich für andere Gewebearten, wobei funktionelle organische Zustände, die z. B. bei Lungengewebe durch den Atemzyklus sehr starken Einfluß auf die Streubreite der elektrischen Leitfähigkeit haben, besondere Berücksichtigung finden müssen.

Für Blut (77 – 81% Wasser nach [92]) kann folgende Deutung des frequenzabhängigen Leitfähigkeitsverhaltens gegeben werden: Die Blutkörperchen (z. B. Erythrozyten: $4{,}5 - 6 \cdot 10^6\,\mathrm{mm}^{-3}$, 6 – 8 µm Durchmesser und 1,8 – 2,2 µm Dicke [92]) bestehen aus einer sehr dünnen, relativ schlecht leitenden Hülle (Zellmembran), die einen gut leitenden Inhalt umschließt und selbst auch in einer gut leitenden Flüssigkeit, dem aus Blutserum (Tabelle 2) und Fibrinogen (ca. 4%) bestehenden Plasma, schwimmt. Das Blutserum selbst setzt sich im wesentlichen aus Eiweißkörpern (6 – 8 mg/100 ml nach [92]), Wasser (90 – 92% nach [92]), anorganischen Salzen und sog. Transportstoffen zusammen. Bei Niederfrequenz und bis etwa $f = 100\,\mathrm{kHz}$ bedeutet dies, daß der Strom praktisch nur durch das nach Tabelle 2 zu den bestleitenden Körperflüssigkeiten gehörende Serum fließt, d. h. die „Stromlinien umgehen" die relativ schlecht leitenden Hüllen der Blutkörperchen. Bei einer Erhöhung der Frequenz verringert sich der kapazitive Widerstand der Hüllen immer mehr, d. h. der Inhalt der Blutkörperchen wird in steigendem Maße an der Stromleitung beteiligt, bis bei etwa $f = 15\,\mathrm{MHz}$ ein oberer Grenzwert für die spezifische elektrische Leitfähigkeit erreicht wird. Die Hüllmembranen besitzen dann nur noch einen vernachlässigbaren kapazitiven Widerstand, d. h. sie werden vom höherfrequenten Strom praktisch überbrückt.

Experimentelle Ergebnisse zeigen, daß reines Blutserum zwischen f = 100 kHz und f = 300 MHz praktisch keine Frequenzabhängigkeit der elektrischen Leitfähigkeit (vgl. auch Tabelle 2) zeigt und sich daher wie ein Elektrolyt verhält. Eine Leitfähigkeitsuntersuchung, die nach sorgfältigem Zentrifugieren des Blutes nur an den roten Blutkörperchen durchgeführt wird, weist dagegen das relativ hohe Verhältnis $\frac{\varkappa_{HF}}{\varkappa_{NF}} \approx 7{,}5$ auf [76]. Durch Hämolyse, d. h. durch Beseitigung der durch die Membranen bedingten Schichtstruktur, erreicht man eine Steigerung der NF-Leitfähigkeit bis zum Wert $\varkappa_{NF} \approx \varkappa_{HF}$. Dies kann durch die hämolytische Auflösung der Membranen erklärt werden, welche die gut leitenden intra- und extrazellulären Flüssigkeiten voneinander trennen, und dies ist mit der vorstehenden Deutung der frequenzabhängigen Leitfähigkeit kompatibel. Der Hämolyseversuch beweist, daß auch die im mikroskopischen Bereich vorliegende Schichtung von Blutbestandteilen mit unterschiedlichen Leitfähigkeiten zur Dispersionsinterpretation herangezogen werden muß. Die inhomogene Strukturierung ist auch für die Dispersionsverläufe der anderen Gewebe in Abb. 16 mitverantwortlich. Eine Bestätigung finden diese Überlegungen auch durch eine nähere Betrachtung der β-Dispersion der relativen DK des Blutes. Aus Tabelle 1 ist zu ersehen, daß die relative DK ε_r von Blut bei $\vartheta = 37\,°C$ zwischen f = 25 MHz und f = 100 MHz von $\varepsilon_r \approx 140$ auf $\varepsilon_r \approx 74$ absinkt. Da die Hüllmembranen relativ dünn sind, das Blutserum und der Blutkörpercheninhalt aber relativ große elektrische Leitfähigkeit besitzen, läßt sich ein kleiner kapazitiver Leitwert der Hüllmembranen im NF-Bereich bei gleichzeitig relativ großen Kapazitätswerten nur durch hohe Werte der relativen DK ε_r erklären. Mit steigender Frequenz wächst der kapazitive Leitwert $\omega \cdot C$ der Hüllmembran, und die relative DK des Blutes sinkt daher auf diejenige des Blutserums ab (vgl. Tabelle 1). Nach einer Hämolyse des Blutes sinkt die relative DK z. B. bei f = 25 MHz von $\varepsilon_r \approx 140$ auf $\varepsilon_r \approx 78$, d. h. durch Auflösung der geschichteten mikroskopischen Struktur wird der DK-Wert einer Salzlösung mit äquivalenter Leitfähigkeit erreicht.

Die hier für Blut diskutierten Verhältnisse finden sich im Prinzip wegen der aus Zellen aufgebauten Strukturen auch bei den anderen Geweben. Da die Zellmembran mit ihrer relativ großen spezifischen Flächenkapazität C'_A von ca. 1 $\mu F/cm^2$ [445] und einem spezifischen Flächenwiderstand von mehr als 100 $\Omega \cdot cm^2$ [66] bei niedrigen Frequenzen als isolierende Schichten aufzufassen sind, muß der Strom auch hier praktisch allein durch die extrazelluläre Flüssigkeit fließen, was zu einer relativ geringen Leitfähigkeit führt. Bei hinreichend niedriger Frequenz ist die Ladezeitkonstante dabei klein genug, um die Membran während einer einzelnen Periode aufzuladen und wieder zu entladen, d. h. es ergibt sich makroskopisch ein hoher Kapazitätswert, der mit einer relativ großen relativen DK verbunden ist. Wie bei den Blutkörperchen steigt auch in anderen aus Zellen aufgebauten Geweben der Stromanteil in der intrazellulären Flüssigkeit mit wachsender Frequenz, da der kapazitive Widerstand der Zelle sinkt. Als Folge dessen steigt die Gewebeleitfähigkeit an. Mit wachsender Frequenz können die Zellwände nicht mehr vollständig während einer halben Periode aufgeladen werden, d. h. die relative DK sinkt in Übereinstimmung mit den in 2.2.2.2 berichteten Meßergebnissen. Ab etwa 100 MHz (bei Blutkörperchen bereits bei etwa 15 MHz) wird die kapazitive Zellmembranreaktanz so gering, daß die jeweilige Gewebezelle als quasi kurzgeschlossen betrachtet werden kann, d. h. der Stromfluß wird von dem Vorhandensein biologischer Zellmembranen praktisch nicht mehr beeinflußt. Im Frequenzbereich zwischen ca. 100 MHz und 1 GHz kann daher das biologische Gewebe als ein Elektrolyt angesehen werden, der makromolekulare Zellbaubestandteile und Lipide enthält. Die Ionen der Elektrolyte des Gewebes haben bei diesen hohen Frequenzen keinen Einfluß auf die Dispersion, d. h. ε_r und $\varkappa$ sind hier praktisch frequenzunabhängig.

Nach Schwan und Piersol [445] kann man annehmen, daß suspendierte Proteinmoleküle mit niedrigerer relativer DK ($\varepsilon_r \approx 2-3$) als „dielektrische Hohlräume" im Elektrolyten wirken und so die makroskopische relative DK des Gewebes verringern.

Der relativ schwach ausgeprägte Abfall von ε_r (Abb. 13) bzw. der relativ deutliche Anstieg von $\varkappa$ (Abb. 15) oberhalb von $f \approx 1$ GHz beruhen ganz wesentlich auf den polaren Eigenschaften der Wassermoleküle. Oberhalb von ca. 20 GHz ist die Trägheit der Moleküle so groß, daß sie den schnellen Feldänderungen nicht mehr folgen können. Dadurch sinken sowohl der spezifische Widerstand als auch die relative DK in Übereinstimmung mit der von Debye [81] entwickelten Theorie polarer Medien. Mit den Gln. 39 und 75 b lassen sich die γ-Dispersionen verschiedener Gewebe auch quantitativ ermitteln, wenn die jeweiligen Parameter aus bekannten Meßergebnissen in die angegebenen Gleichungen eingesetzt werden. Dabei bedeuten die Indizes „stat" bzw. „ea" die jeweiligen ε_r- bzw. $\varkappa$-Werte weit unterhalb bzw. oberhalb der γ-Dispersionskreisfrequenz τ_R^{-1}.

Eine ähnliche Darstellung wie hier für Blut, stellvertretend für wasserhaltige Gewebe, läßt sich nach heutigem Wissensstand für Fett- und Knochengewebe, d. h. Gewebe mit relativ geringem Wassergehalt, noch nicht durchführen.

Der Temperaturkoeffizient $\alpha_\varkappa = \frac{1}{\varkappa} \cdot \frac{\Delta \varkappa}{\Delta T}$ der Leitfähigkeit ist für die meisten Gewebe über einen weiten Frequenzbereich (vgl. Tabelle 2) von einigen MHz bis in das Mikrowellengebiet nahezu gleich groß und beträgt etwa 2%/K (vgl. z. B. [445]).

Zum Vergleich läßt sich die Temperaturabhängigkeit der NF-Leitfähigkeit bei destilliertem Wasser aus den in der Literatur verfügbaren Einzeldaten durch den funktionalen Zusammenhang

$$\varkappa(T) = 1{,}58 \cdot 10^{-8}\,\Omega^{-1} \cdot \mathrm{cm}^{-1} + 7 \cdot 10^{-11}\,\Omega^{-1} \cdot \mathrm{cm}^{-1} \cdot \mathrm{K}^{-2} \cdot (T\text{-}273{,}15\ \mathrm{K})^2 \qquad (76)$$

zwischen $\vartheta = 0$ und $\vartheta = 50\,°\mathrm{C}$ näherungsweise beschreiben, d. h. der prozentuale Temperaturkoeffizient $\alpha_\varkappa$ beträgt ca. 4 – 6%/K.

2.3 Hochfrequenzerwärmung

Bei der Erforschung der Wirkungen elektromagnetischer Energie auf biologisches Gewebe ergeben sich verschiedene Problemstellungen. Dabei empfiehlt es sich, von den Strom- bzw. Feldverteilungen im energiedurchströmten Gewebe bei den verschiedenen Hochfrequenzerwärmungsmethoden auszugehen, d. h. die bekannten elektrotechnischen Verknüpfungen müssen unter gebührender Berücksichtigung der Besonderheiten der Makro- und Mikrostruktur (vgl. 2.2) des lebenden Gewebes dargestellt werden. Ausgehend von diesen Gegebenheiten muß die Beschreibung der Umwandlung der HF-Energie in die hier allein interessierende „wirksame" Energieform, d. h. die Wärmeerzeugung, erfolgen. Dieser biophysikalische Vorgang der Wechselwirkung zwischen der HF-Energie und dem durchströmten Gewebe, der zu einer Erwärmung führt, wird hauptsächlich durch die unterschiedliche elektrolytische (ohmsche) Leitfähigkeit und durch die dielektrischen Verluste der Gewebe bestimmt. Als Folge der HF-Energiezufuhr und der sich nach Energiekonversion ergebenden HF-Erwärmung treten komplizierte physiologische Reaktionen im behandelten Körperbereich auf, wie z. B. Hyperämie und Stoffwechselveränderungen. Die therapeutische „Verwertung" der HF-Energie führt letztlich zu gewünschten therapeutischen Wirkungen in der klinischen Anwendung, die im jeweiligen Indikations- und Kontraindikationsbereich einzuordnen sind. Die therapeutischen Wirkungen gezielt im menschlichen Körper hervorzurufen ist in erster Linie Aufgabe der ärztlichen Kunst. Da aber eine solche Wirkung der HF-Energie ein Glied einer Kausalitätskette darstellt, kommt der physikalisch-ingenieurwissenschaftlichen Seite des Gesamtproblems eine besondere Bedeutung zu, die sich z. B. darin äußert, daß die Wahl der jeweiligen Methode bzw. des Verfahrens über die HF-Energiezufuhr, die Energieaufnahme und die Energieverteilung das Wechselwirkungsausmaß und damit den Grad der räumlich-zeitlichen HF-Erwärmung bestimmt.

Im Gegensatz zur „Energiezufuhr von außen", wie sie z. B. durch Wärmestrahler, medizinische Bäder oder Heizkissen erfolgt und wobei ein Temperaturgefälle von der Körperoberfläche nach dem Innern erzeugt wird, liegt bei der HF-Erwärmung eine sog. „Energiezufuhr von innen" vor, d. h. es können auch solche Körperteile erwärmt werden, die von schlechten elektrischen Leitern und schlechten Wärmeleitern umgeben sind.

Bei der Oberflächenerwärmung z. B. durch Wärmestrahler, IR-Laser-Licht usw. stellt das subkutane Fett eine „thermische Barriere" dar (vgl. 2.3.4, Tabelle 3), die zusammen mit der durch Wärmezufuhr aus der Gefäßerweiterung resultierenden größeren Wärmeabfuhr durch das Blut einen Wärmefluß in die tiefer liegende Muskulatur verhindert. Diese Methode kann aber bei der Behandlung pathologischer Veränderungen an der Körperoberfläche durchaus Erfolg versprechen (vgl. 3.2 und 3.5). Die durch ausgesprochene Oberflächenerwärmung in manchen Fällen erzielten therapeutischen Erfolge sind nicht durch direkte Wärmewirkung auf den betreffenden Körperbereich zu erklären, sondern werden vermutlich im sensorischen Nervensystem initiiert, wobei eine gewisse physiologische Reaktion über kutisviszerale Reflexe auch in der Tiefe erfolgen kann – eine widerspruchsfreie Erklärung kann aber bisher nicht gegeben werden, zumal psychische Einflüsse im Einzelfall nicht ausgeschlossen werden können.

Im HF-Bereich kann Materie grundsätzlich durch 2 verschiedene Stromarten erwärmt werden, und zwar durch Leitungsströme und Verschiebungsströme, wobei der jeweilige Anteil durch die Materie selbst und die zur Stromzuführung angewandten Elektroden bestimmt wird.

Ein Leitungsstrom fließt i. allg. in einer leitenden Substanz als Folge der aus der beschleunigenden Wirkung eines angelegten elektrischen Feldes entstehenden Driftgeschwindigkeit und der daraus resultierenden Bewegung freier Elektronen. Im erweiterten Sinne sind hierunter auch der Konvektionsstrom, der sich aus der Bewegung negativer und positiver Ionen in einer Flüssigkeit ergibt, und der Elektronenfluß im Vakuum zu verstehen. Die Driftgeschwindigkeit überlagert sich den statistischen Teilchengeschwindigkeiten der Materie, und aus den Zusammenstößen der driftenden Elektronen bzw. der Ionen untereinander und mit neutralen Atomen entsteht ein Energieverlust, der nach außen hin als Wärme erscheint. Entsprechend der jeweiligen Leitfähigkeit bzw. dem spezifischen Widerstand des vom Strom I mit dem Scheitelwert $\hat{I}$ durchflossenen Mediums mit dem Widerstand R ergibt sich pro Zeiteinheit Δt die Wärmemenge

$$\Delta Q = \tfrac{1}{2} \cdot \hat{I}^2 \cdot R \cdot \Delta t, \tag{77}$$

die im Idealfall einer 100%igen Energieumwandlung bei einer Masse m mit der spezifischen Wärme (spezifischen Wärmekapazität) c_p zu einer Temperaturerhöhung von

$$\Delta T = \frac{\Delta Q}{m \cdot c_p} \tag{78}$$

führen kann. Bei der HF-Erwärmung zu therapeutischen Zwecken treten am Behandlungsort dabei Stromdichten von größenordnungsmäßig 10 mA/cm^2 auf. Die im tieferliegenden Gewebe (z. B. Muskulatur) für therapeutische Zwecke erforderliche Erhöhung der Gewebetemperatur auf 40 – 45 °C, wobei gleichzeitig das darüberliegende Gewebe nicht geschädigt werden darf, kann durch geeignete HF-Erwärmungsmethoden erzielt werden. Der geeignete „Transport" dieser Energie durch eine subkutane, gering durchblutete und wärmekapazitätsarme Fettschicht, wie sie beim menschlichen Körper allerdings in unterschiedlicher Schichtdicke vorliegt, in das Muskelgewebe, welches eine vergleichsweise größere Durchblutung und Wärmekapazität aufweist (vgl. 2.3.4 und Tabelle 3), stellt ein herausforderndes Problem an Ingenieur und Mediziner dar.

Die Tatsache, daß die spezifische Wärme c_p in Fettgewebe geringer ist als im Muskelgewebe (Tabelle 3), resultiert in der Erfordernis, daß zur Erwärmung, d. h. Umwandlung von HF-Energie in Wärme, gemäß Gl. 78 eine vergleichsweise größere Energie dem Muskelgewebe zugeführt werden muß.

Die Nichtberücksichtigung dieser im folgenden dargelegten Zusammenhänge hat nicht unwesentlich dazu beigetragen, daß z. B. die Verwendung von Kurzwellenapparaten für die sog. Kondensatorfeldmethode (2.3.2.1) und von Mikrowellenstrahlern bei 2,45 GHz (2.3.2.3) in vielen Fällen zu einer relativen therapeutischen Ineffektivität geführt haben und noch heute verantwortlich gemacht werden können, wenn eine Tiefenerwärmung beabsichtigt wird. Eine detaillierte Analyse muß aber noch die sich aus Wärmeleitung, Wärmeübergang und Wärmestrahlung ergebenden Verhältnisse berücksichtigen, und bei einem lebenden Organismus ist insbesondere noch der durch das strömende Blut entstehende Kühleffekt in quantitativen Untersuchungen zu erfassen (2.3.4).

In einem Dielektrikum bzw. in einem Nichtleiter ist die Zahl der freien Elektronen so klein, daß der Leitungsstromanteil ebenfalls sehr gering wird. In diesem Fall resultiert aus Potentialänderungen ein nach MAXWELL [302] bezeichneter sog. Verschiebungsstrom, dessen Ursache also nicht in der Bewegung freier Ladungsträger liegt, sondern der durch Verschiebungen des Elektronenorbits in der atomaren Struktur der Materie zustande kommt. Ein Verschiebungsstrom führt nach den vorstehenden Erklärungen zu dielektrischen Verlusten, die nach außen hin ebenfalls als Wärme erscheinen.

Überschreitet die elektrische Feldstärke einen für das jeweilige Material charakteristischen Wert (dielektrischer Durchbruch), so verläßt das einzelne Elektron vollkommen seine Bahn um das zugehörige Atom, und aus dem sich lokal ergebenden Anteil des Verschiebungsstroms wird ein Leitungsstrom.

Die Wärmeentwicklung und der Wärmetransfer (vgl. 2.3.4) bestimmen letztlich den Temperaturanstieg, der an einer bestimmten Körperstelle auftritt. Mit dem Temperaturanstieg ist aber praktisch infolge Gefäßerweiterung ([439], S. 64) auch ein Anstieg des Blutflusses verbunden und damit eine Steigerung des Stoffwechsels (vgl. Gl.141). Zwischen den aus der Wärme resultierenden physiologischen Effekten, die teilweise durch direkte Wirkung auf die Gewebezellen und teilweise durch thermische Wirkung auf die örtlichen Nerven mit ihren Rezeptoren entstehen, und den möglichen klinischen Ergebnissen (vgl. 2.3.5) besteht heute aber noch eine weitgehende Erklärungslücke in unserem Wissensstand der kausalen Zusammenhänge, und es kann davon ausgegangen werden, daß in vielen Fällen die Deutung biochemischer Reaktionen in diese Kette einzubeziehen ist. Hierdurch erfährt letztlich auch der am Gesamtproblemkreis der HF-Erwärmung für therapeutische – einschließlich gezielter destruktiver – Prozesse beteiligte Kreis seine interdisziplinäre Erweiterung.

In Übereinstimmung mit HOLZER ([213], S. 23) (vgl. auch [175], S. 132) vertritt der Autor dieser Abhandlung daher auch heute noch die Auffassung, daß der besonders in „ärztlichen Kreisen" weitverbreiteten und vorherrschenden Meinung, wonach dem Verständnis und dem Einblick in die Grundlagen und Gesetzmäßigkeiten der Energieumwandlung für die Entwicklung der Medizin keine Bedeutung zuzusprechen sei, entschieden widersprochen werden muß. Diese Aussage ist nicht kontradiktorisch zur Notwendigkeit des jeweiligen Fachwissens, sondern stützt sich auf Erfahrungen in der interdisziplinären Zusammenarbeit.

2.3.1 Theoretische Grundlagen

Die Beurteilung des Verhaltens biologischer Materie im HF-Feld ist eng verknüpft mit der Theorie dielektrischer Verluste inhomogener Dielektrika als Funktion der Frequenz, wie sie 1914 von WAGNER [488] vorgestellt wurde. Unsere Kenntnisse der elektrischen Eigenschaften biologischer Körper sind aber immer noch unvollständig, so daß zu einer quantitativen Auswertung noch eine Reihe vereinfachender Annahmen vorangestellt werden müssen.

Bei Betrachtungen zur HF-Erwärmung von biologischen Körpern hat man es mit elektromagnetischen Wechselfeldern zu tun, in denen sich die Feldgrößen als Funktionen der Zeit ändern und man sich infolge der inhomogenen Schichtstrukturen für das Verhalten auf beiden Seiten einer Grenzfläche eines Dielektrikums mit endlicher Leitfähigkeit interessiert. Für die Gesamtstromdichte $\vec{J}_G$, die sich aus Leitungs- und Verschiebungsstromdichte, $\vec{J}_L$ bzw. $\vec{J}_V$, ergibt, gilt:

$$\vec{J}_G(\vec{r}, t) = \vec{J}_L(\vec{r}, t) + \vec{J}_V(\vec{r}, t) = \varkappa \cdot \vec{E}(\vec{r}, t) + \varepsilon \cdot \frac{\partial \vec{E}(\vec{r}, t)}{\partial t} = \nabla \times \vec{H}(\vec{r}, t). \tag{79a}$$

Im elektromagnetischen Wechselfeld müssen nun in biologischen Geweben Ladungen zu den Grenzflächen hin und wieder von ihnen forttransportiert werden, d.h. es entstehen dielektrische Verluste, die eine Wärmeentwicklung zur Folge haben. Da im biologischen Gewebe, das einem nichtidealen, d.h. verlustbehafteten Dielektrikum entspricht, die Vektoren der elektrischen Feldstärke und der Verschiebung nicht mehr in Phase sind, ist es sinnvoll, komplexe Größen dafür zu verwenden.

Zur analytischen Beschreibung des phänomenologischen Verhaltens biologischen Gewebes im elektromagnetischen Wechselfeld kann man den Formalismus der Einführung einer komplexen DK anwenden und erhält für zeitharmonische Feldgrößen aus Gl. 79a

$$\nabla \times \vec{H}(\vec{r}, t) = \varkappa \cdot \vec{E}(\vec{r}, t) + j \cdot \omega \cdot \varepsilon \cdot \vec{E}(\vec{r}, t) = j \cdot \omega \cdot \underline{\varepsilon}_{\mathrm{eff}} \cdot \vec{E}(\vec{r}, t) \tag{79b}$$

mit der komplexen, effektiven DK

$$\underline{\varepsilon}_{\mathrm{eff}}(\omega) = \varepsilon'_{\mathrm{eff}} - j \cdot \varepsilon''_{\mathrm{eff}} = \mathrm{Re}\,(\underline{\varepsilon}_{\mathrm{eff}}) + j \cdot \mathrm{Im}\,(\underline{\varepsilon}_{\mathrm{eff}}) = \varepsilon - j \cdot \frac{\varkappa}{\omega} = \varepsilon - j \cdot \varepsilon''_{\varkappa}. \tag{80}$$

Hierin beschreibt der Realteil der DK die Speicherfähigkeit eines Mediums und ist gleichzeitig die DK eines nichtleitenden bzw. verlustlosen Materials. Der mit (−1) multiplizierte Imaginärteil der effektiven DK – also $\varepsilon''_{\varkappa}$ – ist dagegen ein Maß für die Verluste, d.h. für die von einer elektromagnetischen Welle an das biologische Material abgegebene Leistung, und wird oft auch als dielektrischer Absorptionskoeffizient (Verlustziffer) bezeichnet. Weiterhin kann man formal eine verallgemeinerte komplexe DK

$$\underline{\varepsilon}_G(\omega) = \varepsilon' - j \cdot \varepsilon''_V = \underline{\varepsilon}_{\mathrm{eff}} - j \cdot \varepsilon''_{\varepsilon} \tag{81}$$

einführen, wobei in dem verallgemeinerten Verlustkoeffizienten ε''_V neben den nur von der Leitfähigkeit herrührender Verlusten ($\varepsilon''_{\varkappa}$) auch die in 2.2.2.1 beschriebenen dielektrischen Verlustmechanismen enthalten sind, die durch den in Gl. 81 eingeführten dielektrischen Verlustkoeffizienten $\varepsilon''_{\varepsilon} = \varepsilon''$ beschrieben werden. Aus den Gln. 80 und 81 folgen die Relationen:

$$\varepsilon = \varepsilon', \tag{82a}$$

$$\varepsilon''_V = \varepsilon''_{\varkappa} + \varepsilon''_{\varepsilon} = \varepsilon''_{\varkappa} + \varepsilon'' = \frac{\varkappa_{\mathrm{eff}}}{\omega} \tag{82b}$$

und

$$\tan\delta = \frac{\varkappa_{\mathrm{eff}}}{\varepsilon \cdot \omega}, \tag{82c}$$

wobei die makroskopische effektive elektrische Leitfähigkeit $\varkappa_{eff}$ alle praktisch wesentlichen Verlustmechanismen im biologischen Material enthält, die im HF-Feld auftreten können. Bei einer mikroskopischen Betrachtung empfiehlt es sich aber dennoch, die ohmschen Verluste infolge endlicher Leitfähigkeit für die freien Ladungsträger von den dielektrischen Verlusten durch die gebundenen Ladungsträger zu unterscheiden. Unter Berücksichtigung der praktisch frequenzunabhängigen Ionenleitfähigkeit $\varkappa_{stat}$ entspricht daher die hier definierte effektive elektrische Leitfähigkeit $\varkappa_{eff}$ der frequenzabhängigen Leitfähigkeit nach Gl. 75b, und es läßt sich für die Gesamtstromdichte nach Gl. 79a bzw. 79b

$$\vec{J}_G(\vec{r}, t) = (\varkappa_{stat} + \omega \cdot \varepsilon'') \cdot \vec{E}(\vec{r}, t) + j \cdot \omega \cdot \varepsilon' \cdot \vec{E}(\vec{r}, t) \qquad (79c)$$

schreiben.

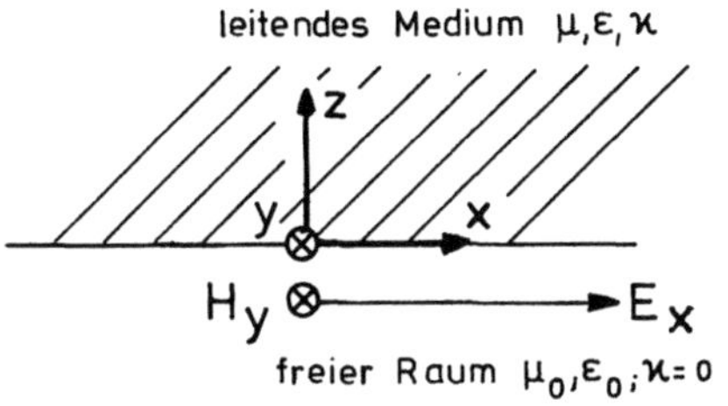

Abb. 18. Ausbreitung einer ebenen Welle in einem nichtidealen Medium

Bei der Analyse der Ausbreitung ebener Wellen in einem nichtidealen, d.h. leitenden Medium in z-Richtung, wie in Abb. 18 skizziert, kann man in der zugehörigen Vektorzeigerdarstellung der MAXWELL-Gleichungen für zeitharmonische Feldgrößen bei Raumladungsfreiheit

$$\nabla \cdot \underline{\vec{E}} = 0, \qquad (83a)$$

$$\nabla \cdot \underline{\vec{H}} = 0, \qquad (83b)$$

$$\nabla \times \underline{\vec{E}} = -j \cdot \omega \cdot \mu \cdot \underline{\vec{H}} \quad \text{und} \qquad (83c)$$

$$\nabla \times \underline{\vec{H}} = j \cdot \omega \cdot \varepsilon \cdot \underline{\vec{E}} \qquad (83d)$$

die DK ε formal durch die in Gl. 81 eingeführte verallgemeinerte DK $\underline{\varepsilon}_G$ ersetzen. Bei gegebener kartesischer magnetischer Feldstärkekomponente

$$\underline{H}_y = \hat{H}_y \cdot \exp(j \cdot \varphi_x - \underline{\gamma} \cdot z), \qquad (84)$$

d.h. exponentiell in z-Richtung abklingender magnetischer Feldstärke $\underline{\vec{H}} = \underline{H}_y \cdot \vec{e}_y$, folgen aus den Gln. 83c und 83d die Beziehungen

$$-\underline{\gamma} \cdot \underline{E}_x = -j \cdot \omega \cdot \mu \cdot \underline{H}_y \quad \text{und} \qquad (85a)$$

$$\underline{\gamma} \cdot \underline{H}_y = j \cdot \omega \cdot \underline{\varepsilon}_G \cdot \underline{E}_x . \qquad (85b)$$

Für das skalare, komplexe Ausbreitungsmaß (Fortpflanzungsmaß) $\underline{\gamma}$ gilt mit den Gln. 81, 82a und 82b sowie $\varkappa_{\text{eff}} = \varkappa(\omega)$ nach Gl. 75b

$$\underline{\gamma}(\omega) = \alpha(\omega) + j \cdot \beta(\omega) = \sqrt{-\omega^2 \cdot \mu \cdot \left(\varepsilon - j \cdot \frac{\varkappa}{\omega}\right)} = j \cdot \omega \cdot \sqrt{\mu \cdot \underline{\varepsilon}_{\text{eff}}} \tag{86a}$$

und für den Betrag

$$|\underline{\gamma}| = \sqrt{\alpha^2 + \beta^2} = \omega \cdot \sqrt{\mu \cdot \varepsilon} \cdot \sqrt[4]{1 + \left(\frac{\varkappa}{\varepsilon \cdot \omega}\right)^2}. \tag{86b}$$

Für das Dämpfungsmaß α und das Phasenmaß β erhält man die Beziehungen ([261], S. 451)

$$\alpha^2 = \frac{1}{2} \cdot \omega^2 \cdot \mu \cdot \varepsilon \cdot \left(\sqrt{1 + \left(\frac{\varkappa}{\varepsilon \cdot \omega}\right)^2} - 1\right) \tag{87a}$$

und

$$\beta^2 = \frac{1}{2} \cdot \omega^2 \cdot \mu \cdot \varepsilon \cdot \left(\sqrt{1 + \left(\frac{\varkappa}{\varepsilon \cdot \omega}\right)^2} + 1\right). \tag{87b}$$

Das Verhältnis $\varepsilon/\varkappa$ hat die Bedeutung einer Relaxationszeit (vgl. [420], S. 15).

Für die Feldkomponente des elektrischen Feldes als Funktion der Ausbreitungsrichtung z ergibt sich:

$$\underline{E}_x = \frac{j \cdot (\alpha - j \cdot \beta)}{\omega \cdot \varepsilon \cdot \sqrt{1 + \left(\frac{\varkappa}{\varepsilon \cdot \omega}\right)^2}} \cdot \hat{H}_y \cdot \exp(j \cdot \varphi_x - j \cdot \beta \cdot z) \cdot \exp(-\alpha \cdot z), \tag{88}$$

d.h. durch die endliche Leitfähigkeit wird erreicht, daß die Amplitude der elektromagnetischen Welle exponentiell abklingt und auch die Wellenlänge $\lambda = \frac{2\pi}{\beta}$ im Medium von der Leitfähigkeit des Mediums abhängt. Man erhält

$$\lambda = \frac{c_0}{f} \cdot \frac{1}{\sqrt{\frac{1}{2} \cdot \mu_r \cdot \varepsilon_r \cdot \left(1 + \sqrt{1 + \tan^2 \delta}\right)}}, \tag{89}$$

mit der Vakuumwellenlänge $\lambda_0 = \frac{c_0}{f}$.

Für $\tan \delta = \frac{\varkappa}{\varepsilon \cdot \omega} \ll 1$, d.h. wenn nach Gl. 79 der Leitungsstrom viel kleiner als der Verschiebungsstrom ist, folgen nach Reihenentwicklung aus Gl. 87a, b und Gl. 89 die näherungsweise gültigen Beziehungen:

$$\alpha \approx \frac{\omega}{2} \cdot \sqrt{\varepsilon \cdot \mu} \cdot \tan \delta = \frac{1}{2} \cdot \sqrt{\frac{\mu}{\varepsilon}} \cdot \varkappa, \tag{90a}$$

$$\beta \approx \omega \cdot \sqrt{\varepsilon \cdot \mu} \cdot \sqrt{1+\left(\frac{\tan \delta}{2}\right)^2} \approx \omega \cdot \sqrt{\varepsilon \cdot \mu} \tag{90b}$$

und

$$\lambda = \frac{\lambda_0}{\sqrt{\mu_r \cdot \varepsilon_r}} . \tag{90c}$$

(Die hier für $\tan \delta$ gewählte Bezeichnung Verlustfaktor entspricht z. B. nicht derjenigen von MADDOCK – einem Pionier der industriellen dielektrischen Erwärmung –, der das Produkt der DK und des $\tan \delta$ als Verlustfaktor bezeichnet [290].) Zur Berechnung der Verlustleistung in einem leitenden Medium kann man nach Abb. 18 von einer Stromdichte

$$\underline{J}_{L,x} = \varkappa \cdot \underline{E}_x \tag{91}$$

parallel zur Oberfläche des Mediums ausgehen, die entweder durch einen niederfrequenten Strom in einem relativ gut leitenden biologischen Material oder durch eine normal zur Oberfläche einfallende ebene elektromagnetische Welle hervorgerufen wird. Unter dieser Annahme gilt für den Strom durch das Flächenelement $dA = dl \cdot dz$ (mit $dy = dl$)

$$d\underline{I}_x = \varkappa \cdot \underline{E}_x \cdot dl \cdot dz , \tag{92}$$

und man erhält mit Gl. 84 und Gl. 88 nach Integration und einigen Umformungen unter Anwendung der Gln. 87a und 87b für den Gesamtstrom

$$\underline{I}_x = \int_0^\infty \varkappa \cdot \underline{E}_x \cdot dl \cdot dz = \frac{1 - j \cdot \dfrac{\varepsilon \cdot \omega}{\varkappa}}{1 + \left(\dfrac{\varepsilon \cdot \omega}{\varkappa}\right)^2} \cdot \hat{H}_y \cdot dl , \tag{93}$$

wobei ohne Einschränkung der Allgemeinheit die Nullphase $\varphi_x = 0$ gesetzt wurde.

Die aus der abnehmenden Feldamplitude der eindringenden Welle resultierende Erwärmung des biologischen Materials kann durch die Angabe einer ortsabhängigen Verlustleistungsdichte (Verlustleistung pro Volumeneinheit)

$$p_V = \frac{1}{2} \cdot \underline{E}_x \cdot \underline{J}_x^* \tag{94}$$

gekennzeichnet werden.

Nach Einsetzen von Gl. 88 folgt unter Berücksichtigung von Gl. 91

$$p_V = \frac{1}{2} \cdot \omega \cdot \mu \cdot \hat{H}_y^2 \cdot e^{-2 \cdot \alpha \cdot z} \cdot \frac{1}{\sqrt{1 + \left(\dfrac{\varepsilon \cdot \omega}{\varkappa}\right)^2}} = \frac{1}{2} \cdot \varkappa \cdot \hat{E}_x^2 \cdot e^{-2 \cdot \alpha \cdot z} \tag{95a}$$

mit dem Grenzwert

$$p_V(\varkappa \gg \varepsilon \cdot \omega) = p_{V,\varkappa} = \frac{1}{2} \cdot \omega \cdot \mu \cdot \hat{H}_y^2 \cdot e^{-2 \cdot \alpha \cdot z} = \left(\frac{1}{2} \cdot \varkappa \cdot \hat{E}_x^2 \cdot e^{-2 \cdot \alpha \cdot z}\right)\Bigg|_{\varkappa \gg \varepsilon \cdot \omega} \tag{95b}$$

für $\varkappa \gg \varepsilon \cdot \omega$ (gültig z.B. für alle metallischen Leiter bis über $f \approx 100$ GHz nach [420], S. 14).

Für die differentielle Verlustleistungsdichte pro Fläche, d.h. in der Dicke dz, gilt demnach:

$$dp_A = \frac{1}{2} \cdot \omega \cdot \mu \cdot \hat{H}_y^2 \cdot e^{-2 \cdot \alpha \cdot z} \cdot \frac{1}{\sqrt{1+\left(\frac{\varepsilon \cdot \omega}{\varkappa}\right)^2}} \cdot dz, \tag{96}$$

woraus sich nach Integration für die auf die Fläche A bezogene Verlustleistung P_V nach einigen Zwischenrechnungen und unter Verwendung der Gl. 87a der Zusammenhang

$$\frac{P_V}{A} = \frac{1}{2} \cdot \int_0^\infty \omega \cdot \mu \cdot \hat{H}_y^2 \cdot \frac{1}{\sqrt{1+\left(\frac{\varepsilon \cdot \omega}{\varkappa}\right)^2}} \cdot e^{-2 \cdot \alpha \cdot z} \cdot dz = \frac{1}{4} \cdot \frac{\omega \cdot \mu \cdot \hat{H}_y^2}{\sqrt{1+\left(\frac{\varepsilon \cdot \omega}{\varkappa}\right)^2}} \cdot \frac{1}{\alpha} =$$

$$= \frac{1}{2} \cdot \sqrt{\frac{\mu \cdot \omega}{2 \cdot \varkappa}} \cdot \hat{H}_y^2 \cdot \frac{1}{\sqrt{1+\left(\frac{\varepsilon \cdot \omega}{\varkappa}\right)^2} \cdot \sqrt{\sqrt{1+\left(\frac{\varepsilon \cdot \omega}{\varkappa}\right)^2} - \frac{\varepsilon \cdot \omega}{\varkappa}}} \tag{97a}$$

bzw.

$$\frac{P_V}{A} = \frac{1}{4} \cdot \varkappa \cdot \hat{E}_x^2 \cdot \frac{1}{\alpha} \tag{97b}$$

mit

$$\hat{H}_y = \sqrt{\frac{\varepsilon}{\mu} \cdot \sqrt{1+\left(\frac{\varkappa}{\varepsilon \cdot \omega}\right)^2}} \cdot \hat{E}_x \tag{98a}$$

ergibt.

Verwendet man den aus Gl. 93 abgeleiteten Zusammenhang

$$\underline{I}_x \cdot \underline{I}_x^* = \hat{I}_x^2 = \frac{\hat{H}_y^2}{1+\left(\frac{\varepsilon \cdot \omega}{\varkappa}\right)^2} \cdot (dl)^2 = \frac{\varkappa}{\omega \cdot \mu} \cdot \frac{\hat{E}_x^2}{\sqrt{1+\left(\frac{\varepsilon \cdot \omega}{\varkappa}\right)^2}} \cdot (dl)^2, \tag{98b}$$

so folgt nach weiteren Umformungen aus Gl. 97 mit $A = (dl)^2$

$$P_V = \frac{1}{2} \cdot \sqrt{\frac{\mu \cdot \omega}{2 \cdot \varkappa}} \cdot \hat{I}_x^2 \cdot \frac{\sqrt{1+\left(\frac{\varepsilon \cdot \omega}{\varkappa}\right)^2}}{\sqrt{\sqrt{1+\left(\frac{\varepsilon \cdot \omega}{\varkappa}\right)^2} - \frac{\varepsilon \cdot \omega}{\varkappa}}} =$$

$$= \frac{1}{2} \cdot \omega \cdot \mu \cdot \sqrt{1+\left(\frac{\varepsilon \cdot \omega}{\varkappa}\right)^2} \cdot \hat{I}_x^2 \cdot \frac{1}{\alpha}, \tag{99a}$$

woraus sich für Leiter ($\varkappa \gg \varepsilon \cdot \omega$) die bekannte Beziehung

$$P_{V,\varkappa} = \frac{1}{2} \cdot \sqrt{\frac{\mu \cdot \omega}{2 \cdot \varkappa}} \cdot \hat{I}_x^2 \tag{99b}$$

ableiten läßt.

Ein alternativer Weg zur Berechnung der Verlustleistung geht nach POYNTING (z.B. [261], S. 452) definitionsgemäß von der Bestimmung der von einer elektromagnetischen Welle transportierten komplexen Leistung pro Flächeneinheit (Intensität)

$$\underline{p} = \frac{1}{2} \cdot (\vec{\underline{E}} \times \vec{\underline{H}}^*) \tag{100}$$

aus, wobei $\vec{\underline{E}} \times \vec{\underline{H}}^* = \vec{\underline{S}}$ der komplexe POYNTING-Vektorzeiger (Strahlungsleistungsdichte) ist. Für die von der elektromagnetischen Welle nach Abb. 18 in +z-Richtung durch die Fläche A transportierte Leistung folgt daher ([382], S. 217):

$$\underline{P}(z) = \frac{1}{2} \cdot \int_A (\vec{\underline{E}} \times \vec{\underline{H}}^*) \cdot d\vec{A}, \tag{101}$$

und man erhält die ortsabhängige Verlustleistung $P_V(z)$ (Flächenintegral des zeitlichen Mittelwertes des POYNTING-Vektors $\vec{S}(\vec{r}, t)$) aus

$$P_V(z) = \int_A \langle \vec{S}(\vec{r}, t) \rangle \cdot dA = \mathrm{Re}\,\{\underline{P}(z)\} = \frac{1}{2} \cdot \mathrm{Re}\left\{\int_A (\vec{\underline{E}} \times \vec{\underline{H}}^*) \cdot \vec{e}_z \cdot dA\right\}. \tag{102a}$$

Setzt man in Gl. 102a die Gln. 84, 88 und 98b unter Beachtung der in Abb. 18 vorgegebenen Feldrichtungen ein, so erhält man

$$P_V(z) = \frac{1}{2} \cdot \frac{\beta \cdot \sqrt{1 + \left(\frac{\varepsilon \cdot \omega}{\varkappa}\right)^2}}{\varkappa} \cdot \hat{I}_x^2 \cdot e^{-2 \cdot \alpha \cdot z} \tag{102b}$$

und für die absorbierte Verlustleistung

$$P_V = P_V(z=0) = \frac{1}{2} \, \frac{\beta \cdot \sqrt{1 + \left(\frac{\varepsilon \cdot \omega}{\varkappa}\right)^2}}{\varkappa} \cdot \hat{I}_x^2, \tag{103a}$$

die mit $\alpha \cdot \beta = \frac{1}{2} \cdot \omega \cdot \mu \cdot \varkappa$ mit Gl. 99a identisch ist.

Es darf bei den vorstehenden Betrachtungen aber nicht übersehen werden, daß sich die Ausführungen auf lineare Eigenschaften des biologischen Materials beschränken, d.h. die elektrischen Kenngrößen wurden als potentialunabhängig angenommen.

Für die formal in

$$P_V = \frac{1}{2} \cdot \sqrt{1 + \left(\frac{\varepsilon \cdot \omega}{\varkappa}\right)^2} \cdot \frac{\hat{I}_x^2}{\varkappa} \cdot \frac{1}{z_0} \tag{103b}$$

eingeführte Eindringtiefe z_0 gilt:

$$z_0 = \frac{1}{\beta} = \frac{2 \cdot \alpha}{\varkappa \cdot \omega \cdot \mu} = \sqrt{\frac{2}{\varkappa \cdot \mu \cdot \omega}} \cdot \sqrt{\sqrt{1 + \left(\frac{\varepsilon \cdot \omega}{\varkappa}\right)^2} - \frac{\varepsilon \cdot \omega}{\varkappa}} \tag{104a}$$

mit der für Leiter ($\varkappa \gg \varepsilon \cdot \omega$) näherungsweise gültigen Beziehung

$$z_0 (\varkappa \gg \varepsilon \cdot \omega) = z_{0,\varkappa} = \sqrt{\frac{2}{\varkappa \cdot \mu \cdot \omega}} = \frac{1}{\alpha|_{\varkappa \gg \varepsilon \cdot \omega}} = \frac{1}{\alpha_\varkappa}. \tag{104b}$$

Bei Metallen wird die Eindringtiefe $z_{0,\varkappa}$ auch als Skintiefe, Leitdicke oder äquivalente Leitschichtdicke (in der Kabeltechnik) bezeichnet und gibt diejenige Tiefe an, bei der nach Gln. 84, 86 und 88 die elektrische und die magnetische Feldstärke auf den e-ten Teil des jeweiligen Wertes an der Oberfläche (z = 0) abgeklungen sind.

In Abb. 19 sind die Eindringtiefen z_0 für die sich aus Abb. 13 und Abb. 15 ergebenden Mittelwerte für Leber- und Fettgewebe dargestellt.

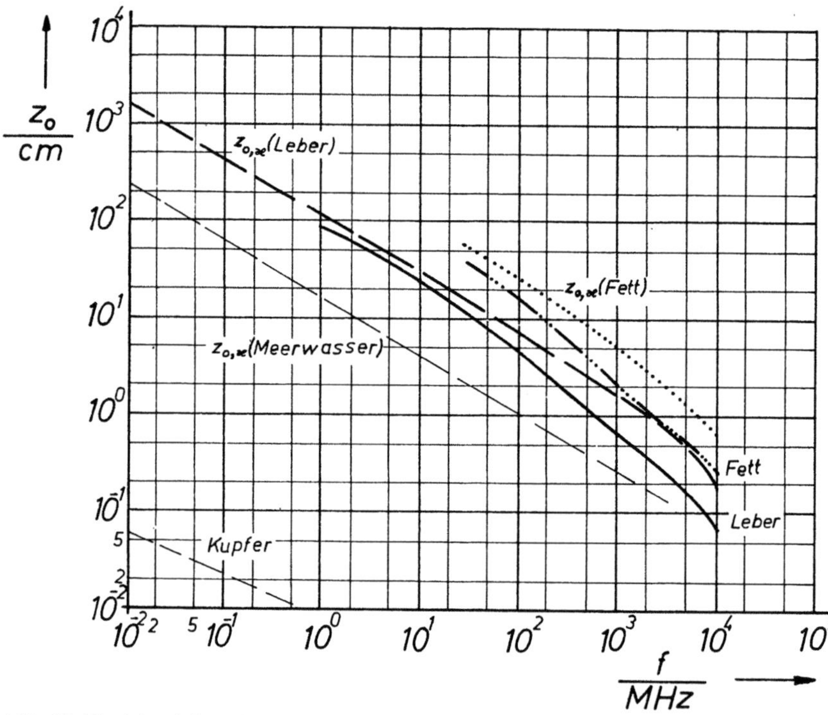

Abb. 19. Eindringtiefe z_0 bzw. $z_{0,\varkappa}$ für Leber- und Fettgewebe (Mittelwerte)

Die in der Literatur angegebenen Eindringtiefen sind wegen der mangelhaften Reproduzierbarkeit der elektrischen Kenngrößen, welche die Eindringtiefe bestimmen, ebenfalls nur als Mittelwerte bzw. nur als für das jeweilige Meßobjekt geltende Aussagen anzusehen. So weist z. B. SCHWAN darauf hin, daß die in [438] angegebenen Eindringtiefen bei Fett wegen des variierenden H_2O-Gehaltes um den Faktor 2 variieren können.

Bereits NERNST [344] (vgl. 2.1) zeigte, daß ein merklicher Stromverdrängungseffekt bei HF-Strömen nur bei sehr guten elektrischen Leitern stattfindet, nicht aber bei den relativ schlecht leitenden organischen Geweben.

Zum Vergleich enthält Abb. 19 neben den Eindringtiefen für Kupfer und Meerwasser auch die sich aus der näherungsweise gültigen Beziehung nach Gl. 104b ergebenden Eindringtiefen, die dokumentieren, daß die für organisches Gewebe praktisch erzielten Eindringtiefen für elektromagnetische Wellen nicht ohne weiteres durch die für gute elektrische Leiter gültige Eindringtiefe ausgedrückt werden können. Insbesondere ergibt sich für relativ hohe Frequenzen eine deutliche Abweichung, die z. B. bei $f \approx 10$ GHz $z_0(10\ \mathrm{GHz}) \approx 0{,}3 \cdot z_{0,\varkappa}(10\ \mathrm{GHz})$ beträgt. Dies liegt im Frequenzverhalten der relativen DK ε_r und der elektrischen Leitfähigkeit $\varkappa$ des jeweiligen organischen Gewebetyps begründet.

Vergleicht man z. B. die in [261], S. 454, für die Nahrungsmittel Rind- und Schweinefleisch angegebenen Eindringtiefen bei $f \approx 2{,}4$ GHz mit denjenigen nach Abb. 19, so liegt die Vermutung nahe, daß es sich, abgesehen von einer unklaren Definition der Eindringtiefe (vgl. auch Gl. 125), um sehr „fette" Beispiele handelt.

In organischen Geweben, die sich, wie in 2.2.3 ausgeführt, in einem weiten Frequenzbereich näherungsweise wie eine Salzlösung mit äquivalenter Leitfähigkeit verhalten, erfüllen die HF-Ströme den ganzen durchströmten Gewebequerschnitt. Es ist also bis in den MHz-Bereich ein ähnliches Verhalten wie bei Niederfrequenz zu erwarten, wobei natürlich die elektrolytischen Verhältnisse und die damit verbundene physiologische Reizwirkung sowie die sich aus den dielektrischen Verlusten im HF-Bereich ergebende, vorstehend diskutierte Wechselwirkungseigenheit des organischen Gewebes zu berücksichtigen sind.

Abbildung 19 zeigt, daß bezüglich der Frequenz ein Bereich mit Eindringtiefen, welche größer als die Körperabmessungen sind, von einem solchen, in dem die Eindringtiefen kleiner sind, getrennt werden kann. Im letzteren Fall, d. h. für $f > 1$ GHz, kann erwartet werden, daß die HF-Energie, die dem Körper zugeführt wird, vollständig von ihm absorbiert wird, solange man von Energiereflexion (vgl. 2.3.2.3) und -streuung absehen kann. Dies bedeutet aber auch, daß bei einer HF-Erwärmung mit Frequenzen $f \gtrsim 2$ GHz mit einer Tiefenerwärmung nicht gerechnet werden kann (vgl. 2.3.2.3 und 2.3.3).

Dies bedeutet aber auch, daß z. B. Untersuchungen zur Wechselwirkung elektromagnetischer Energie insbesondere bei höheren Frequenzen nicht unmittelbar in Tierversuchen an solchen Spezies erfolgen können, bei denen die Körperabmessungen viel kleiner sind als die jeweiligen Eindringtiefen, da in diesem Fall das Versuchstier praktisch als „energietransparent" betrachtet werden kann.

Die Eindringtiefen spiegeln den Wassergehalt des jeweiligen Gewebes wider, d. h. für Leber und Muskelgewebe mit einem relativ hohen H_2O-Gehalt ist die Eindringtiefe wesentlich kleiner als z. B. für Fettgewebe.

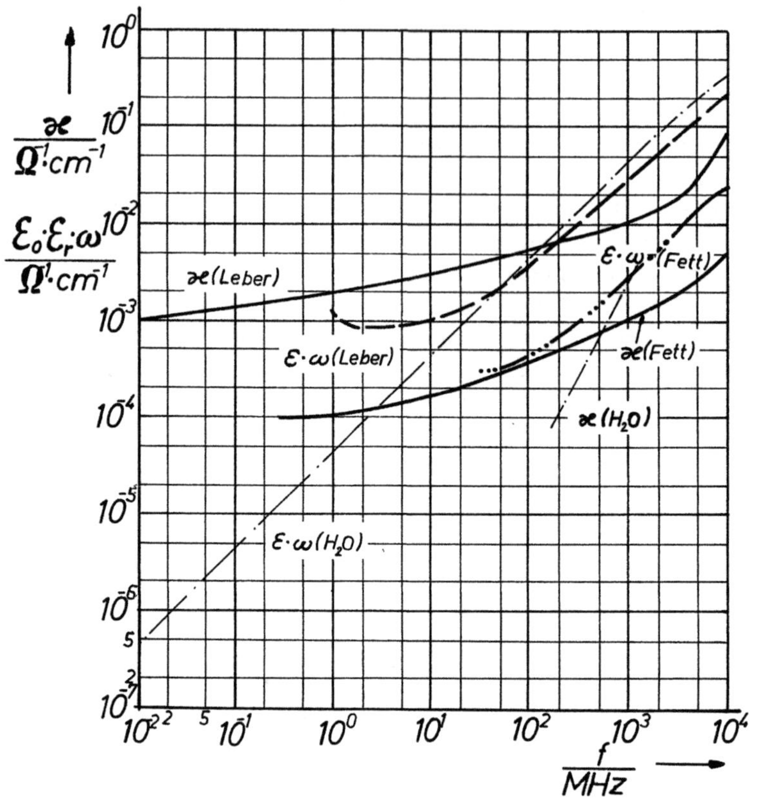

Abb. 20. Elektrische Leitfähigkeit $\varkappa$ und dielektrische Leitfähigkeit $\varkappa_\varepsilon = \varepsilon \cdot \omega$ von Fett- und Lebergewebe als Funktion der Frequenz f (Mittelwerte)

In Abb. 20 sind die elektrische Leitfähigkeit $\varkappa$ und die verallgemeinerte dielektrische Leitfähigkeit $\varkappa_\varepsilon = \varepsilon \cdot \omega$ (das Produkt $\varepsilon'' \cdot \omega$ wird dagegen als dielektrische Verlustleitfähigkeit bezeichnet) für Fett- und Lebergewebe dargestellt, wobei u. a. die Mittelwerte aus Abb. 13 und Abb. 15 Verwendung fanden. Abbildung 20 enthält zum Vergleich auch die elektrische [440] und die dielektrische Leitfähigkeit von Wasser, die jeweils als Höchstfrequenzäquivalent für relativ stark wasserhaltige Gewebe, wie z. B. Lebergewebe, näherungsweise betrachtet werden kann.

Bei einer quantitativen Auswertung des Verhältnisses $\frac{\varkappa}{\varepsilon \cdot \omega}$ mit den Daten der Darstellung in Abb. 20 müssen aber auch die in 2.2.2.1 und 2.2.2.2 dargelegten Streubereiche der organ- und gewebespezifischen elektrischen Kennwerte berücksichtigt werden. Abbildung 20 zeigt aber bereits, daß man bei der Wechselwirkung elektromagnetischer Energie mit biologischem Gewebe über weite Frequenzbereiche mit Mischleitung $\left(\frac{\varkappa}{\varepsilon \cdot \omega} \approx 1\right)$ rechnen kann, während weder reine metallische Leitung $\left(\frac{\varkappa}{\varepsilon \cdot \omega} \gg 1\right)$ noch reine dielektrische Leitung $\left(\frac{\varkappa}{\varepsilon \cdot \omega} \ll 1\right)$ im betrachteten

Frequenzbereich auftreten. Die hier diskutierten Verhältnisse sind daher beispielsweise vergleichbar mit der im Vakuum-UV- und im Röntgenbereich bei guten elektrischen Leitern, wie z. B. in Kupfer, vorliegenden Mischleitung bzw. mit dem Leitungsverhalten von Meerwasser im GHz-Bereich, solange man homogene Strukturen zugrunde legen kann.

Gleichung 104a gestattet ebenfalls die formale Einführung einer Wellenlänge innerhalb des nichtidealen Mediums

$$\lambda = 2\pi \cdot z_0, \qquad (105\,a)$$

und es läßt sich zeigen, daß Gl. 105a und Gl. 89 identisch sind, was für Leiter mit $\varkappa \gg \varepsilon \cdot \omega$ zu der bekannten Beziehung

$$\lambda_\varkappa = 2\pi \cdot z_{0,\varkappa} = \frac{2\pi}{\alpha_\varkappa} = \frac{2\pi}{\beta_\varkappa} = 2\pi \cdot \sqrt{\frac{2}{\varkappa \cdot \mu \cdot \omega}} \qquad (105\,b)$$

führt. Nach Gln. 84, 86 und 88 sind die Amplituden der elektrischen bzw. magnetischen Feldstärke nach einer Länge von $\lambda_\varkappa$ um den Faktor $\exp(2\pi) \approx 535{,}5$ gedämpft worden, und man kann in diesem Fall eines metallischen Leiters nicht mehr von einer fortschreitenden Welle sprechen.

2.3.2 Methoden

Die durch HF-Energie primär beabsichtigte therapeutische Wirkung ist die Erzeugung von Temperaturerhöhungen in den verschiedenen zu behandelnden Körperabschnitten. Dabei unterscheiden sich die Methoden der HF-Erwärmung im wesentlichen dadurch, daß sie in der anatomisch vorgegebenen Schichtung des biologischen Gewebes sehr verschiedene Temperaturverteilungen hervorrufen. Die Kenntnis der Temperaturverteilung im Körper gibt dem mit der Methode vertrauten behandelnden Arzt die Möglichkeit, die der jeweiligen Indikation optimal angepaßte Methode zu verwenden. Als Methoden zur HF-Erwärmung, sei es zur Ganzkörperhyperthermie oder zur selektiven, örtlich begrenzten Temperaturerhöhung, kommen in Frage: die Kondensator-, die Spulen- und die Strahlerfeldmethode.

Mit Hilfe von Phantommessungen wurden Antworten z. B. auf die Fragen der Fettentlastung, der Tiefenwirkung und des Temperaturgradienten, der besonders an den Grenzschichten von Interesse ist, gesucht. Die an einem Phantom ermittelten Temperaturreliefs müssen aber beim Patienten noch modifiziert werden, und zwar insbesondere als Funktion der in praxi auftretenden Bestrahlungsleistungsdichte, der Bestrahlungsdauer und bezüglich der mit der Durchblutung verknüpften veränderten Wärmeleitungsverhältnisse. Grundsätzlich kann man davon ausgehen, daß die gerade noch „verträgliche" Leistungsdichte nur während einer relativ kurzen Bestrahlungsdauer zulässig ist, während niedrigere Werte eine entsprechend längere Behandlungszeit erlauben. Dabei ist zu beachten, daß die Konvektion durch den Blutstrom einen zeitabhängigen nivellierenden Einfluß auf das reale Temperaturprofil hat. Die „Verträglichkeitsgrenze" der bei der Wechselwirkung elektromagnetischer Wellen mit Körpergewebe auftretenden maximalen Leistungsdichte ist selbstverständlich als patientensubjektives Maß nicht zur objektiven experimentell-quantitativen Bestimmung von Grenzwerten geeignet, kann aber im Rahmen der Erfahrungsvermittlung durchaus zur methodischen Kennzeichnung und zur Indikationsoptimierung herangezogen werden. Erfahrungsgemäß wird bei einem ungestörten Schmerzempfinden (vgl. 2.3.5) durch die schmerzsensiblen Nerven eine Abgrenzung des therapeutischen gegen den destruktiven Bereich mit einiger Sicherheit [182] festgelegt. Eine Echtmessung der während einer therapeutischen Behandlung im HF-Feld auftretenden Feldamplituden bzw. der Werte der HF-Ströme und -Spannungen wurde bislang praktisch nicht durchgeführt. Die Kenntnis der zeitlichen und örtlichen Verteilung dieser elektromagnetischen Daten könnte man aber auch im Hinblick auf die Einordnung von Leistungsdichtewerten bei therapeutischen HF-Wärmebehandlungen in die national unterschiedlichen Standardwerte der maximal zulässigen Leistungsdichte [94], die als Funktionen der Frequenz und der Bestrahlungsdauer empfohlen werden, heranziehen.

2.3.2.1 Kondensatorfeldmethode

Die Kondensatorfeldmethode wird wie folgt definiert:

Definition 1: Der biologische Körper wird als verlustbehaftetes Dielektrikum im hochfrequenten elektrischen Feld eines Kondensators dielektrisch erwärmt.

Die Kondensatorfeldmethode gehört zu den am meisten beschriebenen Methoden der physikalischen Therapie. Daher werden in den Ausführungen dieses Abschnitts insbesondere solche Fragestellungen aufgeworfen und Probleme erörtert, die mit den Grundlagen der Methode verknüpft, aber bisher entweder noch nicht befriedigend analysiert, diskutiert und erörtert wurden, oder aber es werden Denkanstöße gegeben, die zu weiteren detaillierten Untersuchungen Anlaß geben könnten. Dies erscheint um so mehr gerechtfertigt, da sich z.Z. eine Renaissance dieser relativ alten Hyperthermiemethode, insbesondere in der mit einer Röntgenbestrahlung kombinierten Behandlung zur Krebstherapie, abzeichnet. Ein besseres Verständnis der Methode ist zu einem optimaleren Einsatz notwendige, wenn auch nicht hinreichende Voraussetzung.

Zur Beschreibung der Stromverhältnisse in einem verlustbehafteten Kondensator kann man die sich nach Gl. 79 ergebenden Einzelbeiträge des Leitungs- und Verschiebungsstroms untersuchen. Eine Betrachtung der Parallelschaltung der Ersatzschaltungselemente

$$R(\omega) = \frac{d}{\varkappa(\omega) \cdot A} \tag{106a}$$

und

$$C(\omega) = \frac{\varepsilon(\omega) \cdot A}{d} \tag{106b}$$

eines verlustbehafteten Kondensators ergibt für das betragsmäßige Verhältnis der beiden Stromanteile

$$\left|\frac{I_V}{I_L}\right| = \frac{\omega \cdot \varepsilon(\omega)}{\varkappa(\omega)} = 2\pi \cdot c_0 \cdot C(\omega) \cdot R(\omega) \cdot \frac{1}{\lambda_0}. \tag{107}$$

In Abb. 21 sind die in physiologischer Kochsalzlösung unter der vereinfachenden Annahme $\varepsilon, \varkappa = \text{const.}|_\omega$ (d.h. für frequenzunabhängige DK und Leitfähigkeit) vorhandenen Stromanteile dargestellt.

Physiologische Kochsalzlösung, d.h. den normalen Lebensvorgängen entsprechende 0,9%ige NaCl-Lösung, die den gleichen osmotischen Druck wie das Blut, aber ein unphysiologisches Ionenmilieu besitzt, stellt wegen der dissoziierten Molekülteile einen verlustbehafteten Kondensator dar, wenn man eine entsprechende Flüssigkeitsstrecke zwischen 2 Platten betrachtet.

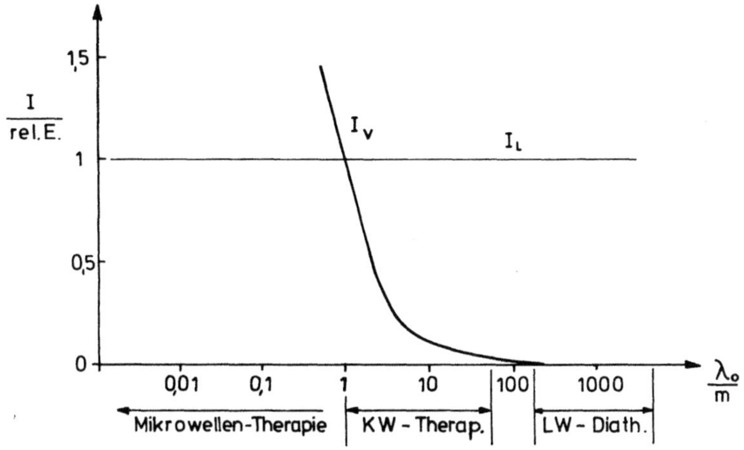

Abb. 21. Leitungs- und Verschiebungsstrom in relativen Einheiten als Funktion der Vakuumwellenlänge λ_0 für physiologische Kochsalzlösung mit $\varepsilon, \varkappa = \text{const.}|_\omega$

Abbildung 21 zeigt, daß der Verschiebungsstromanteil (kapazitiver Strom) bei der Langwellendiathermie vernachlässigt werden kann, während er im Bereich der Kurzwellentherapie im Gewebe in die gleiche Größenordnung wie der Leitungsstrom kommen kann. Im Bereich der Mikrowellenbestrahlungstherapie ist der Verschiebungsstrom als bestimmender Stromfaktor wesentlich größer als der ohmsche Leitungsstrom. Diese Verhältnisse lassen sich vereinfacht bei der Querdurchströmung einer Extremität darstellen, bei der die physikalische Therapie der HF-Erwärmung Anwendung findet. Bekanntlich tritt infolge übermäßiger Kontraktion der Muskeln, die mit einer vermehrten, wahrscheinlich insbesondere durch Myosin initiierten Änderung des Kolloidzustands der Muskeleiweiße verbunden ist, die charakteristische Muskelermüdung auf. Dabei entstehen bestimmte Wirkstoffe (Mineralstoffwechselrückstände), zu deren biochemischem Entfernungsprozeß die Anwesenheit von Sauerstoff erforderlich ist. Das bei einem erhöhten Sauerstoffverbrauch auftretende O_2-Defizit macht eine vermehrte Durchblutung erforderlich. Hierzu wird neben der mechanischen Massage die HF-Erwärmung eingesetzt. In Abb. 22 ist ein vereinfachtes kombiniertes anatomisch-elektrisches Ersatzschema einer oberen Extremität mit den wesentlichen Elementen dargestellt.

Bei Niederfrequenz fließt der Strom bevorzugt über die Hautwiderstände und führt damit nur zur Hauterwärmung. Mit wachsender Frequenz steigt der Strom durch die Kapazität C_K, und es kommt zu einer zunehmenden Erwärmung in der

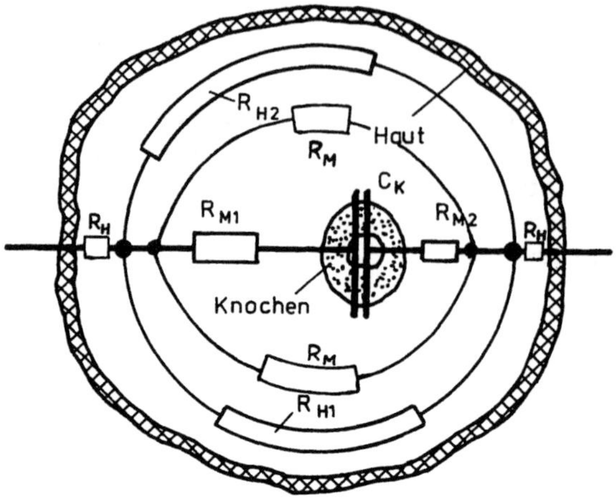

Abb. 22. Querdurchströmung einer oberen Extremität (anatomisch-elektrisches Ersatzschema). C_K Kapazität des Knochens, $R_{M1,2}$ Widerstand der Muskeln, R_M ($\approx R_{M1} + R_{M2}$) Muskelwiderstand in Umfangsrichtung, $R_{H1,2}$ Hautwiderstand in Umfangsrichtung, R_H Hautdurchgangswiderstand

Tiefe der Extremität. Dieses Beispiel zeigt, daß die Wahl der Frequenz ein Mittel zur Beeinflussung der Energieverteilung auf die Oberfläche und/oder die Tiefe eines Körperabschnitts bietet.

Es wäre aber zu voreilig, wollte man das biologische Gewebe hinsichtlich seines elektrischen Verhaltens entweder durch eine Parallel- oder eine Reihenschaltung quasi fester R- und C-Werte darstellen, denn wie das bekannte Frequenzverhalten des daraus resultierenden Verlustfaktors zeigt, muß das reale, biologische Dielektrikum damit nicht übereinstimmen. Der Leitfähigkeitsanteil bei einer ersatzschaltungsmäßigen Analyse biologischer Körper muß nicht von einer Ladungsträgerbewegung herrühren, sondern kann stellvertretend für jeden anderen energieverzehrenden Prozeß stehen. Es ist daher sinnvoller, die Verhältnisse bei der Kondensatorfeldmethode durch eine komplexe Permittivität, wie sie in 2.2.2.1 und 2.3.1 eingeführt wurde, zu beschreiben. Dabei beinhaltet die effektive Leitfähigkeit alle dissipativen Beiträge, d.h. sie kann sowohl eine ohmsche Leitfähigkeit darstellen, die durch Ladungsträgerbewegung bedingt ist, als auch das Ergebnis einer Dispersion von ε', z.B. aufgrund der Trägheit bei der Dipolorientierung (2.2.2.1), sein.

Die Tatsache, daß der kapazitive Verschiebungsstrom ein reiner Lade- und Entladungsstrom ist, der nicht an der Energieentfaltung beteiligt ist, könnte zu der Annahme führen, daß die z.B. bei der als Ersatzschaltung für physiologische Kochsalzlösung gewählten Parallelschaltung von R und C gewonnene Erkenntnis, wonach bei Kurzwellen der Verschiebungsstrom in der gleichen Größenordnung wie der Leitungsstrom ist (Abb. 21), für die Energieumsetzung belanglos wäre. Dem Verschiebungsstrom kommt aber dennoch ein mittelbarer Einfluß zu, da er überall dort, wo durch geringe elektrische Leitfähigkeit des organischen Gewebes, wie z.B. in Fettgewebe, in Lufteinschlüssen in der Lunge und in der häufig vorhandenen Luftvorschaltstrecke zwischen Haut und Kondensatorelektrode, nur ein relativ geringer Leitungsstrom zustande kommt, für die kapazitive Überbrückung dieser Bereiche sorgt.

Das Wirkungsprinzip der Kondensatorfeldmethode läßt sich am Beispiel der Energiedurchflutung eines homogenen Körpergewebes bei vorgeschalteter Luftstrecke besonders deutlich erläutern. Hierzu zeigt Abb. 23 die schematische Elektrodenanordnung und die entsprechende Ersatzschaltung. Sie enthält neben der das verlustbehaftete Dielektrikum (homogene Gewebe) kennzeichnenden RC-Parallelschaltung 2 verlustfreie Kondensatoren, die im allgemeinen Fall 2 unterschiedliche Luftstrecken beschreiben.

Für das Verhältnis der Beträge der für die Energieumsetzung im Widerstand maßgeblichen Teilspannung U_R zur Gesamtspannung U erhält man mit den Bezeichnungen in Abb. 23:

$$\left|\frac{U_R(\lambda_0)}{U}\right| = \frac{1}{\sqrt{\left[1+\frac{\varepsilon_r}{\varepsilon_{r,L}}\cdot\left(\frac{d_{L1}+d_{L2}}{d}\right)^2\right]+\left(\frac{d_{L1}+d_{L2}}{d}\right)^2\cdot\left(\frac{\varkappa\cdot\lambda_0}{2\pi\cdot c_0\cdot\varepsilon_r\cdot\varepsilon_{r,L}}\right)^2}}. \tag{108}$$

In Abb. 24 ist Gl. 108 bei konstanter HF-Gesamtspannung U für ein homogenes organisches Gewebe der Dicke $d = 20$ cm mit $\varkappa \approx 0{,}01\ \Omega^{-1}\cdot\mathrm{cm}^{-1}$ bei $\varepsilon_r \approx 80$ unter der vereinfachenden Annahme der Frequenzunabhängigkeit von ε_r und $\varkappa$ dargestellt. Die Luftvorschaltstrecken wurden gleich groß angenommen mit $d_L = d_{L1} = d_{L2} = 0{,}25$ cm und $\varepsilon_{r,L} = 1$.

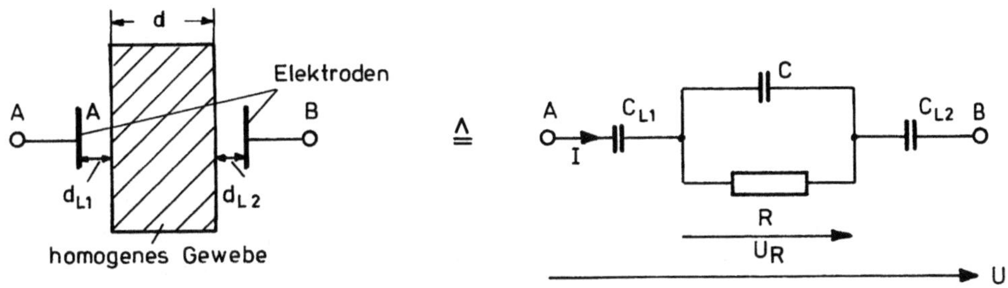

Abb. 23. Anordnung und Ersatzschaltung der Kondensatorfeldmethode mit vorgeschalteter Luftstrecke (*d* Dicke des biologischen Dielektrikums; d_{L1}, d_{L2} Luftstrecken; C_{L1}, C_{L2} Kapazitäten der Luftvorschaltstrecken)

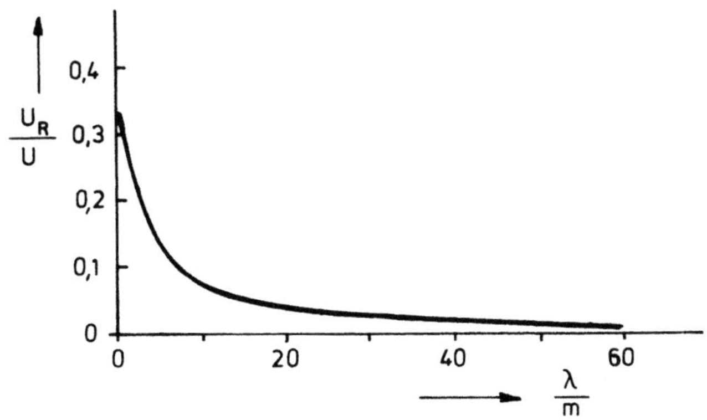

Abb. 24. Verhältnis $|U_R(\lambda_0)/U|$ als Funktion der Vakuumwellenlänge λ_0 nach Gl. 108

Wenngleich man das unter der Voraussetzung frequenzunabhängiger Werte von $\varkappa$ und ε_r des biologischen Gewebes gewonnene Ergebnis insbesondere für Wellenlängen $\lambda_0 < 0{,}03$ m quantitativ nicht überbewerten darf, zeigt die Auswertung dieses Beispiel dennoch, daß die Kondensatorfeldmethode bezüglich der am Widerstand abfallenden Teilspannung erst bei relativ kleinen Wellenlängen brauchbar wird. Eine genauere quantitative Analyse muß natürlich die Frequenzabhängigkeit der relativen DK und der Leitfähigkeit nach Abb. 13 und Abb. 15 berücksichtigen, da mit wachsender Frequenz ε_r kleiner wird, während $\varkappa$ steigt.

Die Luftvorschaltstrecke bedingt aufgrund der relativ geringen wirksamen Spannung $|U_R|$ eine vergrößerte Geräteleistung (üblicherweise ca. 400 W anstelle von 150 – 200 W ohne Distanzierung [128], S. 5.4 und 5.15), so daß sich die Frage nach der Zweckmäßigkeit einer Luftvorschaltstrecke ergibt.

Für den Verlustfaktor tan δ_e der in Abb. 23 zugrunde gelegten Ersatzschaltung kann man die Beziehung

$$\tan \delta_e = \frac{\varkappa}{\omega \cdot \varepsilon_0 \cdot \varepsilon_r} \cdot \frac{1}{1 + 2 \cdot \dfrac{\varepsilon_r}{\varepsilon_{r,L}} \cdot \dfrac{d_L}{d} \cdot \left[1 + \left(\dfrac{\varkappa}{\omega \cdot \varepsilon_0 \cdot \varepsilon_r}\right)^2\right]} \tag{109}$$

ableiten, wobei der Einfachheit halber von gleich großen Luftstrecken ausgegangen wurde. Der Verlustfaktor wird für $d_L \to 0$ und/oder $\varepsilon_{r,L} \to \infty$ maximal. Da zur Erzielung einer relativ großen Tiefendosis ein bestimmter sog. Elektroden-Haut-Abstand eingehalten werden muß, kann der Verlustfaktor durch eine Vergrößerung der relativen DK des Elektroden-Haut-Zwischenmediums gesteigert werden. Als Materialien, die möglichst absorptionsarm sind, kommen insbesondere Titanate und rutilhaltige Massen in Frage, deren ε_r-Werte zwischen 12 und 100 liegen. (In der praktischen Anwendung findet man dagegen auch heute noch z. B. Samtlagen zwischen Elektrode und Haut [182].) Wegen der damit erzielbaren fast idealen Anpassung der relativen DK-Werte von Zwischenmedium und biologischem Körper läßt sich über einen weiten Frequenzbereich eine Brechung der Feldlinien, wie sie bei einer Elektroden-Körper-Luftdistanzierung gemäß Abb. 25 in einem homogenen Gewebevolumen auftreten kann, vermeiden. Allgemein gilt nach dem Tangensgesetz für die elektrischen Feldlinien:

$$\alpha_2 = \arctan\left(\frac{\varepsilon_{r2}}{\varepsilon_{r1}} \cdot \tan \alpha_1\right). \tag{110}$$

Hiernach wirkt sich die Brechung in den Randzonen des Kondensatorfeldes wegen des dort flacheren Eintritts der Feldlinien stärker aus als in der Kondensatormitte. Die resultierende Feldlinienverdichtung führt in den obersten Schichten des Körpers, d. h. insbesondere in der Haut, zu einer Randzonenüberhitzung. Befindet sich auf der weniger gut wärmeleitenden Haut zusätzlich noch Schweiß, so kann es in der Praxis bei einer Elektroden-Körper-Luftdistanzierung zu Verbrennungsgefahr der Hautoberfläche kommen.

Die in realen Kondensatorfeldern bei der HF-Erwärmung aufgrund der Körperabmessungen auftretende inhomogene Feldverteilung, wie sie in Abb. 26b für $d \gtrsim D$ dargestellt ist, führt für die Dosisleistung, d. h. die pro Volumen- und Zeiteinheit im biologischen Gewebe durch Feldwirkung nach Gl. 77 erzeugte Wärmemenge

$$p_D = \frac{\Delta Q}{\Delta t \cdot V} = \frac{1}{2} \cdot \frac{\hat{U}^2}{R \cdot V}, \tag{111}$$

zu einer quadratischen Abhängigkeit von Feldinhomogenitäten (Abb. 26c). Beim derzeitigen Stand der Meßtechnik ist es aber noch nicht möglich, diese biologisch-therapeutisch wichtige Größe und ihre Verteilung meßtechnisch zu erfassen.

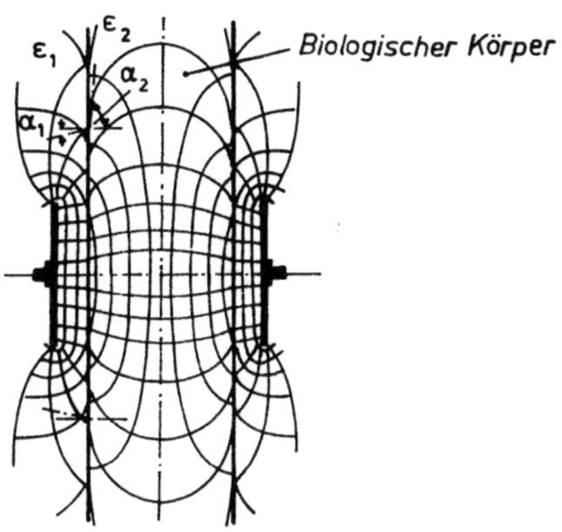

Abb. 25. Feldlinien- und Potentialverlauf bei Elektroden-Körper-Luftdistanzierung. (Modifiziert nach [367])

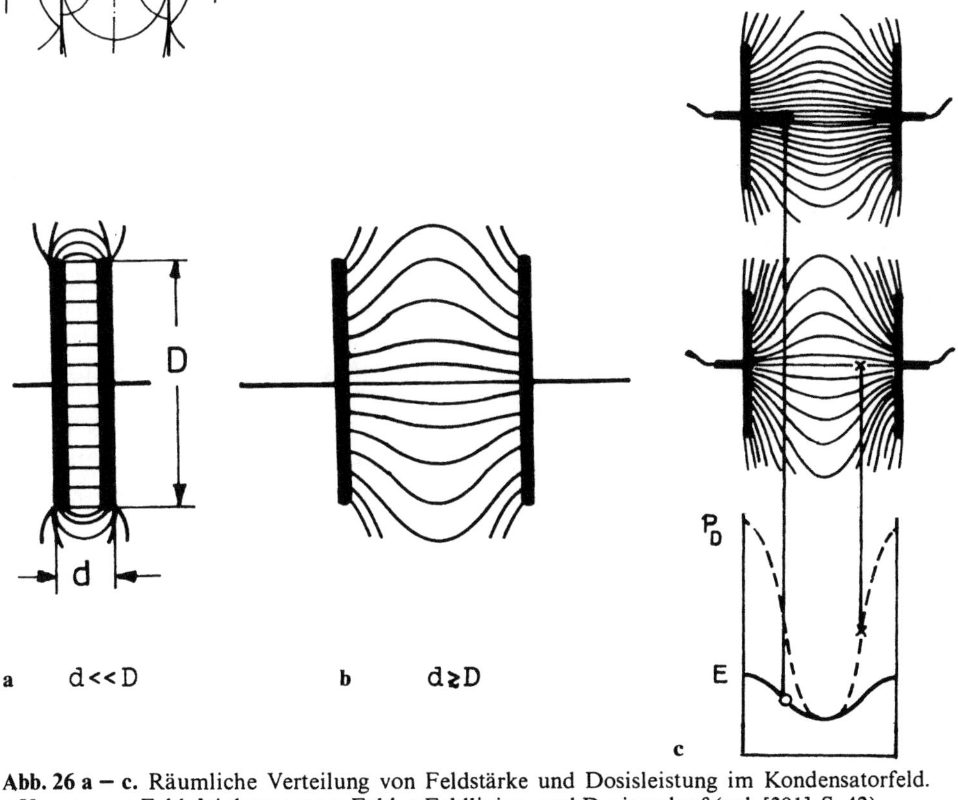

Abb. 26 a – c. Räumliche Verteilung von Feldstärke und Dosisleistung im Kondensatorfeld. **a** Homogenes Feld, **b** inhomogenes Feld, **c** Feldlinien- und Dosisverlauf (vgl. [391], S. 42)

Zur Vermeidung einer intensiven Hauterwärmung und zur Erhöhung der Dosisleistung in der Tiefe (Tiefendosis) wird die bereits vorstehend angegebene Elektroden-Körper-Distanzierung nach SCHLIEPHAKE ([430], [391], S. 42ff.) angewandt. Hierdurch wird u. a. erreicht, daß der elektrodennahe Teil des relativ steilen Dosisleistungsabfalls (Abb. 26c) außerhalb des Körpers zu liegen kommt und sich eine Verringerung zwischen Oberflächen- und Tiefendosis ergibt.

Unter der Dosis selbst sollte im medizintechnischen Sprachgebrauch das Produkt von Dosisleistung und Einwirkungsdauer, also eine „Dosisenergie", verstanden werden.

Beim therapeutischen Einsatz der HF-Erwärmung muß man jedoch individuell die Frage beantworten, ob eine Tiefenerwärmung erwünscht ist. Darüber hinaus muß geklärt werden, ob es einerseits auf die insgesamt zugeführte Wärmemenge oder andererseits auf eine Konzentration der zugeführten Energie in bestimmten Geweben, wie z. B. in der Haut oder im Unterhautbindegewebe, ankommt.

Durch Vergrößerung der Elektrodenflächen wird unter sonst gleichen Bedingungen die Feldstreuung verringert und gleichzeitig die relative Tiefenerwärmung (Verhältnis der Temperaturerhöhung in der Körpermitte zu derjenigen an der Oberfläche) vergrößert. Es läßt sich auf diese Weise mit Elektrodendurchmessern, die größer als die Körperquerschnittsfläche sind, bei geeigneter Elektroden-Körper-Distanzierung eine relative Tiefenerwärmung > 1 erzielen, wenn in der Mitte zwischen den Kondensatorelektroden die größte Feldliniendichte erreicht wird. Dies ist insbesondere für die praktische Durchführung der Ganzkörperhyperthermie interessant, und es läßt sich eine gezieltere Erhöhung der Körperkerntemperatur erreichen, z. B. mit dem Ziel der künstlichen Pyrexie.

Die sich als Folge der Elektroden-Körper-Distanzierung ergebende Feldverteilung gilt weitgehend frequenzunabhängig; eine quantitative Berücksichtigung des kapazitiven Vorschaltwiderstands zeigt jedoch, daß sich therapeutisch wirksame Stromstärken von einigen Ampere praktisch erst mit Frequenzen im KW-Bereich erzeugen lassen.

Die bisherigen Betrachtungen im Kondensatorfeld gelten für näherungsweise homogenes Gewebe. In den praktisch vorliegenden Fällen der HF-Erwärmung liegen jedoch wegen der makroskopischen biologischen Schichtstrukturen Parallel- und Serienschaltungen verschiedener Gewebe vor, die sich in der elektrischen Leitfähigkeit unterscheiden.

Bei fehlender bzw. nur geringer Distanzierung, wie in Abb. 27 dargestellt, entsteht bei reiner Leitungsstrombetrachtung im Gewebe bei dem gewählten Beispiel wegen $\varkappa_1 \ll \varkappa_2$ in der Parallelschaltung im Gewebe ② die größere Wärme, während es bei der Serienschaltung umgekehrt ist.

Wie einfache Strom-Spannungs-Leistungs-Überlegungen zeigen, verhält sich idealisiert die Erwärmung des schlechter leitenden Gewebes bei Parallel- zu derjenigen bei Serienschaltung der Gewebeschichten wie $\left(\frac{\varkappa_1}{\varkappa_2}\right)^2$, wenn auf eine vorgegebene Erwärmung des besser leitenden Gewebes bezogen wird. In praktischen Fällen kann es nach diesem Ergebnis, wonach die Erwärmung verschiedener serieller Schichten näherungsweise proportional zum jeweiligen Widerstandswert ist, beispielsweise zu einer therapeutisch nicht vertretbaren Überwärmung in Fett-

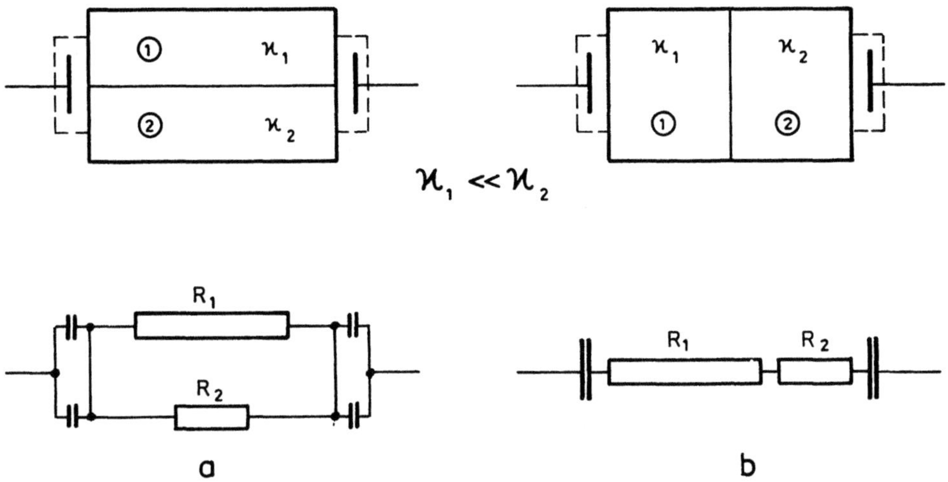

Abb. 27. **a** Parallel- und **b** Serienschaltung verschiedener Gewebe ① ② (Anordnung und Ersatzschaltung)

gewebe kommen, das aufgrund anatomischer Gegebenheiten im Kondensatorfeld ein- bzw. beidseitig in Serie zu einem Muskel angeordnet sein kann.

Entsprechend den bekannten Gesetzmäßigkeiten beim Übergang einer elektrischen Feldlinie von einem Medium in ein anderes, wonach z.B. die Tangentialkomponenten der elektrischen Feldstärke stetig an einer Grenzfläche isotroper Medien sind, ergibt sich bei Parallelschaltung z.B. von Fett- und Muskelgewebe ein Wärmeverhältnis entsprechend $\frac{\varkappa_F}{\varkappa_M} < 1$ ($\varkappa_F$, $\varkappa_M$ Leitfähigkeit von Fett- bzw. Muskelgewebe), d.h. eine Fettgewebeentlastung, während bei der Serienschaltung das Wärmeverhältnis in Fett- und Muskelgewebe $\frac{\varkappa_F}{\varkappa_M} \cdot \left(\frac{\varepsilon_{r,M}}{\varepsilon_{r,F}}\right)^2 \approx 10$, also > 1 ist, d.h. eine Fettgewebebelastung auftreten kann, da man beachten muß, daß unter der Voraussetzung fehlender Grenzflächenladungen die Normalkomponenten der elektrischen Verschiebung stetig sind, eine genauere Analyse also auch die relativen DK-Werte der verschiedenen Gewebe berücksichtigen muß.

Mit diesen Überlegungen lassen sich auch Antworten finden hinsichtlich der bei Strukturinhomogenitäten maximal auftretenden Feldstärkeunterschiede, wie dies beispielsweise in einer im Gewebe eingeschlossenen Luftblase oder in einem Blutgefäß, das in einer Fettschicht verläuft, der Fall sein kann. So können z.B. auch in der Nähe metallischer Gegenstände (z.B. in und an der Bekleidung des Patienten, Herzschrittmacher und allgemeine metallische Implantate) relativ hohe Feldstärken auftreten, die schlimmstenfalls zu lokalen Verbrennungen führen.

Auch im Fall geschichteter Gewebe stellt die Elektroden-Körper-Distanzierung das Mittel der Wahl dar. Dabei gewinnen die seitlich umgreifenden und verteilten Streukapazitäten Einfluß auf die Feld- und Stromverteilung, d.h. der Gesamtwiderstand des Gewebes wird effektiv verkleinert, wobei sich die Distanzierung auf das Gewebe mit der kleineren elektrischen Leitfähigkeit relativ mehr widerstandsändernd auswirkt. Insgesamt führt dies zu einer Reduzierung der Erwärmungsunterschiede in Parallel- und Serienschaltung verschiedener Gewebe, d.h. zu einer Homogenisierung der Dosisleistung. In diesem Zusammenhang muß auch auf den möglichen Einfluß von Streukapazitäten hingewiesen werden, der sich durch ungeeignete Patientenlagerungstische oder z.B. durch Eisenbetonwände und dgl. hinsichtlich einer Änderung des Wärmeverteilungsprofils ergeben kann.

Die praktische Ausführung (Form und Art) der Kondensatorfeldelektroden bietet zusammen mit ihrer Anbringung die Möglichkeit der therapiebezogenen Optimierung, d.h. in dem speziellen Organ oder Körperteil kann der für eine gewünschte Behandlung erforderliche Wärmeeffekt beeinflußt werden. So bewirkt z.B. ein ungleicher Abstand der Elektroden von der Körperoberfläche eine Energiekonzentration bei derjenigen Elektrode mit dem geringeren Körperoberflächenabstand. Für eine weitere Steigerung mit einer gezielten Oberflächenbehandlung wird man eine kleinere Elektrode mit kleinerem Abstand und eine zweite großflächigere Elektrode in relativ großem Abstand wählen. Auch bei anatomischen Körperunebenheiten, wie z.B. Nase, Ohren, Pickel, Furunkel usw., lassen sich durch einen relativ großen Elektroden-Haut-Abstand unzulässige Feldkonzentrationen vermeiden. Andererseits erfordert die LW-Diathermie bezüglich der Elektroden eine im wesentlichen gutleitende, unverrückbare Verbindung mit der Körperoberfläche. Besonderer Elektrodenformen bedarf es auch in der Urologie, beispielsweise zur Therapie von Blasenpapillomen, und im weiten Feld der gynäkologischen Therapieanwendungen der HF-Erwärmung.

Nicht zuletzt muß dem Erfordernis einer praktikablen Handhabung der Elektroden Rechnung getragen werden, wenn die Kondensatorfeldmethode weiter indikationsbezogen optimiert werden soll. Im Hinblick auf eine Optimierung kann auch die Frage nach einer selektiven Erwärmung der aus unregelmäßig angeordneten Schichten verschiedener Gewebearten mit unterschiedlicher elektrischer Leitfähigkeit und relativer Dielektrizitätszahl aufgebauten biologischen Körper gestellt werden. Bei einer Thoraxenergiedurchströmung kann man beispielsweise die Frage stellen, ob es möglich ist, durch geeignete Wahl der Frequenz entweder das Lungengewebe oder die Haut oder das Unterhautfettgewebe oder die Herzmuskeln selektiv unter jeweils weitgehender Wärmeentlastung des anderen Gewebes zu erwärmen.

SCHLIEPHAKE [429, 431] hatte bereits 1929 bei einer Schichtung verschiedener Salzlösungen experimentell eine Wellenlängenabhängigkeit des relativen Wärmeanstiegs in den einzelnen Lösungen mit unterschiedlicher Salzkonzentration festgestellt. Hierzu gab PÄTZOLD 1930 eine theoretische Erklärung, die auf Messungen bei $\lambda_0 \approx 3 - 100$ m basierte [359, 360] (vgl. auch [361]). Dabei blieb jedoch die Frequenzabhängigkeit der Leitfähigkeit unberücksichtigt, d.h. es wurden die NF-Werte auf den KW- und UKW-Bereich übertragen, was nach den Ergebnissen in 2.2.2.2 zur Fehlbeurteilung führen muß. Außerdem wurde für die relative DK trotz unterschiedlicher Elektrolytkonzentrationen und -temperaturen ein frequenzunabhängiger Mittelwert der Auswertung der Meßergebnisse zugrunde gelegt. Das unter diesen Voraussetzungen u.a. unabhängig von PÄTZOLD auch von McLENNAN und BURTON [311] abgeleitete sog. Prinzip der selektiven Erwärmung fand sehr schnell als neues Verfahren Verbreitung und in großem Umfang Eingang in die Literatur (z.B. [350]), ohne daß quantitative geeignete Meßergebnisse vorlagen

[311, 361, 364 S. 785f.], da sie im höherfrequenten Bereich wegen fehlender Meßmethoden noch nicht ermittelt werden konnten. Eine Richtigstellung aufgrund der später ermittelten Leitfähigkeitswerte blieb weitgehend aus (vgl. z.B. Nachweis der Ungültigkeit der Wellenlängenunabhängigkeit der Gewebeleitfähigkeit im Gegensatz zum Verhalten anorganischer Elektrolyte durch SCHAEFER [421]) – im Gegenteil, es kam in der sekundären Literatur zu sehr mißverständlichen Darstellungen, und es wurde der Schluß gezogen, daß für ein gegebenes Gewebe mit der elektrischen Leitfähigkeit $\varkappa$ und der relativen DK ε_r die durch die PÄTZOLDsche Beziehung gegebene Wellenlänge λ_0 diejenige mit maximaler Wärmewirkung darstellt.

Das Problem der selektiven Erwärmung kann man, ausgehend von einer Leistungsbetrachtung in einer homogenen Gewebeschicht, gemäß Abb. 23 analysieren. Wenn zur Vereinfachung zunächst von einer Elektroden-Oberflächen-Distanzierung abgesehen wird, d.h. für den Fall $U_R = U$ (Gesamtspannung), erhält man für den Betrag des komplexen Wechselstromwiderstands $\underline{Z}$ der Parallelschaltung von R und C

$$|\underline{Z}| = \frac{1}{\sqrt{\left[\frac{1}{R(\omega)}\right]^2 + [\omega \cdot C(\omega)]^2}} \qquad (112)$$

und für die im ohmschen Widerstand auftretende Wirkleistung (Verlustleistung)

$$P_R = P_V = \frac{1}{2} \cdot \frac{\hat{U}^2}{R(\omega)} = \frac{1}{2} \cdot \frac{\hat{I}^2}{R(\omega) \cdot \left[\left(\frac{1}{R(\omega)}\right)^2 + (\omega \cdot C(\omega))^2\right]} . \qquad (113)$$

Unter der Voraussetzung der meßtechnisch einfachsten Methode einer konstanten Einströmung ($\hat{I} = \text{const.}$) und fest vorgegebener Werte von Kapazität C und Frequenz f erhält man nach Differentiation der Wirkleistung nach dem Widerstand R aus einer Extremumuntersuchung die Bedingungsgleichung

$$R \cdot \omega \cdot C = 1 \qquad (114)$$

für den Widerstand R. Dies führt nach Einsetzen der geometrischen und elektrischen Daten für R und C zu der sog. PÄTZOLD-Beziehung für den spezifischen Widerstand

$$\varrho = \frac{1}{2\pi \cdot c_0 \cdot \varepsilon_0 \cdot \varepsilon_r} \cdot \lambda_0 . \qquad (115)$$

(Anm.: Gl. 115 entspricht $\varkappa = \frac{\varepsilon \cdot \nu}{2}$ in der Originalliteratur [359], wobei das elektrostatische cgs-Maßsystem mit $\varepsilon_0 = \frac{1}{4\pi}$ und für die Frequenz $f = \nu$ benutzt wurde. Im cgs-System war früher auch cm die Einheit der Kapazität.)

Daraus wurden in der Folge je nach spezifischem Gewebewiderstand verschiedene „optimale“ Wellenlängen empfohlen, die z.B. für die Organe bzw. Gewebe Milz und Haut zwischen $\lambda_0 = 1{,}03$ m und $\lambda_0 = 2{,}5$ m lagen. PÄTZOLD selbst berechnete sogar für Blut mit und ohne Fibrin aufgrund von NF-Werten für $\varkappa$ und ε_r verschiedene Wellenlängen für das Maximum der Verluste [359].

Es läßt sich zwar mit Gl. 112 und Gl. 113 zeigen, daß bei konstantem Strom im 1-Schicht-Gewebemodell für jede feste Frequenz eine bestimmte, und zwar mit steigender Frequenz wachsende elektrische Leitfähigkeit zu einer maximalen Wirkleistung und damit auch maximalen Dosisleistung führt, aber diese Leitfähigkeit ist nur zufällig mit einer bei realen biologischen Geweben vorkommenden Leitfähigkeit – also auch einem bestimmten R-C-Wertepaar – identisch, so daß auf die gestellte Frage nach der Selektivität eine andere Interpretation der Antwort notwendig wird. Wählt man nämlich eine bestimmte Frequenz, so läßt sich dafür eine elektrische Leitfähigkeit angeben, die zu maximaler Wirkleistung bei dieser Frequenz führt. Wenn es darüber hinaus noch ein entsprechendes Gewebe mit der notwendigen elektrischen und der zu dieser Frequenz gehörenden relativen DK gibt, so ergibt sich im 1-Schicht-Modell darin theoretisch maximale Erwärmung.

Andererseits läßt sich zeigen, daß theoretisch für eine bestimmte Leitfähigkeit, d.h. für ein vorgegebenes Gewebe, die Wirkleistung stetig mit abnehmender Frequenz wächst, wobei aber der bei Körperflüssigkeiten auftretenden Elektrolyse mit abnehmender Frequenz eine wachsende Bedeutung zukommt. Eine solche Darstellung mißachtet außerdem die grundlegende Eigenart des biologischen Gewebes, nämlich die Tatsache, daß sowohl die elektrische Leitfähigkeit als auch die relative DK frequenzabhängig sind $\left(\frac{\partial \varkappa}{\partial \omega} > 0,\ \frac{\partial \varepsilon}{\partial \omega} < 0\right)$. Da bei der in der Literatur oft angegebenen Beziehung entsprechend Gl. 115 zur Herleitung neben einer konstanten Einströmung auch die relative DK über die Kapazität des homogenen Gewebes festgelegt ist, handelt es sich nicht um eine fundamentale Beziehung zwischen Leitfähigkeit, DK und Frequenz. Man kann also auch damit keine Frequenz berechnen, die für ein gegebenes Material maximale Wärmeentwicklung in einer vorgegebenen Zeit bei einem bestimmten Strom ergibt.

Differenziert man die in Gl. 113 angegebene Wirkleistung bei $\hat{I} = \text{const.}$ nach der Kreisfrequenz ω, so führt dies auf die funktionale Extremumbeziehung:

$$\frac{\partial R}{\partial \omega} \cdot \left[(\omega \cdot C)^2 - \frac{1}{R^2}\right] + 2 \cdot \omega^2 \cdot R \cdot C \cdot \frac{\partial C}{\partial \omega} + 2 \cdot \omega \cdot R \cdot C^2 = 0\,. \tag{116a}$$

Aus dieser Differentialgleichung

$$F\left(\omega, \varepsilon, \varkappa, \frac{\partial \varepsilon}{\partial \omega}, \frac{\partial \varkappa}{\partial \omega}\right) = 0 \tag{116b}$$

lassen sich die physikalisch möglichen Lösungen für die Frequenz

$$f = \begin{cases} \dfrac{1}{2\pi} \cdot \dfrac{1 \overset{+}{(-)} \sqrt{1 - \left(\dfrac{\varkappa}{\varepsilon}\right)^2 \cdot \left[2 \cdot \dfrac{1}{\varepsilon} \cdot \dfrac{\partial \varepsilon}{\partial \omega} - \dfrac{1}{\varkappa} \cdot \dfrac{\partial \varkappa}{\partial \omega}\right] \cdot \dfrac{1}{\varkappa} \cdot \dfrac{\partial \varkappa}{\partial \omega}}}{\dfrac{1}{\varkappa} \cdot \dfrac{\partial \varkappa}{\partial \omega} - 2 \cdot \dfrac{1}{\varepsilon} \cdot \dfrac{\partial \varepsilon}{\partial \omega}} \\ \left.\begin{matrix} 0 \\ -\dfrac{\varepsilon}{2\pi \cdot \dfrac{\partial \varepsilon}{\partial \omega}} \end{matrix}\right\} \quad \text{bei} \quad \dfrac{\partial \varkappa}{\partial \omega} = 0 \end{cases} \tag{117}$$

angeben, deren Auswertung die Beachtung der in 2.2.2 und 2.2.3 diskutierten frequenzabhängigen elektrischen Materialwerte voraussetzt, d.h. es muß nicht für jedes biologische Gewebe ein eigentliches Extremum (Randextremum bei $f = 0$ ausgenommen) geben. Eine quantitative Analyse der Frequenzoptimierung setzt verbesserte Meßmethoden zur Erzielung differenzierter Gewebekennwerte voraus.

PÄTZOLD [359] folgerte aus der Gl. 115 entsprechenden Beziehung $\varkappa = 2\pi \cdot f \cdot \varepsilon_0 \cdot \varepsilon_r$, daß man bei einer vorgegebenen Schichtung des Gewebes durch Behandlung mit den für die einzelnen Schichten aus Gl. 115 errechneten Optimalfrequenzen die Maximalerwärmung nacheinander in verschiedene Schichten legen und so den Temperaturgradienten durch die Frequenz f als Parameter willkürlich beeinflussen könnte. Diese Folgerung für das Mehrschichtenmodell ist jedoch nach den obigen Ausführungen bereits für das 1-Schicht-Modell nicht zulässig. Das PÄTZOLDsche Selektivitätsprinzip bei der Erwärmung einer Serienschaltung verschiedener Gewebetypen hängt von den elektrischen Kenngrößen ε_r und $\varkappa$ der jeweiligen Gewebe ab. Wenn es sich aber z.B. um Gewebe mit relativ hohem Wassergehalt handelt, deren elektrische Eigenschaften nach den vorstehenden Ausführungen nur wenig voneinander abweichen und daher praktisch zu einer gleichmäßigen Wärmeverteilung führen, wenn überall in den in Serie geschalteten Gewebeabschnitten von gleicher Stromdichte ausgegangen werden kann, so ist dieses „frequenzselektive“ Prinzip wenig geeignet. Der Einfluß der unterschiedlichen Durchblutung der Gewebetypen und der Hautkühlung durch Verdunstung kann in praktischen Fällen sogar stärker sein (vgl. 2.3.4) als der einer „selektiven“ Erwärmung. Allerdings ist der Unterschied in den elektrischen Kenngrößen von wasserarmen Geweben wie Fett und Knochen gegenüber den stark wasserhaltigen Geweben maßgebliche Ursache dafür, daß z.B. im Unterhautfettgewebe pro Volumen mehr Wärme entwickelt wird als in den tieferen Schichten mit höherem Wassergehalt. Dieser Effekt wächst erfahrungsgemäß mit sinkender Temperatur ([364], S. 791 ff., [445]). SCHAEFER [423, 424] hat die Wellenlängenabhängigkeit des Verhältnisses der in der maximal zu erwärmenden Schicht umgesetzten elektrischen Energie zur Summe der in allen anderen Schichten gleichzeitig absorbierten HF-Energie untersucht (vgl. auch [391], S. 61 ff.). Danach zeigt sich, daß die Wahl der geeignetsten Wellenlänge von den elektrischen Materialkonstanten derjenigen Schichten abhängt, die das maximal zu erwärmende Gewebe umgeben. Wenn z.B. die zu erwärmende Schicht die größte elektrische Leitfähigkeit aller Schichten besitzt, so erweist sich eine größere Frequenz als zweckmäßiger, was nicht in Übereinstimmung mit den PÄTZOLDschen Folgerungen ist.

Die zur erfolgreichen Gewebeerwärmung im Kondensatorfeld heranzuziehenden Frequenzen entsprechen Vakuumwellenlängen im Meterbereich. Eine bevorzugte Erwärmung tritt jedoch wegen der geringen Selektivität nicht in dem Maße auf, daß damit innere Organe oder bestimmte Gewebeabschnitte gezielt und ohne merkliche Erwärmung der umgebenden Körperabschnitte erwärmt werden könnten. Dies ist nach den Ergebnissen in 2.2.2.2 und 2.2.3 wegen der relativ großen Streubreite der elektrischen Materialkonstanten auch verständlich. Insbesondere verwischt sich im organischen Zellverband das unterschiedliche Erwärmungsverhalten der meisten Gewebearten, nicht zuletzt wegen der Dynamik des lebenden Organismus, wobei Atemzyklus und Durchblutung an vorderster Stelle nivellierend wirken.

Es ist lediglich für reines Fettgewebe, als Gewebeart mit niedrigem Wassergehalt, im KW- und UKW-Bereich eine größere Erwärmung zu erwarten, die teilweise auch experimentelle Bestätigung fand [110]. Bezüglich einer größeren Tiefendosis ist diese Feststellung sehr ungünstig, da Fettgewebe im menschlichen Körper insbesondere als subkutanes Fettpolster vorkommt, also unmittelbar unter der Körperoberfläche, d. h. im Kondensatorfeld im Bereich der größten Feldstärke. Da außerdem in der Haut die Nervenrezeptoren für die Wärmeempfindung lokalisiert sind, ist auch bereits aus diesem Grund die Energiezufuhrmöglichkeit in die Tiefe des Körpers begrenzt.

Betrachtet man in Erweiterung des 1-Schicht-Gewebemodells ein Kondensatorfeld mit 2 verschiedenen Gewebeschichten, so gilt für das Verhältnis der Verlustleistungen für gleich dicke Schichten

$$\frac{P_{V2}}{P_{V1}} = \frac{\varkappa_1 \cdot \left[1 + \left(\frac{\omega \cdot \varepsilon_1}{\varkappa_1}\right)^2\right]}{\varkappa_2 \cdot \left[1 + \left(\frac{\omega \cdot \varepsilon_2}{\varkappa_2}\right)^2\right]} . \tag{118}$$

Beim 2-Schichten-Körper muß man dabei grundsätzlich die 2 Fälle unterscheiden, und zwar a) $\varkappa_1 < \varkappa_2$ und b) $\varkappa_1 > \varkappa_2$. Hierdurch ergeben sich verschiedene Dosisleistungsverteilungen. Wählt man z. B. ein Gewebe (Index 1), für das sich theoretisch nach der PÄTZOLD-Beziehung eine „optimale“ Wellenlänge von $\lambda_0 = 6$ m ergibt ($\varepsilon_{r,1} \approx 80$, $\varkappa_1 \approx 2{,}2 \cdot 10^{-3}\,\Omega^{-1}\,\mathrm{cm}^{-1}$ nach Gl. 115), so resultieren hieraus nach Gl. 118 für die beiden Fälle a) $\varkappa_1 \approx 0{,}5 \cdot \varkappa_2$ und b) $\varkappa_1 \approx 2 \cdot \varkappa_2$ die in Abb. 28 dargestellten wellenlängenabhängigen Verläufe für das Verhältnis der Verlustleistungen in den beiden Gewebeschichten. Zur Vereinfachung wurde überdies angenommen, daß die relative DK ε_r für beide Gewebeschichten nahezu den gleichen Wert besitzt, der frequenzunabhängig ist. Dies ist zwar nach den vorstehenden Erörterungen nicht im gesamten Frequenzbereich zulässig, gilt aber näherungsweise im dargestellten Meterwellenbereich. Unter diesen Voraussetzungen läßt Abb. 28 erkennen, daß im Fall a) eine Verringerung der Frequenz und im Fall b) eine Steigerung der Frequenz gegenüber der nach Gl. 115 als optimal erachteten in Gewebe Nr. 1 eine größere Wärmeentwicklung bewirkt.

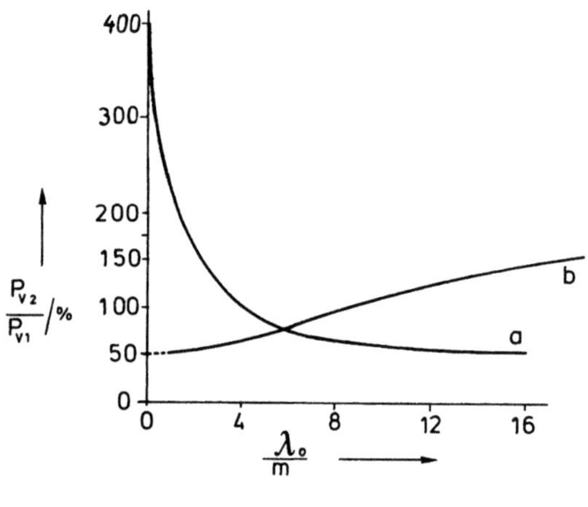

Abb. 28. Prozentuales Verhältnis der Verlustleistungen P_{V2}/P_{V1} als Funktion der Vakuumwellenlänge λ_0 für ein 2-Schichten-Gewebemodell mit $\varepsilon_r \approx$ const. $|_\omega$. *Kurve a* für $\varkappa_1 \approx 0{,}5 \cdot \varkappa_2$, *Kurve b* für $\varkappa_1 \approx 2 \cdot \varkappa_2$

Da die Haut bei Kurzwellen nach Abb. 15 eine für Gewebe mit relativ hohem Wassergehalt besonders geringe Leitfähigkeit aufweist, muß nach Kurve b in Abb. 28 eine möglichst hohe Frequenz gewählt werden, wenn bei gleichzeitiger Hautentlastung in der angrenzenden Gewebeschicht möglichst viel Wärme erzeugt werden soll. In der durch die Leitfähigkeit bestimmten Beeinflussung des Verlustleistungsverteilungsverhältnisses auf die verschiedenen Gewebeschichten liegt eine für die praktische Beurteilung der HF-Erwärmung im Kondensatorfeld erhebliche Schwierigkeit, die durch Berücksichtigung der Frequenzabhängigkeiten der Materialwerte $\varkappa(\omega)$ und $\varepsilon_r(\omega)$ noch unübersichtlicher wird und letztlich durch die sich aus den Lebensvorgängen ergebenden, bislang praktisch nicht experimentell erfaßten Bedingungen einer weiteren Modifikation bedarf. Zur Klärung dieser Fragen sind noch detaillierte quantitative theoretische und experimentelle Untersuchungen erforderlich.

Nach den vorstehenden Ausführungen liegt das bevorzugte Frequenzgebiet der Kondensatorfeldmethode im sog. Kurzwellen- und Ultrakurzwellenbereich, insbesondere wenn die therapeutische Erwärmung tieferliegender Organe oder Körperteile beabsichtigt ist. Zum Einsatzbereich der Langwellendiathermie gehört hauptsächlich aus Stromverteilungsgründen die Erwärmung peripherer, relativ gut leitender Körperregionen.

Eine obere Frequenzgrenze der Kondensatorfeldmethode stellen zum einen die bei $f > 300$ MHz sehr rasch zunehmenden Strahlungsverluste [355] dar, und zum anderen lassen sich bei größeren Frequenzen aus anatomischen Gründen nicht mehr alle Körperteile im Kondensatorfeld unterbringen.

2.3.2.2 Spulenfeldmethode

Die Spulenfeldmethode kann wie folgt definiert werden:

Definition 2: Der biologische Körper wird als elektrisch leitendes Material im hochfrequenten magnetischen Feld einer Spule durch Wirbelströme erwärmt.

Bei einer Spule kann man grundsätzlich das innere Magnetfeld und das äußere sog. Magnetstreufeld zur Wirbelstromerzeugung ausnutzen. Der zu behandelnde Körperabschnitt befindet sich entweder, z. B. im Falle von Extremitäten, im Innern einer aus einer, zwei oder mehreren Windungen bestehenden Spule, oder aber die Spulenachse steht senkrecht auf der Körperoberfläche, wie dies bei der sog. Wirbelstromelektrode der Fall ist. In beiden Fällen wird von der Spule im Nahfeld in Axialrichtung ein konzentrisches hochfrequentes Magnetfeld erzeugt. Die Spule bildet zusammen mit einem Abstimmkondensator und meist noch einer zusätzlichen Kopplungsinduktivität einen auf Resonanz abstimmbaren Patientenkreis. Auch hier war es D'Arsonval [79], der bereits 1893 die Körpertemperatur eines Tieres erhöhte, indem das Versuchstier in eine hochfrequenzdurchflossene Zylinderspule gebracht wurde. Eine therapeutische Einsetzbarkeit wurde daraus allerdings nicht abgeleitet.

Nach dem Induktionsgesetz entstehen in elektrisch leitenden Medien, die sich in einem Magnetfeld befinden, infolge induzierter Spannungen Ströme auf Bahnen, die mit den magnetischen Induktionslinien (Flußdichte) verkettet sind. Diese Wirbelströme führen wegen der endlichen Leitfähigkeit zur Erwärmung der im Magnetfeld befindlichen Medien. Durch diese sog. Wirbelstromverluste wird dem Magnetfeld Energie entzogen.

Aufgrund theoretischer Überlegungen wird bei Erreichen der sog. WOLMAN-Grenzfrequenz

$$f_g = \frac{1}{\pi \cdot \varkappa \cdot \mu_0 \cdot \mu_r \cdot z_{0,1/2}^2} \tag{119}$$

in einem zylindrischen, homogenen Medium mit dem Durchmesser D eine Eindringtiefe $z_{0,1/2} \approx \frac{D}{2}$ erreicht.

Betrachtet man das biologische Gewebe in einem Magnetfeld einer Spule, so kann man die auftretenden Wirbelstromverluste in einem elektrischen Ersatzschaltbild entweder durch eine Parallel- oder durch eine Serienschaltung von Ohmschem Widerstand R_W und Induktivität L beschreiben (Abb. 29).

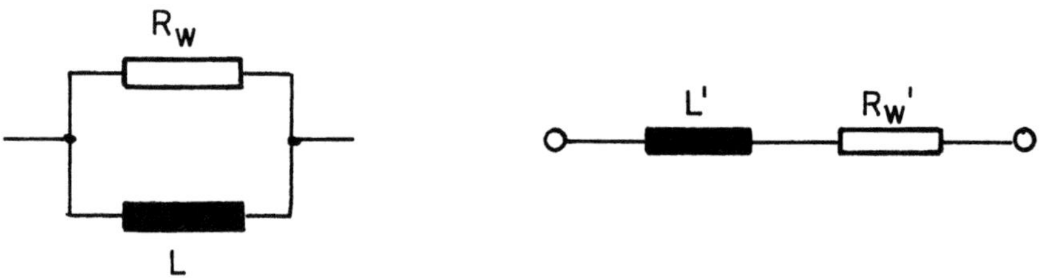

Abb. 29. Ersatzschaltungen von biologischem Gewebe in einem Magnetfeld

Es läßt sich zeigen, daß für Frequenzen $f \ll f_g$ – und daher auch $\omega L \ll R_W$ – für die Ersatzschaltungselemente folgende Beziehungen gelten

$$L' \approx L \tag{120a}$$

$$R'_W \approx \frac{(\omega L)^2}{R_W} = w \cdot f^2 \cdot L\,, \tag{120b}$$

wobei z.B. für die Induktivität L einer einlagigen Zylinderspule mit dem Radius r, der Länge l, der Windungszahl n_w und der relativen Permeabilität μ_r des in der Spule befindlichen Körpers

$$L = \mu_0 \cdot \mu_r \cdot r \cdot n_w^2 \cdot g_L \tag{121}$$

gilt. Dabei ist $g_L = g_L(r, l) < 1$ ein Geometriefaktor, d.h. eine Funktion, die von der Geometrie der Spule abhängt. Der Wirbelstrombeiwert w ist proportional zum Durchmesser D, zur Permeabilität $\mu = \mu_0 \cdot \mu_r$ und zur elektrischen Leitfähigkeit $\varkappa$ des in der Spule befindlichen Körpers.

Für die Wirbelstromverluste P_W (Verlustleistung durch Wirbelstromerwärmung) folgt mit Gl. 120 und Gl. 121 für Wirbelströme mit dem Scheitelwert $\hat{I}$

$$P_W = \frac{1}{2} \cdot R'_W \cdot \hat{I}^2 = k_S \cdot \mu \cdot \varkappa \cdot f^2 \cdot \hat{I}^2, \tag{122}$$

wobei k_S von den geometrischen Daten der Spule (Wirbelstromelektrode) abhängt. Die zu einer therapeutisch nutzbaren Wirbelstromerwärmung in der Spule fließenden Ströme betragen dabei ca. 20 A ([128], S. 5.4). Wenn zwischen erzeugendem Magnetfeld und Wirbelstrom über das Durchflutungsgesetz ein linearer Zusammenhang angenommen werden kann bzw. näherungsweise gültig ist, so bedeutet eine räumliche Abnahme der magnetischen Feldstärke in homogenem Gewebe eine quadratische Abnahme der Erwärmung mit der Tiefe.

Ein Feldvergleich der Spulenfeldmethode mit der Kondensatorfeldmethode zeigt, daß bei der Spulenfeldmethode eine zylindersymmetrische Energieverteilung erzielbar ist, d. h. für die relativ langen Extremitäten und auch für den Rumpf läßt sich bei geeigneter Spulenanordnung theoretisch eine gleichmäßigere Durchflutung des Gewebes erreichen. Bei den gebräuchlicheren Wirbelstromelektroden mit parallel zur Körperoberfläche angeordneten Windungen werden auch die Wirbelströme transversal in den verschiedenen Gewebeschichten hervorgerufen.

Bei der Spulenfeldmethode wird dabei die HF-Energie durch Wirbelströme, insbesondere in den relativ gut leitenden Muskelschichten (2.2.3), in Wärme umgewandelt. Gegenüber der Kondensatorfeldmethode läßt sich daher theoretisch eine günstigere thermische Fettentlastung erzielen.

Bei einer Spule müssen aber die zwischen den einzelnen Windungen auftretenden Kapazitäten und diejenigen gegenüber der Körperoberfläche berücksichtigt werden. Dies bedeutet, daß sich der Spulenfeldwirkung eine Kondensatorfeldwirkung überlagert, und zwar wächst dieser Anteil bei fester Frequenz mit der Zahl der Spulenwindungen.

Die Tatsache, daß sich aus Spuleninduktivität und -kapazität eine Eigenfrequenz angeben läßt, unterhalb der eine Spule kapazitiv wirkt, bedeutet bei Spulen mit einem „biologischen Kern“, daß für eine dominante Spulenfeldwirkung z. B. im Meterwellenbereich die verwendete Spule nur 1–2 Windungen besitzen darf.

Wegen der bei der therapeutischen Behandlung im Spulenfeld aus anatomischen Gründen praktisch vorliegenden ungünstigen Verhältnisse zwischen Spulendurchmesser und Spulenlänge ergeben sich bei Lokalbehandlungen stark inhomogene Magnetfelder. Auch bei dieser HF-Erwärmungsmethode kann man durch eine Distanzierung zwischen Spulenwindungen und Körperoberfläche nach bekannten Magnetfeldgesetzmäßigkeiten eine Homogenisierung des Magnetfeldes erzielen. Dem Vorteil der aufgrund der relativ geringen Leitfähigkeit von Fettgewebe erzielbaren thermischen Entlastung dieses Gewebetyps im Spulenfeld, der mit einer stärkeren Erwärmung der besonders stark durchbluteten und daher elektrisch besser leitenden Gewebe verbunden ist, steht bei der Spulenfeldmethode der Nachteil der raschen Abnahme der Magnetfeldstärke mit der Entfernung von der Spulenmitte bei einer parallel zur Körperoberfläche angeordneten Spule gegenüber. Daher werden Bereiche des Körperstammes infolge geringerer Wirbelströme nur unzureichend erwärmt.

Auch mit 2 in Serie geschalteten, je auf einer Körperseite angeordneten Flachspulen konnten experimentell nur räumlich begrenzte Wärmewirkungen erreicht werden, da auch in diesem Fall die dem Magnetfeld entziehbare Energie in Schichten mit relativ großer elektrischer Leitfähigkeit bereits in einer nur wenige Zentimeter dicken Körperschicht absorbiert wird.

Bei Behandlungen am Körperstamm ist die Spulenfeldmethode nach diesen Ausführungen der Kondensatorfeldmethode unterlegen. In der Kombination beider Methoden, entweder mit 2 getrennten Elektrodensystemen (Kondensatorplatten und Spule) oder unter Ausnutzung kapazitiver Eigenschaften besonderer Spulenformen, bestehen u. U. für verschiedene Indikationen geeignete Einsatzmöglichkeiten für eine gezielte therapeutische HF-Erwärmung. Detaillierte Untersuchungen zu dieser Aufgabenstellung sind bislang weitgehend unterblieben, und zwar insbesondere aus Gründen, die in der geschichtlichen Entwicklung der HF-Erwärmung liegen, da im Zuge der Untersuchungen bei höheren Frequenzen der Strahlerfeldmethode eine größere Bedeutung beigemessen wurde.

Bei Untersuchungen bezüglich eines praktischen Einsatzes der Spulenfeldmethode muß auch berücksichtigt werden, daß bei üblichen Spulen und den zu therapeutischen Wirbelstromerwärmungen erforderlichen Spulenströmen infolge der Spulenverluste auch eine Erwärmung von außen möglich ist, die sogar zu einer Belastung für den zu behandelnden Patienten führen kann.

2.3.2.3 Strahlerfeldmethode

Als dritte Hochfrequenzerwärmungsmethode wird die Strahlerfeld- oder Strahlungsfeldmethode definiert:

Definition 3: Der biologische Körper wird als strahlungabsorbierendes Medium durch hochfrequente elektromagnetische Strahlung erwärmt.

Sowohl die Kondensatorfeld- als auch die Spulenfeldmethode lassen bei der Lokalbehandlung am Körperstamm wegen der unbefriedigenden Tiefendosis und Richtwirkung noch Wünsche offen. Da aber aus den genannten Dimensionierungsschwierigkeiten des Patientenkreises und der mit wachsender Frequenz steigenden Strahlungsverluste bei den zunächst diskutierten HF-Erwärmungsmethoden die obere Freqüenzgrenze für eine praktische Anwendbarkeit bei $f \approx 300$ MHz liegt, wurden Untersuchungen im Strahlerfeld bei höheren Frequenzen gemacht.

Erste theoretische und experimentelle Beiträge lieferten 1936 DÉNIER [88] und PÄTZOLD [362], dabei wies PÄTZOLD auf eine bei $f > 300$ MHz zu erwartende Fettentlastung hin. Weitere Arbeiten zu diesem Themenkreis trugen BRÜNNER-ORNSTEIN u. RANDA [48] 1937 durch Bestrahlungsexperimente mit einem von RANDA entwickelten 60-cm-Generator mit relativ niedriger Leistung (ca. 80 W) bei. Im gleichen Jahr berichtete HOLLMANN [211], daß bei Frequenzen $f > 300$ MHz Muskelgewebe wärmer wird als Fettgewebe, und KRUSEN [262] führte die Mikrowellenerwärmung als „microwave diathermy" in den USA ein. Die experimentellen Untersuchungen waren bei diesen höheren Frequenzen besonders vom Stand der Entwicklung geeigneter HF-Generatoren abhängig. So wurden z. B. in den Bell Laboratories 1938 die ersten Magnetronröhren (Erfindung durch HULL,

1920) mit Ausgangsleistungen von 2–3 W entwickelt [182]; RCA (Radio Corporation of America) brachte es im gleichen Jahr auf ca. 20 W und gab gleichzeitig an, daß 100 W erreichbar sein sollten [182]. In einer zeitlichen Parallelentwicklung wurde an der Stanford University an einem Klystron (Erfindung durch HEILS, 1935, zit. in [283]) gearbeitet und auch der therapeutische Einsatz in der Medizin vorausgesagt. In Deutschland erprobte KORB [254] nach 1938 Hochleistungs-HF-Generatoren mit Leistungen bis zu 800 W bei Frequenzen $f \gtrsim 300$ MHz, die auf Entwicklungen von OSSWALD [355] zurückgingen. Mikrowellenröhren „verschwanden" nach 1938 aus militärischen Gründen (Radartechnikanwendungen, insbesondere Mehrkammermagnetron nach RANDALL, 1940, zit. in [283]), weitgehend aus der öffentlich zugänglichen Literatur. Die vom Massachusetts Institute of Technology ausgegangenen Entwicklungen der Mehrkammermagnetrons wurden industriell von der Raytheon Manufacturing Company weitergeführt [352] und nach dem 2. Weltkrieg standen die ersten 2,45-GHz-Generatoren mit Leistungen bis 125 W zur Verfügung. Aus Kostengründen bei der Herstellung beschränkte man sich in den USA auf diese Mikrowellenfrequenz, d. h. man konnte auch keine weiteren frequenzabhängigen Erfahrungen gewinnen.

Nach 1945 wurden zunächst in Deutschland keine weiteren Untersuchungen bei $f \gtrsim 300$ MHz durchgeführt, da bei der Frequenzverteilung auf der International Conference 1947 in Atlantic City diese Frequenzen für therapeutische Zwecke international nicht vorgesehen wurden. In den USA erfolgten danach die ersten Untersuchungen bei $f = 2{,}45$ GHz, die dann gerätetechnisch zur Anwendung der Strahlerfeldmethode führten.

PÄTZOLD [363] hatte bereits 1940 mit der Angabe einer Halbwertstiefe < 1,2 cm für Muskelgewebe auf die begrenzte Tiefenwirkung bei diesen sehr hohen Frequenzen hingewiesen.

Nach 1947 wurde wiederholt die Forderung nach der Zulassung von Geräten zur HF-Erwärmung bei $f \approx 300$ MHz erhoben, aber erst 1959 erfolgte auf der Internationalen Fernmeldekonferenz in Genf die Freigabe der Frequenz $f = 433{,}92$ MHz, die entsprechend der Vakuumwellenlänge $\lambda_0 \approx 69$ cm zum Ursprung für die terminologische Einführung des Begriffes der Dezimeterwellenbestrahlung in der Heilkunde wurde.

Aufgrund der historischen Frequenzfestlegung für eine Mikrowellenbestrahlung werden auch heute noch die meisten industriellen und Haushaltsmikrowellenherde für eine Betriebsfrequenz von $f \approx 2{,}45$ GHz ausgelegt – und das, obwohl damals der Absorption und Fokussierbarkeit der Mikrowellenstrahlung für die HF-Wärmeerzeugung mehr Beachtung geschenkt wurde als den elektrischen Eigenschaften und den geometrischen Abmessungen des menschlichen Gewebes, hatte man doch von den Erwärmungsversuchen an den dünneren Fett- und Muskelschichten beim Hund auf die Fettentlastung beim Menschen bei dieser Frequenz geschlossen.

Bei der Strahlerfeldmethode, die auch begrifflich weniger exakt als Strahlenfeldmethode bezeichnet wird, wird der zu behandelnde Körperabschnitt der Nahfeldstrahlung kleiner Antennen ausgesetzt, die in Reflektoren angeordnet sind (Strahler oder Applikator). Aus den Größen der auf die Wellenlänge abgestimmten Antenne und des Reflektors und aus ihrer Anordnung zueinander resultiert die gerichtete, mehr oder weniger stark gebündelte Abstrahlung einer elektromagnetischen Welle. Die vom Körpergewebe absorbierte Mikrowellenstrahlungsenergie wird in Wärme umgewandelt.

Der Einsatz von Mikrowellenstrahlern bringt eine Vereinfachung in der HF-Wärmebehandlungsmethode mit sich, indem ein geeigneter Strahler nur auf den zu behandelnden Körperteil gerichtet werden muß.

In der medizintechnischen Literatur werden die Begriffe Rundfeld-, Langfeld-, Mikrowellenstrahler und Muldenapplikator (umfassender Strahler, Hohlleiterstrahler, vgl. [238]) verwendet. Beim Rundfeldstrahler, der meist als verkürzter Topfkreisstrahler ausgebildet ist, wird im wesentlichen das Magnetfeld am Speisepunkt des Strahlers entsprechend einem Strombauch zur HF-Energieübertragung ausgenutzt. Die beiden Strahlerenden sind dabei vom zu behandelnden Körperteil weg gerichtet.

Langfeldstrahler werden zur Behandlung von Extremitäten und an der Wirbelsäule herangezogen.

Mit Rund- und Langfeldstrahlern werden durch Induktion im bestrahlten Gewebe transversale Wirbelströme erzeugt, d.h. die Erwärmung der verschiedenen parallelgeschalteten Gewebeschichten ist nach Gl. 122 eine Funktion der Wirbelstromstärke und der elektrischen Leitfähigkeit der einzelnen Gewebetypen. Infolge der relativ hohen Frequenz, die meist $f = 433{,}92$ MHz beträgt, werden mit diesen Wirbelstromelektroden Eindringtiefen von ca. $1-2$ cm in Muskelgewebe erreicht. Langfeldstrahler eignen sich besonders für Bestrahlungen der Extremitäten, während Rundfeldstrahler zur gezielten Bestrahlung bei lokalen Erkrankungen vorteilhaft sind.

Mikrowellenstrahler stellen im eigentlichen Sinne keinen anderen Strahlertyp dar, sondern können als Rund- oder Langfeldstrahler mit entsprechend kleineren Abmessungen Verwendung finden. Von Mikrowellenstrahlern spricht man, wenn bei einer Frequenz von $f = 2{,}45$ GHz therapiert wird. Der Begriff „Mikrowellen" wurde für die aus der Radartechnik stammende Frequenz $f = 2{,}45$ GHz eingeführt, da die entsprechende Vakuumwellenlänge $\lambda_0 \approx 12{,}24$ cm im kürzesten Dezimeterwellenbereich liegt (vgl. auch 2 und 2.3.3). Mit den zur Anwendung kommenden Rundfeldstrahlern wird eine zirkular polarisierte elektromagnetische Welle erzeugt. Die bei $f = 2{,}45$ GHz erreichte Eindringtiefe liegt im Muskelgewebe in der Größenordnung von 1 cm.

Mit einem Muldenapplikator wird durch eine besondere Formgebung eine Anwendung mit Tiefenerwärmung in Teilen des Körperstammes und der Extremitäten angestrebt, ohne daß es zu einer thermischen Überlastung von Haut und Unterhautfettgewebe kommt. Durch die konstruktive Form eines Hohlleiterstrahlers werden im bestrahlten Körper bestimmte hochfrequente elektromagnetische Felder aufgebaut, d.h. der Körper wirkt quasi als dielektrisch bedämpfter Hohlleiter. Im wesentlichen entspricht die erzeugte Feldverteilung bei den üblichen Strahlern derjenigen eines sog. H_{11}-Wellentyps im Rechteckhohlleiter, d.h. der magnetische Feldstärkevektor liegt in Ausbreitungsrichtung der Welle. Die transversal zur Strahlungsrichtung verlaufenden Wirbelströme sind besonders dort sehr ausgeprägt, wo Maxima der Magnetfelder vorliegen, was im idelaen Rechteckhohlleiter beim genannten Wellentyp in den jeweiligen Ecken der Fall ist. Für eine wirkungsvolle Energieübertragung von der vom Strahler angeregten elektromagnetischen Welle auf den biologischen Körper muß der vom Körper gebildete dielektrisch bedämpfte Hohlleiter oberhalb seiner Grenzfrequenz betrieben werden, d.h. die transversal zur Wellenausbreitungsrichtung liegenden Abmessungen des zu bestrahlenden Körpers sollten größer als die Wellenlänge λ im Medium sein. Für eine effektive Erwärmung von Muskelgewebe bedeutet dies, z.B. bei einer Frequenz $f = 433{,}92$ MHz, daß die den Rechteckseitenlängen (a, b) entsprechenden Körperabmessungen mit den Ergebnissen von 2.2.2.2 größer als ca. 8 cm sein sollten. Zu beachten ist noch, daß theoretisch neben dem H_{11}-Wellentyp auch der E_{11}-Wellentyp angeregt werden kann. Da hierbei aber infolge eines in Ausbreitungsrichtung besonders ausgeprägten elektrischen Feldes eine zu starke Erwärmung der obersten Körpergewebeschichten, d.h. insbesondere des Fettes, erfolgen würde, muß man durch konstruktive Maßnahmen dafür Sorge tragen, daß nur der H_{11}-Wellentyp vom Strahler angeregt wird.

Aus den theoretischen Grundlagen (2.3.1) ergibt sich die bekannte Tatsache, daß die Intensität einer elektromagnetischen Welle dem Quadrat der Feldamplitude proportional ist. Bei einem energieabsorbierenden Prozeß kann die Dämpfung der Welle in Ausbreitungsrichtung durch das Dämpfungsmaß α nach Gl. 87 gekennzeichnet werden. Während die hiermit nach Gl. 104 angegebene Eindringtiefe z_0 den Intensitätsabfall auf e^{-2} des Maximalwertes kennzeichnet, beschreibt die Halbwertseindringtiefe $z_{1/2}$ den Abfall der Intensität auf die Hälfte, wobei der Zusammenhang [356; 364, S. 792; 394]

$$z_{1/2} = \frac{\ln 2}{\alpha_a} \tag{123}$$

mit dem Absorptionskoeffizienten

$$\alpha_a = 2 \cdot \alpha \tag{124}$$

gilt. Bei einem Vergleich der theoretischen und experimentellen Angaben verschiedener Autoren muß daher genau zwischen z_0 und $z_{1/2}$ unterschieden werden, da sich für beide gemäß

$$z_{1/2} = \frac{\ln 2}{2} \cdot z_0 \tag{125}$$

verschiedene Zahlenwerte ergeben – wegen fehlender Parameterangabe ist jedoch meist nur ein Vergleich der Größenordnungen möglich.

Physikalisch gesehen kommt es insbesondere nach der DRUDEschen Theorie infolge der Ionenleitfähigkeit der Elektrolyte und nach der DEBYEschen Theorie infolge der Dipolstruktur der Elektrolyte und der Wassermoleküle zu einer Energieabsorption im höheren Frequenzbereich.

Bei der Abschätzung der Absorption elektromagnetischer Strahlung im Dezimeterwellenbereich ging HOLLMANN [211] in Unkenntnis der Dispersionsverhältnisse von den für das Meterwellengebiet ermittelten elektrischen Daten für Fett- und Muskelgewebe aus und extrapolierte die von OSSWALD [354] u.a. Autoren zwischen $f = 50$ MHz und $f = 100$ MHz ($\lambda_0 = 6$ m bis $\lambda_0 = 3$ m) gewonnenen Meßergebnisse. Wegen der diesen Ergebnissen entnehmbaren praktischen Frequenzunabhängigkeit im zugrundeliegenden Bereich wurde gefolgert, daß die Eindringtiefe bei höheren Frequenzen praktisch nicht mehr abnehmen würde. Weiterhin wurde bei der „Durchstrahlung" des Körpers nur eine Energieabnahme von 75% erwartet.

PÄTZOLD [363, 368] ging von durch Salzlösungen simulierten biologischen Geweben aus und berücksichtigte einen Wassergehalt von 70–80%. Seinen Zahlenwerten für die NaCl-Ionenleitfähigkeit sind beispielsweise diejenigen der Leitfähigkeit des Blutes bei f = 100 MHz zugrunde gelegt. Als Eindringtiefen werden für f = 70 MHz–1,2 GHz ($\lambda_0 = 25-430$ cm) Zahlenwerte von einigen cm angegeben.

Die von HOLLMANN [211] getroffenen Annahmen sind nach den Ausführungen der vorangegangenen Abschnitte nicht haltbar, da die Voraussetzung einer Frequenz-Konstanz von $\varkappa$ und ε_r nicht gültig ist und zu mit der praktischen Erfahrung unvereinbaren Ergebnissen führt, da sich die elektrischen Kenngrößen insbesondere oberhalb von f ≈ 300 MHz sehr stark ändern können.

Die von PÄTZOLD [363, 368] verwendete Methode ergibt mit den in 2.3.1, Abb. 19, für die Eindringtiefe angegebenen Werten größenordnungsmäßige Übereinstimmung. Die Abweichungen lassen sich letztlich durch die Tatsache erklären, daß biologische Gewebe nun doch nicht einfach Salzlösungen verschiedener Konzentrationen sind – auch nicht im höheren Frequenzbereich.

Die Energieabsorption von Mikrowellen wird nach den bisherigen theoretischen und experimentellen Aussagen ganz wesentlich vom Wassergehalt des jeweiligen Gewebes bestimmt. Daher ergibt sich im Muskelgewebe eine weitaus größere Erwärmung als im Fettgewebe, da die zu Schwingungen angeregten zahlreichen Dipolmoleküle des Wassers einen entscheidenden Anteil zur Reibungswärme beitragen. Infolge der vorhandenen endlichen Leitfähigkeit (Abb. 15 und Abb. 20) trägt auch die resultierende Widerstandswärme zur gesamten im biologischen Gewebe entstehenden Wärme einen Teil bei.

Aus den in Abb. 19 aus experimentell ermittelten und theoretischen Werten berechneten Eindringtiefen ist bereits für homogenes Gewebe der Schluß zulässig, daß sich infolge der mit wachsender Frequenz geringer werdenden Eindringtiefe oberhalb von f ≈ 5 GHz nur noch eine oberflächliche Erwärmung des betreffenden Gewebes ergibt. Infolge der geringen Eindringtiefe besteht u. U. durch Ausnutzung des Oberflächeneffektes die Möglichkeit zur Koagulation (vgl. 2.4.4) von pathologischem Gewebe wie z. B. bei Prostatakrebs. Eine solche Möglichkeit wird z. Z. vom Bundesministerium für Forschung und Technologie als förderungswürdiges Projekt angesehen [514].

Bei den real vorliegenden geschichteten Gewebestrukturen sind bei der Mikrowellenbestrahlung noch gewisse Modifikationen in der HF-Leistungsdichte (Strahlungsintensität) erforderlich. Zum einen muß die Divergenz der elektromagnetischen Wellen berücksichtigt, zum anderen müssen mögliche Reflexionen („quasioptisches" Verhalten) an den makroskopischen biologischen Grenzflächen als Folge verschiedener ε_r- und $\varkappa$-Werte der angrenzenden Schichten (z. B. Fett/Muskel, Haut/Fett, Haut/Knochen usw.) beachtet und die Ausbildung stehender Wellen durch Interferenz in Betracht gezogen werden. Nach [356] werden z. B. bei $\lambda_0 \approx 69$ cm maximal 30% der Intensität der einfallenden Welle reflektiert. Der Reflexionsgrad bei der Mikrowellenfrequenz f = 2,45 GHz ist nach den verfügbaren elektrischen Kenngrößen für biologische Gewebeschichtungen größer, d.h. es kann zur Ausbildung sog. „hot spots" (vgl. z.B. [222, 441]) infolge stehender Wellen insbesondere in der Haut- und Fettschicht aufgrund der unterschiedlichen ε_r- und $\varkappa$-Werte, m.a.W. der unterschiedlichen Brechungsindizes (vgl. Gl. 203), kommen. Ganz allgemein ändert sich bei der Bestrahlungsmethode der Reflexionsgrad des Körpers mit der Haut- und Fettschichtdicke frequenzabhängig; dies ist insbesondere zu berücksichtigen, wenn die zur Therapie verwendete Wellenlänge in die Größenordnung der Körperabmessungen kommt.

Durch geeignete elektrische Anpassung des Außenmediums an den biologischen Körper (z.B. durch eine Sandvorschaltstrecke) kann man beispielsweise Reflexionsverluste, welche durch die Leitfähigkeit der ersten biologischen Schicht bedingt sind, weitgehend vermeiden. Mit Anpassungsfragen beschäftigen sich z.B. HOLLMANN [211], FÖLSCHE [121] und SCHWAN u. PIERSOL [445], wobei auch die Möglichkeit der Reflexionsreduzierung an der Körperoberfläche durch Verwendung einer sog. $\frac{\lambda}{4}$-Platte zwischen Strahler und Körperoberfläche diskutiert wird.

Insbesondere im Frequenzbereich von ca. 1–3 GHz können die praktisch vorkommenden Haut- und Fettschichten selbst als „Abstimmelemente" wirksam werden, die eine mehr oder weniger ausgeprägte Anpassung bzw. Fehlanpassung zwischen der Außenluft und dem tieferliegenden Körpergewebe ergeben (vgl. z.B. [438]). Es kann aber dennoch, insbesondere bei Frequenzen im GHz-Bereich, z.B. in einer Fett-Muskel-Fett-Schichtung aus Reflexionsgründen zu einer relativen Feldstärkeüberhöhung in der Muskelschicht kommen (vgl. Längsverteilung der Temperatur im geschichteten Fett-Muskel-Phantom, [128], S. 5.44). Ihre Amplitude ist aber stark abhängig vom Verhältnis der Wellenlänge zur Schichtdicke – insbesondere der Fettschicht mit ihrer relativ niedrigen DK – und daher für therapeutische Zwecke wegen der aus anatomischen Gründen variablen Fett- und/oder Muskelschichtdicke nicht anwendbar. Zur „Durchstrahlung" einer vorgelagerten Fettschicht von einigen cm, in der die Intensität der elektromagnetischen Welle weniger gedämpft wird als z.B. im angrenzenden Muskelgewebe, sind daher Arbeitsfrequenzen von $f \approx 300-600$ MHz nach Abb. 19 besser geeignet als solche von einigen GHz und darüber.

Arbeitsfrequenzen von $f \geqq 5$ GHz erscheinen wegen der geringen Eindringtiefe (Abb. 19), d.h. hoher Absorption durch die Haut und das subkutane Fettgewebe, für eine elektrothermotherapeutische Anwendung in der Tiefe des Körpers nach dem heutigen Kenntnisstand ungeeignet. Die Methode des Strahlerfeldes kann aber bei diesen Frequenzen im Hinblick auf eine Thermotherapie der Haut und damit zum einen evtl. auch zur indirekten Beeinflussung innerer Organe und zum anderen zur gezielten Erwärmung schlechter elektrisch leitender Bereiche, z.B. weniger gut durchbluteter maligner Hauterkrankungen, untersucht werden.

Für einen Vergleich erzielter therapeutischer bzw. biophysikalischer Wirkung im Strahlungsfeld wäre die physiologisch begründete Angabe einer dem Strahlungsfeld entnommenen und vom biologischen Körper absorbierten Leistung bzw. Energie pro Volumeneinheit oder Masseeinheit ein geeignetes „Dosismaß". Eine solche Angabe, wie sie z.B. für radiologische Größen bei ionisierenden Strahlen (Energiedosis in J/kg, früher „rad"; Äquivalentdosis in J/kg, früher „rem"; Ionendosis in A · s/kg, früher „r") gebräuchlich ist, kann aber wegen der genannten Reflexionen und Interferenzen bei den verschiedenen Gewebeschichten im menschlichen Körper nicht erfolgen, da der Energiefluß und der damit verbundene Wärmestrom im biologischen Körper bei nichtionisierenden Strahlen im betrachteten Frequenzbereich nicht die zur Definition erforderliche Stetigkeit besitzen. Gewissermaßen als „Behelf“ kann daher nach Ansicht des Autors auch für die Strahlerfeldanwendung praktisch nur die ohne biologischen Körper gemessene Flächenleistungsdichte (Intensität, elektromagnetischer Leistungsfluß) als Vergleichsgröße herangezogen werden (vgl. auch [392]).

2.3.3 Langwellendiathermie, Kurzwellentherapie, Dezimeter- und Mikrowellenbestrahlung

Die in der medizintechnischen Literatur und in der praktischen Anwendung gebräuchliche terminologische Sprachregelung richtet sich nur in sehr geringem Umfang nach der einer HF-Erwärmung zugrundeliegenden Methode. Die Benennung bezieht sich meist auf das jeweils zur Anwendung kommende Wellenlängengebiet, und man unterscheidet Langwellendiathermie, Kurzwellentherapie, Dezimeter- und Mikrowellenbestrahlung.

Das eigentliche therapeutische Ziel der „medizinischen Diathermie“ ($\delta\iota\alpha$ $\hat{=}$ durch, $\vartheta\varepsilon\varrho\mu\eta$ $\hat{=}$ Wärme) ist eine das jeweilige Gewebe noch nicht schädigende Temperatursteigerung (therapeutische Wärme) in mehr oder weniger großer Ausdehnung.

Bei der LW-Diathermie wird das Frequenzgebiet $200\,\mathrm{kHz} \lesssim f \lesssim 3\,\mathrm{MHz}$ ($1500\,\mathrm{m} \gtrsim \lambda_0 \gtrsim 100\,\mathrm{m}$) ausgenutzt. Nach den Ausführungen in 1.2 und 2.2.2 ist bei der Durchströmung des menschlichen Körpers mit Wechselstrom höherer Frequenz keine Reiz-, sondern nur noch eine Wärmewirkung (therapeutische Wirkung), insbesondere infolge der Ionenleitfähigkeit des Gewebes, möglich. Bei der LW-Diathermie muß man bei relativ großflächigen, direkt auf der Körperoberfläche aufliegenden, d.h. einen galvanischen Kontakt garantierenden Elektroden (z.B. 20 cm x 20 cm) bei einer Thoraxdurchströmung mit einem Widerstand von ca. 15–20 Ω, bei den Extremitäten mit 100–150 Ω und bei einer Hand-zu-Hand-Durchströmung mit Werten zwischen 300 und 600 Ω rechnen (vgl. [364], S. 770). Bei der LW-Diathermie erfolgt die Erwärmung durch unmittelbare hochfrequente Stromleitung durch das betreffende Körpergewebe. Dabei befindet sich der zu behandelnde Körperteil direkt im Stromkreis, und die stromzuführenden Elektroden sind in inniger Berührung mit der Haut und werden nach physikalischen und anatomischen Gesichtspunkten in Größe, Form und Anordnung festgelegt.

Nach dem bisher Gesagten ist bei den verwendeten „LW-Frequenzen“ die ohmsche Leitfähigkeit für die Verteilung des HF-Stromes im Gewebe maßgebend. Da sich die $\varkappa$-Werte der einzelnen Gewebeschichten nach 2.2.2.2 unterscheiden, fließt der Hauptanteil des Stromes auf einem Weg der größten Leitfähigkeit, wie es z.B. bei der in 2.3.2.1 (Abb. 22) beschriebenen Querdurchströmung einer oberen Extremität der Fall ist. Der therapeutische Effekt bei der Langwellendiathermie hängt in erster Linie von den folgenden rein empirisch ermittelten Erfahrungswerten ab: der Stromstärke (0,1–3 A) und der Behandlungsdauer (15–30 min). Darüber hinaus richtet sich der erzielbare Effekt nach dem durch Länge, Querschnitt, Körperteil, Elektrodengröße und elektrische Leitfähigkeit bestimmten wirksamen Patientenwiderstand, der im Bereich 10–700 Ω liegt. Die Stromdichte liegt bei der LW-Diathermie daher bei $J \lesssim 10 \frac{mA}{cm^2}$ (vgl. auch [364], S. 770). Durch die Wahl von Form, Größe und Anordnung der Elektroden besteht nur eine beschränkte Möglichkeit zur Veränderung der Stromverteilung im Körperinnern in vorbestimmter Absicht. Bisher hat man sich bei der LW-Behandlung bevorzugt nach dem Wärmegefühl des Patienten gerichtet, d.h. der Patient sollte ein „angenehmes" Wärmegefühl bei einer „milden bis kräftigen" Erwärmung, die bei der Ganzkörpertemperatursteigerung bis zum leichten Fieber führen sollte, verspüren. Eine solche Methode läßt sich aber nur bei kooperativen Patienten anwenden. Der therapeutische Indikationsbereich ist insbesondere infolge der mit anderen HF-Erwärmungsformen erzielten Erfolge ständig geringer geworden. Die LW-Diathermie wurde zum einen im Interesse der Fernmeldetechnik wegen der Störung durch die meist verwendeten Funkenstreckengeräte eingeschränkt und zum anderen durch die Einführung der KW-Technik im Fernmeldewesen und im Rundfunk gerätetechnisch durch die KW-Therapie weitgehend abgelöst. Das mit 1954 angegebene Ende der LW-Diathermie als thermotherapeutisches Verfahren ist nach den jüngsten Anwendungen in der Krebshyperthermiebehandlung (vgl. 2.3.5) vielleicht nur als vorläufiges Ende anzusehen. Nicht vollständig geklärt sind bisherige Berichte über plethysmographisch nachweisbare Gefäßerweiterungen. Bei der LW-Diathermie könnten neben der durch den Stromfluß entstehenden Wärme als Ursachen auch die durch das Vorhandensein faradischer Komponenten, d.h. niederfrequenter Wechselströme, wie sie bei den anfangs zur LW-Diathermie verwendeten Löschfunkenstrecken-Generatoren auftraten, entstehenden elektrischen Reize verantwortlich sein. Bei Diathermieströmen ohne faradische Komponenten (z.B. nach FOURIER-Zerlegung der verwendeten zeitlichen Schwingungsform des HF-Stromes) wurden praktisch keine gefäßerweiternden Eigenschaften berichtet, während bei reiner Galvanisation, d.h. diagnostischer und therapeutischer Anwendung von Gleichstrom, ein Volumenanstieg erfolgt. Dies ist aber noch kein vollständiger Beweis für eine fehlende Volumenvergrößerung bei reinem langwelligem „Diathermiestrom", denn es ist z.B. denkbar, daß durch Gefäßerweiterung in der Haut und durch gleichzeitige Kontraktion der tieferliegenden Gefäße eine Kompensation zustande kommt, die plethysmographisch zu dem globalen Ergebnis fehlender Gefäßerweiterung führt, da ein Plethysmogramm keine räumliche Selektivität berücksichtigt.

Als Folge der raschen Entwicklung von Röhrensendern begannen ca. 20 Jahre nach dem Start der LW-Diathermie die ersten orientierenden Versuche zur biologischen Wirksamkeit des Kurzwellenfeldes durch ESAU [109] und SCHLIEPHAKE [431] in Deutschland und SCHERESCHEWSKY [427] in den USA. Veranlassungsgründe für diese ersten Untersuchungen waren die Beobachtungen des Bedienungspersonals großer KW-Sender (einige 100 W) [429] und die Klagen der KW-Amateure. Berichtet wurde insbesondere über lästige Wärmeempfindungen und anomale Müdigkeitserscheinungen sowie über „Fiebrigkeitsgefühle" bei den Beschäftigten in den KW-Generator-Labors der Industrie (vgl. z.B. [417]). Bei der KW-Therapie wird der zu behandelnde Körper entweder als verlustbehaftetes Dielektrikum in einen Kondensator oder als leitendes Medium in das Magnetfeld einer Spule gebracht. Beide Möglichkeiten werden zu einem geeigneten Schwingkreis (Patientenkreis) ergänzt, und dieser wird auf Resonanz mit einem Hauptschwingkreis

(Generatorkreis) abgestimmt. Der KW-Therapie kann der Frequenzbereich $10 \text{ MHz} \lesssim f \lesssim 75 \text{ MHz}$ ($30 \text{ m} \gtrsim \lambda_0 \gtrsim 4 \text{ m}$) zugeordnet werden, wobei zumindest in experimentellen Untersuchungen die obere Grenze wegen der Strahlungsverluste (2.3.2.1) bei ca. 300 MHz ($\lambda_0 = 1$ m) liegt.

Als Besonderheit gegenüber der LW-Diathermie kommt bei der KW-Therapie den Verschiebungsströmen ein maßgeblicher Einfluß zu, während der Leitungsstromanteil, der im wesentlichen durch die Körperelektrolyte bedingt ist, mit wachsender Frequenz abnimmt (2.3.2.1). Isolierende makro- und mikroskopische Schichten wie z.B. Haut und Zellmembranen können mit hochfrequenten Strömen dieses Frequenzbereichs überbrückt werden, d.h. es kann auch in der Zelle elektrische Wärme umgewandelt werden. Entsprechend den Aussagen vorangegangener Abschnitte ergibt sich eine Frequenzabhängigkeit der Verteilung der HF-Energie im Gewebe, aber keine Selektivität mit ausgeprägter „Optimalfrequenz". Daß sich mittels KW-Therapie beispielsweise im Rektum erfahrungsgemäß um 20–30% größere durchschnittliche Temperaturerhöhungen als in der Urethra oder in der Vagina ergeben, darf nicht als organspezifische frequenzselektive Wirkung interpretiert werden, sondern hat seine Ursache in der verschieden starken Durchblutung der unterschiedlichen zugrundeliegenden Körperregionen und der zugehörigen Gewebestrukturen, denn für die lokale Temperaturerhöhung von ca. $\Delta\vartheta \approx 0{,}5-1$ K sind sowohl die globale als auch lokale Wärmebilanz (vgl. 2.3.4) maßgebend. Für einen praktischen Vergleich der KW-Therapie mit der LW-Diathermie muß man sich auf die 1947 in Atlantic City vom FCC (Federal Communications Commission) zugelassene Frequenz f mit den zugehörigen Toleranzen Δf, d.h. $f \pm \frac{\Delta f}{2}$, beschränken:

a) $f = 13{,}56 \text{ MHz} \pm 0{,}05\%$ ($\Delta f \approx 15$ kHz),
b) $f = 27{,}12 \text{ MHz} \pm 0{,}6\%$ ($\Delta f \approx 320$ kHz) und
c) $f = 40{,}68 \text{ MHz} \pm 0{,}05\%$ ($\Delta f \approx 40$ kHz).

Gemeinsames Kennzeichen ist bei der hier bevorzugt angewandten Kondensatorfeldmethode ein starker Temperaturabfall vom Unterhautfettgewebe zum Muskelgewebe, der oft unerwünscht ist, manchmal aber auch für eine gezielte Therapie benötigt wird. Zu den bereits in 2.3.2.1 genannten Gründen, wonach die Haut und das Unterhautfettgewebe im Bereich größerer elektrischer Feldstärke liegen und Fett aufgrund des kleineren $\varkappa$-Wertes in der Serienschaltung mit Muskelgewebe stärker erwärmt wird, kommen noch weitere anatomische und physikalische Gründe hinzu. Fettgewebe hat eine geringere Durchblutung als Muskelgewebe. Die kleinere Dichte und die geringere spezifische Wärme des Fettgewebes tragen zusammen mit einer geringeren Wärmeleitfähigkeit (vgl. 2.3.4) gegenüber Muskelgewebe zu der Ungleichverteilung im Temperaturgradienten bei. Die sich theoretisch nach Gl. 118 und Abb. 28 ergebende thermische Fettentlastung mit steigender Frequenz (Verhältnis der Temperatursteigerung in Fett- zu Muskelgewebe als Funktion der Frequenz) erfährt ihre praktische Grenze, z.B. dadurch, daß die Toleranzvorschriften für 40,68-MHz-Generatoren nur mit relativ hohem technischen Aufwand erfüllbar sind und zu entsprechend teureren Geräten führen. Daher sind heute fast nur Geräte mit einer Arbeitsfrequenz von $f = 27{,}12$ MHz im Einsatz. Für die 3. Gruppe bei $f = 13{,}56$ MHz gelten ähnliche

Einschränkungen bezüglich der Toleranzforderungen, dazu kommt aber das mit kleinerer Therapiefrequenz größere Fettbelastungsproblem bei gleichzeitig kleinerem Verschiebungsstromanteil.

Aus experimentellen praktischen Erfahrungen ergibt sich z.B. bei der HF-Durchwärmung des weiblichen Beckens bei einer KW-Behandlung bei $f \approx 25-50$ MHz und geeignetem Elektroden-Körper-Abstand eine Steigerung der relativen Tiefenwirkung um den Faktor 5 gegenüber einer LW-Behandlung bei $f \approx 1$ MHz bei sonst gleichen Bedingungen. Neben der durch richtige Wahl des Elektroden-Körper-Abstands erzielbaren Steigerung der relativen Tiefenerwärmung weist die KW-Therapie gegenüber der LW-Diathermie wegen des größeren Verschiebungsstromanteils eine bessere Richtwirkung auf. Das Zellinnere und das Knochenmark als anatomische Ergebnisse mikro- und makroskopischer Schichtungen gehören z.B. bei LW-Diathermie nicht, bei KW-Therapie jedoch mit zu den für eine HF-Erwärmung zugänglichen Bereichen.

Die therapeutische HF-Erwärmung im Dezimeterwellengebiet begann 1959 mit dem Einsatz von HF-Geräten mit einer Frequenz von $f = 433{,}92$ MHz. Trotz der in 2.3.2.3 diskutierten Unterschiede gegenüber einer Behandlung bei $f = 2{,}45$ GHz und entgegen der in der Literatur üblichen terminologischen Trennung wird die für Anstrahlungsmethoden mit therapeutischer Nahfeldausnutzung umfassendere Bezeichnung Mikrowellenbestrahlung für den Frequenzbereich $300\,\text{MHz} \lesssim f \lesssim 300\,\text{GHz}$ ($1\,\text{m} \gtrsim \lambda_0 \gtrsim 1\,\text{mm}$) vorgeschlagen. Als Frequenzen für Geräte zur HF-Erwärmung sind dabei zugelassen:

a) $f = 433{,}92$ MHz $\pm$ 0,2% ($\Delta f = 1{,}7$ MHz),
b) $f = 2{,}450$ GHz $\pm$ 50 MHz,
c) $f = 5{,}800$ GHz $\pm$ 75 MHz und
d) $f = 22{,}125$ GHz $\pm$ 125 MHz.

In den USA ist zusätzlich die Frequenz $f = 915$ MHz für industrielle, wissenschaftliche und medizinische Anwendungen [182] zugelassen. Experimentelle und praktische Erfahrungen liegen insbesondere bei $f = 433{,}92$ MHz und 2,45 GHz vor. Dies ist nicht zuletzt auch durch die relativ kostspieligen – wenn überhaupt ausreichend leistungsstarken – Dauerstrichsender im höheren GHz-Bereich bedingt. Es ist aber zu beachten, daß bereits bei $f = 2{,}45$ GHz infolge der Absorption der elektromagnetischen Strahlung in den obersten Gewebeschichten das bevorzugte Indikationsgebiet bei Erkrankungen in diesem Bereich liegt. Eine Behandlung bei $f = 433{,}92$ MHz ergibt demgegenüber eine bessere thermische Fettentlastung und insbesondere bei dickeren Fettschichten eine relativ größere Tiefenwirkung, die aber im Vergleich zu derjenigen bei einer KW-Behandlung bei $f = 27{,}12$ MHz, bei der theoretisch die Eindringtiefe ca. 6mal größer ist (Abb. 19), gering ist (vgl. auch [238]). Damit aber dennoch eine merkliche Erwärmung in der hochfrequenz- und wärmetechnisch durch eine vorgelagerte Fettgewebeschicht „isolierten" Muskelschicht erzeugt wird, wurden durch entsprechende konstruktive Formgebungen der Strahler Ergebnisse erzielt, die z.B. eine Mikrowellenbestrahlung bei $f = 433{,}92$ MHz mit derjenigen einer Spulenfeldbehandlung bei $f = 27{,}12$ MHz vergleichbar machen. Aufgrund der größeren Wellenlänge treten bei der Anwendung am menschlichen Körper bei $f = 433{,}92$ MHz praktisch keine Interferenzen auf, während es bei der ca. 5,6mal kleineren Vakuumwellenlänge der

2,45-GHz-Mikrowellenstrahlung bei bestimmten Fettschichtstärken zur ausgeprägten Überlagerung von einfallender und an der Muskel-Fett-Grenzfläche reflektierter elektromagnetischer Welle kommen kann.

Nicht unbeachtet sollten aber die in den Jahren 1960–1966 von LEHMANN et al. [271, 272] und GUY u. LEHMANN [181] experimentell durchgeführten Versuche bleiben, die eine Bestätigung der Annahme von SCHWAN [437] ergaben, der für Frequenzen von 900 MHz und darunter eine für therapeutische Zwecke geeignetere Wärmeverteilung im Körpergewebe vorhersagte, als dies bei 2,45 GHz der Fall war. Ein Gerät mit einer Arbeitsfrequenz von ca. 900 MHz wird z.Z. nach Kenntnis des Autors dieser Abhandlung nicht kommerziell gefertigt, und die Absicht, die Bandbreite des sog. ISM-Bandes (industrial, scientific and medical) bei 915 MHz weiter zu reduzieren, hat vermutlich auch dazu beigetragen, daß z.Z. keine neueren wesentlichen Forschungsergebnisse zu dieser Frequenzwahl vorliegen.

2.3.4 Wärmetransfermechanismen

Bei der Lokal- und bei der Ganzkörpererwärmung durch HF-Energie wird die Temperaturverteilung im wesentlichen durch 2 Vorgänge bestimmt, nämlich durch die voranstehend beschriebene örtliche Entstehung der Wärme und durch die simultane oder anschließend erfolgende Ausbreitung und Fortleitung der Wärme. Die durch die Wärmetransfermechanismen bedingte Beeinflussung der Temperaturverteilung kann man bei der HF-Erwärmung weder unberücksichtigt lassen noch nach OTT et al. [356] dadurch „in den Griff bekommen“, daß man die Behandlungsdauer Δt nach Gl. 77 so kurz wählt, daß die sich durch Energieumwandlung ergebende Temperaturerhöhung ΔT nach Gl. 78 z.B. durch Wärmeleitung nicht gestört wird; denn die erforderlichen HF-Einwirkungszeiten für eine thermotherapeutische Maßnahme lassen eine Vernachlässigung des Wärmetransfers praktisch nicht zu.

Der Problemkreis des Wärmetransfers wird zwar mittlerweile bereits teilweise in Handbüchern der physikalischen Therapie behandelt; da diese Darstellungen nach Meinung des Autors dieser Abhandlung jedoch nicht unmittelbar auf die hier vorliegenden Fragestellungen anwendbar sind, stellt dieser Abschnitt zugleich eine Erweiterung und eine problemorientierte Eingrenzung des physikalisch-physiologischen Wärmetransfers in biologischen Systemen dar. Außerdem ist erst durch die auf theoretischen Grundlagen basierende Darstellung thermodynamischer Relationen ihre praktische Anwendung möglich. Bei einer Darstellung, bei der zur Kennzeichnung der Wärmemenge das Symbol Q zwar vorgesehen ist, dann aber je nach Wärmetransfermechanismus auf 3 zusammenhängenden Textseiten in 4 dimensionsverschiedenen Bedeutungen verwendet wird ([176], S. 325 ff.), wird eine Beschreibung der thermodynamischen Verhältnisse in biologischen Körpern praktisch erschwert, wenn nicht gar unmöglich gemacht.

Die Wärmeübertragung zwischen 2 verschieden warmen Bereichen (Körpern) kann auf 3 Arten erfolgen:

1. durch Wärmeleitung (Konduktion), wobei die Wärme entlang eines Temperaturgradienten durch die Körper selbst geht,

2. durch Wärmeübergang (Konvektion), wobei die Wärme durch Bewegung von Teilen des wärmeren und/oder des kälteren Körpers übertragen wird, und
3. durch Wärmestrahlung (Radiation), wobei die Wärme durch elektromagnetische Wellen übertragen wird.

Wird die Wärme durch Leitung, Übergang und Strahlung gleichzeitig übertragen, so spricht man vom Wärmedurchgang.

In Gasen und Flüssigkeiten spielen Konvektion und Strahlung die bedeutende Rolle, während in Festkörpern die Konvektion fehlt und die Strahlung nur bei höheren Temperaturen berücksichtigt werden muß. Biologische Körper kann man für Betrachtungen der Wärmeübertragung makroskopisch in erster Näherung als feste Körper ansehen. Die daraus resultierenden Beschreibungen durch Wärmeleitungsvorgänge müssen bezüglich der Durchblutung und Respiration durch Konvektionsbetrachtungen modifiziert werden. Bei der Ganzkörperhyperthermie und bei lokaler Erwärmung der Hautschichten ist daneben insbesondere die Wärmeabgabe an die Umgebungsluft oder einen anderen Wärmeträger zu berücksichtigen. Die Wärmeleitung wird durch die Wärmeleitfähigkeit Λ des jeweiligen Materials gekennzeichnet. Hiermit bestimmt sich die gemäß der Anordnung in Abb. 30 zwischen 2 parallelen Ebenen durch Wärmeleitung übertragene Wärmemenge zu

$$\Delta Q = \Lambda \cdot \frac{A \cdot \Delta T \cdot \Delta t}{d} = \frac{A \cdot \Delta T \cdot \Delta t}{R_W} \tag{126a}$$

bzw. in differentieller Form ($d \rightarrow 0$)

$$dQ = \Lambda \cdot A \cdot \frac{dT}{dz} \cdot dt\,, \tag{126b}$$

wobei R_W der Wärmewiderstand ist.

Für den pro Zeiteinheit Δt durch die Fläche A strömenden Wärmefluß (Wärmestrom pro Fläche) Φ erhält man (vgl. [59], S. 7)

$$\Phi = -\Lambda \cdot \frac{\partial T}{\partial n} = \Lambda \cdot \frac{\partial T}{\partial z}\,, \tag{127}$$

wobei der zugehörige Wärmeflußvektor $\vec{\Phi}$ senkrecht auf den Isothermen nach Abb. 30 steht und in Richtung niedrigerer Temperatur zeigt, d.h. entgegen dem Normalenvektor $\vec{n}$.

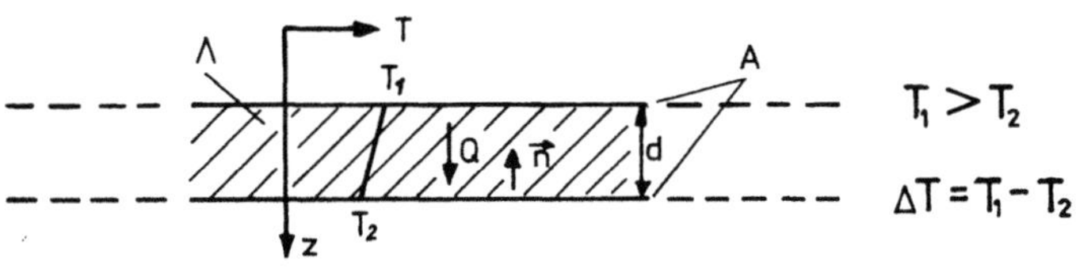

Abb. 30. Wärmeübertragung zwischen 2 parallelen Ebenen

Im menschlichen Körper sind die in Gl. 126 und Gl. 127 ausgedrückten idealen Verhältnisse der Abb. 30 nur näherungsweise erfüllt. So kann man z. B. die aus Haut und Unterhautfettgewebe bestehende sog. Körperschale gegenüber dem sog. Körperkern (Brust, Bauchhöhle, Gehirn, tieferliegende Skelettmuskulatur) nicht genau geometrisch gegeneinander abgrenzen. Außerdem ist der Wärmetransfer im Körper nicht nur konduktiv, sondern infolge der veränderlichen Durchblutung besteht ein variabler konvektiver Wärmestrom, d. h. die aus der Thermodynamik bekannten Zusammenhänge sind zunächst nur abschnittsweise im Gewebe anwendbar.

In einem isotropen Medium gilt erfahrungsgemäß die FOURIER-KIRCHHOFF-Wärmeleitungsgleichung (vgl. [59], S. 10) in der Form

$$\frac{\partial T}{\partial t} = \frac{\Lambda}{\varrho \cdot c_p} \cdot \nabla^2 T + \frac{1}{\varrho \cdot c_p} \cdot q\,, \tag{128a}$$

wobei T die Temperaturdifferenz zwischen Gewebetemperatur $T_G(t)$ und Anfangstemperatur $T_G(0)$, ϱ die Dichte und $q = p_V$ die spezifische Wärmemenge, d. h. die pro Volumeneinheit erzeugte Wärme, ist. Dabei ist nach den Ausführungen in 2.3.1 die Verlustleistungsdichte p_V nicht allein von der Leitfähigkeit $\varkappa$ abhängig, wie es bei einer Wärmebilanzbetrachtung von GUY et al. [182] vorausgesetzt wird. Da im biologischen Körper aber die Wärmeleitfähigkeit $\Lambda(T)$ von der Temperatur des jeweiligen Gewebes abhängt, wird die Wärmeleitungsgleichung nichtlinear:

$$\frac{\partial T}{\partial t} = \frac{\Lambda}{\varrho \cdot c_p} \cdot \nabla^2 T + \frac{\partial \Lambda}{\partial T} \cdot \left\{ \left(\frac{\partial T}{\partial x}\right)^2 + \left(\frac{\partial T}{\partial y}\right)^2 + \left(\frac{\partial T}{\partial z}\right)^2 \right\} + \frac{1}{\varrho \cdot c_p} \cdot q\,, \tag{128b}$$

und wenn man die Ortsabhängigkeit $\Lambda(x, y, z)$ berücksichtigt:

$$\frac{\partial T}{\partial t} = \frac{1}{\varrho \cdot c_p} \cdot \left\{ \frac{\partial}{\partial x}\left(\Lambda \cdot \frac{\partial T}{\partial x}\right) + \frac{\partial}{\partial y}\left(\Lambda \cdot \frac{\partial T}{\partial y}\right) + \frac{\partial}{\partial z}\left(\Lambda \cdot \frac{\partial T}{\partial z}\right) \right\} + \frac{1}{\varrho \cdot c_p} \cdot q\,. \tag{128c}$$

Hierin sind die Sonderfälle der LAPLACE-Gleichung mit $\frac{\partial T}{\partial t} = 0$ und $q = 0$ sowie die sich bei stationärem Wärmefluß $\frac{\partial T}{\partial t} = 0$ ergebende POISSON-Gleichung enthalten.

Bei der Analyse dynamischer Wärmeleitungsprobleme in einem mit der Geschwindigkeit $\vec{v} = (v_x, v_y, v_z)$ bewegten Medium, z. B. bei der Blutströmung in einem quasiisolierten Gefäß, ist die linke Seite der Differentialgleichungen (128 a, b, c) durch den Operator

$$\frac{DT}{Dt} = \frac{\partial T}{\partial t} + v_x \cdot \frac{\partial T}{\partial x} + v_y \cdot \frac{\partial T}{\partial y} + v_z \cdot \frac{\partial T}{\partial z} \tag{128d}$$

zu ersetzen.

Allgemein kann man bei der Wärmeleitung 2 Anteile unterscheiden:

a) den stationären Anteil, d. h. die sich aufgrund eines Temperaturgefälles gemäß Gl. 126 ergebende Wärmemenge, und
b) den nichtstationären Anteil, der durch die Geschwindigkeit bestimmt ist, mit der sich die „Temperaturwelle" durch das Medium bewegt.

Die zeitliche Änderung des Temperaturfeldes hängt von der Wärmeleitfähigkeit Λ und der Wärmemenge ab, die erforderlich ist, um ein Volumenelement V auf die geforderte Temperatur T zu bringen, d. h. von der Dichte ϱ und der spezifischen Wärme c_p, die auch ein Maß für die Wärmeaufnahmefähigkeit der verschiedenen Gewebe darstellt. Die thermische Diffusion kann durch die Wärmeleitzahl („Diffusivität" nach KELVIN, „thermometrische Leitfähigkeit" nach MAXWELL, „Temperaturleitzahl" bzw. „Wärmeausgleichsvermögen" nach ZÖRKENDÖRFER)

$$b = \frac{\Lambda}{\varrho \cdot c_p} \tag{129}$$

beschrieben werden. Sie bestimmt die Geschwindigkeit, mit der Temperaturänderungen innerhalb des biologischen Gewebes stattfinden, während die Wärmeleitfähigkeit Λ die Rate angibt, mit der Wärme durch das Gewebe geleitet wird, wenn ein stabiler Zustand bezüglich der Temperaturbedingungen erreicht ist. Für den Kehrwert der Wärmeleitzahl wurde von QUENTIN 1960 der Begriff „Wärmehaltung" eingeführt, der für den Quotienten $\frac{m \cdot c_p}{\Lambda}$ bereits 1935 von LEWIS benutzt wurde (vgl. z. B. [176], S. 329, wobei allerdings der Begriff Wärmeleitzahl teilweise entgegen dem Einheitengesetz vom 2. Juli 1969 im Sinne der Wärmeleitfähigkeit verwendet wird). Im dynamischen Fall muß bei biologischem Gewebe auch die Voraussetzung $c_p = \text{const.}$ durch die sich mit der Temperatur verändernde spezifische Wärme $c_p(T)$ ersetzt werden. Außerdem sind Phasenänderungen wie z. B. diejenige des Übergangs vom flüssigen Sol- zum halbflüssigen Gelzustand (vgl. 2.4.4 und 2.4.5) mit relativ großen c_p-Änderungen verbunden.

Tabelle 3 enthält einige für Wärmetransferprobleme bei der HF-Erwärmung von biologischem Gewebe maßgebliche Zahlenwerte.

Die Wärmeleitfähigkeit der verschiedenen Gewebe wächst in der Regel mit dem Durchblutungsgrad (Tabelle 3), was sich durch den Anstieg des konvektiven Wärmetransports mit zunehmender Durchblutung erklären läßt, d. h. im durchbluteten – also lebenden – Gewebe kann einer genaueren thermodynamischen Analyse keine konstante Wärmeleitfähigkeit zugrunde gelegt werden.

Für eine umfassende quantitative Analyse von Wärmeleitungsproblemen stehen insbesondere für die verschiedenen Gewebearten nur unzureichende Angaben der kennzeichnenden Parameter als Funktion der Temperatur zur Verfügung. Es ist zwar zu vermuten, daß sich stark wasserhaltige Gewebe z. B. hinsichtlich der Temperaturabhängigkeit der Wärmeleitfähigkeit Λ ähnlich verhalten wie Wasser, für das sich aus den experimentell ermittelten Daten der Zusammenhang

$$\Lambda(\vartheta) \approx 0{,}553 \frac{\mathrm{W}}{\mathrm{m} \cdot \mathrm{K}} \cdot (1 + 0{,}003 \cdot \vartheta) \tag{130}$$

Tabelle 3. Wärmeleitfähigkeit Λ und spezifische Wärme c_p als Funktion der Temperatur ϑ. (Nach [11], S. 51; [114], S. 404ff.; [174], S. 165; [176], S. 325; [182]; [264], S. 570; [263a], S. 935; [505] und eigener Messung)

	$\frac{\Lambda}{W \cdot m^{-1} \cdot K^{-1}}$						
ϑ/°C / Medium	0	20	40	50	60	80	100
Luft	0,0232			0,02668			0,03016
Wasserdampf							0,03016
Wasser	0,553	0,596	0,625		0,65	0,667	0,68
(ϱ in kg/dm³)	0,9998				0,983		0,958
Blut			0,48 bei 35 °C	0,5 bei 38 °C			
Blutplasma			0,58 bei 36 °C				
Eiweiß			0,56 bei 32 °C				
Fett		0,19–0,34 (aus Wärmewiderstand)					
Haut, versch. Schichten		0,2–0,34	0,44				
Haut, stark durchblutet		? 1,46 (nach [176], S. 325)					
Leber		0,47–0,49					
Muskel, schwach durchblutet		0,35–0,5 0,2–0,4					
Muskel, stark durchblutet		0,63–0,64					
Knochen (spongiös)		1,46					
Hand		0,33 „kalt"	0,96 „warm"				
	$\frac{c_p}{kJ \cdot kg^{-1} \cdot K^{-1}}$						
Luft	1,0056			1,0056			1,00979
Wasserdampf							1,8855
Wasser	4,2174	4,1816	4,1783		4,1841	4,1961	4,2156
Blut		3,8 – 3,9					
Fett		2,26–3,0					
Leber		3,5 bei 25 °C	1,5	1,2			
Muskel, stark durchblutet		3,48–3,76					

im Bereich $\vartheta = 0-80\,°C$ ergibt, aber geeignete Messungen hierzu liegen noch nicht vor.

Nach den in den vorangegangenen Abschnitten beschriebenen Methoden und Verfahren zur HF-Erwärmung erfolgt die Wärmeerzeugung im Körper durch elektrische Widerstandswärme, dielektrische oder kapazitive Erwärmung, induktive Erwärmung oder durch Strahlungsabsorption. Die hierdurch erzeugte spezifische Wärmemenge q kann als Funktion der Temperaturdifferenz $\Delta T = T - T_0$ (T_0: Bezugstemperatur, z. B. 273,15 K oder Gewebetemperatur) durch

$$q = k_1 + k_2 \cdot \Delta T$$

ausgedrückt werden. Wenn z. B. in einem Volumen durch ein Röhrensystem, in dem eine Flüssigkeit zirkuliert, wie dies bei durchbluteten Geweben der Fall ist, Wärme entzogen wird, kann dies durch die Annahme $k_2 < 0$ berücksichtigt werden.

Die Erwärmung (Temperaturerhöhung) ΔT, die ein Körper durch eine bestimmte Wärmemenge ΔQ erfährt, ist nach Gl. 78 durch die Masse m und die spezifische Wärme c_p bestimmt. Bei gleicher Wärmezufuhr erfahren daher wasserhaltige Substanzen wie z. B Muskeln, die eine relativ große spezifische Wärme besitzen, eine geringere Erwärmung als z. B. stark wasserarmes Fettgewebe und Knochen, denn Calciumphosphat als Hauptbestandteil der Knochen besitzt eine spezifische Wärme, die nur etwa $\frac{1}{5}$ derjenigen des Wassers beträgt (kompakter Knochen: $c_p \approx 1{,}26\,\frac{kJ}{kg \cdot K}$ und spongiöser Knochen: $c_p \approx 3\,\frac{kJ}{kg \cdot K}$; s. [505], S. 1514 f.).

Bei einer Ganzkörperdurchströmung mit Stromstärken zwischen 0,7 und 1,2 A kann man mit Energiewerten $W \approx \Delta Q = 200-300$ Ws rechnen. Unter Zugrundelegung einer Masse $m = 75$ kg wird nach einer Zeit von $\Delta t \approx 10$ min bei einer spezifischen Wärmekapazität $c_p \approx 3{,}35\,\frac{kJ}{kg \cdot K}$ ([505], S. 1514) des menschlichen Körpers eine Temperaturerhöhung von $\Delta T \approx 0{,}48-0{,}72$ K erreicht. Die örtliche Wärmemenge dQ wird natürlich gemäß Gl. 97 durch die zugeordnete örtliche elektrische Feldstärke E bestimmt, d. h. eine räumliche Temperaturverteilung ist nicht zuletzt eine Folge der elektrischen Gewebeparameter. Dazu kommt, daß sich infolge der verschiedenen Wärmetransfermechanismen bereits in einem homogenen Körper, in dem die Wärmeverteilung ideal durch den Verlauf des elektrischen Feldes bestimmt ist, Abweichungen vom zu erwartenden Temperaturprofil ergeben. So entziehen z. B. anliegende Elektroden dem Körper mehr oder weniger viel Wärme und deformieren darüber hinaus das theoretische Wärmeprofil. Bei relativ großen anliegenden Elektroden kann es bei Anwendung der Kondensatorfeldmethode zu einer so starken Abkühlung der Randzonen kommen, daß die relative Tiefenwirkung > 1 wird. Die Konduktion trägt dazu bei, daß im Körperinnern Energie aus wärmeren Bereichen in solche mit niedrigerer Temperatur fließt. Beim Wärmetransfer der normalen Temperaturregulation vom sog. Körperkern zur Körperoberfläche übertrifft wegen der geringen Wärmeleitfähigkeit des Körpergewebes der konvektive Wärmetransport durch den Blutstrom erfahrungsgemäß die Konduktion bei weitem. Die durch HF-Erwärmung zugeführte Wärme wird durch den Blutstrom (innerer Wärmestrom) verteilt, und das relativ schnell reagierende Wärmereguliersystem des Körpers gibt die Wärme als äußeren Wärmestrom von der Körperoberfläche durch Strahlung und insbesondere durch Verdunstung (Evaporation, s. [176], S. 327) ab. In diesem Regelsystem kommt der Durchblutung der Haut eine besondere Bedeutung zu, da durch sie der Wärmedurchgang des Gewebes, bezogen auf die gesamte Körperoberfläche, um 1:7 variiert werden kann ([505], S. 1383). Auf eine zunehmende Wärmebelastung reagiert der gesunde Körper anfänglich mit einer veminderten eigenen Wärmeproduktion, aber insbesondere durch eine Erhöhung der Wärmedurchgangszahl, die schließlich an einer vermehrten Schweißbildung zu erkennen ist. Durch diese Regelmechanismen sind zum einen der zeitlinearen Umwandlung von zugeführter HF-Energie in eine Ganzkörpertemperaturerhöhung und zum anderen der lokalen Überwärmung auch von dieser physikalisch-anatomischen Seite her Grenzen gesetzt.

Die Wärmemenge $\Delta Q_ü$, die von einer bewegten Flüssigkeit (z. B. Blutstrom) der Temperatur T_v an eine feste Wand (Gefäßwand und umgebendes Gewebe) der Fläche A mit der Körpertemperatur T_w abgegeben wird, erhält man empirisch aus dem NEWTONschen Abkühlungsgesetz zu

$$\Delta Q_ü = \alpha \cdot A \cdot (T_v - T_w) \cdot \Delta t\,, \tag{131}$$

wobei α der Wärmeübergangskoeffizient ist. Dieser kann aus der sog. NUSSELT-Zahl Nu bestimmt werden

$$\alpha = \frac{\Lambda \cdot Nu}{l}. \tag{132}$$

Als charakteristische Länge l wählt man z. B. bei Rohrströmungen den Rohrdurchmesser d_R.

Der Wärmeübertragung durch Konvektion liegt im Falle der Durchblutung des Gewebes eine erzwungene Strömung zugrunde, da das Herz als Pumpe für die Bewegung des Blutes durch äußere Kräfte sorgt. Für eine weitere Analyse des Wärmeübergangs bei der Durchblutung muß die Frage nach der Form der Strömung beantwortet werden. Diese kann je nach Art der betreffenden Blutgefäße laminar oder turbulent sein und bestimmt sich aus der sog. REYNOLDS-Zahl Re

$$Re = \frac{v \cdot l}{\nu}, \tag{133}$$

wobei $Re \leqq 2320$ laminare Rohrströmung bedeutet. In Gl. 133 ist v die Blutströmungsgeschwindigkeit und ν die kinematische Viskosität des Blutes, die sich mit $\nu \approx 3{,}5-4{,}5 \cdot 10^{-6}\ \frac{m^2}{s}$ bei $\vartheta = 17\,°C$ $\left(\text{Blutserum: } \nu \approx 1{,}6-2 \cdot 10^{-6}\frac{m^2}{s},\right.$ $\left.\text{Plasma: } \nu \approx 2-2{,}5 \cdot 10^{-6}\frac{m^2}{s}\right)$ angeben läßt ([505], S. 1496 und [388], S. 1287).

Eine weitergehende Analyse setzt u.a. die Kenntnis der Geschwindigkeitsprofile, der Durchmesser-Strömungsgeschwindigkeits-Verhältnisse und der Abhängigkeit der thermodynamischen Kenngrößen des strömenden Blutes von der Temperatur voraus.

In gewissen Parameterbereichen ergibt sich die NUSSELT-Zahl Nu als Potenzprodukt

$$\mathrm{Nu} = k \cdot \mathrm{Re}^m \cdot \mathrm{Pr}^n, \tag{134}$$

wobei Pr die PRANDTL-Zahl

$$\mathrm{Pr} = \frac{\nu}{b} = \frac{\nu \cdot \varrho \cdot c_p}{\Lambda} \tag{135}$$

ist. Die Konstante k sowie die Exponenten m und n müssen dabei experimentell bestimmt werden. Unter der vereinfachten Annahme kontinuierlicher laminarer Strömungsverhältnisse (in den herznahen Teilen der Aorta und A. pulmonalis liegen teilweise turbulente Strömungsverhältnisse vor, s. [239], S. 6.3), d.h. ohne Berücksichtigung einer pulsierenden Strömung mit pulsierendem Druckgefälle bei Pulswellengeschwindigkeiten (Fortpflanzungsgeschwindigkeit der Pulswelle) von ca. $5-10\,\frac{m}{s}$, kann mit einer mittleren Strömungsgeschwindigkeit $v \approx 0{,}2\,\frac{m}{s}$ ([239], S. 6.12) bei großen Gefäßen, $v \approx 1-5 \cdot 10^{-2}\,\frac{m}{s}$ bei kleinen bis mittleren Venen und kleinen Arterien und $v \approx 0{,}5-1 \cdot 10^{-4}\,\frac{m}{s}$ bei Kapillaren (Durchmesser $3-10\,\mu m$) gerechnet werden.

Zur Abschätzung der Größenordnung des Wärmeübergangskoeffizienten wird ein Blutgefäßabschnitt der Länge $L = 10$ mm mit einem Durchmesser $d_R = 1 = 0{,}1$ mm betrachtet. Für ein solches Gefäß wird eine Blutströmungsgeschwindig- von $v = 5 \cdot 10^{-2}\,\frac{m}{s}$ angenommen. Mit den thermodynamischen Werten für c_p und Λ aus Tabelle 3 erhält man bei einer mittleren kinematischen Zähigkeit $\nu \approx 4 \cdot 10^{-6}\,\frac{m^2}{s}$ und einer Dichte $\varrho \approx 1{,}05-1{,}06 \cdot 10^3\,\frac{kg}{m^3}$ ([388], S. 146) aus Gl. 133 eine REYNOLDS-Zahl $\mathrm{Re} \approx 1{,}25$, d.h. die Annahme laminarer Strömung ist unter den genannten Voraussetzungen gerechtfertigt. Die PRANDTL-Zahl ergibt sich aus Gl. 135 zu $\mathrm{Pr} \approx 34{,}13$. Bei den geometrischen und strömungstechnischen Verhältnissen dieses Beispiels erhält man den Wärmeübergangskoeffizienten α aus ([221], S. 693)

$$\alpha = \frac{\Lambda \cdot \mathrm{Nu}}{d_R} = \frac{\Lambda}{d_R} \cdot \left[3{,}65 + \frac{\dfrac{0{,}0668 \cdot \mathrm{Pe} \cdot d_R}{L}}{1 + 0{,}045 \cdot \left(\dfrac{\mathrm{Pe} \cdot d_R}{L}\right)^{2/3}} \right] \cdot \left(\frac{\eta_v}{\eta_w}\right)^{0{,}14}. \tag{136}$$

Dabei ist Pe die PÉCLET-Zahl

$$Pe = Re \cdot Pr = \frac{v \cdot l}{b} \tag{137}$$

und $\eta_{v,w}$ die zur Flüssigkeits- bzw. Wandtemperatur gehörige dynamische Viskosität des Blutes. Setzt man $\eta_v \approx \eta_w$, so erhält man in diesem Beispiel einen Wärmeübergangskoeffizienten $\alpha \approx 17650 \frac{W}{m^2 \cdot K}$ bei einer NUSSELT-Zahl von $Nu \approx 3{,}68$. Mit dem einfacheren Potenzprodukt

$$Nu = k \cdot Pe^m \cdot \left(\frac{d_R}{L}\right) \tag{138}$$

erhält man mit $m = n = 0{,}23$ in Gl. 134 und $k \approx 15$ für Erwärmung des Blutes $Nu \approx 3{,}56$ und $\alpha \approx 17090 \frac{W}{m^2 \cdot K}$.

Bei einer Temperaturerhöhung von $\Delta T = T_v - T_w \approx 10$ K kann ein Gefäß der Länge 10 mm bei einem Durchmesser von 100 µm dem angrenzenden Gewebe nach Gl. 131 eine Wärmemenge $\Delta Q_ü \approx 0{,}55$ Ws entziehen und über den Weg des Blutkreislaufs verteilen. Das dabei zugrunde zu legende durch das Gefäß strömende Blutvolumen pro Zeiteinheit beträgt nur $\Delta V = v \cdot \frac{\pi}{4} \cdot d_R^2 \cdot \Delta t \approx 0{,}4\ mm^3$.

Bei der Organkühlung durch den Blutstrom wird die zugeführte HF-Wärme primär durch Wärmeleitung vom umliegenden Gewebe an das Blutgefäß weitergegeben und dann durch erzwungene Strömung vom Blut von der Erzeugerstelle entfernt. Ein Temperaturanstieg des gesunden Körpers ist mit einem Anstieg der Blutflußmenge und einer Erweiterung der Gefäße [348] verbunden. Durch die Temperaturerhöhung wird die Viskosität des Blutes erniedrigt und damit gemäß Gl. 136 und Gl. 131 der Kühleffekt weiter erhöht. Nicht auszuschließen ist, daß durch die oft sichtbare, sehr schnell einsetzende Hyperämie auf reflektorischem Wege eine Tiefenwirkung auch bei lokaler Erwärmung resultieren kann.

Als Folge einer durch HF-Erwärmung resultierenden Hyperthermie kann es neben der Erweiterung von Gefäßen zur Eröffnung vorhandener, bisher aber nicht vom Blut bzw. Blutplasma durchflossener Kapillaren kommen. Die direkt auf die Kapillarwand einwirkende Wärme initiiert eine Reihe noch nicht restlos geklärter biochemischer Vorgänge. Durch diese Kapillarisation werden die Strömungs- und daher auch die Wärmebilanzverhältnisse im betroffenen Gewebeabschnitt verändert.

Zur Abschätzung des Wärmetransports durch Strahlung kann man von der aus dem STEFAN-BOLTZMANN-Gesetz abgeleiteten Beziehung für die durch langwellige Temperaturstrahlung abgegebene Wärmemenge

$$\Delta Q_S = \sigma' \cdot A_K \cdot \varepsilon_K \cdot \varepsilon_U \cdot \left[\left(\frac{T_K}{100}\right)^4 - \left(\frac{T_U}{100}\right)^4\right] \cdot \Delta t \tag{139}$$

ausgehen. Hierbei ist $\sigma' = 5{,}67 \frac{W}{m^2 \cdot K^4}$ die auf 100 K bezogene STEFAN-BOLTZMANN-Konstante, ε_K und ε_U sind die Emissionszahlen der Körperoberfläche und der begrenzenden Flächen der Umgebung (z.B. Wände, Decke und Fußboden), T_K und T_U die zugehörigen absoluten Temperaturen. Für die Haut des Menschen wird mit $\varepsilon_K \approx 0{,}95$ ein Wert angegeben ($\varepsilon_K \approx 0{,}5-0{,}8$ bei Sonnenbestrahlung nach [239], S. 9.7), der nahe demjenigen des sog. schwarzen Körpers liegt. Mit $\varepsilon_U \approx 1$ und einer gesamten Körperoberfläche, für die man bei einer Masse m = 75 kg und einer Körpergröße L = 170 cm nach dem Gesetz von DU BOIS ([239], S. 7.13)

$$\frac{A_K}{cm^2} = 71{,}84 \cdot \frac{m^{0{,}425}}{kg} \cdot \frac{L^{0{,}725}}{cm} \tag{140}$$

einen Wert von $A_K = 1{,}86\ m^2$ erhält, ergibt sich pro $\Delta t = 1$ s bei einer Umgebungstemperatur von $T_U \approx 293$ K und einer durch Hyperthermie erhöhten angenommenen Körperoberflächentemperatur $T_K \approx 311$ K theoretisch eine Wärmemenge $\Delta Q_S \approx 200$ Ws nach Gl. 139 entsprechend einer flächenbezogenen Leistungsabgabe von ca. $0{,}01 \frac{W}{cm^2}$. Diese mögliche Wärmeabgabe ist nicht an ein wärmeübertragendes Medium gebunden und muß beim Gesamtmechanismus der Wärmeregulation mit den vorgenannten Teilwärmeströmen im Zusammenhang gesehen werden.

Unter Vernachlässigung des Wärmestrahlungsbeitrags kann man versuchen, in der Wärmeleitungsgleichung, Gl. 128, die den biologischen Körper kennzeichnenden Lebensvorgänge zu berücksichtigen. Dann muß man in einem abgegrenzten Gewebe neben der z.B. durch hochfrequente Ströme von außen eingebrachten Wärme insbesondere der Durchblutung, die wie ein Wärmetauscher wirkt, Beachtung schenken und die durch Stoffwechselvorgänge erzeugte Wärme berücksichtigen:

$$\frac{\partial T}{\partial t} = \frac{1}{\varrho(T) \cdot c_p(T)} \cdot \left\{ \nabla(\Lambda \cdot \nabla T) + q(T) - \frac{\dot{m}_{V,b} \cdot c_b(T) \cdot (T - T_b)}{\varrho_b(T)} + q_{St}(T) \right\}. \tag{141 a}$$

Hierin sind $\dot{m}_{V,b}$ der spezifische Massenstrom, d.h. die Durchströmungsrate des Blutes pro Volumen ($\dot{m}_{V,b} \approx 5{,}15 \cdot 10^{-4} \frac{kg}{m^3 \cdot s}$ bei Muskel, $0{,}01 \frac{kg}{m^3 \cdot s}$ bei Leber, bis $0{,}08 \frac{kg}{m^3 \cdot s}$ bei Niere, berechnet nach [182]), c_b die spezifische Wärme des Blutes, ϱ_b die Dichte des Blutes und q_{St} die spezifische Stoffwechselwärmemenge, die als Folge zusätzlicher, aus absorbierter HF-Energie entstandener Wärme und der damit gesteigerten oxidativen Prozesse ansteigt.

Es ist aber zu beachten, daß die spezifische Stoffwechselwärmemenge $q_{St}(T)$ nur in einem physiologischen Temperaturbereich gesteigert werden kann und oberhalb von ca. 45 °C vollständig verschwindet, d.h. auch der Temperaturbereich für eine therapeutische Wärmeanwendung ist eingeschränkt und grenzt nach oben unmittelbar an die Schädigungsgrenze, die z.B. für die Hoden, welche normalerweise eine niedrigere Temperatur aufweisen als andere Körperteile, bereits bei normaler Körpertemperatur von 37 °C beginnt [217]. Im therapeutischen Bereich kann für die spezifische Stoffwechselwärmemenge nach ([46], S. 1030ff.) in modifizierter Form mit

$$q_{St}(T) = q_{St,0} \cdot e^{0,1 \cdot \Delta T} = q_{St,0} \cdot e^{0,095 \cdot [T_G(t) - T_G(0)]} \tag{141 b}$$

gerechnet werden, d.h. eine Gewebetemperatursteigerung von $T_G(0) \approx 37$ °C auf $T_G \approx 42$ °C bedeutet eine Steigerung der Wärme aus Stoffwechselvorgängen um 60%. Die ohne HF-Erwärmung vorhandene spezifische Stoffwechselwärmemenge wird dabei mit $q_{St,0}$ bezeichnet, zu deren Abschätzung man durch Umrechnung der Grundumsatzwerte (ca. 106 kJ/kg in 24 h $\approx$ 3850 kJ/m^2 in 24 h) (nach [239], S. 7.12f.) von einem Wert $q_{St,0} \approx 1{,}3 \cdot 10^3 \frac{W}{m^3} \approx 1{,}23 \frac{W}{kg}$ als Minimalwert für eine Person mit $m \approx 65$ kg ausgehen kann. Für Lebergewebe ist $q_{St,0} \approx 6{,}7 \frac{W}{kg}$ [182].

Der Gradient der Temperaturdifferenz in Gl. 141 a kann wie in Gl. 128 positiv oder negativ sein, je nachdem ob Wärme in das betrachtete Volumen hinein- oder herausströmt.

Die pro kg zugeführte HF-Leistung ist bei der therapeutischen HF-Erwärmung viel größer als der vorstehende Gleichgewichtswert $q_{St,0}$, so daß das zeitliche Temperaturverhalten zu Beginn der HF-Energiezufuhr praktisch allein durch die spezifische Wärmemenge q (T), d.h. die sich mit steigender Temperatur durch $\varkappa(T)$ und $\varepsilon_r(T)$ verändernde Energieumwandlung, beschreiben läßt. Erst nach einer gewissen Zeit wird der Einfluß der gesteigerten Blutdurchströmung, des Stoffwechsels und der Wärmeableitung zu einem veränderten zeitlichen Temperaturverlauf führen.

In Gl. 141 a wurde $\Lambda = \text{const.}|_T$ angenommen und die Einströmungstemperatur des Blutes in das betrachtete Volumen mit $T_b = T_G(0)$ sowie die Ausströmungstemperatur als identisch mit der Gewebetemperatur T (t) eingesetzt.

Von WULFF [498] wurde ebenfalls eine „korrekte Form" der Biowärmetransfergleichung angegeben – allerdings ohne Berücksichtigung der Temperaturabhängigkeit der Stoffkenngrößen und ohne Energiezufuhr von außen im Sinne einer therapeutischen Wärme. Gerade bei von außen in das blutdurchströmte Gewebe eingebrachter Wärme beeinflußt die Durchströmung die Gewebetemperaturverteilung aber wesentlich mit, wie die Betrachtungen zur HF-Chirurgie zeigen (2.4).

Schließlich könnte auch noch die allerdings in relativ ungeordneten Bahnen in Bewegung befindliche Lymphflüssigkeit zur Ermittlung des Temperaturgradienten Berücksichtigung finden. Eine solche Biowärmetransfergleichung verknüpft lokale Energiespeicherung, lokale Wärmediffusion und lokale Wärmeerzeugung mit globaler Konvektion. Die vorstehend genannten Diskussionsbeiträge zum Problem des Wärmetransfers in biologischen Körpern unter Berücksichtigung von außen zugeführter HF-Wärme können zur Abschätzung der erzielbaren Temperaturerhöhungen dienen und stehen damit in enger Wechselbeziehung zu physiologsich bedingten Lebensvorgängen. Eine quantitative Auswertung der Teilwärmeströme wird in 2.4 vorgenommen.

2.3.5 Anwendungen der Hochfrequenzerwärmung

Aufgabe einer thermotherapeutischen Maßnahme ist es, dem biologischen Körper die für eine gewünschte physiologische Reaktion erforderliche Wärmemenge zuzuführen. Wenngleich in der physikalischen Therapie Wärme fast als Allheilmittel betrachtet wird, so gilt dies für die HF-Erwärmung doch nur mit gewissen Einschränkungen. In vielen Fällen reicht auch heute das statistische Material noch nicht aus, um eine adäquate Angabe der Indikationen und Kontraindikationen für HF-Erwärmung zu machen, aber vom klinischen Standpunkt scheint es keine Zweifel zu geben, daß hiermit eine „Bereicherung" des therapeutischen Spektrums vorliegt ([439], S. 63). Es läßt sich feststellen, daß einige Mediziner beachtliche Erfolge durch die Anwendung therapeutischer Wärme aus elektromagnetischer Energie erzielt haben – anderen Anwendern zufolge ergab sich jedoch keinerlei therapeutische Wirkung. Es liegt daher die Vermutung nahe, daß der fehlende Bezug zum technischen Gerät und das fehlende Wissen um die wissenschaftlich begründbare Einsetzbarkeit zu den Hauptursachen für eine häufig inadäquate Anwendung der HF-Erwärmung zu zählen sind. Die bequeme Applikationsmöglichkeit und die Anpassung an Art und Sitz der Erkrankung durch die verschiedenen zur Verfügung stehenden Methoden haben zu einer Reihe von Indikationen geführt, die sich in Lokal- und Ganzkörperbehandlungen unterteilen lassen. Neben den in 1.3.1 aufgeführten allgemeinen Indikationsgebieten für eine HF-Therapie liegen Erfahrungsberichte zu folgenden Lokalbehandlungsindikationen (vgl. z.B. [182]) vor, die allerdings nicht einheitlich von allen Anwendern bevorzugt oder empfohlen werden:

1. Rheumatische Erkrankungen der Gelenke, der Muskulatur und Nerven
2. Gelenksteife und Gelenkentzündung
3. Verstauchungen und Verrenkungen
4. Entzündliche und eitrige Prozesse der Haut
5. Erkrankungen der Atmungsorgane
6. Entzündungen der Nieren und der Harnwege; chronische entzündliche Veränderungen im Becken, insbesondere subakute und chronische Entzündungen der weiblichen Unterleibsorgane
7. Entzündungen im HNO-Bereich
8. Entzündungen im Zahn- und Kieferbereich

Als physiologische Antwort auf die Erwärmung des Gewebes ist das Ansteigen des Blutflusses als Folge der Gefäßerweiterung zu nennen. Außerdem steigt der Blutdruck in den Kapillaren an, und die Durchlässigkeit der Membranen wächst ebenso wie der Stoffwechsel. Letzteres führt nach Gl. 141 zu einem weiteren Anwachsen der Gewebetemperatur – allerdings sind quantitative Angaben hierzu heute praktisch weitgehend unbekannt.

Es wird angenommen, daß die aus der HF-Erwärmung resultierenden physiologisch-biochemischen Reaktionen den Heilungsprozeß in erkranktem Gewebe dadurch günstig beeinflussen, daß der Transfer der durch gesteigerte Stoffwechselprozesse oder andere enzymatische Leistungen der Zellen in ihrer chemischen Struktur veränderten Umwandlungsprodukte aus körpereigenen oder von außen zugeführten Stoffen – also z.B. Hormonen und Pharmaka – durch die Zellmembranen zunimmt. Diese Erhöhung des sog. Metabolitentransfers führt vermutlich zu einem Anwachsen der Zahl der Leukozyten und Antikörper sowie zur Steigerung der Abtransportrate von Giften, eingekapselten Bakterien und Fragmenten aus dem behandelten Gebiet (vgl. z. B. [432]).

Die HF-Erwärmung kann z. B. bei Muskelkrämpfen lösend und bei Muskelerschlaffungen regenerierend wirken. Außerdem wird von Veränderungen der Eigenschaften in kollagenem Gewebe, wie es z. B. in Sehnen, Bändern und Gelenkkapseln vorkommt, berichtet, und zwar geht man davon aus, daß die visköse Beweglichkeit der Fibrillen durch die Wärmezufuhr erhöht und so eine evtl. vorhandene (Ver-)Spannung abgebaut wird (vgl. [237]).

Die Temperatur ist, wie aus den bisherigen Ausführungen hervorgeht, der wichtigste Faktor bei der Ermittlung der Ausdehnung physiologischer Reaktionen auf HF-Energie.

LEHMANN [270] hat die sich aus der sog. „Ultraschalldiathermie" ergebenden biologischen Reaktionen untersucht und Angaben zur Abhängigkeit der Hyperämie als Funtion der Gewebetemperatur und der Dauer der Aufrechterhaltung einer bestimmten Temperatur vorgelegt. Eine ähnliche Untersuchung für die HF-Erwärmung ist dem Autor dieser Abhandlung nicht bekannt. SCHLIEPHAKE kommt 1952 lediglich in seinem Buch ([431], S. 67) nach ausführlicher Darstellung der Verhältnisse im KW-Kondensatorfeld z. B. zu dem Schluß, daß sich eine therapeutische Überlegenheit der Mikrowellen gegenüber dem Kondensatorfeld nicht herausgestellt hat.

Ganzkörperbehandlungen sind erfahrungsgemäß indiziert bei schweren Formen chronischer rheumatischer Erkrankungen der Gelenke (Polyarthritis), der Muskeln (Myositis) und der Nerven (Neuritis).

Wie bereits kurz erwähnt, wird von verschiedenen Forschergruppen und Praktikern (Literaturzitate in [8, 9, 13, 90, 128, S. 5.84]) eine relative Steigerung der Empfindlichkeit von Tumorgewebe, insbesondere bei Kombination von HF-Energie mit ionisierender Strahlung [2, 60, 215, 343] und Zytostatika (zytostatische Chemotherapie [149, 183]), d. h. karzinotoxischen Pharmaka, berichtet (vgl. z. B. Kongreßbericht „I. und II. International Symposium on Cancer Therapy by Hyperthermia and Radiation", Washington, April 1975 und Essen, 2.–4. Juni 1977, sowie [515, 45, 474]) und teilweise zur Zerstörung von Tumorzellen, verbunden mit einer Anregung der körpereigenen Abwehrkräfte, genutzt.

Da der Blutfluß in einem Tumor nur ca. 1 – 15% von demjenigen im umgebenden Normalgewebe ist [281], besteht der Ansatz für eine Therapie mit HF-Wärme darin, daß im Tumor nach Energiezufuhr und Wärmeumwandlung eine geringere Durchblutungskühlung erfolgt, d. h. eine quasiselektive dielektrische Erwärmung, die zur Freisetzung von Antigenen, verbunden mit einer Immunreaktion, und im Erfolgsfall zur Zerstörung des Krebses führt.

Bei der alleinigen Anwendung von Methoden der KW-Therapie konnten bisher menschliche maligne Tumoren nicht nachhaltig beeinflußt werden [91], von wenigen berichteten Ausnahmen abgesehen ([281, 478] bei 13,56 MHz, vgl. auch [517]). Mit dem Hinweis auf mögliche Nebenerscheinungen und mit dem Wunsch nach methodischem Verständnis versehen, gibt es erste Berichte über Versuche zur Hyperthermiebehandlung oberflächlich gelegener Krebse mit Mikrowellen bei $f = 2{,}45$ GHz [287]. Die größere Thermosensibilität des Tumorgewebes im Vergleich zu Normalgewebe könnte z. B. durch Mikrowellenbestrahlung mit Strahlern nach Tafel II, 5 bei lokal hyperthermierbaren Tumoren erreicht werden. Eventuell ist diese Methode auch nach chirurgischer Freilegung des betroffenen Organs durchführbar und damit nicht nur auf die Körperoberfläche beschränkt. Da bei Verbrennungserscheinungen im Mikrowellenstrahlungsgebiet, die insbesondere in blutarmen Gewebeabschnitten nach bestimmter Einstrahlungsdauer berichtet werden, die in den entstehenden Bläschen enthaltene Flüssigkeit eine viel höhere Temperatur aufweist als das umgebende Gewebe [446], besteht evtl. die Möglichkeit einer Tumorhemmung bzw. Erzielung letaler Temperaturen für das mikrowellenstrahlungstechnisch erreichbare Tumorgewebe, indem man in das Tumorgewebe eine gesamtphysiologisch geeignete, absorbierende Flüssigkeit „spritzt" (Bildung eines künstlichen Ödems), die in den Interstitialräumen mit geeigneten Mikrowellenfrequenzen erwärmt wird, und so für die Letalität eines quasisolitären Tumorgewebes sorgt. Die Effektivität kann u. U. durch zusätzliche Einspritzung – wenn möglich – gefäßverengender Mittel in den Tumor gesteigert werden.

In diesem Zusammenhang sei auch auf das Konzept der lokal induzierten Wärme nach Tumorzellenphagozytose von kleinsten Teilchen durch magnetische Wechselwirkung hingewiesen [171], die z. B. im Magnetfeld einer Spule erreicht wird. Eine „Impfung" mit dielektrisch geeigneten kolloidalen Dispersionen und Phagozytose durch Tumorzellen könnten evtl. auch zu einer selektiven HF-Erwärmung der Krebszellen untersucht werden.

Neuerdings wird nun auch wieder die LW-Diathermie, insbesondere wegen der durch die Möglichkeit der Elektrodenanpassung an die anatomischen Körpergegebenheiten beeinflußbaren, gewünschten Wärmeverteilung, im Tierversuch erprobt [190] bzw. für die lokale Kombination mit ionisierender Strahlung bei der Tumorbehandlung empfohlen [150].

Allgemein gilt bei der HF-Ganzkörperhyperthermie, die eine mögliche Form zur Erzeugung eines künstlichen Fiebers und zur Ingangbringung der Abwehrreaktionen des Organismus darstellt, daß mit ihrer Anwendung der Zeitpunkt, die Zeitdauer und der Grad des künstlichen Fiebers unter den genannten technisch-physikalisch-anatomischen Prämissen beliebig wählbar sind. Mit Rücksicht auf eine mögliche Schädigung innerer Organe, insbesondere der Leber, wird allerdings z. B. von Law u. Pettigrew [268] vorgeschlagen, die Körperkerntemperatur nicht über 41,8 °C zu erhöhen.

Die Zeitdauer der HF-Hyperthermiebehandlung erstreckt sich bis zu mehreren Stunden, und es wird mit einer HF-Geräteleistung von ca. 700–900 W eine indikationsabhängige künstliche Fiebertemperatur im Bereich von $\vartheta \approx 38{,}5-42\,^{\circ}\mathrm{C}$ erzeugt.

Die erforderliche Temperaturerhöhung kann z. B. durch Kombination der verschiedenen HF-Erwärmungsmethoden erzielt werden. Dabei läßt sich eine Körperstammtemperaturerhöhung durch Wirbelströme, die von einer Spulenfeldflächenelektrode erzeugt werden, erzielen, während eine zusätzliche lokale Temperaturerhöhung unmittelbar am Krankheitsherd durch einen Mikrowellenstrahler möglich ist. In einer geschlossenen Fieberkabine kann darüber hinaus unter Verwendung von mit Wasserdampf gesättigter Luft, die durch Infrarotstrahler aufgeheizt wird, für eine Wärmeisolation gesorgt werden. Im Gegensatz zu chemischen Methoden, wie z. B. bei der Injektion von Pyrifer, oder biologischen

Methoden, wie z.B. bei der Injektion von Malariaerregern und Typhusimpfstoff ([256], S. 246), werden bei der HF-Hyperthermie dem kranken Organismus keine zusätzlich belastenden Stoffe zugeführt.

Zu den Kontraindikationen, d.h. Krankheitsfällen, bei denen im Hinblick auf besondere Begleitumstände eine Anwendung nicht angezeigt ist, gehören z.B.:

1. Patienten mit Herzschrittmachern,
2. Patienten mit metallischen Einschlüssen in Form von Prothesen, Marknägeln, Granatsplittern usw.,
3. Patienten während der Schwangerschaft zur Vermeidung einer O_2-Versorgungs-Gleichgewichtsstörung der Plazenta, einer thermischen Schädigung mit Mißbildungsgefahr beim Fetus (nach [482] oberhalb von Leistungsdichten von 100 mW/cm^2) und/oder einer vorzeitigen Anregung der Uterusmotilität,
4. Patienten mit akuten Neuralgien und Gelenk- bzw Knochenentzündungen, da es bei der Anwendung von Wärme erfahrungsgemäß zu einer Aktivierung und Ausbreitung entzündlicher Prozesse kommen kann.

Einschränkungen bestehen, bzw. Vorsicht ist geboten bei der Behandlung von:

1. Kleinkindern, insbesondere bezüglich der Dosisleistung,
2. Patienten mit Hörhilfen, die vorher zu entfernen sind,
3. Patienten mit Kunstfaserbekleidung,
4. Patienten mit gestörtem Wärmeempfinden und
5. Patienten, die nicht kooperativ sind, da hier die „Rückkopplung" fehlt, d.h. die erfahrungsgemäß eine Gewebeschädigung ausschließende Schmerzbekundung ist nicht unmittelbar vorhanden.

Über den derzeitig erreichten Stand der jeweiligen Behandlungstechniken bei Vorliegen bestimmter Indikationen gibt neben den vorstehenden Ausführungen die entsprechende medizinische [474] bzw. medizintechnische Fachliteratur Auskunft (z.B. [128]). Zu beachten ist jedoch, daß sowohl bei den Indikationen als auch bei den Gegenindikationen bezüglich einer Anwendung der HF-Erwärmung im Sinne einer Lokaltherapie oder Ganzkörperhyperthermie durchaus verschiedene Meinungen von den einzelnen Autoren vertreten werden. Die langjährige „Verbannung" der Hyperthermie kann aber bei den zahlreichen positiven Resultaten in der Tumorbehandlung – wenn auch oft nur zu palliativen Zwecken – als ein Irrtum der sog. schulmedizinischen Krebsforschung angesehen werden.

Die Erarbeitung von Indikationen und Kontraindikationen bei der HF-Erwärmung mit den genannten Methoden und Verfahren ist daher auch weiterhin eine Aufgabe, der sich Mediziner und Ingenieure gemeinsam widmen müssen.

2.4 Hochfrequenzchirurgie

Nach den Ausführungen in 1.3.1 wird die HF-Chirurgie im verallgemeinerten Sinne zur HF-Therapie gezählt und umfaßt die noch näher zu definierenden Teilgebiete der koagulativen, der allgemeinen und der speziellen chirurgischen Anwendung hochfrequenter Ströme. Die elektrochirurgischen Verfahren haben mit denjenigen der Diathermie im Sinne der LW-Diathermie nach 2.3.3 nur das Prinzip der Anwendung von HF-Strömen gemeinsam. Die in klinischen Einrichtungen hierzu fast ausschließlich gebräuchliche Bezeichnung der „Diathermie" (engl. diathermy), deren Namensgebung auf NAGELSCHMIDT [335] zurückgeht, ist definitionsgemäß ebenso ungeeignet wie die ältere Bezeichnung der „Kaltkaustik" nach WERNER, solange keine zusätzliche Kennzeichnung erfolgt.

2.4.1 Begriffsbestimmung und Grundlagen

Zur Begriffsbestimmung der HF-Chirurgie wird folgende Definition vorgeschlagen:

Definition 4: Unter HF-Chirurgie versteht man die Anwendung von HF-Energie zur Veränderung oder Zerstörung von Gewebezellen und zur Gewebedurchtrennung bzw. -entfernung in Verbindung mit mechanischer Operationstechnik.

Da neuerdings auch wieder Verfahren unter Anwendung von niederfrequenten Strömen und Gleichstrom zur indirekten Energiezuführung bei koagulativ-chirurgischen Operationen untersucht werden, ergibt sich die erweiterte Definition der Elektrochirurgie.

Definition 5: Unter Elektrochirurgie versteht man die Anwendung von elektrisch erzeugter Energie zur Veränderung oder Zerstörung von Gewebezellen unter Beachtung bestimmter Minimalforderungen für medizinisch-chirurgische Instrumente.

Diese weitgefaßte Definition der Elektrochirurgie umfaßt damit z.B. auch einen „geeignet modifizierten Lötkolben" als elektrochirurgisches Instrument. Die über die reine Tatsache einer Veränderung oder Zerstörung von Gewebe hinausgehenden Forderungen an das Verfahren bestehen in der Selbstbegrenzung der Zerstörung und der Kontrollierbarkeit durch den Therapeuten. Die Veränderung bzw. Zerstörung muß zu einem Gewebeheilungsverlauf führen, der sich von den Verhältnissen unterscheidet, die bei Verbrennungen 4. Grades vorliegen. Bei einer solch massiven Verbrennung besteht immer die Gefahr einer Autointoxikation durch Resorption zerfallenen Eiweißes. In diesem Sinne kann auch die Einordnung des in der medizinischen Anwendung noch sehr häufig verwendeten Begriffes vom sog. „Elektrokauter" als irreführendes Synonym für ein hochfrequenzchirurgisches Gerätesystem erfolgen. Der „Elektrokauter" oder kurz „Kauter" ist ein Instrument, das ursprünglich zum Brennen diente. Es handelt sich dabei um ein Niederspannungsgerät, bei dem der heruntertransformierte Netzstrom für die Erwärmung eines elektrochirurgischen Instrumentes sorgt. Die jeweilige Elektrode wird dabei bis zur Rot- (525 – 1000 °C) bzw. Weißglut (1200 – 1600 °C) erhitzt und ist daher hinsichtlich des Funktionsprinzips vergleichbar mit den historischen Vorgängern des Kauters – den auf Rotglut erhitzten Metallstäben. Das mit der Kauterelektrode in Kontakt gebrachte Gewebe wird gebrannt und zerstört. Die der Weißglut entsprechende Wärme dringt durch Wärmeleitung nach den in 2.3.4 beschriebenen Gesetzmäßigkeiten in das Gewebe ein. Hierbei ist die Eindringtiefe erfahrungsgemäß relativ schwer vorhersagbar. Die von der sich ausbreitenden Wärme beeinflußten Gewebezellen werden durch Koagulationsnekrose im Volumen zerstört, die mit derjenigen identisch ist, die bei Verbrennungen 3. Grades auftritt. Entsprechend verhält sich der Heilungsverlauf, d.h. es bilden sich kontraktile narbige Zonen und Streifen aus fibrösem, derbem Narbenbindegewebe. Eine solche Ausbildung von Narbengewebe kann zur Funktionsbeeinträchtigung des betreffenden Gewebeabschnitts führen und ist in vielen Fällen darüber hinaus kosmetisch entstellend.

Der Elektrokauter ist nur einer der vielen Vorläufer der heutigen HF-Chirurgie. Die Verwendung des Begriffes „Kauterisation" für hochfrequenzchirurgische Verfahren ist aber wenig geeignet, die wirklichen Verhältnisse dem Wissensstand gemäß wiederzugeben. Die eigentlichen Vorläufer heutiger Techniken in der therapeutischen Anwendung von Wärme waren die „Elemente" Sonne und Feuer sowie darin erhitzte bzw. glühend gemachte Gegenstände – ein Ausdruck der Frage des Glaubens oder der Wissenschaft der jeweiligen Ära. Zu nennen sind dabei die im alten Ägypten verwendeten erhitzten Ziegelsteine, das „Cauterium actuale" (wirkliches Brennen) mittels glühenden Eisens (Glüheisen) oder mittels in siedendes Öl getauchter Holzspäne und das „Cauterium potentiale" durch ein scharfes Ätzmittel. Im „Papyrus Edwin Smith" (um 1550 v. Chr., zit. in [448]), wird z. B. ein „Feuerbohrer" erwähnt – ein glühend gemachter Holzstab. Mit solch einem glühenden Holzkohlenstumpf wurde z. B. das Ausbrennen der Klitoris in Ägypten vorgenommen (K. SEMM 1976, persönliche Mitteilung). Der schon in 1.1 zitierte griechische Arzt HIPPOKRATES (um 460 bis 377 v. Chr.) und der römische Schriftsteller CELSUS (30 v. Chr. bis 50 n. Chr.) (zit. in [328], S. 1) verwendeten bzw. beschrieben das „Ferrum candens" (Glüheisen); Ägypter und Araber führten Amputationen mit glühenden Messern durch, um die Blutung geringer zu halten. Gestützt auf diese Methoden benutzte HEIDER 1845 in Wien nach Anregung [210] durch den Münchner Physiker STEINHEIL die Glühschlinge, einen elektrisch glühend gemachten Draht, zur Zerstörung einer Zahnpulpa. Über die Entfernung eines Blutschwämmchens an der Stirn mit einem glühenden Platindraht nach dem 1846 erstmals als „Galvanocaustie" bezeichneten Verfahren, berichtete CRUSELL in Petersburg. SÉDILLOT, HILTON und NÉLATON [342] führten damit Geschwulstoperationen durch, MARCHALL spaltete Darmfisteln, und D'ETIOLES nahm erste Harnröhrenstrikturoperationen vor. Operationen am Gebärmutterhals finden 1853 durch AMUSSAT [2a] und ELLIS Erwähnung, während MIDDELDORF [325] im gleichen Jahr die Entfernung eines Nasenrachenfibroms mittels glühender Platinschlinge berichtet. In diese Zeit fällt auch die Entwicklung des sog. „PAQUELIN-Brenners" [376] – eine vervollkommnete Form des Glüheisens. Bei diesem sog. „Thermokauter" wird ein Metallstift (später mehrere Platinstifte), der innen fein verteiltes Platin enthält, durch ein Benzin-Luft-Gemisch auf Weißglut gebracht. Eines der Hauptindikationsgebiete hierfür wurde die Zerstörung von Tumorgewebe. Nach [505], S. 1043, ist der PAQUELIN-Brenner jedoch heute durch den Diathermieschneidbrenner – gemeint ist vermutlich ein „Hochfrequenzmesser" im Sinne der Definition 4 – verdrängt worden.

1854 verwendete v. BRUNS die „schmale Kante" eines weißglühenden Galvanokauters zum Schneiden; dies war ein Vorläufer für die schlingenförmige sog. „Diathermie-Elektrode" von WUCHERPFENNIG. VON BRUNS verwendete bald danach eine als „Ligatura candens" bezeichnete zusammenziehbare Schneideschlinge. Von STEINHEIL, v. BRUNS, HEIDER und MIDDELDORF wurde in der Folgezeit die „Galvanokaustik" mit direkt durch Gleichstrom mit Stromstärken von 10 – 20 A erhitzten Platinschlingen propagiert und verbreitet [52, 325]. Von WITTMOSER [496] wird

1978 noch berichtet, daß die Galvanokaustik in den meisten Fällen beim Schneiden von Gewebe in der endoskopischen Chirurgie immer noch die wirksamste und ungefährlichste Technik darstellt, wobei ein schlingenförmiges Platin-Iridium-Messer Verwendung findet, das durch Ströme von 10 – 20 A bei Spannungen von 3 – 6 V aufgeheizt wird.

Nach den Beobachtungen der neurologischen Reizwirkungen von Wechselströmen, insbesondere durch TESLA und D'ARSONVAL [79] am Ende des 19. Jahrhunderts, und den ersten Deutungen durch NERNST [344] zu Beginn dieses Jahrhunderts begann die entscheidende Phase der eigentlichen „Gravidität" der HF-Chirurgie mit der Anwendung von Funkenbüscheln durch RIVIÈRE, DE KEATING-HART [236] und POZZI (zit. in [327]), der diese Methode als „Fulguration" bezeichnete. CLARK verwendete 1907 erstmals Nadelelektroden, die auf das Gewebe aufgesetzt und dann eingestochen wurden, bei der sog. „Elektrodesikkation". Zwischen 1907 und 1910 wurde dann von DOYEN [96], CZERNY [74] und NAGELSCHMIDT [333] die „Koagulation" als eine Methode zur Gewebevernichtung, insbesondere bei Krebs, entwickelt. Vielleicht waren es die Probleme mit der faradischen Reizung, die SAUERBRUCH und KIRSCHNER um 1923 wieder zu rotglühenden sog. Lötkolbeneisen greifen ließen, die nach Definition 5 einzuordnen sind und deren 3. Generation seit wenigen Jahren, insbesondere zur Blutstillung, untersucht wird.

Die mit der Entwicklung von geeigneten Röhrengeräten einhergehende Beseitigung der faradischen Reizungen wurde z.B. durch GULEKE [179] und HEYMANN [200] 1929 für Anwendungen in der Hirnchirurgie benutzt. Das „zuckungsfreie Schneiden" war auch für LEQUEU, HEITZ-BOYER [191] und PAUCHET [377a] 1930 Anlaß genug, herausgestellt zu werden.

In der Folgezeit übernahm die relativ stürmische Entwicklung der HF-Erwärmung das Feld in der medizinisch-technischen Literatur, während die HF-Chirurgie im hier definierten Sinne zur praktischen klinischen Anwendung kam. Die historische Aufzählung der verschiedenen Stationen und Abschnitte ist bewußt auf die Darstellung eines repräsentativen Querschnitts möglicher Anwendungen abgestimmt. In einigen Gebieten ist der Einsatz von HF-Chirurgie-Geräten heute nicht mehr wegzudenken – vielerorts werden aber auch alternative Methoden verwendet –, dies nicht zuletzt, weil das notwendige interdisziplinäre Zusammenspiel für die erforderlichen Grundlagenuntersuchungen fehlt, das Voraussetzung für eine richtige und erfolgreiche Anwendung einer bestimmten Technik in der Therapie ist.

Nach den Ausführungen in 2.3.3 versteht man unter der Diathermie im Sinne einer „medizinischen Diathermie" die gleichmäßige Erwärmung größerer Körperabschnitte, d.h. man könnte von einer „Endothermie" – einer Reaktion, zu deren Ablauf Wärme benötigt wird – sprechen. Bei der HF-Chirurgie und auch bei der Elektrochirurgie sollen dagegen engumschriebene Bereiche behandelt werden im Sinne einer „Ektothermie", d.h. die Wärme kommt von außen lokal zur Wirkung.

Zu den für HF-Chirurgie heute neben Diathermie und Elektrokauter meistgenannten Begriffen gehören neben den meist nur wenigen Insidern bekannten Kurzbezeichnungen die Benennungen Elektrochirurgie, chirurgische Diathermie und elektrische Operation. Eine quantitative Unterscheidung der HF-Chirurgie kann in HF-Koagulation (Elektrokoagulation) – eine Gewebeverkochung (Gewebeveränderung oder -zerstörung) unter volumenhafter Wärmeerzeugung – und

Hochfrequenztomie (Elektrotomie) – eine Gewebetrennung und -entfernung bei punkt- oder flächenhafter Wärmeerzeugung – vorgenommen werden. Dabei werden die historisch älteren Methoden der HF-Fulguration und -Desikkation (Elektrofulguration und -desikkation) im erweiterten Sinne in quantitativer Hinsicht mit zur Koagulation gerechnet.

Die HF-Chirurgie-Geräte werden frequenzmäßig im Bereich 300 kHz $\lesssim$ f $\lesssim$ 2 MHz (10 MHz) technisch ausgeführt und klinisch angewendet. Nach einer allgemein in der Literatur vertretenen Ansicht (vgl. z.B. [365], [431], S. 47f.) kann der menschliche Körper in diesem Frequenzbereich als quasi aus ohmschen Teilwiderständen „aufgebaut" angesehen werden. Eine beispielsweise nur auf die Ergebnisse bei physiologischer Kochsalzlösung (2.3.2, Abb. 21) gestützte Interpretation der Leitfähigkeits- und Stromverhältnisse gibt aber das reale Verhalten des biologischen Gewebes in diesem Frequenzbereich nicht ausreichend genau wieder und bleibt der näherungsweise gültigen Betrachtung in der LW-Diathermie, d.h. der Erwärmung größerer Körperabschnitte, vorbehalten. Aus den theoretischen Grundlagen in 2.3.1 und der in Abb. 20 vorgenommenen Auswertung der Leitfähigkeitsergebnisse läßt sich z.B. ablesen, daß Lebergewebe im Bereich f = 2 – 10 MHz nach Gl. 82 einen Verlustfaktor von $\tan\delta \approx 2{,}75 - 3$, entsprechend einem Verlustwinkel $\delta \approx 70 - 71{,}6°$, aufweist. In der Sprache der Leistungstechnik könnte man gemäß $\varphi = \frac{\pi}{2} - \delta$ von einem Leistungsfaktor $\cos\varphi \approx 0{,}94 - 0{,}95$ (vgl. auch [433]) sprechen. Aber bereits bei f $\approx$ 1 MHz sinkt dieser äquivalente Leistungsfaktor auf ca. 84%. Dies wird insbesondere durch das mit sinkender Frequenz vom Verhalten des reinen Wassers [vgl. $\varepsilon \cdot \omega$ (H_2O) in Abb. 20] abweichende Frequenzverhalten der relativen DK $\varepsilon_r(\omega)$ des Lebergewebes – also eines Gewebetyps mit starkem Wassergehalt – bedingt. Die Aussage, wonach für biologische Strukturen die KIRCHHOFFschen Sätze für die Serien- und Parallelschaltungen der Teilwiderstände angewendet werden können ([128], S. 6.4), muß den jeweiligen Gegebenheiten entsprechend modifiziert werden. Die Ausbreitung der HF-Ströme im Körpergewebe entsprechend den Regeln des elektrischen Strömungsfeldes muß unter Berücksichtigung der elektrischen und der dielektrischen Leitfähigkeitsverhältnisse erfolgen.

Im höherfrequenten Bereich der HF-Chirurgie kann man mit den Gln. 79, 94 und 111 sowie mit $\varkappa = \varkappa_{stat} + \omega \cdot \varepsilon'' \gg \omega \cdot \varepsilon = \varkappa_\varepsilon$ in Gl. 79c zu der die Wärmeerzeugung näherungsweise beschreibenden Beziehung

$$p_D = p_V = \frac{P_V}{V} = \frac{1}{2} \cdot \varkappa \cdot \hat{E}^2 = \frac{1}{2} \cdot \frac{\hat{J}^2}{\varkappa} \qquad (142)$$

für die pro Volumen erzeugte Leistung kommen. Hierbei ist als Definition für die Leitfähigkeit das Verhältnis der Stromdichte zum Betrag des Potentialgradienten

$$\varkappa = \frac{1}{\varrho} = \frac{J}{|\operatorname{grad} \Phi|} = \frac{J}{E} \qquad (143)$$

zugrunde gelegt.

Für die bisher untersuchten biologischen Gewebe läßt sich die Erfahrungsregel aufstellen, daß relativ kleinen ε_r-Werten auch relativ kleine $\varkappa$-Werte entsprechen.

Tabelle 4. Spezifischer Widerstand ϱ für verschiedene Gewebe im Bereich 0,3 MHz $\lesssim$ f $\lesssim$ 1 MHz (Meßobjekt: Tiergewebe und Autopsiepräparate vom Menschen, ϱ_{NF} für Kaninchen bei Körpertemp.)

Gewebe- und Gewebebestandteile	$\frac{\varrho}{\Omega \cdot cm}$	Zum Vergleich: $\frac{\varrho_{NF}}{\Omega \cdot cm}$ bei 1 kHz nach [391] berechnet	$\frac{\varrho}{\Omega \cdot cm}$ bei 200 MHz – 2 GHz nach [507]
Urin	38 – 180		
Liquor	53 – 62	51 – 61	
Galle	62 – 77	61 – 72	
Serum (Ochse)	75 – 125		
Blut	160 – 300	117 – 135	
Muskel	160 – 250	134 – 172	40 – 100
Niere	160 – 260		
Herz	200 – 230		
Magenwand	250		
Leber	200 – 380	990 – 1640	
Milz	270 – 300		
Eiter (Hund)	520		
Gehirn	670 – 700	505 – 794	
Lunge	160 – 1000	1400 – 1960	
Fett	1600 – 3300		345 – 1670
Haut (Hase)	11000		

Tabelle 4 enthält die im Frequenzbereich f $\approx$ 0,3 – 1 MHz aus den neuesten Literaturangaben (z. B. [128], S. 537; [349]; [366]; [391], Kap. 2; [437], S. 168; [445]), die allerdings oft auf älteren Angaben basieren, und aus eigenen Messungen zusammengestellten Werte des spezifischen Widerstands ϱ.

Die in Tabelle 4 aufgeführten Daten können nur als Richtwerte betrachtet werden. Nach [393, 445] können von Meßobjekt zu Meßobjekt Abweichungen der ϱ-Werte von 10 – 20% vorliegen, und zwar bereits bei einer Meßfrequenz, während andererseits für ein bestimmtes Meßobjekt im gesamten betrachteten Frequenzbereich geringere Werteänderungen auftreten können. Außerdem ist z. B. aufgrund der Anisotropie bei Muskeln in Richtung der Fibrillen eine höhere Leitfähigkeit als quer dazu vorhanden.

Da die Gewebeleitfähigkeit als Ionenleitfähigkeit anzusehen ist, ist sie auch abhängig von der interionischen Anziehung, der Ionensolvation und bei Blut insbesondere von der Viskosität. Diese Leitfähigkeitseinflußfaktoren nehmen mit steigender Temperatur, die allgemein einer Zunahme der kinetischen Energie entspricht, ab, d. h. die Leitfähigkeit wächst (vgl. Abb. 50). Im Gegensatz zur HF-Erwärmung, wo die gleichmäßige Erwärmung größerer Körperabschnitte erfolgt und die Temperaturerhöhungen nur wenige Kelvin betragen, ist bei der HF-Chirurgie-Anwendung eine Temperaturdifferenz von $\Delta T \approx 25 - 65$ K je nach Anwendungsfall zu betrachten, d. h. die Temperaturabhängigkeit der Leitfähigkeit spielt bei quantitativen Betrachtungen eine wesentliche Rolle.

Da die elektrischen Kenngrößen der verschiedenen Gewebe bislang bei HF-Spannungen erfolgten, welche die molekulare Dipolstruktur organischer Gewebe unverändert lassen, können nicht notwendigerweise die gleichen Ergebnisse in der gesamten HF-Therapie erwartet werden.

Bei der bisherigen Betrachtung der passiven elektrischen Eigenschaften biologischer Gewebe wurde von der Gültigkeit des Ohmschen Gesetzes ausgegangen, d.h. die aus einer linearen Theorie bekannten Bezeichnungen konnten übernommen, erweitert und ergänzt werden. Untersuchungen, bei denen „höhere" Feldintensitäten zugrunde lagen und die Linearitätsgrenzen elektrischer Eigenschaften biologischer Materie ermittelt wurden, sind weitgehend unbekannt. Nach COLE u. CURTIS [68] bzw. SCHWAN u. KAY [443] kann etwa bei einer Stromdichte von 1 mA/cm^2 mit Abweichungen von der Linearität gerechnet werden.

Es existieren bisher praktisch nur Vermutungen, wonach bei den in der HF-Chirurgie üblichen Spannungen z.B. DK-Werte vorliegen, die bei stark wasserhaltigen Geweben im betrachteten Frequenzbereich $f \approx 1$ MHz mit denjenigen von Wasser ($\varepsilon_r \approx 80$) übereinstimmen. Dies wiederum würde für f zwischen 0,3 und 10 MHz einem $\cos \varphi \approx 1 - 0{,}99$, d.h. rein ohmscher Leitfähigkeit, entsprechen. Geeignete Messungen zur Leitfähigkeitsabhängigkeit von der Leistungsdichte im Gewebe liegen auch noch nicht vor. Nach eigenen Strom- und Spannungsmessungen ergab sich bei „In-vitro"-Koagulationsversuchen an Schweineleber bei $f \approx 500$ kHz ein Phasenwinkel $\varphi \lesssim 15°$ entsprechend einem Leistungsfaktor $\cos \varphi \approx 0{,}97$ und einem $\tan \delta \gtrsim 11{,}5$, d.h. die Annahme $\varkappa > \varepsilon \cdot \omega$ zu Gl. 142 ist erfüllt.

Die im folgenden dargelegten Ausführungen können auch dazu beitragen, bisherige Fehlannahmen zu revidieren und die Vorgänge bei der HF-Chirurgie besser zu interpretieren. Nach den bisherigen Ausführungen muß zumindest an der Haltbarkeit der Aussage zahlreicher Hersteller, die sich aber auch in der Literatur wiederfindet, gezweifelt werden, wonach die Frage der Frequenz im HF-Bereich weitgehend nebensächlich für eine hochfrequenzchirurgische Anwendung ist. Dies kann aber nur im genannten eingeschränkten Frequenzbereich und bei Voraussetzung quasi ohmscher Widerstandsverhältnisse für alle Gewebetypen gelten.

Für die Wahl der Frequenzgrenzen spielen andere Gesichtspunkte eine bestimmende Rolle. Bei Frequenzen unterhalb der unteren Frequenzgrenze $f_u \approx$ 300 kHz ergeben sich unvertretbare faradische Reizungen sowohl der Nerven- als auch der Muskelfasern. Dabei ist zu beachten, daß der HF-Generator nicht die einzige Quelle für eine Faradisation ist. So wird z.B. in der Hochfrequenztomie allgemein mit relativ hoher Betriebsfrequenz gearbeitet, und dennoch können als Folge der gleichrichtenden Wirkung bei einem Funkenüberschlag, wie er zwischen der sog. „aktiven Elektrode", unter der eine „aktive" Wechselwirkung mit beabsichtigter Erwärmung des Gewebes stattfindet, und dem Körpergewebe häufig auftritt, Störimpulse mit einem breiten Spektrum niederfrequenter Anteile auftreten. Nicht immer werden in den technischen Ausführungen der HF-Chirurgie-Geräte z.B. im Patientenkreis Filter (mit Kondensatoren mit C-Werten $\lesssim 1$ nF) mit einer hohen Sperrdämpfung für niederfrequente Reizströme und gleichzeitig mit einer niedrigen Sperrdämpfung für die Betriebsfrequenz vorgesehen. Zu beachten ist jedoch, daß sich an bestimmten Stellen des Körpers, z.B. in der Harnblase, auch unter Beachtung dieser genannten Aspekte Muskelzuckungen nicht vollständig vermeiden lassen. Als mögliche Ursachen sind thermische Reizwirkungen zu nennen. Die obere Frequenzgrenze wird durch die Handhabung der HF-

Ströme bestimmt, da bei höheren Frequenzen in verstärktem Maße Leitungs- und Strahlungsprobleme in den Vordergrund treten.

Die unterschiedlichen HF-Chirurgie-Methoden lassen sich quantitativ durch Überlegungen der aus Wärmezufuhr und -abfuhr resultierenden Wärmebilanz, insbesondere im Kontaktbereich der aktiven Elektrode mit dem Gewebe, einordnen. Dabei wird die Wärmezufuhr nach Gl. 142 durch die geometrische Form der Aktivelektrode und damit durch die sich einstellende Stromdichte J in Verbindung mit der spezifischen Gewebeleitfähigkeit $\varkappa$ bestimmt. Die z. B. nach Gl. 77 für die erzeugte Wärmemenge entscheidende Einwirkdauer Δt ist ebenfalls eine Funktion der Elekrodenform und wird von der Bearbeitungsgeschwindigkeit, z. B. der Schnittgeschwindigkeit beim „elektrischen Operieren", bestimmt.

Die Wärmeabfuhr wird durch den Gewebezustand bestimmt, denn die momentane Wärmeleitfähigkeit $\Lambda(T, \vec{r})$ nach Gl. 128 ist eine Funktion des Austrocknungsgrads des Gewebes. Die Gewebetemperatur bestimmt natürlich auch alle anderen thermodynamischen und Stoffkenngrößen, die nach 2.3.4 für die Wärmeabfuhr entscheidend sind. Bei Überschreitung der Verdampfungstemperatur muß z. B. der durch die spezifische Verdampfungswärme r_D bedingte Energieentzug (auf die Masse bezogene Wärmemenge) berücksichtigt werden. Dieser beträgt immerhin beim Verdampfen der Masse $m = 1$ g Wasser bei $\vartheta = 100\,°C$ $r_D \approx 2257 \frac{W \cdot s}{g}$.

Die Stufen der möglichen HF-Chirurgie-Wirkung lassen sich qualitativ etwa folgendermaßen einteilen:

1. Hyperämie (Verbrennung 1. Grades, Combustio erythematosa),
2. Ödembildung (Blasenbildung, Verbrennung 2. Grades, Combustio bullosa),
3. Koagulation der organischen Gewebebestandteile,
4. Kochen des Gewebes,
5. Dehydratation mit Austrocknung des Gewebes,
6. Gewebeverschorfung mit Nekrosebildung (Verbrennung 3. Grades, Combustio escharotica),
7. Ausbildung von Brandschorf,
8. Karbonisation (Carbonisatio) als Schwarzfärbung und Verkohlung (Verbrennung 4. Grades),
9. Verdampfung des Gewebes und Verflüchtigung in atomaren Kohlenstoff und
10. Gasbildung (z. B. Ammoniak, Wasserstoff).

Die bei einer Fragmentierung von organischem Gewebe auftretenden Temperaturen sind bislang noch nicht meßtechnisch erfaßt worden. Man kann sie jedoch nach Experimenten mit der thermischen Proteinzerlegung [346] größenordnungsmäßig im Bereich von $\vartheta = 225 - 325\,°C$ erwarten, da hier die am Aufbau von Proteinen beteiligten Aminosäuren zerlegt werden.

Die Methoden der HF-Fulguration, HF-Desikkation, HF-Koagulation und Hochfrequenztomie lassen sich grundsätzlich nach 2 Verfahren durchführen. Beim sog. „mono-" oder „unipolaren Verfahren" wird entweder wie in Abb. 31a der Stromkreis über die stets vorhandene Körperimpedanz gegen Masse oder wie in Abb. 31b über eine großflächige Elektrode, die sog. „Neutralelektrode", geschlossen.

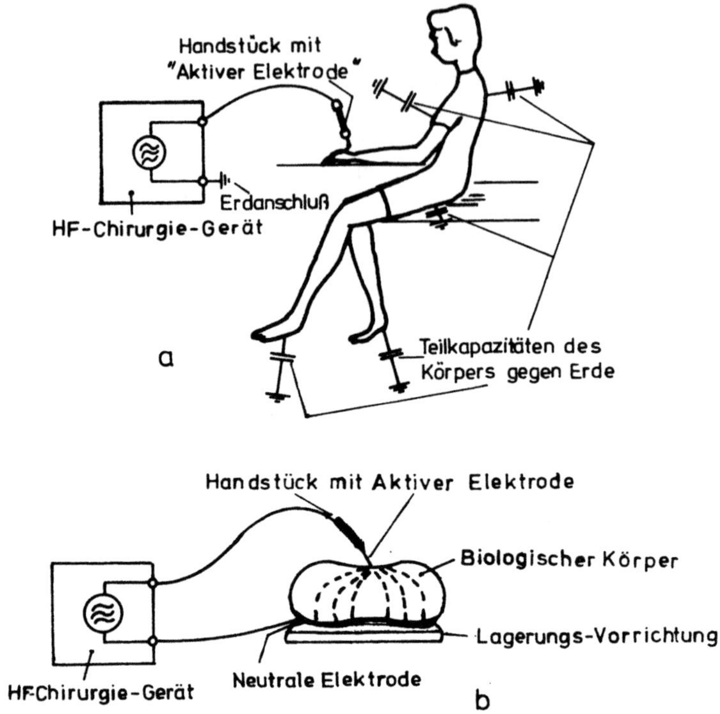

Abb. 31 a, b. Monopolare Verfahren. **a** Ohne Neutralelektrode, **b** mit Neutralelektrode. (Mod. nach [366].)

Das Arbeiten in monopolarer Operationstechnik ohne neutrale Elektrode (Anschluß für Neutralelektrode ist im HF-Gerät an Masse gelegt; Patient führt durch kapazitive Kopplung z.B. mit dem Fußboden ebenfalls Erdpotential) ist nur für relativ kleine Eingriffe geeignet, wie sie beispielsweise im Bereich der Dermatologie und der Zahnmedizin vorkommen, d.h. nur bei vergleichsweise kleiner Arbeitsstromstärke. Da bei dieser Arbeitsweise u. U. eine relativ große Distanz zwischen Patient und Erdanschluß des HF-Chirurgie-Gerätes vom HF-Strom durchflossen wird, kann diese Strecke als Antenne wirken, d.h. es können in erhöhtem Maße Interferenzprobleme mit anderen elektrischen Ausrüstungsgegenständen auftreten. Außerdem besteht Verbrennungsgefahr beim direkten Berühren metallischer Teile, die mit der Erde verbunden sind.

Im Gegensatz hierzu wird bei Verwendung einer großflächigen zweiten Elektrode der HF-Stromkreis unmittelbar geschlossen. Für diese aus anatomischen Gründen meist an einem Arm, Bein oder am Rücken angelegte Elektrode sind neben dem Begriff Neutralelektrode die Benennungen passive, indifferente, dispersive, inaktive oder Masseelektrode in der Literatur gebräuchlich, die auf ihre mittelbare Wirkung im HF-Stromkreis hinweisen. Während sich nämlich die bei der Wechselwirkung hochfrequenter Ströme mit biologischer Materie infolge der Energieumwandlung entstehende Wärme im Gewebe wegen der relativ kleinen Kontaktfläche unmittelbar vor der aktiven Elektrode konzentriert, wobei nach Gl. 142

eine quadratische Abhängigkeit von der Stomdichte gilt, liegt im Bereich einer richtig angelegten großflächigen Neutralelektrode nur eine geringe Stromdichte mit einer bei Beachtung noch näher zu erläuternder Maßnahmen praktisch ausschließbaren Verbrennungsgefahr vor. Es wurde aber bei der Anwendung des monopolaren Verfahrens von vorübergehenden Störungen des Regelkreises Schrittmacher/Herz berichtet, und eventuelle Schäden am Impulsgenerator der Schrittmacher sind nicht ausgeschlossen.

In verschiedenen Veröffentlichungen und auch gelegentlich in der praktischen Anwendung wird das hier und im folgenden „monopolares Verfahren unter Anwendung einer Neutralelektrode“ genannte Vorgehen wegen der Verwendung zweier – allerdings in Form, Größe und Funktion verschiedener – Elektroden als „bipolares Verfahren“ bezeichnet. Eine solche definitionsgemäße Bezeichnung wird in dieser Abhandlung nicht für sinnvoll erachtet.

Beim sog. „bipolaren Verfahren“ werden 2 aktive Elektroden und keine Neutralelektrode verwendet, wie dies Abb. 32 illustriert. Beide Elektroden werden meist in einem chirurgischen Instrument vereinigt, d.h. sie sind als bipolares Schneide- oder Koagulationswerkzeug, wie z.B. eine Pinzette mit gegeneinander isolierten Schenkeln, ausgeführt. Der HF-Strom bleibt bei diesem Verfahren im wesentlichen auf den sich aus der jeweiligen technischen Ausführung ergebenden geometrischen Bereich beschränkt, wodurch sich theoretisch eine Vermeidung von Schäden am benachbarten Gewebe erreichen läßt. Dies ist insbesondere bei neurologischen Feinpräparationen bedeutsam. In der Regel wird beim bipolaren Verfahren mit geringeren Leistungen gearbeitet als beim monopolaren Verfahren. Erfahrungsgemäß resultieren aus der Anwendung des bipolaren Verfahrens weitaus geringere Stromwirkungen an Meßgeräten und auch Patienten mit Herzschrittmachern werden weniger gefährdet. Mit irreparablen Schäden am Herzschrittmacher bzw. mit der Beeinflussung der Schrittmacherfunktion, die bis zum Herzkammerflimmern führen kann, muß dagegen beim monopolaren Verfahren gerechnet werden.

In manchen Operationssälen besteht die einzige Anwendung der HF-Chirurgie darin, die Aktivelektrode zum Zwecke der Blutstillung kurzzeitig mit einer ein Gefäß fassenden und gleichzeitig abdrückenden normalen Pinzette in Kontakt zu bringen. Dieses Vorgehen ist nach den obigen Ausführungen kein bipolares Ver-

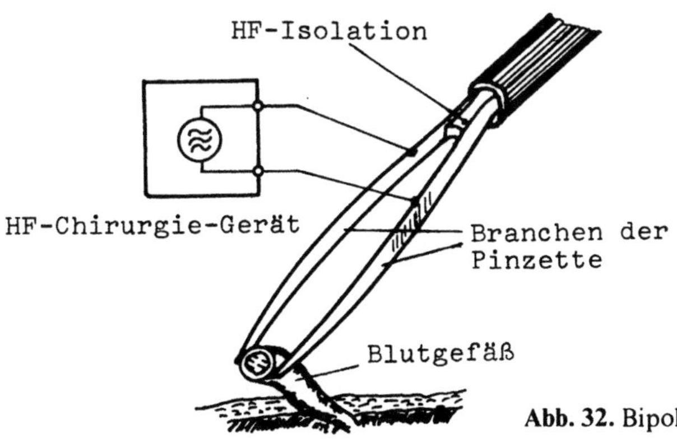

Abb. 32. Bipolares Verfahren. (Mod. nach [366])

fahren. Diese Gefäßkoagulation kann aber auch mit „Bipolarpinzetten" durchgeführt werden, wobei die beiden Branchen der speziellen Pinzette hochfrequenzmäßig gegeneinander isoliert sind (Abb. 32).

In der Literatur werden die Begriffe der mono- und bipolaren Technik auch zur Kennzeichnung der Art und Weise der Stromzufuhr zum Patienten benutzt. Um eine irreführende Verwendung der hier dargelegten Begriffe zu vermeiden, sollte man die Stromzuführungsunterscheidung durch die nähere Benennung 1- oder 2-polig bzw. 1- oder 2adrig vornehmen.

2.4.2 Hochfrequenzfulguration

Die HF-Fulguration wird in der Fachliteratur auch als „Sidération" oder „Blitzbehandlung" bezeichnet. Von alters her sind Verbrennungen bekannt, die vom Blitz Getroffene aufweisen, und zwar handelt es sich dabei um flächenhaft ausgedehnte oder baumartig verzweigte Spuren auf der Oberfläche oder im Gewebe. Bei dieser Methode der HF-Chirurgie wird eine Nadel- oder Kugelelektrode geringen Durchmessers dicht über die Gewebeoberfläche gebracht, wie dies in Abb. 33 schematisch dargestellt ist.

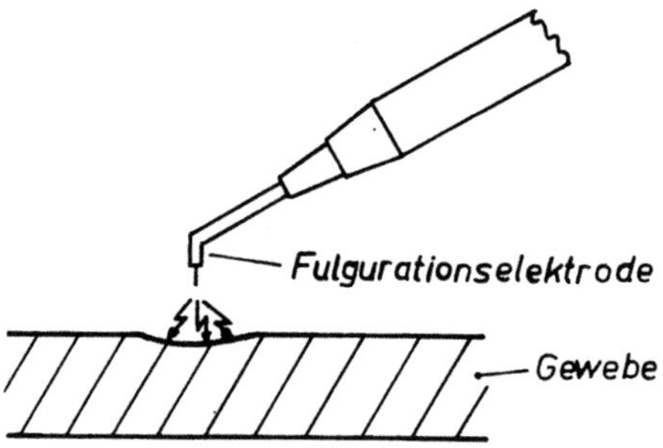

Abb. 33. Prinzip der Hochfrequenzfulguration

Durch Funkenüberschläge kann eine Oberflächenzerstörung des unter der Elektrode gelegenen Gewebes mit geringer Tiefenwirkung im Sinne einer oberflächlichen Koagulation erreicht werden. Der mit einem Funkenüberschlag verbundene Lichtbogen hat eine Temperatur von ca. 1300 K, was sich auch in der Lila- bis Purpurfärbung des Lichtbogens äußert. Die entstehende Hitze bewirkt meist eine Dehydratationsaustrocknung des Gewebes an der Oberfläche; dabei entstehen je nach HF-Stromstärke einfache Erytheme, Blasen oder Schorfe. Es kann aber rasch zu einer mit einer Karbonisation verbundenen Verbrennung 4. Grades kommen. Diese massiven Verbrennungen werden teilweise durch glühende Gasteilchen, die die Elektrode umgeben, ausgelöst. OUDIN [358] hat von der Elektrode bei der Fulguration abgelöste Metallteilchen, die glühen und teilweise verdampfen und dabei auf die Körperoberfläche gelangen, in der Epidermis und in der Kutis nachgewiesen. Solche Feststellungen überraschen nicht, wenn man bedenkt, daß zu Beginn dieser Behandlungsmethode je nach Spannungsamplitude mit Funken aus einer Entfernung bis zu 10 – 20 cm therapiert wurde. Bei solchen relativ großen Luftstrecken ist es dann auch angebracht, von einer fulgurierenden Blitzbehandlung zu sprechen. Aber auch bei wesentlich kürzeren Funken kann es infolge des erzeugten intensiven UV-Lichts und einer damit verbundenen Ozonbildung zu einer Irritation mit Lichterythembildung und Dermatitisgefahr kommen.

Während der Fulguration kann die jeweilige Elektrode mit kreisender Bewegung über die Gewebeoberfläche geführt werden. Hierdurch läßt sich die zerstörende Wirkung der Hitzekonzentration reduzieren, denn die allgemein infolge einer Oberflächendehydratation erzeugte Verbrennung, Verkohlung und Karbonisation der oberflächlichen Gewebeschichten sind mit der typischen Ausbildung eines Brandschorfes, d.h. einer harten, lederartigen Masse aus oberflächlichen Zellen, verbunden. Neben der dabei mit einer Narbenbildung erfolgenden Heilung und dem eventuellen Auftreten von Narbenkontrakturen hat die entstehende Kohle während der Fulgurationsausführung eine unvermeidliche Isolationswirkung, wodurch der HF-Strom oft an einer ausreichenden Wärmeerzeugung in tieferen Gewebeschichten gehindert wird. Eine Blutstillung ist daher entweder nur unter ausgedehnter Gewebsnekrose mit Karbonisationserscheinungen oder praktisch überhaupt nicht mit einer HF-Fulguration zu erreichen. In die Tiefe kann die Wärmewirkung praktisch erst nach „Durchlöcherung" der obersten Gewebeschichten vordringen.

Als Hauptanwendungsgebiet wurde anfangs die Fulguration von Wundflächen nach operativer Entfernung bösartiger Geschwülste zur Verhinderung von Rezidivblutungen angesehen. Teilweise findet die HF-Fulguration heute Anwendung bei der Beseitigung von Warzen, Pigmentmälern, Lupusknötchen, Schleimhautherden, Tätowierungen und anderen kosmetischen Operationen. ORINGER gibt in seinem Buch [351] zahlreiche Anwendungsmöglichkeiten der Fulguration in der Zahnheilkunde an (vgl. auch [434]), wie z.B. zur Zerstörung von nekrotischen oder zystischen Gewebefragmenten an schlecht zugänglichen Stellen, zur Zerstörung von Fistelgängen und papillomatösen Gewebestreifen sowie zur Zerstörung des Gewebebettes nach Entfernung von verdächtigem neoplastischem Gewebe – eine Anwendung, die bei der allgemeinen Tumornachbehandlung bereits in den Anfangsjahren der Fulgurationsmethode erfolgte (vgl. 2.1). Außerdem wird die Fulguration immer dann empfohlen, wenn aus Wärmegründen der direkte Elektrodenkontakt mit Knochen vermieden werden soll. Als unerwünschter Effekt tritt die Fulguration z.B. auch bei der normalen HF-Koagulation zur Blutstillung mit Kugelelektroden auf (2.4.4), wobei es zu ausgedehnten Gewebsnekrosen kommen kann. Bei kleineren Kapillaren läßt sich meist eine Blutgerinnung verbunden mit einer endgültigen Blutstillung an dem betreffenden Gefäß erzielen. Außerdem lassen sich bloßliegende Nervenenden verschorfen, wodurch eine sonst an frei in Luft liegenden Enden auftretende Reizung weitgehend vermieden werden kann.

Eine relativ geringe Verbreitung hat bislang die Methode der sog. Elektrokorie (*κορετν*, d.h. fegen, streichen) gefunden, die eine Abwandlung der Koagulationsmethode (vgl. 2.4.4.1) in Richtung einer Fulguration darstellt. Dabei wird eine besen- oder spatelförmige Fegeelektrode aus elastischem oder biegsamem Material wie ein Besen über die Oberfläche des zu behandelnden Gewebes hinweggeführt. Ziel dieser HF-Behandlungsmethode ist die Abtötung von Bakterien und Keimen in der obersten Schicht einer Wundfläche, wobei bisher kein direkter Einfluß auf die Wundheilung nachgewiesen wurde, sondern nur eine oberflächliche elektrische Wunddesinfektion („korieren") erfolgt.

2.4.3 Hochfrequenzdesikkation

Bei der HF-Desikkation wird in der Regel eine Nadelelektrode in das zu behandelnde Gewebe eingestochen, wie dies in Abb. 34 schematisch dargestellt ist, und wird dort während dieser HF-Chirurgie-Behandlung belassen. Aufgrund dessen entsteht kein Funkenüberschlag, und es kommt durch den fließenden HF-Strom in der unmittelbaren Umgebung der Nadelspitze zu einem lokalen Temperaturanstieg, der von einer Gewebeaustrocknung (Dehydratation) und einer teilweisen Koagulation mit Gewebeverkochung begleitet wird.

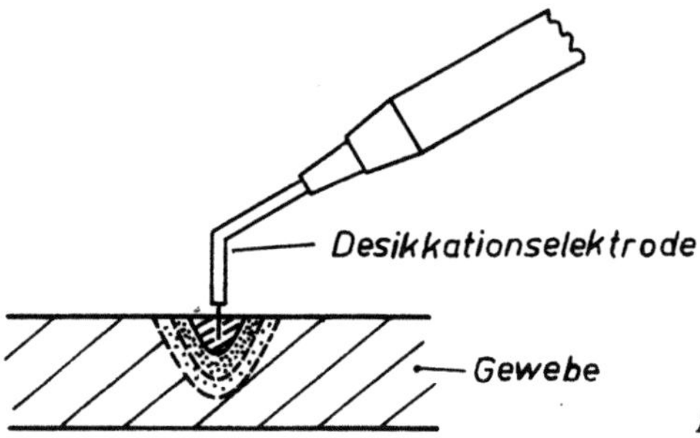

Abb. 34. Prinzip der Hochfrequenzdesikkation

Vom rein ingenieurwissenschaftlich-technischen Standpunkt aus betrachtet, sind zum Einsatz bei der HF-Fulguration und bei der HF-Desikkation HF-Geräte mit dem gleichen schaltungsmäßigen Aufbau geeignet, die eine hohe und im Fall der Fulguration sehr hohe impulsmodulierte HF-Spannung liefern (2.4.6.1). Der Unterschied zwischen beiden Methoden liegt nicht in der Stromform, sondern in der beschriebenen Art der Energiezufuhr in das Gewebe. Während dabei die Fulgurationswirkung im Verlaufe der Behandlung weitgehend vom Operateur beurteilt werden kann, wenn man von den sich unter einem Brandschorf entwickelnden Gegebenheiten einmal absieht, so ist dies bei der Desikkation so gut wie nicht möglich. Ein Hinweis auf die erzielte Wirkung wird in der Praxis aus der häufig sichtbaren Blasenbildung, die um die Elektrode herum auftritt und die eine Folge von nach oben austretender Gewebeflüssigkeit ist, abgeleitet.

Die HF-Desikkation wird nach [351] in der Zahnheilkunde zur Obliteration von Lymphangiomen, z. B. am Mundboden, und kavernösen Hämangiomen (Kavernomen) empfohlen, um profunde Blutungen während der chirurgischen Entfernung dieser Gewebeveränderungen zu vermeiden. Als weitere Anwendung wird von ORINGER [351] der Fall einer Blutung bei zahnheilkundlicher Behandlung angeführt, die so stark ist, daß nur noch das manuelle Abdrücken der Karotis eine Bluttransfusion verhindern kann; der Erfolg einer solchen dramatischen Anwendung muß aber bei den in der Zahnheilkunde üblicherweise zur Verfügung stehenden HF-Chirurgie-Geräten mit maximalen Leistungen von ca. 50 W in Frage gestellt werden, wenn dies überhaupt als Mittel der Wahl akzeptiert wird.

2.4.4 Hochfrequenzkoagulation

Nach den Definitionen 4 und 5 ist die HF-Koagulation eine Elektrokoagulation unter Anwendung von HF-Energie zur lokalen Wärmeerzeugung. Der darin enthaltene Begriff der Koagulation leitet sich von „coagulatio", also der Gerinnung und Ausflockung einer Flüssigkeit, ab. Eine Koagulation beschreibt daher den Übergang kolloidaler Stoffe aus dem Lösungszustand, dem sog. Solzustand (Tafel IV, 1 a), in den Flockungszustand, den sog. Gelzustand (Tafel IV, 1 b), und zwar unter dem Einfluß von Hitze, durch Elektrolyte (z. B. bei Gleichstrom) oder durch Enzyme (bei der Blutgerinnung). Bei der HF-Koagulation ergibt sich infolge der Hitzekoagulation (Tafel IV, 2) denaturiertes Eiweiß, das mit seiner charakteristischen Entfaltung der Proteinmoleküle zu den sog. irreversiblen oder insolublen Gelen gerechnet wird. Von einer „Kaltkaustik" bei der Elektrokoagulation zu sprechen ([388], S. 294) ist daher eine rein begrifflich nicht haltbare Synonymanwendung. Auch die Bezeichnung der Elektrokauterisation oder Kauterisation ([388], S. 294; [505], S. 366 u. 699) sollte zur Kennzeichnung der HF-Koagulation im Sprachgebrauch vermieden werden (vgl. auch 2.4.1). Die gleiche Empfehlung gilt für die bereits diskutierte (s. 2.3.3) Diathermie ([505], S. 366), die im Sinne der LW-Diathermie nicht zur Kennzeichnung der HF- oder Elektrokoagulation verwendet werden darf. Eine konsequente Anwendung geeigneter begrifflicher Bezeichnungen ist eine notwendige Voraussetzung insbesondere bei interdisziplinär zu erarbeitenden und zu lösenden Problemstellungen im gesamten Bereich der HF-Therapie. Dies ist auch bei der Anwendung „traditionsbewußter" Methoden und Verfahren, wie es sie bei der Elektrochirurgie zweifellos gibt, im Sinne des Verständnisses für die jeweilige Technik eine notwendige Voraussetzung. Es darf allerdings hier der Hinweis nicht fehlen, daß z. B. eine z. Z. durchgeführte rechnergestützte Literaturrecherche zum Begriff HF-Koagulation/-Chirurgie entweder keine nachweisbaren Zitate meldet oder aber auf die anderen, vorstehend genannten Begriffe verweist, die sich aus der historischen Entwicklung (s. 2.1 und 2.4.1) der Elektrokoagulation ergeben. Anfangs war der Anwendungsbereich dieser elektrochirurgischen Methode durch die zur Verfügung stehenden HF-Generatoren – das waren insbesondere Löschfunkensender mit einer Funkenfrequenz $f \lesssim 3$ kHz – begrenzt. Es traten starke faradische Reizungen des Gewebes auf. Ab etwa 1925 standen dann Löschfunkensender mit einer Funkenfrequenz $f \lesssim 70$ kHz für die HF-Koagulationsmethode zur Verfügung.

Der heutige Anwendungsbereich umfaßt z. B. so bedeutsame Indikationen wie die Verkochung von bösartigem Gewebe und von Geschwülsten sowie die Blutstillung bei Wunden, speziell aus Gefäßen und allgemein bei Schleimhautdefekten.

2.4.4.1 Hochfrequenzkoagulationsarten und Vorgang der Koagulation

Bei der HF-Koagulation werden in der Regel flächenhafte Elektroden von runder, zylindrischer oder konischer Form verwendet. Die Abmessungen der Elektroden bzw. der Gewebekontaktflächen sind dabei vergleichsweise größer als bei der Fulgurationsmethode. Unter diesen Flächenelektroden erwärmt sich das Gewebe entsprechend der vorliegenden Stromdichte.

Ziel einer Koagulation ist entweder eine Blutstillung durch Verschließen von Gefäßen, eine Oberflächenkoagulation oder eine Tiefenkoagulation, bei der meist eine Verkochung von benignem oder malignem Gewebe entweder mit Abtragung im schrittweisen Wechsel, d. h. Koagulieren und Abtragen, oder mit anschließender Abtragung, wie z. B. bei der Polypektomie mittels einer Schlingenelektrode, erfolgt. Im Falle der Tiefenkoagulation von malignem Gewebe wird durch diese Methode eine Reduzierung der Metastasierung, d. h. Verschleppung maligner Zellen, erreicht.

Die Koagulation zur Blutstillung kann begrifflich unterteilt werden in Koaptation und Obliteration:

Bei der Koaptation (Koagulation mit Adaptation) handelt es sich um einen Koagulationsvorgang, der auftritt, wenn ein intaktes Blutgefäß verschlossen wird. Dies ist z. B. der Fall bei der Blutstillung an Klemmen und Pinzetten, die bevorzugt mit impulsmoduliertem HF-Strom (2.4.6.1) durchgeführt wird. Hierbei wird z. B. das zu verschließende Blutgefäß mit einer Pinzette gefaßt, wodurch sich das Gefäßlumen infolge Druckausübung auf die Branchen stark reduziert. Unter geeigneten HF-Stromflußbedingungen, die sowohl bei monopolarem als auch bei bipolarem Verfahren möglich sind, werden die gegenüberliegenden Gefäßwände verbunden bzw. „verschweißt". Entscheidend sind dabei neben den richtigen HF-Stromverhältnissen der richtige Faß- und Anpreßdruck.

Zwischen der Gefäßwand und dem strömenden Blut besteht normalerweise ein labiles funktionales Gleichgewicht, d. h. zum einen trägt die Gefäßwand dazu bei, daß das Blut flüssig bleibt, und zum anderen hält das Blut die Gefäßwand selbst intakt oder stellt nach Läsionen ihre Integrität wieder her. Dieses Zusammenwirken der Systeme der Blutgerinnung, der Fibrinolyse und der Thrombozyten wird durch die infolge der Wechselwirkung des HF-Stroms mit der Gefäßwand und dem Blut entstehende Wärme einseitig in Richtung einer Thrombozytenaggregation als Vorstufe der Blutgerinnung verschoben. Diese intravasale Blutgerinnung ist die notwendige Vorstufe für eine Hämostase bei solchen Blutgefäßen, deren strömungstechnischer Innendurchmesser nicht durch Druckanwendung allein auf den Wert Null reduziert wird. Unter der Annahme einer erzwungenen laminaren Strömung (2.3.4) erfolgt der Wärmetransfer von der Gefäßwand in das strömende Blut hinein durch den in 2.3.4 beschriebenen Mechanismus der Wärmeleitung, und es ergibt sich theoretisch ein Temperaturprofil $\vartheta = \vartheta(r)$ im Gefäßquerschnitt als Funktion des Radius r, das dem Inversen des radiusabhängigen Geschwindigkeitsprofils $v = v(r)$ ähnelt. Infolge der inneren Reibung des strömenden Blutes bildet sich in Gefäßwandnähe eine Strömungsgrenzschicht, deren Geschwindigkeitsverteilung nicht nach dem HAGEN-POISEUILLE-Gesetz berechnet werden kann. Der entsprechende Temperaturverlauf weist ebenfalls eine Grenzschicht auf, in welcher der Hämostasebeginn erfolgt. Der dem konvektiven Wärmetransport zugrunde liegende Impuls- und Energieaustausch läßt sich theoretisch durch die sog. hydrodynamischen Grundgleichungen beschreiben. Eine geschlossene Lösung unter Berücksichtigung der Wärmeenergiegleichung ist aber bei einem komplizierten Strömungsvorgang wie der Blutströmung in einem gleichzeitig unter Druck- und HF-Strom-Anwendung befindlichen Gefäß nicht geschlossen möglich; denn neben den rein strömungstechnischen Problemen ist zu beachten, daß die beginnende Hämostase von der Ausbildung eines Fibrinnetzes begleitet ist, das für eine Verankerung der agglomerierten Thrombozyten an der Gefäßwand verantwortlich ist. Durch diese Sol-Gel-Zustandsänderung werden natürlich die thermodynamischen Strömungs- und Stoffkennwerte geändert. Erfahrungsgemäß existiert eine maximal erforderliche Energie zur Erzielung einer optimalen HF-Koaptation. Eine zu große HF-Energiezufuhr resultiert über die Strom-Wärme-Umwandlung in einer größeren Gewebezerstörung infolge zu rascher Gewebeaustrocknung und in einer geringeren Festigkeit der koagulierten Stelle.

Experimentell wurde bei gleichen HF-Energie-Werten hinsichtlich der Koaptationsfähigkeit sowohl mit exponentiell abklingenden HF-Strömen als auch bei sinusförmigem Strom kein wesentlicher Unterschied festgestellt.

Bei der Obliteration wird die aktive HF-Elektrode in unmittelbare Nähe eines Gefäßes gebracht oder direkt auf einen Gefäßstumpf gedrückt. Durch die Erwärmung des umgebenden Gewebes und damit auch des Gefäßes selbst wird im ersten Fall eine Schrumpfung des Blutgefäßes hervorgerufen. Außerdem trägt die Verklumpung, die im zweiten Fall praktisch allein wirksam ist, wesentlich zum Gefäßverschluß bei. Hierzu wurde in vivo tierexperimentell der Nachweis erbracht, daß die Schrumpfung allein nicht zum Gefäßverschluß ausreicht, und zwar kann eine mit physiologischer Kochsalzlösung simulierte Blutströmung nicht „gestillt“ werden, da zum einen in einem solchen perfundierten Gefäß die Blutverklumpung infolge Thrombozytenaggregation fehlt und zum anderen der Verschluß des Gefäßlumens ab einem bestimmten Gefäßdurchmesser in Analogie zu einem technischen Schrumpfschlauch unter dem Einfluß therapeutischer Wärme nicht vollständig ist. Experimentell konnten mit dieser Methode Gefäße bis ca. 1 mm Durchmesser erfolgreich obliteriert werden. Bei größeren Gefäßdurchmessern besteht mit wachsender Koagulationsdauer infolge fortschreitender Austrocknung der Gefäßwand die Gefahr einer Gefäßwandruptur. Die Obliteration eignet sich insbesondere zur Blutstillung bei Sickerblutungen und zum Verschluß kleinerer Gefäße. Die meist verwendeten impulsmodulierten HF-Ströme (2.4.6.1) haben gegenüber denjenigen bei der Koaptation kürzere Impulse und höhere HF-Spannungen. Wegen der relativ kleinen mittleren Leistung ist die Verwendung relativ kleiner Elektroden möglich, ohne daß es zu einem Einsinken in das Gewebe oder gar einer Schneidewirkung (2.4.5.1) kommt. Der obliterative Verschlußmechanismus ist aber auch die wahrscheinlichste Ursache dafür, daß bei der Hochfrequenztomie nur ein geringer Blutverlust auftritt und die unmittelbar durchtrennten Blutgefäße wirksam verschlossen werden. Die HF-Koagulation kann z. B. dann als die Methode der Blutstillung angesehen werden, wenn eine Naht nur schwer angelegt werden kann, wie dies z. B. bei parenchymatösen Organen der Fall ist. Häufig bietet sich auch die Kombination einer Ligatur größerer Gefäße mit der flächigen HF-Koagulation an.

Die Dauer einer Koagulation wird bei einer Blutstillung ganz wesentlich von der Schwere der Blutung und den operativen Therapiegegebenheiten bestimmt. Bei der Koagulation quasihomogenen Gewebes ist die HF-Stromeinwirkung erfahrungsgemäß zu beenden, wenn sich das Gewebe unter der Koagulationselektrode infolge Zelleiweißgerinnung und damit Eintreten des Zelltodes weiß verfärbt (Tafel I, 5). Die dabei resultierende Gewebeverkochung erstreckt sich in eine Tiefe, die etwa mit dem jeweiligen Elektrodendurchmesser vergleichbar ist. An der Oberfläche greift sie – entsprechend der sichtbaren Weißfärbung – etwas über die geometrische Elektroden-Gewebe-Kontaktgrenze hinaus. Bei weiterer Stromzufuhr und damit konsekutiver Erwärmung kann Gewebeflüssigkeit verdampfen und die Gewebeaustrocknung von einer Schrumpfung begleitet werden. Diese genannten Koagulationswirkungen ergeben sich bei nichtblutender Gewebeoberfläche unter Anwendung relativ langer Einwirkdauer bei relativ niedriger Stromdichte. Die

Koagulationstiefe ist dabei in gewissen Grenzen durch die Einwirkungsdauer und die HF-Intensität beeinflußbar.

Während der momentane kurzzeitige Kontakt der aktiven HF-Elektrode mit dem Gewebe bei inadäquatem Stromfluß harmlos ist, so können sich bei der gleichen HF-Stromstärke bei einer längeren Applikationsdauer tiefergreifende Zerstörungen des Gewebes, verglichen mit denjenigen bei kurzzeitiger Anwendung eines relativ hohen Stromes, ergeben. Eine allgemeine Empfehlung für die Koagulationsbehandlung läßt sich daraus wegen der vielen zu berücksichtigenden Parameter ebensowenig geben, wie eine oft gewünschte Standardisierung z.B. von Stromstärke, Leistung und Zeit allgemein möglich ist – außer in speziellen Fällen in eingeschränktem Maße. An dieser Stelle wird ganz besonders deutlich, daß es sich bei hochfrequenztherapeutischen Anwendungen um eine Disziplin handelt, die sich sehr stark auf Erfahrungen stützt. Bei zu hoher HF-Stromdichte und relativ kurzer Einwirkdauer erfolgt in der Regel eine oberflächliche Koagulation, wobei durch die Bildung eines Brandschorfes und dessen isolierende Wirkung eine Wärmeausbreitung in die Tiefe verhindert wird. Selbst bei vorher trockener Gewebeoberfläche stellt man meist fest, daß die Elektrode infolge der Brandschorfbildung am Gewebe klebt.

Im Gegensatz zu zahlreichen reproduzierten eigenen Untersuchungen wird von Mitchell u. Lumb [327] behauptet, daß verkohltes Gewebe „ein guter elektrischer Leiter" sei und daher z.B. bei der transurethralen Resektion einen weiteren Schnitt verhindere. Dagegen vermuten Karacz u. Lindemann [233] als Erklärung für den teilweise unvollständigen Tubenverschluß bei der hysteroskopischen intramuralen Tubensterilisation eine Isolierung der Koagulationssonde durch einen „Verkohlungsmantel", wodurch die Nekrosetiefe für einen vollständigen Tubenverschluß nicht ausreichend ist. Die Erhöhung des Übergangswiderstands durch die isolierende Kruste wird auch von Schön bemerkt ([434], S. 17).

Zur wirkungsvollen Koagulation sollte die Gewebeoberfläche im Idealfall praktisch trocken sein – eine im übrigen auch von den Geräteherstellern ausgesprochene Empfehlung –, damit sich keine Rückstände auf der Elektrode bilden können, denn hierdurch wird eine effektive, reproduzierbare Koagulation verhindert.

Im Falle einer Blutung resultiert bei Verwendung normaler bisher üblicher HF-Koagulationselektroden (vgl. auch 2.4.4.6) meist ein Verkleben der Elektrode mit koaguliertem Blut und Gewebe (Tafel I, 1), d.h. beim Entfernen der Elektrode nach Abschluß der Koagulation kann es zum Abreißen des gebildeten Koagels kommen (Tafel I, 2), und damit ist die Gefahr einer erneuten Blutung sehr groß. Eine verklebte Elektrode führt aber in Verbindung mit einer mit der Brandschorfbildung einhergehenden Karbonisierung zu einer Widerstandserhöhung im Bereich der Elektrode (Tafel I, 2). Als Folge dessen tritt eine für eine HF-Fulguration typische Funkenbildung auf, und es ist auch bei langer sekundärer Koagulationsdauer unter Anwendung hoher Stromdichten bei diesen verfahrensbedingten Koagulationshindernissen praktisch keine zur endgültigen Blutstillung erforderliche Tiefenwirkung mehr erzielbar. Wenn diese dennoch erreicht wird, so meist nur unter massiver Schädigung ausgedehnter Bereiche um die ursprüngliche Blutungsquelle herum. Dies bedeutet neben einer Resorptionsgefahr von Karbonisationsfragmenten z.B. bei relativ dünnwandigen Abschnitten des Magen-Darm-Kanals die latente Gefahr einer Sekundärperforation mit allen daraus resultierenden

Komplikationen. Bei den üblichen Koagulationselektroden mit Durchmessern von ca. 2–30 mm werden bei der Koagulation mit größeren Elektroden Maximalstromstärken von ca. 4 A verwendet ([128], S. 6.4), d.h. die Stromdichten betragen mehrere $100 \frac{\text{mA}}{\text{cm}^2}$ (vgl. [364], S. 771). Der wirksame Körperwiderstand, d.h. einschließlich des Übergangswiderstands, beträgt bei der HF-Koagulation größenordnungsmäßig ca. 10–300 Ω. Dabei muß aus technisch-anatomischen Gründen im Bereich der ophthalmologischen HF-Chirurgie (Augenchirurgie), z.B. bei der diaskleralen HF-Koagulation zur Fixierung der Netzhaut mit der Aderhaut, mit dem relativ größten Widerstand gerechnet werden.

Damit der Koagulationsvorgang auch quantitativ beschrieben werden kann, muß in den folgenden Ausführungen ein reales Koagulationsmodell aus theoretischen Grundlagen entwickelt werden.

2.4.4.2 Strömungsfeld und Übergangswiderstand

Ein elektrisches Strömungsfeld, wie es bei der HF-Koagulation vorhanden ist, kann theoretisch grundsätzlich mathematisch formuliert werden. Wegen der Kompliziertheit des durch die Leitfähigkeitsunterschiede des biologischen Gewebes bedingten Stromverlaufs ist es zur modellmäßigen Beschreibung sinnvoll, zunächst von einem homogenen, isotropen Gewebe mit einer ortsunabhängigen elektrischen Leitfähigkeit $\varkappa(x, y, z) = \text{const.}$ auszugehen. Nach Gl. 143 ist in diesem Fall die Stromdichte durch

$$\vec{J} = \varkappa \cdot \vec{E} = -\varkappa \cdot \operatorname{grad} \Phi \tag{144}$$

gegeben. Damit reduziert sich das strömungsfeldtheoretische Problem der Bestimmung des Potentials Φ aus der im Gewebe gültigen LAPLACE-Gleichung unter Beachtung der Randbedingungen an den Geweberändern, an den Gewebeübergängen und an den Kontaktflächen zwischen Gewebe und Elektroden auf die Ermittlung des Potentialgradienten selbst. Diesen kann man z.B. unter Verwendung eines elektrolytischen Trogs erhalten. Die Abbildungen 35–38 geben Messungen wieder, die in Kochsalzlösungen ermittelt wurden.

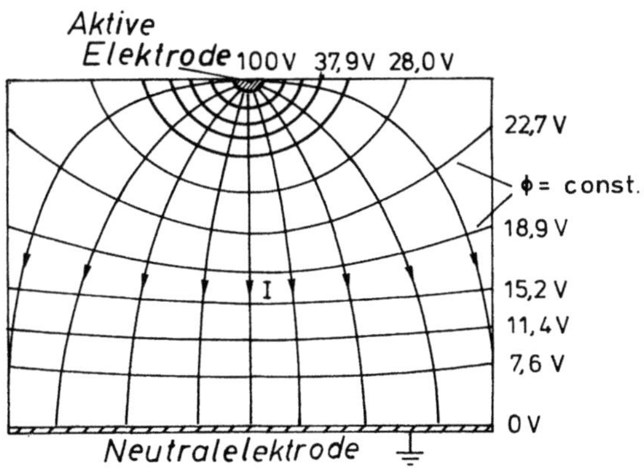

Abb. 35. Monopolares Verfahren: Äquipotential- und Stromlinien bei symmetrischer Anordnung der Aktivelektrode (Kugeldurchmesser 1,6 mm, Neutralelektrode großflächig; Maßstab 1 : 4)

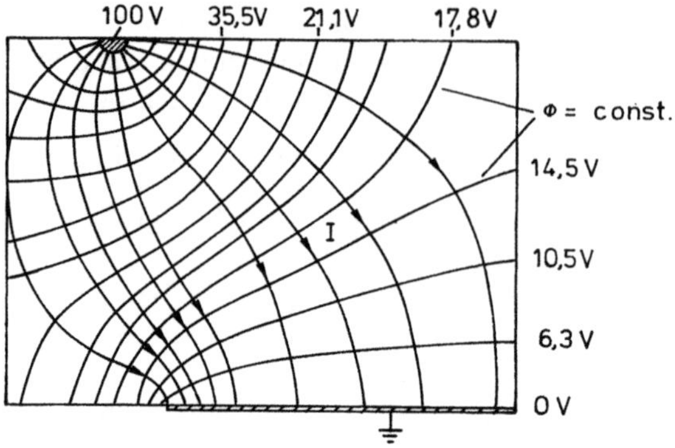

Abb. 36. Monopolares Verfahren: Äquipotential- und Stromlinien bei asymmetrischer Anordnung der Aktivelektrode (Kugeldurchmesser 1,6 mm, Neutralelektrode großflächig; Maßstab 1 : 4)

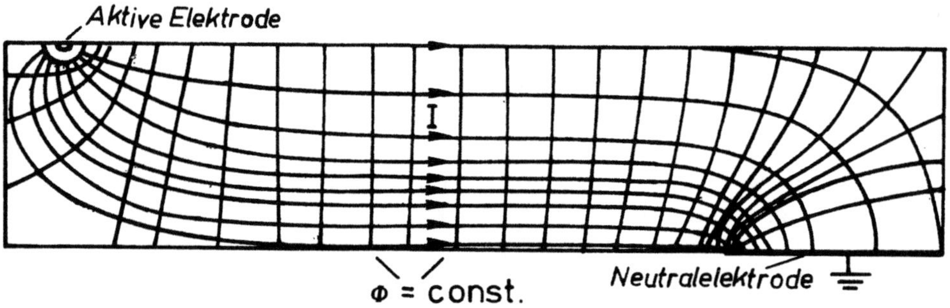

Abb. 37. Monopolares Verfahren: Äquipotential- und Stromlinien bei extrem asymmetrischer Elektrodenanordnung (Kugeldurchmesser 1,6 mm, Neutralelektrode großflächig; Maßstab 1 : 5)

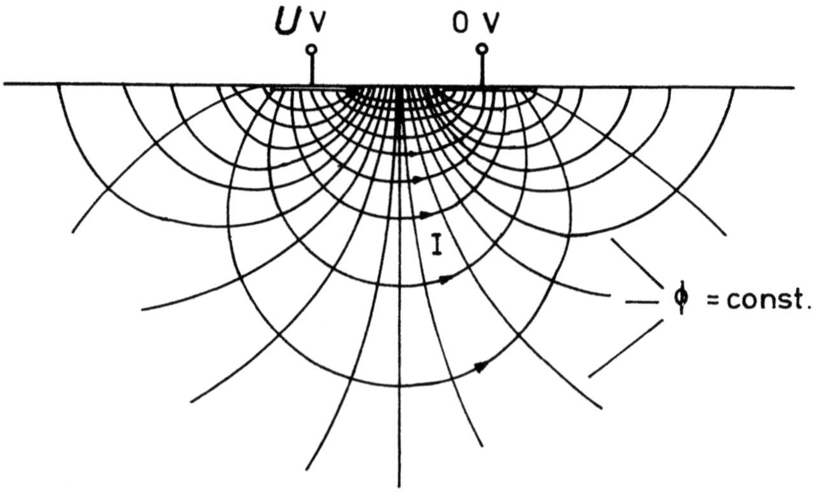

Abb. 38. Äquipotential- und Stromlinien beim bipolaren Verfahren (Elektrodenlänge 2 cm, Elektrodenabstand 2 cm)

Der Verlauf der aus den Äquipotentiallinien ermittelten Stromlinien muß für das mono- und das bipolare Verfahren getrennt betrachtet werden.

Im Fall des monopolaren Verfahrens ergibt die meßtechnische Untersuchung des die Koagulationsverhältnisse simulierenden Strömungsfeldes, daß für Radien $r \lesssim 10 \cdot D = 20 \cdot r_0$ (r_0: Elektrodenradius, D: Elektrodendurchmesser) die Äquipotentiallinien kreisförmig verlaufen. Auf dreidimensionale Verhältnisse übertragen, können die sich dann ergebenden Äquipotentialflächen durch Kugelflächen angenähert werden, d. h. es liegt im Nahbereich der Aktivelektrode ein rein radiales, kugelsymmetrisches Strömungsfeld vor.

Aus eigenen tierexperimentellen Koagulationsversuchen mit Kugelelektroden hat sich ergeben, daß die Koagulationstiefe E_K bei trockener Gewebeoberfläche etwa gleich der Kontaktlänge (Kontaktdurchmesser) zwischen Kugeloberfläche und Gewebe ist [402], d. h. sie ist größenordnungsmäßig gleich dem Durchmesser D der Kugelelektrode (vgl. auch 2.4.4.5, Abb. 58a):

$$E_K \approx D. \tag{145}$$

Bei trockener bzw. nichtblutender Gewebeoberfläche kann die Koagulation als ausreichend betrachtet werden, wenn um die auf das Gewebe gedrückte Elektrode ein weißlicher Koagulationssaum (von Bovie, zitiert in [327], irreführend als Desikkation bezeichnet) sichtbar wird. Dies bedeutet gleichzeitig, daß auch das Gewebe unter der Elektrodenoberfläche (bis auf die Fälle bei den S. 143 diskutierten relativ großflächigen Elektroden) koaguliert und die Koagulationstiefe etwas größer als der halbe Durchmesser des Koagulationshofes ist.

Aus den Strömungsfelduntersuchungen ergibt sich, daß die Annahme einer kugelsymmetrischen Stromverteilung in der Nähe der Elektrode und insbesondere im Bereich der durch Erfahrung bei der Ausübung der HF-Koagulationsmethode gewonnenen Koagulationstiefe gültig ist. Für den Stromdichtevektor $\vec{J}$ gilt also bei gegebener HF-Stromstärke I

$$\vec{J} = \frac{\hat{I}}{4\pi \cdot r^2} \cdot \vec{e}_r, \qquad r \geqq r_0 \tag{146}$$

mit dem Radiusvektor $\vec{e}_r$.

Die notwendige Voraussetzung eines homogenen Gewebes trifft aber näherungsweise nur z. B. bei parenchymatösen Organen wie der Leber zu, während sich bei der endoskopisch durchgeführten HF-Koagulation im Magen-Darm-Trakt infolge der heterogenen Gewebeschichtung abweichende Verhältnisse ergeben können.

Eine bei der HF-Koagulation wichtige Größe stellt der Übergangswiderstand einer Koagulationselektrode dar. Nach bekannten Gesetzmäßigkeiten tritt bei einer im homogenen, isotropen, unendlich ausgedehnten Gewebe der Leitfähigkeit $\varkappa$ befindlichen Kugelelektrode mit dem Radius r_0 zwischen der Kugeloberfläche und einem Punkt im Abstand r theoretisch die Spannung

$$U_{OP} = \frac{I}{4\pi \cdot r_0 \cdot \varkappa} \cdot \left(1 - \frac{r_0}{r}\right) \tag{147}$$

auf. Der theoretisch hieraus ableitbare Übergangswiderstand (Widerstand zwischen der Kugeloberfläche und der unendlich weit entfernten Kugelschale)

$$R_{\ddot{u}k} = \frac{1}{4\pi \cdot r_0 \cdot \varkappa} \tag{148}$$

wird von dem in einer Kugel mit dem Radius $r \approx 10 \cdot r_0$ enthaltenen Gewebevolumen bereits zu 95% erreicht (50% des Widerstands werden von einer Kugel mit dem Radius $r = 2 \cdot r_0 \approx E_K$ repräsentiert). Für den praktisch wichtigen Fall, daß eine Koagulationskugelelektrode mit dem Radius r_0 bis zur Hälfte bei der Koagulation in das nachgiebige Gewebe der Leitfähigkeit $\varkappa$ gedrückt wird, ergibt sich ein theoretischer Übergangswiderstand für die Halbkugel

$$R_{\ddot{u}} = \frac{1}{2\pi \cdot r_0 \cdot \varkappa}. \tag{149}$$

In Abb. 39 sind für einige Gewebearten die nach Gl. 149 berechneten Übergangswiderstände $R_{\ddot{u}}$ mit den nach Tabelle 2 bzw. 4 gültigen Mittelwerten der elektrischen Leitfähigkeit $\varkappa$ aufgetragen. Tabelle 5 enthält die für $r_0 = 1$ mm und 3 mm geltenden theoretischen Minimal- und Maximalwerte des Übergangswiderstands $R_{\ddot{u}}$ unter Beachtung der Variationsbreite der elektrischen Leitfähigkeit $\varkappa$.

Wie Graphik und Tabelle erkennen lassen, ist der Einfluß der Streubreite der $\varkappa$-Werte der jeweiligen Gewebe auf den Übergangswiderstand relativ groß und ergibt damit bereits bei dieser einfachen Näherung für die Koagulationsanalyse einen großen Unsicherheitsfaktor, der aber bei dem „technisch komplizierten" biologischen Gewebe nach den vorangegangenen Ausführungen und Diskussionen auch zu erwarten war.

Die aus der vorstehenden Ableitung erfolgte Einführung eines Übergangswiderstands setzt für eine quantitative Betrachtung der HF-Koagulation voraus, daß eine kugelförmige Elektrode während der Koagulation halb in das Gewebe

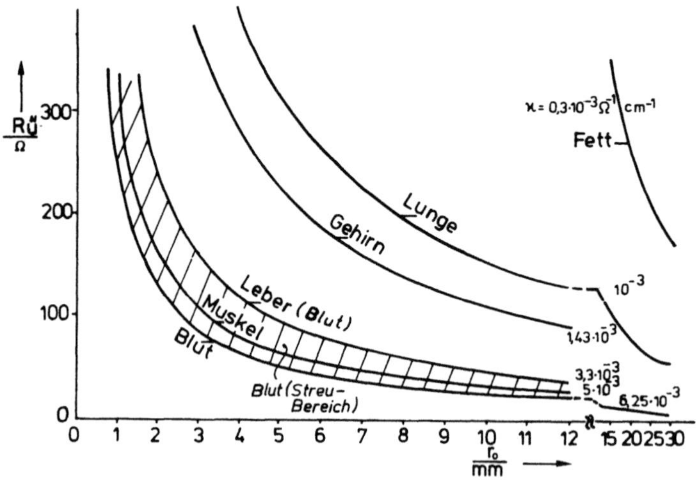

Abb. 39. Übergangswiderstände $R_{\ddot{u}}$ als Funktion des Kugelradius r_0 für verschiedene Gewebe

Tabelle 5. Übergangswiderstände $R_{ü,min}$ und $R_{ü,max}$ bei $r_0 = 1$ mm und 3 mm für verschiedene Gewebe

Gewebe	$\frac{\varkappa \cdot 10^{+3}}{\Omega^{-1} \cdot cm^{-1}}$	$\frac{R_ü}{\Omega}$ $r_0 = 1$ mm	$r_0 = 3$ mm
Fett	0,3	5300	1770
	0,63	2525	842
Gehirn	1,43	1110	371
	1,49	1070	356
Leber	2,63	605	202
	3,3	482	161
Muskel	4,0	398	133
	6,25	255	85
Blut	3,3	482	161
	6,25	255	85

bzw. Blut „eingetaucht" ist. Dies ist zwar häufig der Fall, es muß aber berücksichtigt werden, daß z.B. eine Verringerung der Eintauchtiefe der Kugelelektrode einem kleineren effektiven Kugelradius entspricht, d.h. einer Erhöhung des Übergangswiderstands. Nach praktischen Messungen des Übergangswiderstands während der Koagulationsphase, in der noch keine merkliche Leitfähigkeitsänderung des Gewebes durch Temperaturerhöhung vorliegt, treten maximale Abweichungen des Widerstandswertes von −5% bis +20% vom jeweiligen Mittelwert auf. Damit ändert sich aber auch die Anpassung an den Generatorwiderstand und folglich die Leistungsabgabe, wenn nicht durch ein relativ flaches Maximum in der Leistungscharakteristik (großer Variationsbereich des Verhältnisses Arbeits- zu Generatorinnenwiderstand, vgl. 2.4.6.2) des Generators diesen Verhältnissen Rechnung getragen wird.

Diesen sich aus theoretischen Erwägungen ergebenden Widerstandsänderungen wurde z.B. bei der flüssigkeitsunterstützten HF-Koagulation nach 2.4.4.5 durch eine von der Kugelform abweichende geometrische Form der Koagulationselektroden begegnet, indem eine zylinderförmige Sondenspitze mit einer abgerundeten, ansonsten fast ebenen Kontaktfläche hergestellt wurde, bei der sich erfahrungsgemäß bei der praktischen Anwendung eine geringere Widerstandsänderung ergab.

2.4.4.3 Kurzzeitkoagulationstiefe

Der Koagulationsbeginn, d.h. die Eiweißgerinnung bei biologischen Geweben, beginnt bei einer Temperatur von $T_K \approx 60\,°C$. Zur Erwärmung eines Gewebevolumens $V = 1\ cm^3$ von $T = 37\ °C$ auf T_K ist unter der vereinfachenden Annahme einer temperaturunabhängigen Dichte $\varrho \approx 1{,}05 \cdot 10^3 \frac{kg}{m^3}$ (2.3.4) und spezifischen Wärme $c_p \approx 3{,}9 \frac{kJ}{kg \cdot K}$ (nach Tabelle 3) nach Gl. 78 eine Wärmemenge $\Delta Q \approx 94$ Ws erforderlich, d.h. es muß bei einem theoretischen Wirkungsgrad $\eta = 1$ eine HF-Leistung $P \approx 94$ W zugeführt werden, wenn die Erwärmung des gesamten Volumens gleichmäßig in einer Zeit $\Delta t \approx 1$ s erfolgen soll.

Für die im folgenden diskutierten Koagulationsverhältnisse unter Kurzzeitbedingungen, d.h. ohne Berücksichtigung der Wärmetransfermechanismen nach 2.3.4 erfolgt die Betrachtung getrennt für das monopolare und das bipolare Verfahren.

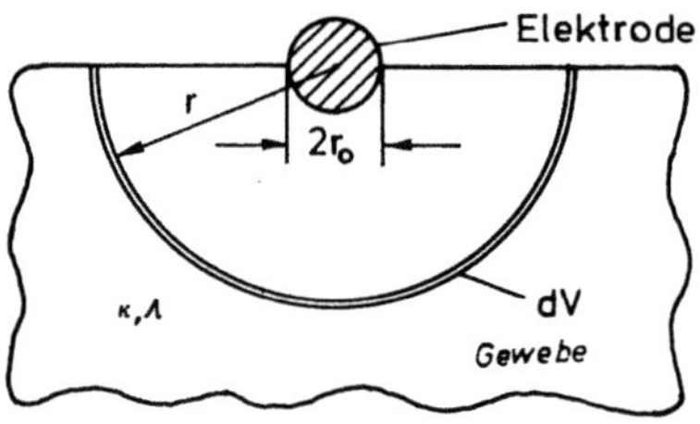

Abb. 40. Modell zur Ermittlung des Temperaturprofils

Bei der monopolaren HF-Koagulation mit einer Kugelelektrode ist aber ein dem Stromdichteverlauf entsprechendes Temperaturprofil zu erwarten. Zur Ermittlung der radiusabhängigen Wärmeerzeugung kann man von der Darstellung in Abb. 40 ausgehen. Bei der durch Gl. 146 gegebenen Stromdichte und unter Vernachlässigung von Verschiebungsstromanteilen (2.4.1) gilt mit Gl. 79 bei einer Halbkugel mit dem Radius r_0 für den elektrischen Feldstärkevektor

$$\vec{E} = \frac{\hat{I}}{2\pi \cdot \varkappa \cdot r^2} \cdot \vec{e}_r \quad \text{für} \quad r \gtrsim r_0 \tag{150}$$

und damit nach Gl. 142 für die Leistungsdichte pro Volumenelement $dV = 2\pi \cdot r^2 \cdot dr$

$$\frac{dP_V}{dV} = \frac{1}{2} \cdot \frac{\hat{I}^2}{4\pi^2 \cdot \varkappa \cdot r^4}, \quad r \gtrsim r_0. \tag{151 a}$$

Wird auch hier die Annahme $\eta = 1$ bei der Umwandlung von HF-Energie in Wärme gemacht, so erhält man für die differentielle Wärmemenge pro Volumen für $r \gtrsim r_0$

$$\frac{dQ}{dV} = \eta \cdot \frac{dP_V}{dV} \cdot dt = \frac{1}{2} \cdot \frac{\hat{I}^2}{4\pi^2 \cdot \varkappa \cdot r^4} \cdot dt \tag{151 b}$$

und mit $\varrho = \frac{dm}{dV}$ und $I(t) = \hat{I}$ nach Gl. 78 für die Temperaturdifferenz

$$dT = \frac{1}{2} \cdot \frac{\hat{I}^2}{4\pi^2 \cdot \varrho \cdot c_p \cdot \varkappa \cdot r^4} \cdot dt \quad \text{für} \quad r \gtrsim r_0 \tag{152 a}$$

bzw. mit $\hat{J} = \frac{\hat{I}}{A}$ und $A = \frac{1}{2} \cdot 4\pi \cdot r^2$

$$dT = \frac{1}{2} \cdot \frac{\hat{J}^2}{\varrho \cdot c_p \cdot \varkappa}. \tag{152b}$$

Gleichung 152, die hier für stationäre Ströme hergeleitet wurde, gilt auch für sinusförmige Ströme und Spannungen (z. B. $I(t) = \hat{I} \cdot \sin \omega t$), solange $\cos 2\omega t \ll 2 \cdot \omega t$ für alle betrachteten Zeiten t ist.

Da die gesamte in das Gewebe fließende Leistung

$$P = \frac{1}{2} \cdot R_ü \cdot \hat{I}^2 \tag{153}$$

beträgt, folgt mit Gl. 149 für $r \geqq r_0$

$$dT = \frac{1}{4\pi^2 \cdot \varrho \cdot c_p \cdot \varkappa \cdot r^4} \cdot \frac{P}{R_ü} \cdot dt = \frac{r_0 \cdot P}{2\pi \cdot \varrho \cdot c_p \cdot r^4} \cdot dt. \tag{154}$$

Unter der vereinfachenden Annahme orts-, zeit- und temperaturunabhängiger Werte von ϱ, c_p und $\varkappa$ (nach den Tabellen 2–4) sind in Abb. 41 verschiedene theoretische Temperaturdifferenzen ΔT als Funktion des Radius r (Entfernung von der Kugelmitte) für die Zeitintervalle $\Delta t = 0{,}1 - 2$ s bzw. $\Delta t = 1 - 20$ s (eingeklammerte Werte) dargestellt. Dabei gelten die Kurven mit nichteingeklammerten Δt-Werten als Parameter (Fall a) sowohl für $P \approx 200$ W bei $R_ü \approx 480\,\Omega$ und $r_0 = 1$ mm als auch allgemein für ein Verhältnis $\frac{P}{R_ü} \approx 0{,}42\,A^2$, d.h. bei Vorgabe von $R_ü$ (Gewebe- und Elektrodendurchmesser) gemäß Gl. 149 und noch zu bestimmender

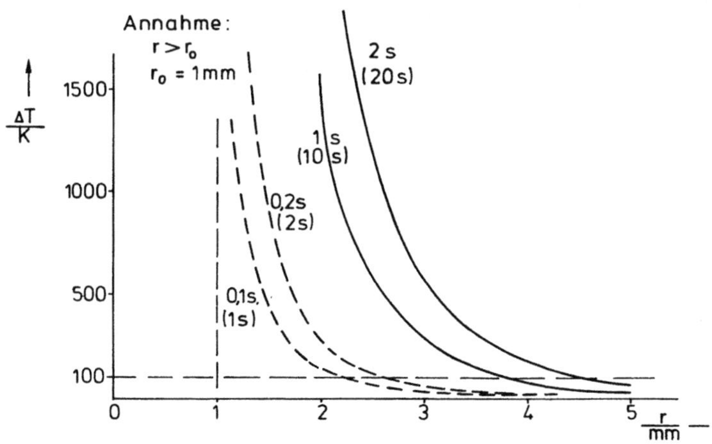

Abb. 41. Temperaturdifferenz ΔT als Funktion des Radius r. $r_0 = 1$ mm, Parameter Δt (Erklärung s. Text)

Leistung P (z. B. ist für $r_0 = 2$ mm bei gleichem Gewebe P = 100 W). Dabei ist der jeweilige Geltungsbereich $r > r_0$ zu beachten. Für die den eingeklammerten Δt-Werten entsprechenden ΔT-Kurven (Fall b) gilt entweder eine 10fach kleinere Leistung bei $r_0 = 1$ mm, d. h. P = 20 W und $R_ü = 480\,\Omega$ oder ein Verhältnis $\frac{P}{R_ü} \approx 0{,}042\,A^2$. Die Darstellung in Abb. 41 erlaubt wegen des linearen Zusammenhangs von ΔT und Δt in Gl. 154 z. B. eine genauere Temperaturbetrachtung im Hinblick auf eine Koagulation im Bereich $\Delta T = 0 - 150$ K, wenn gleichzeitig der Parameter Δt in Abb. 41 mit $\frac{1}{10}$ multipliziert wird. Der rasche Temperaturabfall mit wachsendem Abstand $r - r_0$ von der Kugeloberfläche führt unter Verwendung einer Kugelelektrode mit $r_0 = 1$ mm bei einer umgewandelten HF-Leistung von $P \approx 94$ W im Abstand $r - r_0 \approx 2{,}5$ mm zu der für einen Koagulationsbeginn erforderlichen Temperaturdifferenz von $\Delta T \approx 23$ K, allerdings würde dies theoretisch gleichzeitig an der Kugeloberfläche ($r = r_0$) zu einem $\Delta T \approx 3650$ K führen. Abgesehen von den in einem solchen Temperaturbereich nicht mehr gültigen angenommenen Dichte- und Wärmekapazitätswerten, muß dieses theoretische Modell ohne Berücksichtigung der Wärmetransfermechanismen nach 2.3.4 dadurch modifiziert werden, daß an der Oberfläche der bis zur Hälfte in das Gewebe eingedrückten Kugelelektrode eine konstante Temperatur angenommen wird. Dies ist zum einen dadurch begründbar, daß die metallische Elektrode dem erwärmten Gewebe Wärme entzieht, und zum anderen, daß sich infolge der Verdampfungswärme der Zell- und Interstitialflüssigkeit quasi ein Temperaturgleichgewicht einstellt. So muß bereits bei einer Flüssigkeitsverdampfung aus einer 0,5 mm starken Schicht um die Kugelelektrode mit einem Wärmeentzug von ca. 25 Ws gerechnet werden, d. h. bei dieser Annahme muß ca. 1/4 der zugeführten HF-Energie für die erforderliche Verdampfungswärme aufgewandt werden. Daß mit dem Auftreten von Dampf bei der Koagulation gerechnet werden muß, konnte durch eigene qualitative thermographische Beobachtungen bestätigt werden. Bei dem Wärmeentzug durch Kontakt mit der Elektrode, der etwa in der gleichen Größenordnung liegt, kommt hinzu, daß das Temperaturprofil infolge des Kontaktes in unmittelbarer Umgebung der Elektrodenoberfläche deformiert wird, wobei es in einer Zone, deren Dicke durch den Quotienten $\frac{\Lambda}{\alpha}$ (vgl. 2.3.4) maßgeblich bestimmt wird, auf die Oberflächentemperatur der Elektrode absinkt. Dieses komplizierte Wärmeprofilproblem kann aus den genannten phänomenologischen Gründen für eine Ermittlung der Kurzzeitkoagulationstiefe, d. h. ohne Berücksichtigung der Wärmetransfermechanismen, durch ein Modell angenähert werden, bei dem von einer konstanten maximalen Temperatur an der Kontaktstelle zwischen Elektrode und Gewebe, $T_0 = 100$ °C, ausgegangen wird.

Nach Gl. 154 wird bei einer Elektrode mit $r_0 = 1$ mm zur Erreichung der hypothetischen Temperatur T_0 ($\Delta T = 63$ K) an der Elektrodenoberfläche eine Wärmemenge $\Delta Q \approx 1{,}6$ Ws benötigt, d. h. eine HF-Leistung von ca. 16 W, wenn die Erwärmung in $\frac{1}{10}$ s erfolgen soll. Dies wird unter Berücksichtigung von Wärmeverlusten größenordnungsmäßig experimentell bestätigt (s. S. 134). T_0 ist zugleich diejenige Maximaltemperatur, die nach 2.4.1 eine Koagulation ohne Kochen des Gewebes, Gewebeschorfbildung und beginnende Karbonisation ergibt.

Die zulässige Temperaturerhöhung unter der Elektrode beträgt bei dieser Annahme

$$\Delta T_0 = T_0 - T_G = 63\,\mathrm{K} \quad \text{bei} \quad r = r_0, \tag{155}$$

wobei als Gewebetemperatur die Körperkerntemperatur $T_G = 37\,°C$ (Hauttemperatur 33–33,5 °C, Körperkerntemperatur: 36,5 °C, Temperatur stoffwechselaktiver Organe wie z. B. Leber: 39 °C) angenommen wurde. An der Koagulationsgrenze in der Tiefe des Gewebes beträgt die Temperaturerhöhung

$$\Delta T_K = T_K - T_G = 23\,\mathrm{K} \quad \text{bei} \quad r = r_K. \tag{156}$$

Für das Verhältnis dieser Temperaturdifferenzen gilt mit Gl. 154

$$\frac{\Delta T_0}{\Delta T_K} = \frac{T_0 - T_G}{T_K - T_G} = \left(\frac{r_K}{r_0}\right)^4 \cdot \frac{c_{p,K} \cdot \varrho_K}{c_{p,0} \cdot \varrho_0}, \tag{157a}$$

und unter der Annahme $c_{p,K} \cdot \varrho_K \approx c_{p,0} \cdot \varrho_0$ (für Wasser erhält man nach Tabelle 3 $\frac{c_{p,K} \cdot \varrho_K}{c_{p,0} \cdot \varrho_0} = 1{,}02$) gilt näherungsweise

$$\frac{\Delta T_0}{\Delta T_K} = \left(\frac{r_K}{r_0}\right)^4. \tag{157b}$$

Der Koagulationsradius

$$r_K = \sqrt[4]{\frac{\Delta T_0}{\Delta T_K}} \cdot r_0 \tag{158a}$$

beträgt bei dem angenommenen Modell

$$r_K \approx 1{,}29 \cdot r_0. \tag{158b}$$

Als Kurzzeitkoagulationstiefe beim monopolaren Verfahren resultiert

$$E_{KT,m} = r_K - r_0 = \left(\sqrt[4]{\frac{\Delta T_0}{\Delta T_K}} - 1\right) \cdot r_0 \tag{159a}$$

bzw. speziell mit den Gln. 155 u. 156

$$E_{KT,m} \approx 0{,}29 \cdot r_0 \approx 0{,}145 \cdot D. \tag{159b}$$

Diese Kurzzeiteindringtiefe E_{KT} ergibt sich experimentell bei sehr kurzer Koagulationszeit ($\Delta t < 1$ s) und relativ großer Leistung. Wird die Einwirkungsdauer bei entsprechender Reduzierung der Leistung erhöht, d. h. bei gleicher Energiezufuhr, gilt erfahrungsgemäß eine nach Gl. 145 ca. 7fach größere Eindringtiefe.

Aus dem meßtechnisch für bipolare Elektroden in Abb. 38 ermittelten Verlauf der Äquipotentiallinien kann kein einfacher analytischer Ausdruck für die Stromdichte abgeleitet werden, wie dies beim monopolaren Verfahren der Fall ist. Für die Temperaturdifferenz läßt sich aber mit den Gln. 142 u. 78 und der linken Seite von Gl. 151 der Zusammenhang

$$dT = \frac{1}{2} \cdot \frac{\varkappa}{\varrho \cdot c_p} \cdot \hat{E}^2 \cdot dt \tag{160}$$

angeben, wobei allerdings der funktionale Zusammenhang $\hat{E} = f(\hat{I})$ noch unbekannt ist und man je nach Form der Bipolarelektrode den durch Gl. 144 bestehenden Zusammenhang zwischen $\vec{E}$ und $\vec{J}$ aus dem gemessenen räumlichen Potentialverlauf des jeweiligen Strömungsfeldes ermitteln muß.

Aus dem auf Bipolarelektroden abgewandelten Modell mit einer Maximaltemperatur von $T_0 \approx 100\,°C$ direkt unterhalb der Elektroden folgt aus Gl. 160 für die Feldstärke $\hat{E}$ an der Koagulationsgrenze ($T_K \approx 60\,°C$)

$$\hat{E}(T_K) = \sqrt{\frac{\Delta T_K}{\Delta T_0}} \cdot \hat{E}(r_0)\,, \tag{161 a}$$

wobei $\hat{E}(r_0)$ der Scheitelwert der Feldstärke unmittelbar unterhalb der jeweiligen Bipolarelektrode ist.

Trägt man die aus Abb. 38 ermittelten Feldstärkewerte wegen der allgemeinen Gültigkeit als normierte Größe $|\vec{E}|' = \frac{\hat{E}}{\hat{E}(r_0)}$ als Funktion der normierten Gewebetiefe $z' = z/(D/3)$ auf, wobei $\frac{D}{3}$ die Elektrodenlänge und gleichzeitig der Elektrodenabstand ist, so ergibt sich der in Abb. 42 dargestellte Verlauf.

Mit den Zahlenwerten in Gl. 155 und Gl. 156 folgt aus Gl. 161

$$\hat{E}(r_K) = 0{,}6 \cdot \hat{E}(r_0)\,. \tag{161 b}$$

Diesem Wert entspricht in Abb. 42 die normierte Tiefe $z' \approx 0{,}75$, und damit ergibt sich nach Entnormierung für die Kurzzeitkoagulationstiefe beim bipolaren Verfahren

$$E_{KT,b} = z_K \approx 0{,}75 \cdot \frac{D}{3} = 0{,}25 \cdot D\,. \tag{162}$$

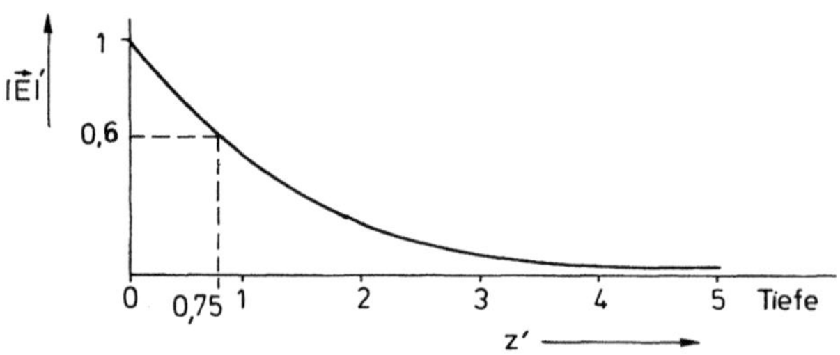

Abb. 42. Normierte Darstellung des Feldverlaufs als Funktion der Gewebetiefe entlang der Symmetrielinie der Bipolaranordnung nach Abb. 38

Diese für kurze Koagulationszeiten adäquaten Modelle für quasi homogenes Gewebe müssen bei längerer Wechselwirkung der HF-Energie mit dem biologischen Gewebe durch die Betrachtung der Wärmetransfermechanismen modifiziert werden.

2.4.4.4 Koagulationsmodell und Diskussion der Koagulationstiefe

Zur Berücksichtigung der Wärmeleitung wird von einer idealisierten Temperaturverteilung im Gewebe unmittelbar nach Koagulationsbeginn gemäß Abb. 43 ausgegangen. Dabei wird wie im vorherigen Abschnitt eine durch HF-Energiezufuhr

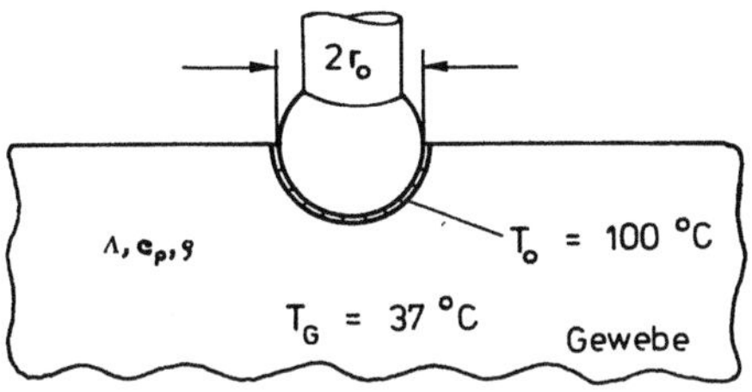

Abb. 43. Temperaturverteilung im Gewebe bei Koagulationsbeginn (t = 0)

und Wärmeabfuhr konstant gehaltene Temperatur $T_0 = 100\ °C$ unmittelbar an der Elektrodenoberfläche angenommen. Infolge der Wärmeleitung ergibt sich ein Ausgleichsvorgang, der zu einem zeitveränderlichen Temperaturfeld $T(\vec{r}, t)$ mit $\vec{r} = (r, \Theta, \varphi)$ führt. Bei Annahme eines homogenen Gewebes mit orts- und zeitunabhängigen Werten für die Stoffkenngrößen Λ, c_p und ϱ ist bei Fehlen innerer Wärmequellen und -senken, d. h. $q = 0$, das kugelsymmetrische Temperaturfeld $T(r, t)$ aus Gl. 128a

$$\frac{\partial T}{\partial t} = \frac{\Lambda}{\varrho \cdot c_p} \cdot \frac{1}{r^2} \cdot \frac{\partial}{\partial r}\left(r^2 \cdot \frac{\partial T}{\partial r}\right) = \frac{\Lambda}{\varrho \cdot c_p} \cdot \left[\frac{\partial^2 T}{\partial r^2} + \frac{2}{r} \cdot \frac{\partial T}{\partial r}\right] \tag{163}$$

zu bestimmen. Die zugehörigen Randbedingungen des vorliegenden Modells mit unendlich ausgedehntem Gewebe lauten dabei:

$$T(r, 0) = T_G = 37\ °C \quad \text{für} \quad r > r_0, \tag{164a}$$

$$T(r \to \infty, t) = T_G = 37\ °C \quad \text{für} \quad t \in [0, \infty], \tag{164b}$$

$$T(r_0, t) = T_0 = 100\ °C \quad \text{für} \quad t \in [0, t_0] \quad \text{und} \tag{164c}$$

$$\left(\frac{\partial T}{\partial r}\right)_{r_0} = -\frac{\alpha}{\Lambda} \cdot T(r_0), \tag{164d}$$

wobei t_0 das Ende der Energiezufuhr bedeutet und α der Wärmeübergangskoeffizient nach Gl. 132 ist.

Zur Ermittlung der Koagulationstiefe ist die Zeit t zu bestimmen, nach der sich der stationäre Zustand eingestellt hat. Unter Vernachlässigung der durch Wärmeentzug an der freien Gewebeoberfläche auftretenden Temperaturprofilbeeinflussung kann man hierzu eine phänomenologische Lösung finden und die in [59] angegebene Lösung für die Wärmeleitungsgleichung einer auf endlicher Temperatur befindlichen Kugel in homogenem Medium betrachten. Diese Lösung wird durch unendliche Reihen, die den Zeitterm $\exp\left(-n^2 \cdot \frac{\pi^2 \cdot b}{r_0^2} \cdot t\right)$ enthalten, dargestellt, d. h. es kann unmittelbar die Aussage getroffen werden, daß das Reihenglied mit dem niedrigsten Laufindex $n = 1$ die Einstellung des stationären Zustands bestimmt. Die Eigenschaft der Exponentialfunktion läßt es außerdem zu, die dafür maßgebende Zeitkonstante

$$\tau = \frac{r_0^2}{b \cdot \pi^2} = \frac{\varrho \cdot c_p}{\pi^2 \cdot \Lambda} \cdot r_0^2 \tag{165}$$

mit der Wärmeleitzahl b nach Gl. 129 anzugeben. In Abb. 44 sind die Zeitkonstanten τ als Funktion des Elektrodenradius r_0 für Wasser bei $T = 60\ °C$ und $100\ °C$ und für Blut bei $T \approx 35\ °C$ mit den nach Tabelle 3 gültigen Kennwerten dargestellt. Dabei können die für Wasser geltenden Kurven näherungsweise z. B. für stark durchblutetes Muskelgewebe stehen und die Blutwerte als den Verhältnissen an der Leber entsprechend (nach Tabelle 3) betrachtet werden. Für eine genauere quantitative Analyse fehlen derzeit noch die thermodynamischen Kennwerte biologischer Gewebe. Aus Abb. 44 läßt sich der Zeitbereich $\Delta t > \tau$ ablesen, für den bezüglich der Wärmeleitung der stationäre Zustand, d. h. $\frac{\partial T}{\partial t} = 0$, in Gl. 163 erreicht wird. Dies ist z. B. in Blut bei einem Durchmesser $D = 2 \cdot r_0 = 2$ mm der Koagulationselektrode für $\Delta t \gtrsim 0{,}86$ s der Fall. Der stationäre Zustand der Wärmeleitung ist dabei nicht notwendigerweise mit dem zeitlichen Abschluß der nach 2.4.1 möglichen Stufen einer HF-Einwirkung identisch, d. h. die Gewebeaustrocknung kann auch danach noch weiter fortschreiten.

Zur Beurteilung der Frage, wie schnell sich die Wärme im Gewebe ausbreitet, wird zunächst das nach Gl. 154 ermittelte und in Abb. 41 dargestellte Temperatur-Zeit-Verhalten betrachtet. Hierzu ist in Abb. 45 die Zeitdifferenz Δt ($\Delta t = t - t_0$ = Stromfluß- bzw. Koagulationsdauer; für $t < t_0$ ist $P = 0$) als Funktion des Abstands (Gewebetiefe) $r - r_0$ von der Kugelelektrodenoberfläche aufgetragen. Die a und b zugeordneten Kurvenzüge entsprechen den in Abb. 41 gewählten Parametern, d. h. a) $P = 200$ W und $R_ü \approx 480\ \Omega$ bei $r_0 = 1$ mm oder $\frac{P}{R_ü} \approx 0{,}42\ A^2$ bei gleichem oder anderem r_0-Wert und b) $P = 20$ W und $R_ü \approx 480\ \Omega$ bei $r_0 = 1$ mm oder $\frac{P}{R_ü} = 0{,}042\ A^2$ bei gleichem oder anderem r_0-Wert unter jeweiliger Beachtung der Gültigkeitsgrenzen.

Abbildung 45 enthält insbesondere die für die nach Gl. 155 und Gl. 156 geltenden Temperaturdifferenzen ΔT_0 und ΔT_K in der jeweiligen Gewebetiefe erforderlichen Einwirkungszeiten Δt. So wird z. B. nach $\Delta t = 1$ s im Fall b in einer Gewebe-

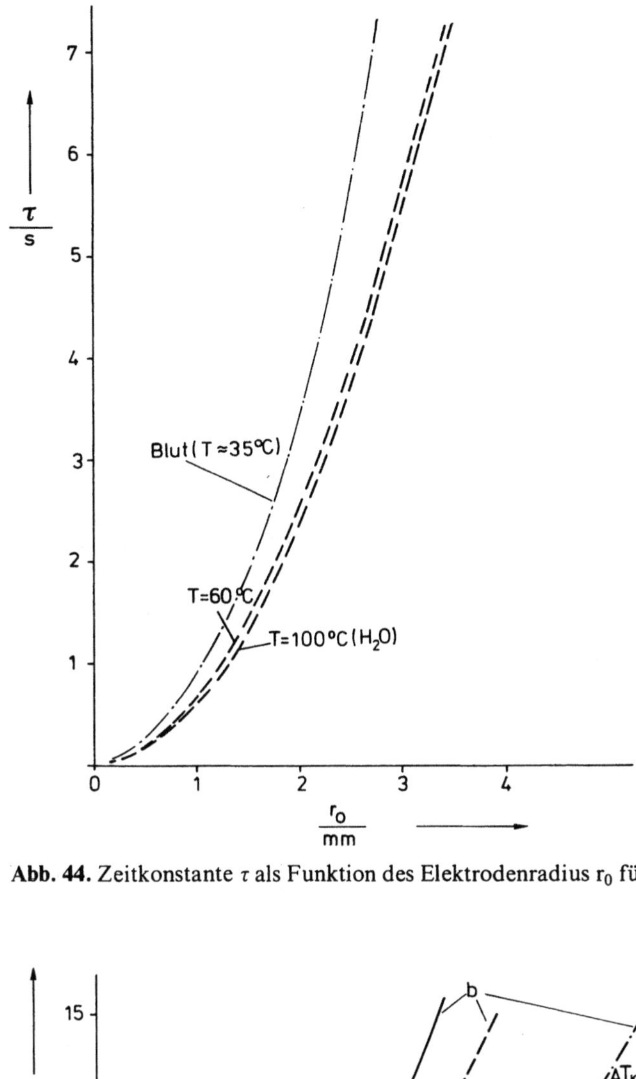

Abb. 44. Zeitkonstante τ als Funktion des Elektrodenradius r_0 für Wasser und Blut

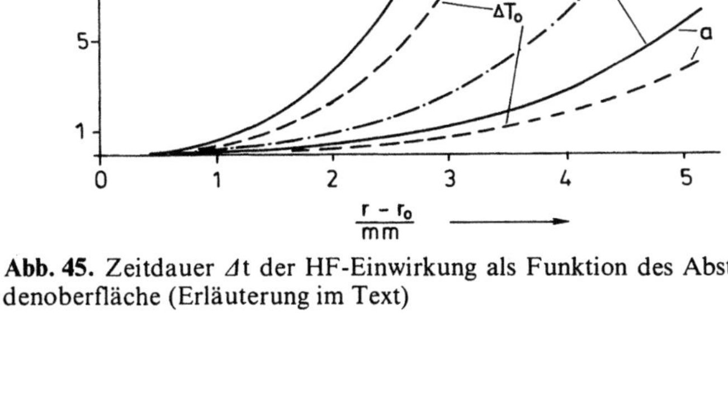

Abb. 45. Zeitdauer Δt der HF-Einwirkung als Funktion des Abstands $r - r_0$ von der Elektrodenoberfläche (Erläuterung im Text)

tiefe $r - r_0 \approx 1{,}5$ mm bereits eine Temperaturerhöhung von ca. 63 K erreicht, d. h. die Gewebetemperatur liegt dann theoretisch bei 100 °C. Die Koagulationsgrenze liegt entsprechend $\Delta T_K = 23$ K (nach Gl. 156) nach $\Delta t = 1$ s im Fall b bei $r - r_0 \approx 2{,}2$ mm und nach $\Delta t = 5$ s bei $r - r_0 \approx 3{,}7$ mm. Dieses einfache Modell berücksichtigt natürlich nur bedingt die Wärmeabfuhr durch den Kontakt der metallischen Elektrode mit dem Gewebe (vgl. 2.4.4.3). Trotzdem geben die dargestellten Isothermen, die nach Gl. 152 vom Quadrat der Stromdichte abhängen, im Temperaturbereich $\vartheta \lesssim 100$ °C die nach eigenen experimentellen Erfahrungen zu erwartenden Koagulationstiefen größenordnungsmäßig richtig wieder.

Die Ausbreitungsgeschwindigkeit v_T der Isothermen ergibt sich aus der mit wachsender Einwirkungszeit Δt größer werdenden Gewebetiefe $r - r_0$ zu

$$v_T = \frac{d(r - r_0)}{d(\Delta t)} \approx \frac{\Delta(r - r_0)}{\Delta(\Delta t)} = \frac{r_2(t_2) - r_1(t_1)}{t_2 - t_1}. \tag{166}$$

Die nach Gl. 166 ermittelte theoretische Isothermenausbreitungsgeschwindigkeit v_T ist für die Fälle a und b aus der Darstellung $\Delta T = f(r)$ nach Abb. 41 für Zeitintervalle $\Delta t = 1 - 2$ s, d. h. $\Delta t > \tau$ (Zeitkonstante nach Gl. 165) in Abb. 46 dargestellt.

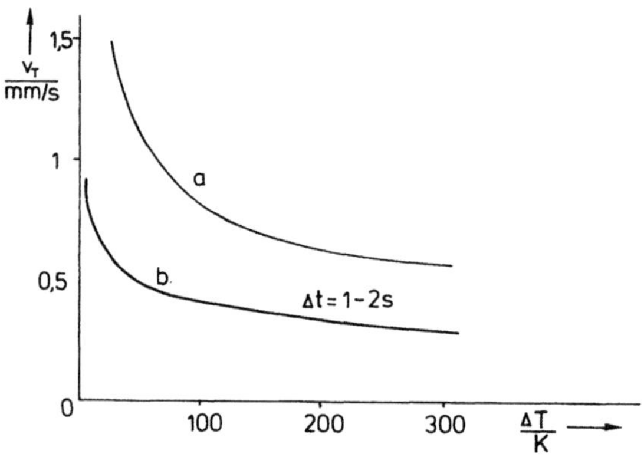

Abb. 46. Isothermenausbreitungsgeschwindigkeit v_T als Funktion der Temperaturdifferenz ΔT (Fall *a* und *b* entsprechend Abb. 41)

Für $\Delta T_K = 23$ K ist danach mit einer Ausbreitungsgeschwindigkeit im Bereich $v_T = 0{,}6 - 1{,}5$ mm/s zu rechnen. Zum Vergleich ergibt sich mit den für organische Gewebe nach Tabelle 3 geltenden Werten eine Wärmeleitzahl $b \approx 0{,}12 - 0{,}2$ mm²/s (Wasser: $b \approx 0{,}13$ mm²/s, Kupfer: $b \approx 110$ mm²/s [151], S. 141), die nach den Ausführungen von 2.3.4 für die zum Temperaturausgleich erforderliche Zeit maßgebend ist.

Für die Isothermenausbreitungsgeschwindigkeit v_T kann durch Auflösung der Gl. 154 nach dem Radius r unter Anwendung von Gl. 166 für konstante Temperatur die Beziehung

$$v[r(\Delta T), \Delta t] = \left.\frac{dr}{d(\Delta t)}\right|_{T = \text{const.}} = \frac{1}{4} \cdot \frac{r}{\Delta t}, \tag{167}$$

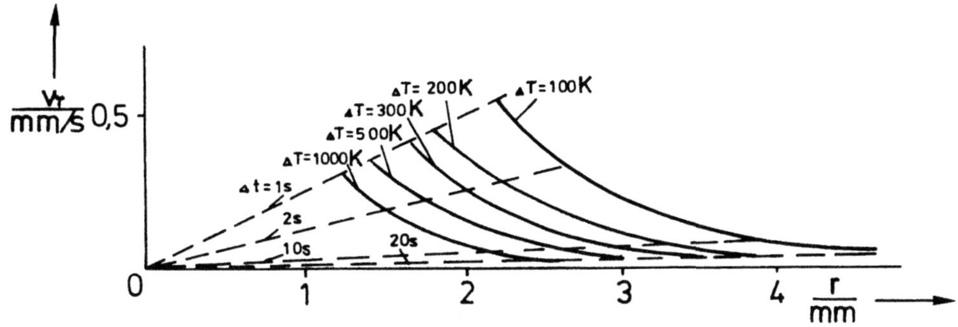

Abb. 47. Isothermenausbreitungsgeschwindigkeit v_T als Funktion des Radius r (Parameter: ΔT und Δt)

abgeleitet werden. Die sich aus Gl. 167 ergebenden Kurvenscharen für $v_T(\Delta T, \Delta t)$ sind in Abb. 47 für die Bereiche $\Delta T = 100-1000$ K und $\Delta t = 1-20$ s für Fall b nach Abb. 41 und Abb. 45 als Funktion des Radius r dargestellt.

Im stationären Zustand der Wärmeleitung, d. h. $\frac{\partial T}{\partial t} = 0$, vereinfacht sich die Wärmeleitungsgleichung (163) zu

$$\frac{\partial^2 T}{\partial r^2} + \frac{2}{r} \cdot \frac{\partial T}{\partial r} = 0, \tag{168}$$

deren allgemeine Lösung $T = \frac{A}{r} + B$ ist. Unter Beachtung der Randbedingungen nach Gl. 164 erhält man die Konstanten A und B aus $T(r \to \infty) = T_G = B$ und $T(r_0) = T_0 = \frac{A}{r_0} + B$ zu $A = (T_0 - T_G) \cdot r_0$. Damit lautet die Lösung für die Temperatur

$$T(r) = (T_0 - T_G) \cdot \frac{r_0}{r} + T_G. \tag{169}$$

Hieraus läßt sich der Radius $r_{K,S}$ bestimmen, bei dem die Temperatur T gerade gleich der Koagulationstemperatur $T_K = 60$ °C wird:

$$r_{K,S} = \frac{T_0 - T_G}{T_K - T_G} \cdot r_0 = \frac{\Delta T_0}{\Delta T_K} \cdot r_0. \tag{170}$$

Mit den der bisherigen Analyse zugrunde gelegten Zahlenwerten $T_0 = 100$ °C und $T_G = 37$ °C resultiert hieraus ein Wert $r_{K,S} = 2{,}74 \cdot r_0$ und damit eine dynamische Koagulationseindringtiefe

$$E_{KT,D} = r_{K,S} - r_0 = \frac{T_0 - T_K}{\Delta T_K} \cdot r_0, \tag{171 a}$$

d. h. mit den gewählten Zahlenwerten nach Gl. 155 und 156

$$E_{KT,D} = 1{,}74 \cdot r_0 = 0{,}87 \cdot D. \tag{171 b}$$

In Abb. 48 ist die Koagulätionstiefe $E_{KT,D}$ als Funktion der Gewebetemperatur unmittelbar unter der Elektrodenoberfläche aufgetragen. Da eine Temperatur $T_K = 60\,°C$ nicht notwendigerweise eine vollständige Gewebekoagulation garantiert, sondern unter Idealbedingungen nur als theoretischer Wert anzusehen ist, wurde T_K als Parameter gewählt. Darüber hinaus ist die Koagulationstiefe eine Funktion der tatsächlich vorliegenden Gewebetemperatur, die je nach bei der Behandlung vorliegenden Bedingungen bei $T_G \approx 35-40\,°C$ liegen kann. Damit resultiert für die Koagulationstiefe bei $T_0 = 100\,°C$ ein Bereich $E_{KT,D} \approx 0{,}8 - 1 \cdot D$. Eine genauere Angabe ist unter Berücksichtigung der bei verschiedenen Behandlungen variablen Bedingungen praktisch nicht möglich.

Bei der experimentellen Nachprüfung dieser theoretischen Ergebnisse am Gewebephantom bzw. bei In-vitro-Versuchen an Lebergewebe gilt z.B. für $T_G = 20\,°C$ nach Gl. 171a $E_{KT,D} = 0{,}5 \cdot D$. Abbildung 49a zeigt den dabei erzielten Koagulationsbereich (durchgezogene Linie entspricht dem Koagulationsrand; s. auch Tafel I, 3). Zu beachten ist, daß sich die Deformation (Abweichung von der Kugelsymmetrie) des Koagulationsgebiets erst nach Wegnahme der während der Koagulation eingedrückten Kugelelektrode ergibt.

Die gestrichelte Kurve gibt die Koagulationsgrenze unter simulierter Behandlungsbedingung wieder (halbeingedrückte Elektrode in nachgiebiges, reversibel

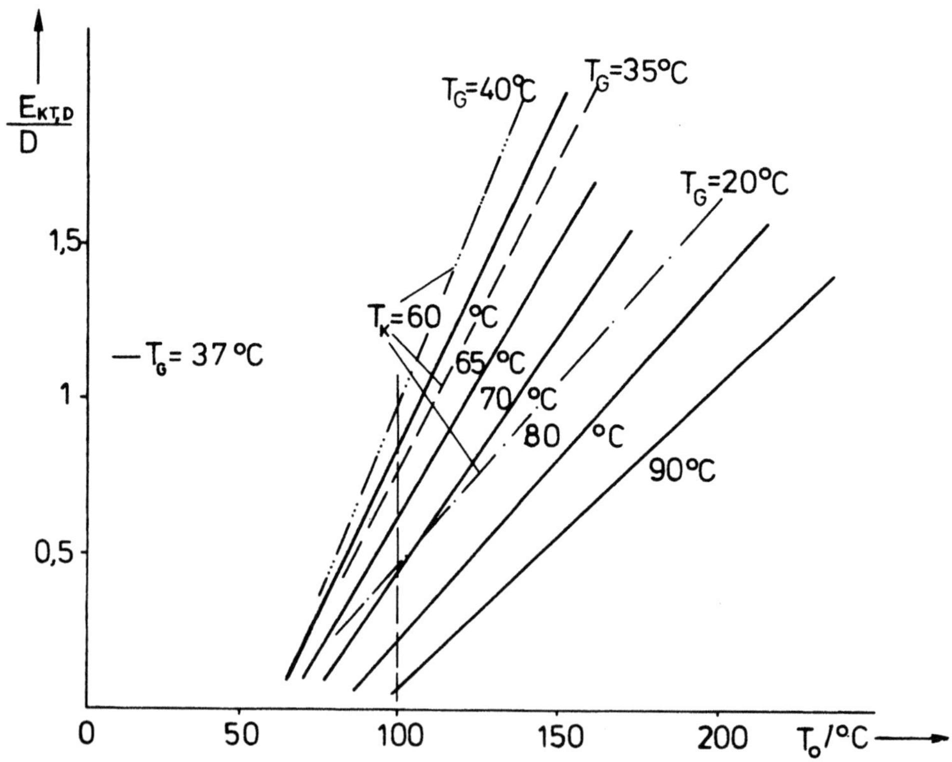

Abb. 48. Koagulationstiefe $E_{KT,D}$ als Funktion der maximalen Temperatur T_0 am Gewebe-Elektrode-Kontakt (Parameter: Koagulationstemperatur T_K; *ausgezogene Kurvenschar:* $T_G = 37\,°C$)

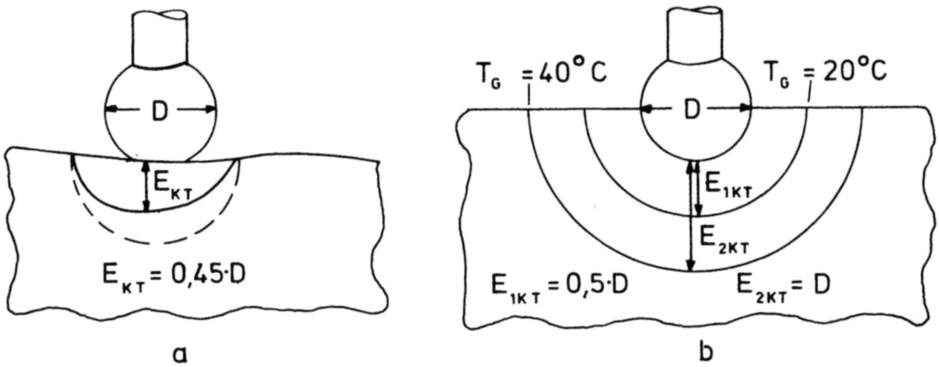

Abb. 49 a, b. Koagulationstiefe beim monopolaren Verfahren. **a** Experimentell am Lebergewebe bei $T_G = 20$ °C erzielter Koagulationsbereich, **b** theoretische Koagulationstiefe nach Gl. 171 für $T_G = 20$ °C und 40 °C

deformierbares Gewebe). Der Vergleich der experimentell ermittelten mittleren Koagulationstiefe $E_{KT} \approx 0{,}45 \cdot D$ zeigt eine sehr gute Übereinstimmung mit dem theoretischen Wert $E_{1KT} = 0{,}5 \cdot D$, der aus der Darstellung in Abb. 49b zu ersehen ist. $T_G = 40$ °C bedeutet demgegenüber eine theoretische Verdopplung der Koagulationstiefe, d.h. In-vitro-Versuche können zwar zur Orientierung und zur größenordnungsmäßigen Abschätzung der Koagulationstiefe herangezogen werden – zur Einübung bzw. zum Erlernen der Methode sollten sie in jedem Falle von allen Verantwortlichen empfohlen werden –, eine Überschätzung der Übertragbarkeit auf lebendes organisches Gewebe kann aber zu praktischen Fehlerfolgen führen.

Neben den rein thermodynamischen Kenngrößen Λ, ϱ und c_p des biologischen Gewebes ändert sich auch die für die Wärmeentwicklung bei der Umwandlung der HF-Energie in Wärme entscheidende elektrische Stoffkenngröße – die elektrische Leitfähigkeit $\varkappa$ – als Funktion der Temperatur. Während bislang praktisch keine Meßergebnisse zur Temperaturabhängigkeit der genannten thermodynamischen Größen in dem bei der Koagulation interessierenden Temperaturbereich vorliegen und man sich an den nach Tabelle 3 bekannten Werten für Wasser orientieren muß, kann man den Einfluß der meßtechnisch ermittelten Temperaturabhängigkeit der Leitfähigkeit auf den Koagulationsverlauf phänomenologisch interpretieren. Dazu wird das in Abb. 50 dargestellte Ergebnis der Leitfähigkeitsmessung im MHz-Bereich an schlachtfrischer Schweineleber als Funktion der Temperatur herangezogen. Der Temperaturkoeffizient $\alpha_\varkappa = \frac{1}{\varkappa} \cdot \frac{\Delta\varkappa}{\Delta T}$ liegt dabei mit $1 - 1{,}5\%/K$ etwas niedriger, als er für Leber mit $2\%/K$ nach Tabelle 2 im Bereich $f = 25 - 100$ MHz angegeben wird, aber der gemessene Leitfähigkeitsanstieg bestätigt die theoretischen Ausführungen zur Temperaturabhängigkeit von $\varkappa$ in 2.4.1. Nach Gl. 151 ist daher auch die Umwandlung der bei der HF-Koagulation zugeführten HF-Energie in Wärme eine Funktion der Temperatur und wegen des angegebenen Temperaturfeldes auch eine Funktion des Ortes, d.h. in Bereichen, die weiter von der Koagulationselektrode entfernt sind, wird wegen der dort geringeren Temperaturerhöhung und damit auch geringeren elektrischen Leitfähigkeit

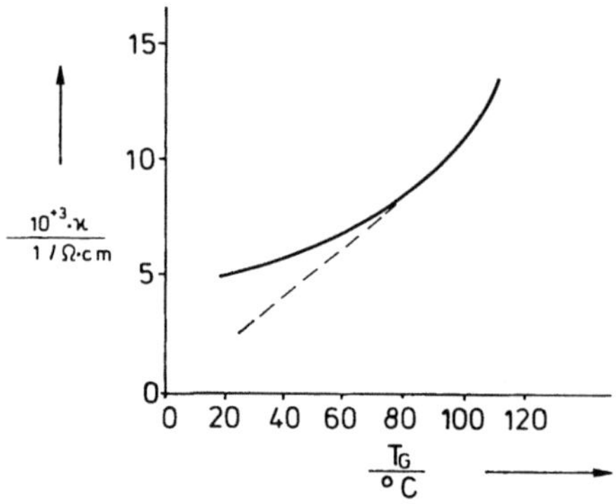

Abb. 50. Elektrische Leitfähigkeit $\varkappa$ als Funktion der Gewebetemperatur T_G (Material: Schweineleber)

relativ mehr HF-Energie in Wärme umgewandelt, als es der vorstehenden Analyse mit konstantem $\varkappa$-Wert entsprechen würde. Infolge der Reihenschaltung von differentiellen Kugelschalen mit vom Kugelzentrum aus abnehmender Leitfähigkeit ergibt sich in Übereinstimmung mit den Ausführungen in 2.3.2.1 zu Abb. 27 ein leitfähigkeitsbedingter zusätzlicher Temperaturgradient, der sich makroskopisch in einer größeren Tiefenwirkung, d. h. Vergrößerung der Koagulationstiefe, äußert.

Die vom Praktiker häufig gestellte Frage, ob sich beim bipolaren Verfahren eine geringere Koagulationstiefe erreichen läßt als beim monopolaren Verfahren, kann nicht allgemein gültig und auch nicht unmittelbar für eine spezielle Anordnung aus einem Vergleich der Ergebnisse in Gl. 159b und Gl. 162 beantwortet werden (vgl. Tafel II, 7 und Tafel V, 1 a, b). Dazu ist neben gleichen Versuchsbedingungen insbesondere bezüglich Gewebe, Temperatur und Energiezufuhr auch die geometrische Form und Anordnung der verwendeten Elektroden maßgebend. Für das in 2.4.4.2 gemessene Potentialfeld einer Bipolaranordnung ergeben sich die Isothermen nach Gl. 160 aus den Linien konstanter Feldstärke. In Analogie zum monopolaren Verfahren beginnt auch beim bipolaren Verfahren die Koagulation in den obersten Schichten des Gewebes, d. h. es ist der Leitfähigkeitsanstieg mit wachsender Temperatur zu berücksichtigen. Da aber im Gegensatz zum monopolaren Verfahren hier die Gewebeschichten zwischen den beiden gleichwertigen Elektroden parallelgeschaltet sind, wird infolge der Leitfähigkeitserhöhung eine relativ größere Stromdichte in den oberen Schichten vorhanden sein, als sie sich bei einem konstanten $\varkappa$-Wert ergeben würde. Hieraus kann erwartet werden, daß der Koagulationseffekt oberflächlicher bleibt als beim monopolaren Verfahren. Der Leitfähigkeitseffekt darf andererseits nicht überbewertet werden, da die Leitfähigkeit sich im hier interessierenden Temperaturbereich zwar ungefähr um den Faktor 2 erhöhen kann, aber wegen der räumlichen Stetigkeit dieser Leitfähigkeitserhöhung mit der Temperatur hinsichtlich der Wirksamkeit ein kontinuierlicher Einfluß zu erwarten ist.

Berücksichtigt man diese leitfähigkeitsbedingte Modifikation in der Isothermendarstellung, so läßt sich bei der betrachteten Anordnung der Bipolarelektroden der in Abb. 51 dargestellte Verlauf erwarten.

Wird auch in diesem Fall von einer konstanten Maximaltemperatur $T_0 = 100$ °C ausgegangen, so läßt sich die weitere Betrachtung der Wärmeleitung an dem Modell in Abb. 52 durchführen. Für eine im homogenen Gewebe auf der Temperatur

T_0 befindliche infinitesimale Scheibe des Durchmessers $D = 2 \cdot r_0$ erhält man unter Beachtung der geometrischen Verhältnisse und der Zylindersymmetrie für das Temperaturfeld T (r, z, t) aus Gl. 128 mit $q = 0$ die stationäre Wärmeleitungsgleichung $\left(\frac{\partial T}{\partial t} = 0\right)$

$$\frac{\partial^2 T}{\partial r^2} + \frac{1}{r} \cdot \frac{\partial T}{\partial r} + \frac{\partial^2 T}{\partial z^2} = 0 \tag{172}$$

mit den zugehörigen Randbedingungen:

$$T(r, 0) = T_0 = 100\,°C \quad \text{für} \quad r \in [0, r_0], \tag{173a}$$

$$T(r \to \infty, z) = T_G = 37\,°C \quad \text{für alle } z \tag{173b}$$

und

$$T(r, z \to \infty) = T_G = 37\,°C \quad \text{für alle } r. \tag{173c}$$

In [59], S. 215, wird eine Lösung dieses Wärmeleitungsproblems angegeben, die sich für die vorliegenden Verhältnisse auf die Form

$$T(r, z) = \frac{2 \cdot (T_0 - T_G)}{\pi} \cdot \int_0^\infty e^{-u \cdot |z|} \cdot J_0(u \cdot r) \cdot \sin(u \cdot r_0) \cdot \frac{du}{u} + T_G \tag{174a}$$

bringen läßt; dabei ist $J_0(u \cdot r)$ die BESSEL-Funktion 0. Ordnung, 1. Art vom Argument $u \cdot r$. Unter Berücksichtigung der Halbebene $z \geqq 0$, in der das vorliegende Wärmeprofil ermittelt werden soll, erhält man nach Ausführung der Integration

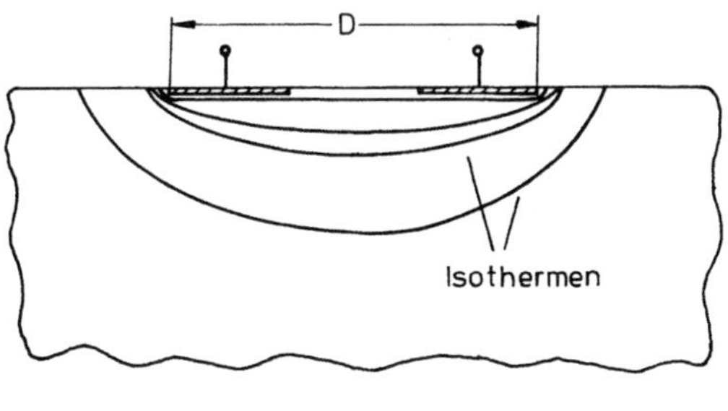

Abb. 51. Verlauf der Isothermen beim bipolaren Verfahren

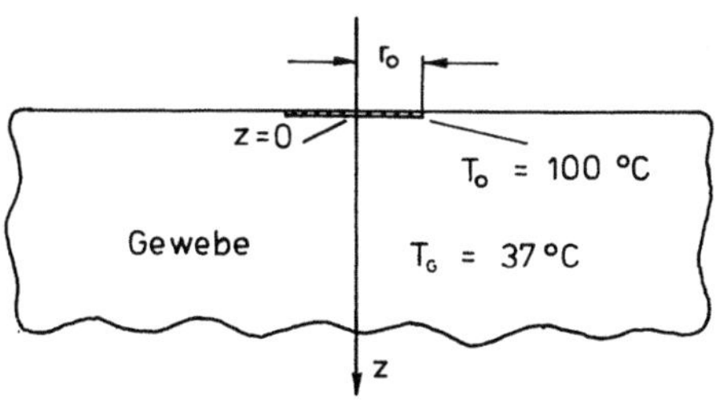

Abb. 52. Modell zur Berechnung der Wärmeleitung

und nach Berücksichtigung der Randbedingungen

$$T\,(r, z) = \frac{2 \cdot (T_0 - T_G)}{\pi} \cdot \arcsin\left[\frac{2 \cdot r_0}{\sqrt{(r - r_0)^2 + z^2} + \sqrt{(r + r_0)^2 + z^2}}\right] + T_G. \qquad (174\,b)$$

Für z = 0 folgt daraus

$$T\,(r, 0) = \frac{2 \cdot (T_0 - T_G)}{\pi} \cdot \arcsin\left(\frac{r_0}{r}\right) + T_G \quad \text{für} \quad r > r_0 \qquad (175\,a)$$

und

$$T\,(r, 0) = T_0 \qquad \text{für} \quad 0 \leqq r \leqq r_0. \qquad (175\,b)$$

Für r = 0 erhält man nach einigen Umformungen:

$$T\,(0, z) = \frac{2 \cdot (T_0 - T_G)}{\pi} \cdot \operatorname{arccot}\left(\frac{z}{r_0}\right) + T_G. \qquad (176)$$

Die Gln. 175 und 176 sind in Abb. 53 a, b dargestellt.

Mit der Annahme $T_K = 60\,°C$ als Minimaltemperatur für eine Koagulation folgt aus Gl. 175 bei z = 0 für den Koagulationsradius (seitliche Ausdehnung) nach einigen Umformungen

$$E_{KT,r} = r_{K,r} = \frac{r_0}{\sin\left(\frac{\pi}{2} \cdot \frac{\Delta T_0}{\Delta T_K}\right)} \qquad (177\,a)$$

und mit den Zahlenwerten nach Gl. 155 und Gl. 156 bei $T_G = 37\,°C$

$$r_{K,r}\,(37\,°C) \approx 1{,}84 \cdot r_0 \qquad (177\,b)$$

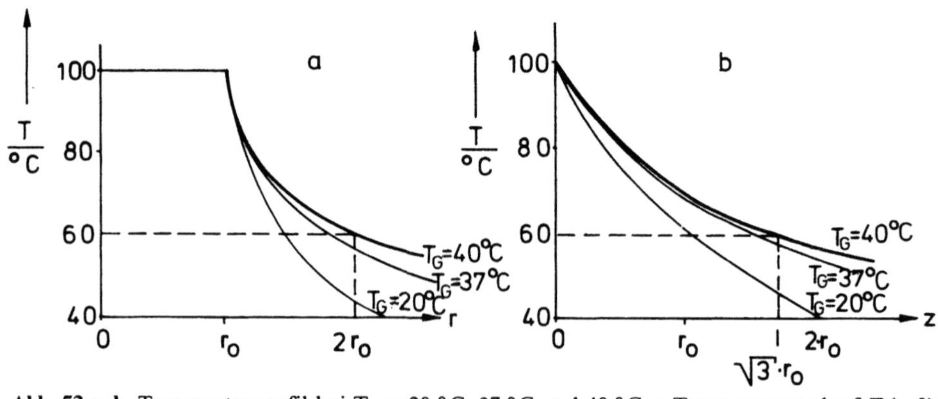

Abb. 53 a, b. Temperaturprofil bei $T_G = 20\,°C$, $37\,°C$ und $40\,°C$. **a** Temperaturverlauf $T\,(r, 0)$ an der Gewebeoberfläche (z = 0) als Funktion des Radius *r*; **b** Temperaturverlauf $T\,(0, z)$ in der Symmetrieachse ($z \geqq 0$) als Funktion der Gewebetiefe *z*

bzw. bei $T_G = 20\,°C$

$$r_{K,r}(20\,°C) = \sqrt{2} \cdot r_0. \tag{177c}$$

Aus Gl. 176 folgt für $T = T_K$ die Koagulationstiefe in der Symmetrieachse

$$E_{KT,z} = z_K = r_0 \cdot \cot\left(\frac{\pi}{2} \cdot \frac{\Delta T_K}{\Delta T_0}\right) \tag{178a}$$

und nach Einsetzen der Zahlenwerte für $T_G = 37\,°C$

$$z_K(37\,°C) \approx 1{,}55 \cdot r_0 \tag{178b}$$

bzw. bei $T_G = 20\,°C$

$$z_K(20\,°C) = r_0\,. \tag{178c}$$

Die seitliche Ausdehnung der Koagulation liegt für $T_G = 20-40\,°C$ bei

$$E_{KT,r}(T_G) = \left(\frac{1}{\sqrt{2}} \text{ bis } 1\right) \cdot D, \tag{179}$$

und für die Koagulationstiefe ergibt sich im gleichen Gewebetemperaturbereich für eine Bipolarelektrode mit dem Durchmesser $D = 2 \cdot r_0$

$$E_{KT,z}(T_G) = \left(1 \text{ bis } \frac{\sqrt{3}}{2}\right) \cdot D. \tag{180}$$

Setzt man in Gl. 174 b $T(r,z) = T(r, z_K(r)) = T_K$, so kann man diese Gleichung nach $z_K(r)$ auflösen. Für $T_G = 40\,°C$ und näherungsweise auch für $T_G = 37\,°C$ erhält man dabei mit den Gln. 155 und 156 nach zahlreichen, aber einfachen Umrechnungen

$$z_K(r) = \frac{r_0}{2} \cdot \sqrt{12 - 3 \cdot \left(\frac{r}{r_0}\right)^2}. \tag{181}$$

Für $z_K \geqq 0$ ergibt sich daraus die für $r \leqq 2 \cdot r_0$, d.h. innerhalb des theoretischen Koagulationsbereichs gültige Ellipsengleichung

$$\frac{z^2}{3 \cdot r_0^2} + \frac{r^2}{4 \cdot r_0^2} = 1 \tag{182a}$$

mit den beiden Halbachsen $a_1 = 2 \cdot r_0$ und $a_2 = \sqrt{3} \cdot r_0$ sowie der linearen Exzentrizität $e = 0{,}5$. Dieser Verlauf ist in Abb. 54 dargestellt.

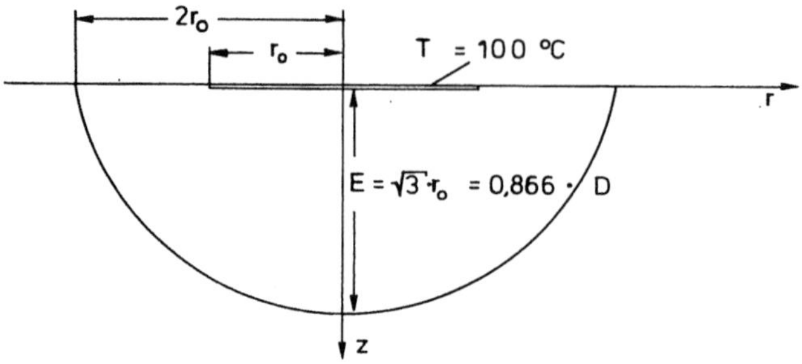

Abb. 54. Verlauf der Koagulationsgrenze $z_K(r)$ als Funktion des Radius ($T_G = 40\,°C$, $T_K = 60\,°C$)

Zur experimentellen Überprüfung der theoretischen Koagulationsgrenze wurden auch hier Phantomversuche bzw. In-vitro-Untersuchungen am Lebergewebe bei $T_G = 20\,°C$ durchgeführt. In diesem Fall läßt sich ebenfalls nach einigen Umformungen eine theoretisch für $r \leqq \sqrt{2} \cdot r_0$ gültige Ellipsengleichung

$$\frac{z^2}{r_0^2} + \frac{r^2}{(\sqrt{2} \cdot r_0)^2} = 1 \tag{182b}$$

mit den Halbachsen $a_1 = \sqrt{2} \cdot r_0$, $a_2 = r_0$ und $e = \frac{1}{\sqrt{2}}$ herleiten.

In Abb. 55a ist der Mittelwert der experimentell erzielten Koagulationsgrenze dargestellt, und Abb. 55b enthält zum Vergleich die bei $T_G = 20$ bzw. $40\,°C$ theoretisch zu erwartenden Koagulationsgrenzen.

Aus einem Vergleich der Koagulationsgrenzen in Abb. 49 und Abb. 55 läßt sich erkennen, daß die experimentell erzielten Koagulationstiefen bei beiden Verfahren vergleichbar sind (vgl. auch Tafel II, 7). Theoretisch ergeben sich bei $T_G = 20\,°C$ die gleichen Zahlenwerte, während bei $T_G = 37-40\,°C$ die theoretische Koagulationstiefe beim monopolaren Verfahren um ca. 13% größer ist als beim bipolaren Verfahren mit einer Elektrode des gleichen Durchmessers. Eine Änderung der Elektrodenform erfordert grundsätzlich in beiden Verfahren eine neue Berechnung des Temperaturprofils. Es kann aber davon ausgegangen werden, daß die Größenordnung der Koagulationstiefe vergleichbar bleibt, was den praktischen Erfahrungen mit sehr vielen Varianten der hier betrachteten Elektrodenformen entspricht.

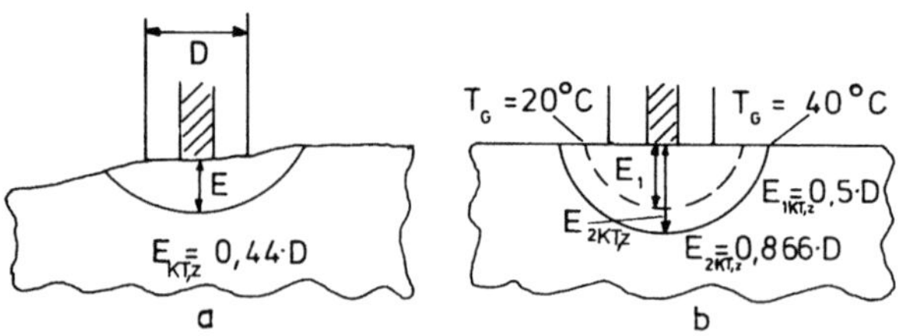

Abb. 55 a, b. Koagulationstiefe beim bipolaren Verfahren. **a** Experimentell an Lebergewebe bei $T_G = 20\,°C$ erzielter Koagulationsbereich (Tafel II, 6b), **b** theoretische Koagulationsgrenzen nach Gl. 177 und Gl. 178 für $T_G = 20\,°C$ und $40\,°C$

Die Berechnung des jeweiligen Temperaturprofils zeigt deutlich, daß das Gewebe durch HF-Energiezufuhr und Wärmeumwandlung relativ schnell auf Werte im Bereich der Koagulationstemperatur T_K und darüber erwärmt werden kann (vgl. Abb. 41) und daß der Vorgang der Wärmeleitung in das der Koagulationszone benachbarte Gewebe ohne HF-Energiezufuhr relativ langsam erfolgt, d. h. zu Beginn der Erwärmung in praktischen Fällen unberücksichtigt bleiben kann.

Der Wärmeentzug ΔQ_V durch eine metallische Elektrode z. B. Edelstahl, $\varrho \approx 8 \cdot 10^3 \frac{kg}{m^3}$ läßt sich nach Gl. 78 mit $c_p \approx 0{,}48 \frac{kJ}{kg \cdot K}$ durch $\Delta Q_V \approx 0{,}16\,Ws \cdot \frac{r_0^3}{mm} \cdot \frac{\Delta T}{10\,K}$ abschätzen, d. h. er ist für eine Kugelelektrode mit $r_0 \approx 1$ mm bei einer Temperaturerhöhung um 10 K mit $\Delta Q_V \approx 0{,}16$ Ws vernachlässigbar, muß aber z. B. bei einer relativ großen Elektrode ($r_0 \approx 5$ mm), wie sie zur großflächigen Blutstillung bei Parenchymschnittblutungen (vgl. 2.4.4.5) eingesetzt werden, mit $\Delta Q_V \approx 20$ Ws in der Wärmebilanz berücksichtigt werden. Nach eigenen experimentellen Untersuchungen kann bei diesen großflächigen Elektroden (Kugel oder Platte) der Fall eintreten, daß die Koagulation in einer bestimmten Gewebetiefe beginnt, während unmittelbar unter der Elektrode wegen des Wärmeentzugs eine zur Koagulation nicht ausreichende Temperatur vorliegt und somit auch die Voraussetzung einer konstanten Maximaltemperatur zur Ermittlung der Eindringtiefe nicht mehr gültig ist. Diese Erkenntnis hat u. a. zum auf S. 160 beschriebenen praktischen Einsatz von kleineren Kugelelektroden auch bei der Stillung parenchymatöser Blutungen geführt.

Es soll nun noch der Wärmeleitungseinfluß bei der Koaptation (vgl. 2.4.4.1) z. B. eines abgeklemmten Blutgefäßes oder eines Gewebestückes der Dicke d zwischen den beiden Schenkeln einer Pinzette oder Klemme (monopolares bzw. bipolares Verfahren) betrachtet werden. Macht man vereinfachend die Annahme, daß sich zwischen den metallischen Elektroden ein homogenes Gewebe befindet, so läßt sich bei Λ, c_p, $\varrho = \text{const.}|_T$ und $q = 0$, d. h. ohne Berücksichtigung der Blutströmung und der damit verbundenen Wärmeabfuhr, aus Gl. 128 in der Symmetrieebene die näherungsweise gültige Wärmeleitungsgleichung

$$\frac{\partial T}{\partial t} = b \cdot \frac{\partial^2 T}{\partial z^2} \tag{183}$$

mit der Wärmeleitzahl b nach Gl. 129 aufstellen, deren allgemeine Lösung mit dem Ansatz $T(z, t) = T_z(z) \cdot T_t(t)$ auf

$$T(z, t) = e^{-b \cdot n^2 \cdot t} \cdot [G \cdot \cos(n \cdot z) + H \cdot \sin(n \cdot z)] \tag{184}$$

führt, wobei n ein Laufindex und G und H beliebige Konstanten sind. Wird auch hier von einer Maximaltemperatur T_0 unmittelbar unter den Elektroden ausgegangen, so erhält man mit den Randbedingungen

$$T(0, t) = T(d, t) = T_0 = 100\,°C \quad \text{für} \quad t \in [0, \infty] \tag{185a}$$

und

$$T(z, 0) = T_G = 37\,°C \qquad \text{für} \quad z \in [0, d] \tag{185b}$$

nach [47] die für das vorliegende Modell modifizierte Lösung

$$T(z, t) = T_0 + \frac{2}{d} \cdot \sum_{n=1}^{n=\infty} \left[\exp\left\{ -\left(\frac{n \cdot \pi \cdot \sqrt{b}}{d} \right)^2 \cdot t \right\} \cdot \sin\left(\frac{n \cdot \pi \cdot z}{d} \right) \cdot \int_{\zeta=0}^{\zeta=d} (T_G - T_0) \cdot \sin\left(\frac{n \cdot \pi \cdot \zeta}{d} \right) \cdot d\zeta \right] \tag{186a}$$

und nach Integration und Umformung

$$T(z, t) = T_0 - (T_0 - T_G) \cdot \frac{4}{\pi} \cdot \sum_{n=0}^{n=\infty} \left\{ \exp\left\{ \left[\frac{(2 \cdot n + 1) \cdot \pi \cdot \sqrt{b}}{d} \right]^2 \cdot t \right\} \cdot \frac{\sin\left[\frac{(2 \cdot n + 1) \cdot \pi \cdot z}{d} \right]}{(2 \cdot n + 1)} \right\}. \tag{186b}$$

In einer weiteren Näherung wird zunächst nur das die Zeitkonstante bestimmende 1. Summenglied betrachtet

$$T(z, t) \approx T_0 - (T_0 - T_G) \cdot \frac{4}{\pi} \cdot \exp\left\{ -\left(\frac{\pi \cdot \sqrt{b}}{d} \right)^2 \cdot t \right\} \cdot \sin \frac{\pi \cdot z}{d} \tag{186c}$$

mit der Zeitkonstante

$$\tau = \frac{d^2}{b \cdot \pi^2}, \tag{187}$$

die quadratisch von der Dicke der Gewebeschicht bzw. vom Durchmesser des Blutgefäßes abhängt (vgl. Gl. 165).

Als praktisches Beispiel wurde eine Gewebeschicht der Dicke $d = 2$ mm bzw. ein Blutgefäß mit $r_0 = 1$ mm ohne Berücksichtigung der Gefäßwand angenommen. Nach Tabelle 3 kann man mit einer mittleren Wärmeleitzahl von $b \approx 0{,}15 \frac{mm^2}{s}$ rechnen. In Abb. 56 ist der sich bei $z = 0$, $z = d$ und $z = \frac{d}{2}$ ergebende Temperaturverlauf als Funktion der Zeit dargestellt, und zwar für die Näherung nach Gl. 186c und unter Berücksichtigung der ersten 4 Summenglieder nach Gl. 186b. Dabei zeigt sich, daß das Verhalten für Zeiten $t \lesssim 1{,}2$ s durch die 1. Näherung relativ schlecht beschrieben wird, während die Beachtung der Summenglieder mit $n = 0 - 3$ bereits eine brauchbare Näherung darstellt. Hinsichtlich der Koagulationsdauer, die zur Erzielung der Temperatur $T_K = 60\,°C$ in der Gewebemitte erforderlich ist, genügt nach Abb. 56 bereits die 1. Näherung, und es läßt sich eine Koagulationszeit von $t_K \approx 1{,}8$ s für dieses Beispiel ablesen – ein Zahlenwert, der mit experimentellen Beobachtungen größenordnungsmäßige Übereinstimmung zeigt.

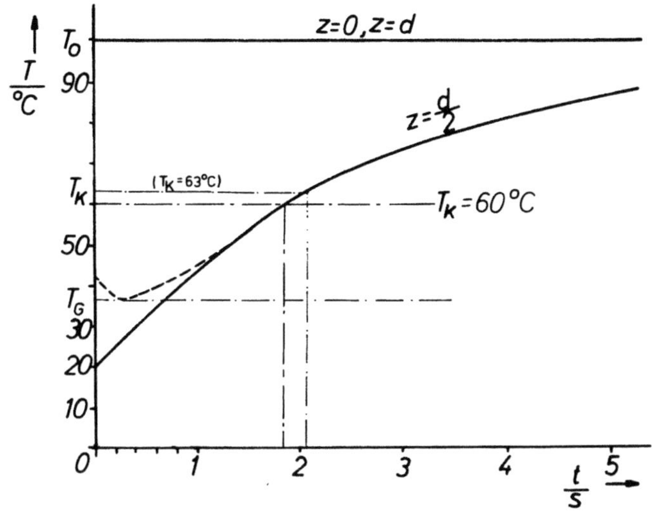

Abb. 56. Temperatur T als Funktion der Zeit t in der Mitte der Gewebeschicht $\left(z = \frac{d}{2}\right)$ und am Rand ($z = 0$ und $z = d$) (—— nach Gl. 186c, - - - nach Gl. 186b mit n = 0, 1, 2, 3)

Die Koagulationszeit ist also in diesem Fall kleiner als die aus Gl. 187 resultierende Zeitkonstante $\tau \approx 2{,}7$ s.

Trägt man die Temperatur nach Gl. 186c als Funktion des Ortes z auf, so ergibt sich die Darstellung in Abb. 57. Hieraus läßt sich ebenfalls die zeitliche Ausbildung des Koagulationsprofils als Funktion des Ortes ablesen, und man erkennt, daß die im Beispiel angenommene Gewebeschicht nach ca. 2 s bis in die Tiefe koaguliert ist, was sich durch In-vitro-Versuche bestätigen läßt. Zu beachten ist, daß auch hier wegen der verwendeten Näherung die Koagulationsisothermen für Zeiten t $\lesssim$ 1 s vom mathematisch genaueren Profil abweichen.

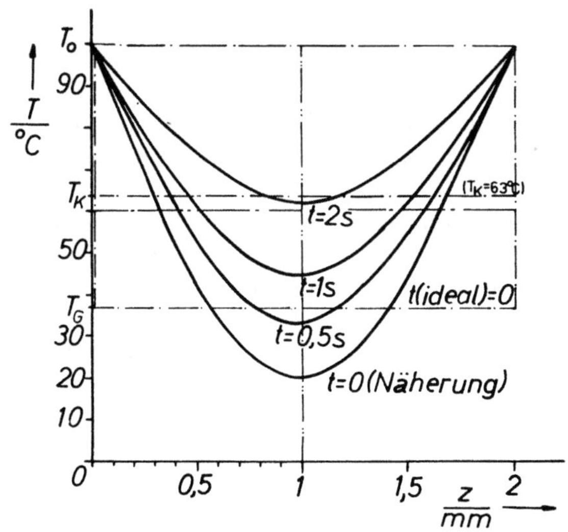

Abb. 57. Temperatur T als Funktion der Gewebetiefe z (Parameter: Koagulationszeit t)

Mit der verwendeten Näherung für die Temperaturverteilung kann man die pro Fläche theoretisch zuzuführende Energie abschätzen:

$$\frac{\Delta Q}{A} = \varrho \cdot c_p \cdot \int_{z=0}^{z=d} T(z) \cdot dz$$

$$= \varrho \cdot c_p \cdot \left\{ T_0 \cdot d - (T_0 - T_G) \cdot \frac{8 \cdot d}{\pi^2} \cdot \exp\left[-\left(\frac{\pi \cdot \sqrt{b}}{d} \right)^2 \cdot t \right] \right\}. \tag{188}$$

Für die vollständige Koagulation ist dabei gemäß $t_K \approx 2\,s$ eine auf die Fläche bezogene Wärmemenge $\frac{\Delta Q}{A} \approx 3 \frac{Ws}{mm^2}$ erforderlich. Bei einer zu koagulierenden Fläche von ca. $10\,mm^2$ muß dem Gewebevolumen von ca. $20\,mm^3$ daher eine Leistung von ca. 15 W zugeführt werden, wenn die Koagulation in ca. 2 s abgeschlossen sein soll. Unter Berücksichtigung eines Umwandlungswirkungsgrads der HF-Energie in Wärme von $\eta < 1$ und unter Beachtung der noch zu betrachtenden Wärmeabfuhr infolge Durchblutung des Gewebes ist die erfahrungsgemäß bei der Bipolarkoagulation maximal bei HF-Chirurgie-Geräten zur Verfügung gestellte HF-Leistung von ca. 50 W größenordnungsmäßig durch dieses einfache Wärmeleitungsmodell zu rechtfertigen. Die Verwendung von Leistungen bis zu 200 W, wie sie häufig bei der sog. „Koagulation an der Klemme" zur Anwendung kommen, wenn die aktive Elektrode beim monopolaren Verfahren zum Zwecke der Blutstillung an eine Klemme gehalten wird, führt in Übereinstimmung mit diesen Ausführungen und der Klinikroutine meist zu massiven Karbonisationseffekten. Eine Karbonisation führt nach den Ausführungen in 2.4.1 aber relativ rasch zur Zerlegung der organischen Gewebe, wobei z. B. im Falle der Proteine Gase wie Ammoniak und Wasserstoff frei werden und graphitähnliche Fragmente zurückbleiben. Da diese aber nach Experimenten mit ionisierender Strahlung [346] eine höhere Wärmeleitfähigkeit Λ und damit auch eine größere Wärmeleitzahl b besitzen als die ursprünglichen Makromolekülanordnungen, kann bei dieser häufig geübten falschen Koagulationspraxis nicht mit einer festen Zeitkonstante nach Gl. 187 gerechnet werden.

Die Koagulation eines durchströmten Blutgefäßes läßt sich nach diesem einfachen Modell nur qualitativ interpretieren, da hier insbesondere die Wärmezufuhr durch das strömende Blut im allgemeinen und das jeweils vorhandene, durch die Hämodynamik bestimmte Strömungsprofil über dem Gefäßquerschnitt einen entscheidenden Einfluß auf die Ausbildung des Koagulationsprofils haben. Außerdem ist der bei der Koaptation eintretende wärmeinitiierte Schrumpfungsprozeß der Gefäßwand durch die mathematische Formulierung einer Wärmeleitungsgleichung allein nicht zu erfassen. Sieht man von Untersuchungen an isolierten Gefäßen zunächst einmal ab, so führt die bei In-vitro-Versuchen erzielte sehr gute Übereinstimmung experimenteller und theoretischer Koagulationsausdehnungen zusammen mit den vorstehenden Ausführungen hinsichtlich einer geringen Koagulationstiefe zu den Forderungen einer relativ hohen HF-Leistung während einer relativ kurzen Zeit, da hierdurch die aus den Ergebnissen von 2.4.4.3 zu erwartende modifizierte Kurzzeitkoagulationstiefe nur relativ wenig durch Wärmeleitungseffekte vergrößert wird. Allerdings muß dabei berücksichtigt werden, daß in den nach Gl. 158 und Gl. 159 erzielten Ergebnissen die Maximaltemperatur als wesentlichste und zugleich nur unzureichend bekannte Versuchsvariable auftritt, während alle anderen Parameter einer Messung relativ leicht zugänglich sind. So resultiert bereits eine kurzzeitig auftretende Maximaltemperatur von $T_0 \approx 150\,°C$ unter sonst gleichen Voraussetzungen in einer Erhöhung der Kurzzeitkoagulationstiefe von ca. 70%. Infolge der Wärmeleitung wurde der gleiche Effekt nach vergleichsweise längerer Einwirkungsdauer bereits bei einer Maximaltemperatur von $T_0 \approx 130\,°C$ erreicht. Nach thermographischen Untersuchungen ist das Vorliegen einer Temperatur $T_0 > 100\,°C$ über längere Zeiten, als es der Zeitkonstante τ entspricht, nicht nachweisbar, während das Auftreten von Flüssigkeitsdampf unmittelbar nach Koagulationsbeginn vorliegen kann und thermographisch nachgewiesen wurde. Damit ist aber auch einer aus der Zeitkonstantenbetrachtung resultierenden Forderung nach einer Koagulation in periodischen oder nichtperiodischen Intervallen, wobei während der jeweiligen HF-Stromflußdauer noch kein stationärer Zustand der Wärmeleitung im obigen Sinne erreicht wird, eine praktische Anwendungsgrenze gesetzt.

Theoretisch läßt sich zwar, z. B. durch lokale Abkühlung des zu koagulierenden Gewebes vor der Koagulation auf eine Temperatur $T_G < 37\,°C$ bis hin zu sog. Gefriertemperaturen, sowohl bezüglich der Kurzzeit als auch der dem stationären Verhältnis entsprechenden Koagulationstiefe nach Gl. 159a und Gl. 171a eine Reduzierung erreichen, aber der praktischen Ausführung einer solchen Unterkühlung stehen sowohl wärmeleitungsphysikalische Gründe als auch z. B. für einen endoskopischen Einsatz derzeit nicht gelöste technische Schwierigkeiten gegenüber. Außerdem ist das reaktive Verhalten des lebenden organischen Gewebes bei dieser kombinierten Kälte-Wärme-Koagulation noch ungenügend bekannt, und es sind Effekte wie z. B. eine starke Hyperämisierung möglich, wie dies eigenen Untersuchungen zufolge nach dem Kontakt des zu koagulierenden Gewebes mit in flüssigem Stickstoff abgekühlten metallischen Sonden der Fall ist.

Die bisherigen Modelluntersuchungen an einem homogenen Gewebe haben die Frage des Einflusses der Durchblutung unberücksichtigt gelassen. Hierzu wird (vgl. Problem des konvektiven Wärmetransports in 2.3.4) ein Gewebevolumen $V = 1\,mm^3$ betrachtet, durch das eine entsprechende Zahl von Blutgefäßen mit einem mittleren Durchmesser $d_R = 0{,}1\,mm$ verläuft. Nimmt man eine maximale Erwärmung des strömenden Blutes bis auf ca. 95% der Koagulationstemperatur T_K an, so erhält man unter Verwendung des Wärmeübergangskoeffizienten α aus 2.3.4 mit Gl. 131 eine Wärmemenge $\Delta Q_ü \approx 0{,}11\,Ws$, die pro Blutgefäß abgeführt werden kann. Dabei entspricht das pro Sekunde durch das Gewebevolumen V strömende Blutvolumen nur ca. $\Delta V = 0{,}4\,mm^3$ bei einem Verhältnis von Gefäß- zu Gewebevolumen von 0,785%. Einem bei vielen Blutungen, z. B. bei Schleimhautläsionen, auftretenden mittleren Minutenvolumen von $\Delta V_m \approx 1\,\frac{cm^3}{min}$ entspricht eine Zahl von ca. 40 Einzelgefäßen des angenommenen Durchmessers $d_R \approx 0{,}1\,mm$ bzw. ein entsprechend dickeres Einzelgefäß mit vergleichsweise größerer Blutströmungsgeschwindigkeit nach 2.3.4. Damit kann bei einem Verhältnis von Gefäß- zu Gewebevolumen von ca. 31% eine Wärmemenge $\Delta Q_ü \approx 4{,}5\,Ws$ durch den Butstrom abgeführt werden. Dies sind ca. 22,5% bei einer zugeführten Wärmeenergie von $\Delta Q = 20\,Ws$ (vgl. Abb. 45, 46, 47, Fall b). Aus diesem Zahlenbeispiel läßt sich der bei stark durchblutetem Gewebe zu berücksichtigende Wärmeabfuhreffekt sehr deutlich erkennen, und es muß zwangsläufig mit einem Einfluß auf die Koagulationstiefe gerechnet werden, indem die für die Koagulation aus der HF-Energie verfügbare Wärmemenge unter Berücksichtigung der Durchblutung organischen Gewebes reduziert und sehr stark vom Durchblutungsgrad, d. h. dem Minutenvolumen, beeinflußt wird. Theoretisch kann diese Wärmesenke als innere Quelle mit $q \neq 0$ in den Wärmeleitungsgleichungen Gl. 128 bzw. 163 und 172 berücksichtigt werden. Die genaue Orts- und Zeitabhängigkeit ist aber nicht bekannt, so müßte z. B. ein verbessertes theoretisches Modell auch beinhalten, daß sich als mittelbarer Einfluß der zugeführten HF-Energie die Gefäße zunächst im Sinne einer Hyperämie erweitern und damit auch die Blutungsintensität ansteigt, um dann aber im Laufe fortschreitender Koagulationsdauer im Idealfall als Folge von Viskositäts- und Zustandsänderungen gegen Null zu gehen.

2.4.4.5 Monopolare flüssigkeitsunterstützte Hochfrequenzkoagulation und Diskussion alternativer Hochfrequenzkoagulationsmethoden

Bei der Darstellung des Koagulationsmodells wurde bezüglich der Diskussion der Koagulationstiefe allgemein von einem homogenen Gewebevolumen ausgegangen. Die experimentelle Bestätigung durch In-vitro-Versuche rechtfertigte die Annahmen zur Aufstellung des Koagulationsmodells. Auch im Falle einer Koaptation bzw. Obliteration eines blutgefüllten, aber nicht durchströmten Blutgefäßes wurde experimentelle Übereinstimmung mit dem aufgestellten Modell erzielt. Im Falle einer Blutstillung muß jedoch u. U. mit veränderten Ausgangsparametern gerechnet werden, d. h. die rechnerischen Ergebnisse der Koagulationstiefenausdehnung sind nicht unmittelbar auf blutende Läsionen übertragbar. Die allgemeine Problematik bei der Blutstillung wird hier am Beispiel gastrointestinaler Blutungen im speziellen aufgezeigt. Blutungen im Magen-Darm-Kanal des Menschen sind aber praktisch immer eine „ernste Sache" (L. Demling 1975, persönliche Mitteilung) (z. B. Letalität bei Erstblutungen beim Zwölffingerdarmgeschwür 3–5%, bei Rezidivblutungen 15–20% nach [18], S. 10) und erfordern meist einen größeren operativen Einsatz mit allen dabei potentiell vorhandenen Risiken für den Betroffenen. Nach [21] ist die Blutung die ernsteste Komplikation der akuten Schleimhautläsion des Magens und des Duodenums, deren Therapie noch sehr problematisch ist. Ursachen solcher Blutungen sind meist Geschwüre [18] nach Streßsituationen, Einnahme verschiedener Medikamente usw. oder angeborene Gefäßmißbildungen, deren Verödung außer durch chirurgische Eingriffe bis vor kurzem noch nicht gelöst war. Aber auch die chirurgische Therapie der blutenden akuten Schleimhautläsion ist mit einer hohen Letalität (bis 40%) und hoher Rezidivblutungsquote (bis 51%) belastet, wobei allerdings der zugrunde gelegten Literatur [315, 329] nicht genau entnommen werden kann, ob es sich dabei um eine negative Auslese gehandelt hat. Möglichkeiten zur endoskopischen Blutstillung im Gastrointestinalbereich werden bereits seit einigen Jahren diskutiert, experimentell untersucht und teilweise klinisch angewandt. Methodisch lassen sich die verschiedenen Vorgehensweisen durch die Anwendung örtlicher Zusatzstoffe, die Injektion geeigneter Medien sowie mechanische und thermische Wirkungen kennzeichnen (Literaturangaben z. B. in [129, 235]). Als örtliche Zusatzstoffe und Hilfsmittel werden verschiedene polymere Klebstoffe direkt auf die Blutungsstelle aufgebracht, oder es wird eine zeitweilige Hämostase durch „konservative" Anwendung von Eiswasser, kalter Kochsalzlösung sowie Druckluft zur Reduzierung der Durchblutung der Schleimhaut, durch harnausscheidungshemmende Hormone wie Vasopression [12], Hormone des Nebennierenmarks wie Noradrenalin und Epinephrin, die u. a. die Darmperistaltik reduzieren, durch intravenöse Gabe gastrointestinaler Hormone [21], durch blutdrucksenkende Mittel wie Prostaglandine und durch lokale Antacidaapplikation [456] erreicht. Durch das Aufspritzen sog. Vasokonstriktiva, die eine Engstellung von Gefäßen bewirken sollen, kann ein blutstillender Einfluß auf Sickerblutungen erreicht werden [295]. Als Injektionen werden intramuskuläre Gaben von Noradrenalin und Einspritzungen von sklerosierenden, d. h. verhärtenden Mitteln in blutende und nichtblutende Varizen untersucht und teilweise erfolgreich angewandt [497]. Als mechanische Maßnahmen sind die sog. Ballontamponade bei Varizenblutungen und der Einsatz sog. Hämoclips zum Abklemmen sichtbarer Gefäßstümpfe zu nennen. Diese hier nur unvollständig aufgezählten bedeutsamsten Untersuchungen zu möglichen Anwendungen von Blutstillungsmaßnahmen haben aber hinsichtlich ihrer Wirksamkeit bei vielen Endoskopikern und Gastroenterologen trotz der inzwischen durch den Einsatz vollflexibler Endoskope mit Bildleitern in ca. 90% der Fälle diagnostizierbaren Blutungsereignisse dennoch viele Wünsche offengelassen. Mögliche Nebeneffekte sind z. B. Drucknekrosen in der Speiseröhre, Erstickungsgefahr und die Induzierung eines Tumors [235].

Von den indirekten thermischen Methoden sind die HF-Koagulation und die Laserphotokoagulation u. a. Gegenstand dieser Abhandlung. Zum endoskopischen Einsatz der Kryochirurgie werden ebenfalls Untersuchungen durchgeführt und technische Realisierungsmöglichkeiten erprobt. Neuerdings wird z. B. durch GALUSTOV [145] auch eine als Kryoelektrokoagulation bezeichnete gestufte Kombination von Einfrierung und Koagulation diskutiert.

Eine operative endoskopische Methode zur Blutstillung im Magen-Darm-Trakt sollte in jedem Fall das Perforationsrisiko weitestgehend ausschließen, denn die Perforation von Speiseröhre oder Magen stellt z. B. nach [408] die gefürchtetste Komplikation bei der Spiegelung des oberen Verdauungstrakts dar. Auch bei der Rektoskopie wird die Perforation der Darmwand am meisten gefürchtet. Die therapeutische Breite – gewissermaßen die Sicherheitszone bzw. der „Spielraum" – für eine endoskopische HF-Koagulation ist dabei u. U. sehr gering, da es z. B. bei 5–10% aller Zwölffingerdarmgeschwüre zu einer freien Perforation kommt ([18], S. 11), d. h. bei einer Blutung aus einem penetrierenden Geschwür kann die gastrointestinale Wandstärke im Bereich der Blutung so stark reduziert sein (vgl. Abb. 59 b), daß einer minimalen Koagulationstiefe besondere Bedeutung zukommt – eine ohne Therapie bevorstehende Perforation läßt sich aber in diesen kritischen Fällen nicht 100%ig ausschließen, wenngleich sie nach eigenen Erfahrungen und Kenntnis der hier diskutierten flüssigkeitsunterstützten HF-Koagulation noch nicht vorgekommen ist. Da nach [18], S. 11, beim Zwölffingerdarmgeschwür der Defekt mit Perforationsneigung bevorzugt an der sog. Vorderwand liegt, wo keine anderen Gewebe am Darmabschnitt anliegen, kommt der Stromdichteverteilung bei der HF-Koagulation eine besondere Bedeutung zu, die bisher völlig unbeachtet geblieben ist, deren Nichtberücksichtigung aber zu Mißerfolgen führen kann. Eine entsprechende Studie sollte, gestützt auf die in 2.4.4.4 dargelegten Modelle, interdisziplinär auch zu diesem Problemkreis durchgeführt werden.

Nach mehrjährigen Voruntersuchungen, die in interdisziplinärer Zusammenarbeit zwischen dem Institut für HF-Technik, der Medizinischen Klinik mit Poliklinik und dem Pathologischen Institut der Universität Erlangen-Nürnberg durchgeführt wurden, erfolgte 1975 durch FRÜHMORGEN et al. [132] die erste erfolgreiche endoskopische Laserkoagulation im Gastrointestinaltrakt des Menschen (vgl. 3.4). Inzwischen wird diese endoskopische Photokoagulation als eine Methode der Wahl von verschiedenen medizinischen Einrichtungen in der Klinikroutine eingesetzt. Es handelt sich dabei aber um eine therapeutische Maßnahme, bei der beim derzeitigen technischen Stand der Lasersystemherstellung der Patient zum Therapiegerät gebracht werden muß, welches außerdem durch seinen relativ hohen Preis einer Verbreitung dieser effektiven Blutstillungsmethode gewisse Grenzen setzt.

Mit einem entscheidenden Vorteil der Laserphotokoagulation, nämlich der Vermeidung jeglichen Gewebekontakts während der Verödung von Blutungen oder nichtblutenden Schleimhautveränderungen beim nichtnarkotisierten Patienten, kann die bisherige, wesentlich kostengünstigere Methode der Koagulation mit HF-Strömen nicht konkurrieren, da es in vielen Fällen bei dem hier erforderlichen Gewebekontakt, indem eine kugelförmige Elektrode direkt auf den Schleimhautdefekt gedrückt wird, zu einem Anhaften der Koagulationssonde am Koagel kommt (Tafel I, 2 u. 4). Damit war beim Abheben der Sonde die Gefahr einer erneuten Blutung gegeben, die infolge der durch vorangegangene Koagulation veränderten Gewebebeschaffenheit erfahrungsgemäß zu einer erschwerten – wenn überhaupt noch möglichen – endgültigen Blutstillung führt. Unter Blut ist die transversale Koagulationsausdehnung (Tafel I, 5) wesentlich größer als bei trockener Gewebeoberfläche. Die Ausdehnung der Koagulation in die Tiefe ist überdies bei diesen ungünstigen Koagulationsbedingungen schwer zu kontrollieren, und es besteht die Gefahr einer sekundären Perforation, d.h. eines Durchbrechens der Magen- bzw. Darmwand nach Abschluß der eigentlichen Koagulation. Aber auch über primäre Perforationen, die während der HF-Koagulation auftraten, wurde berichtet [288]. Die im Vergleich zur Laserphotokoagulation gerätetechnisch günstigere HF-Koagulation wird dennoch seit einigen Jahren bei der gastroenterologischen Blutstillung eingesetzt [31, 72, 87, 144, 288, 373, 374]. Die vorstehend angesprochenen methodischen Nachteile wurden aber in den genannten Abhandlungen nur unzureichend dargestellt, so daß der Eindruck einer komplikationslosen Methode sich verbreiten konnte. Unbestritten sind die durch Einsatz von HF-Chirurgie-Geräten erzielten Erfolge [85, 372, 374, 409, 462, 479, 487], aber die in tierexperimentellen Studien festgestellten relativ großen Koagulationstiefen [32, 251, 375] haben bei vielen Anwendern zu der Einsicht geführt, daß die herkömmliche HF-Koagulationsmethode im Bereich des Magen-Darm-Kanals in der Regel ein nicht vertretbares Perforationsrisiko beinhaltet. Aufgrund histologischer Untersuchungen [380] wurde die Anwendung nur im dickwandigeren Magen als relativ risikoarm betrachtet. Darüber hinaus wurde von BLACKWOOD u. SILVIS [30] auf eine Verstärkung der Blutung nach Anwendung der HF-Koagulation hingewiesen – allerdings gestützt auf die Beobachtung bei nur einer Patientenbehandlung.

FANKHAUSER [115] geht sogar so weit zu sagen, daß die HF-Koagulation für endoskopische Zwecke nicht brauchbar ist.

Nach eigenen In-vitro- und In-vivo-Untersuchungen [402] erhöht sich durch das Anhaften eines Blutschorfes der Übergangswiderstand $R_ü$ nach Gl. 149, da die elektrische Leitfähigkeit $\varkappa$ des koagulierten Blutes kleiner ist als diejenige im flüssigen Zustand. Es bedarf daher bei der erneuten Koagulation einer teilweise mit Schorf bedeckten Läsion nach Gl. 154 zur Erzielung eines bestimmten, zur Blutstillung erforderlichen Temperaturgradienten einer erhöhten HF-Leistungszufuhr, d.h. es wird die Neueinstellung des HF-Chirurgie-Gerätes erforderlich. Die automatische und rechnergesteuerte Nachregelung der Ausgangsleistung im Sinne einer dynamischen Anpassung des HF-Generators an den jeweiligen Gewebe-Sonden-Übergangswiderstand [381, 454] rückt diese Variante der HF-Koagulation zum einen kostenmäßig in den Bereich der Laseranwendung, und es muß zum anderen befürchtet werden, daß sich die bei einem solch komplexen Vorgang wie der Koagulation vorherrschenden Parameter rein rechnerisch nicht hinreichend erfassen lassen, zumal bei dieser Methode anhand von Messungen während des Koagulationsvorgangs Neueinstellungen z.B. der Ausgangsleistung erfolgen. Bei einer Koagulationsdauer von ca. 1 s und den die Temperaturänderungen im Gewebe bestimmenden relativ großen Zeitkonstanten erscheint die Durchführung einer solchen Automatisierung wenig erfolgversprechend, zumal eines der Hauptprobleme, die Adhäsion von Teilen des Koagels an der HF-Koagulationssonde, dadurch nicht beseitigt wird. Durch entsprechende Modifikationen kann aber auch bei dieser Methode ein geeignetes Konzept zur Verbesserung der bisherigen HF-Koagulation möglich werden.

Um eine Anhaftung von Blut- und Gewebeschorf an der HF-Sonde zu vermeiden, wurde von REIDENBACH et al. [400] versucht, die bekannt guten Antihafteigenschaften von Polytetrafluoräthylen (PTFE), die sich in einem sehr geringen Reibungsbeiwert dokumentieren, durch Aufsintern eines PTFE-Films ($\varepsilon_r \approx 2{,}1$) mit einer Filmdicke d von ca. 5–30 µm auf Sonden aus Aluminium bzw. Aluminiumlegierungen auch auf die Koagulationssonden zu übertragen. Diese dünnen Antihaftschichten schließen mit einem kapazitiven Widerstand von $\frac{1}{\omega \cdot C} \approx \frac{d}{4\pi^2 \cdot f \cdot \varepsilon_0 \cdot \varepsilon_r \cdot r_0 \cdot (r_0 + d)} \approx 750\,\Omega - 40\,\mathrm{k}\Omega$ (halb in das Gewebe eingedrückte Kugelelektrode) bei Sondenradien $r_0 = 1-3$ mm und einer Frequenz $f \approx 1$ MHz den HF-Stromkreis, d.h. dem Übergangswiderstand $R_ü$ nach 2.4.4.2 ist ein u.U. wesentlich größerer kapazitiver Widerstand in Serie geschaltet. Bei Koagulationsversuchen mit kunststoffbeschichteten Koagulationselektroden bildete sich fast immer auf der in Blut eingetauchten Sondenspitze eine dünne Koagulationsschicht (Tafel I, 6), wodurch der kapazitive und der ohmsche Widerstand erhöht wurden. Infolge der relativ hohen HF-Spannung handelsüblicher HF-Chirurgie-Geräte (bis ca. 2000 V) kommt es darüber hinaus zu Durchschlägen des aus PTFE und Schorf gebildeten Dielektrikums (Tafel IV, 4b), wobei die PTFE-Schicht beschädigt werden kann. Das Anhaften von Teilen des Koagels wird zwar bei kunststoffbeschichteten Sonden verringert, die erforderliche Reinigung der aktiven HF-Elektrode führt aber wegen unzureichender mechanischer Haftung auf dem Elektrodenmaterial zu einer Teilablösung der Beschichtung, wodurch die Sonde selbst unbrauchbar wird. Da bei der endoskopisch durchgeführten HF-

Koagulation darüber hinaus in vielen Fällen während der eigentlichen Koagulation infolge des aus der Schleimhautläsion austretenden Blutes die eigentliche Blutungsquelle nicht direkt in dem von einem im Endoskop integrierten Bildleiter zum proximalen Instrumentenende übertragenen Bild zu erkennen ist, wird gelegentlich ein Freispülen und „Waschen" der Blutungsquelle vorgenommen. Ein solches Vorgehen ist aber bei 1-kanaligen Endoskopen, bei denen die Koagulationssonde in den gleichen Arbeitskanal eingeführt werden muß, der auch zum Spülen Verwendung findet, umständlich und zeitraubend und bei stärkeren Blutungen ineffektiv. Auch das Absaugen des Blutes durch einen Saugkanal im Endoskop war bislang eine nicht ausreichende Vorbereitung für optimale Koagulationsbedingungen. Die Verwendung eines 2-kanaligen Instrumentes [143] ermöglicht dagegen die simultane Spülflüssigkeitsinstillation und Applikation therapeutischer HF-Ströme, wobei allerdings räumliche Distanzen am distalen Endoskopende noch zu berücksichtigen sind. Eine weitere diskutierte Möglichkeit besteht in einem simultanen Freiblasen der Blutungsquelle. Aber auch in diesem Fall kommt es nach eigenen experimentellen Erfahrungen [298] zum Anhaften der Sonde, da diese sich insbesondere während der Koagulation wegen des erforderlichen galvanischen Gewebekontaktes mit einer Koagelschicht überzieht.

Als geeignete Lösung des Anhaftproblems bei einer HF-Koagulation wurde von Reidenbach et al. [400] die Wasserstrahlmethode beschrieben. Bei dieser flüssigkeitsunterstützten monopolaren HF-Koagulation wird bei einer technischen Ausführung einer Koagulationselektrode durch das freie Lumen, das zwischen einem z.B. aus Flexibilitätsgründen als Spirale ausgebildeten metallischen Stromleiter (Länge 2–3 m, Widerstand $R < 1\,\Omega$) und einem umhüllenden Gleitschlauch (Außendurchmesser $\approx 2-2{,}4$ mm) besteht, eine geeignete Flüssigkeit der Sondenspitze zugeführt, die in der Durchflußmenge ($\Phi \approx 0-8$ ml/s) regelbar ist. Die Flüssigkeit verläßt die Sondenspitze durch eine oder mehrere geeignet angeordnete Düsen und ermöglicht nach experimentellen Erfahrungen auch das simultane Freispülen bei größeren akuten Blutungen. Als Flüssigkeit wurde nach zahlreichen Vorversuchen, insbesondere mit nichtelektrolytischen Flüssigkeiten wie z.B. 5%igen isotonen Glukoselösungen, Sorbit ([239], S. 11.10) und 3%igen Wasserstoffperoxidlösungen [298] ($\varkappa = 4{,}28 \cdot 10^{-4}\,\Omega^{-1} \cdot \mathrm{cm}^{-1}$), das im medizinischen Bereich angewandte destillierte Wasser ($\varkappa = 0{,}5-2 \cdot 10^{-6}\,\Omega^{-1} \cdot \mathrm{cm}^{-1}$, [511], S. 104) ausgewählt. (In Leitfähigkeitsmessungen für Wasser wurden folgende Orientierungswerte ermittelt: Leitungswasser: $\varkappa \approx 1{,}25 \cdot 10^{-3}\,\Omega^{-1} \cdot \mathrm{cm}^{-1}$; deionisiertes Wasser: $\varkappa \approx 2{,}7 \cdot 10^{-5}\,\Omega^{-1} \cdot \mathrm{cm}^{-1}$ und bidestilliertes Wasser: $\varkappa \approx 1{,}4 \cdot 10^{-6}\,\Omega^{-1} \cdot \mathrm{cm}^{-1}$.) Hauptziel der flüssigkeitsunterstützten HF-Koagulation ist es, das blutende Areal vor, während und – durch erfolgreiche HF-Anwendung – auch nach der aktiven Koagulationsphase vom austretenden Blut zu befreien und damit Verhältnisse zu schaffen, die denjenigen einer im Sinne der Blutfreiheit „trockenen" Gewebeoberfläche entsprechen und damit nach den Ausführungen in 2.4.4.4 kalkulierbare Koagulationstiefen ergeben. Abbildung 58a zeigt die sich bei In-vitro-Versuchen z.B. an der Leber ergebenden Koagulationsverhältnisse. Aufgrund der in 2.4.4.2 diskutierten Strömungsverteilung, der nach 2.4.4.4 zu berücksichtigenden Wärmeleitung und der ebenfalls angeführten Vergrößerung der Koagulationstiefe als Folge eines temperaturbedingten räumlichen Gradienten der elektrischen Leitfähigkeit sowie nicht zuletzt aus Redeformationsgründen als Folge der in das

Gewebe eingedrückten Elektrode ergibt sich dabei die skizzierte Ausdehnung der Koagulation. Dabei ergibt sich eine Koagulationstiefe E_K, die der Kontaktlänge S zwischen Gewebe und Elektrode entspricht, die aber infolge des Elektrodenanpreßdruckes p_a erfahrungsgemäß etwa gleich dem Sondendurchmesser D wird (vgl. Gl. 145 und [448]).

Die Koagulation auf blutbedeckter Gewebeoberfläche (Blutlache oder ausströmendes Blut) resultiert nach Abb. 58b in einer effektiven Koagulationstiefe E_B, die praktisch immer größer ist als E_K bei trockenen Verhältnissen. Eine Erklärung dieses experimentell gestützten Befundes erhält man aus einer Leitfähigkeitsbetrachtung. Nach Tabelle 2 bzw. 4 muß man zwar mit einem relativ großen Streubereich der Werte für die elektrische Leitfähigkeit biologischer Gewebe rechnen, aber gemäß der Angaben der einzelnen Autoren und nach eigener Erfahrung sind die Leitfähigkeitswerte bei einem individuellen Meßobjekt von Blut größer als z. B. von Lebergewebe. Dieser Unterschied von ca. 20% bewirkt in der relativen Hochstromdichtezone unterhalb der Elektrode eine rasche Erwärmung, die teilweise zur Konvektion des Blutes mit Wärmetransport radial nach außen, d. h. von der Kontaktstelle weg, führt, was auch durch sichtbare Zirkulation und meist nachfolgendes Aufschäumen des Blutes (Tafel I, 1) zu erkennen ist. Hierdurch werden die weiter außerhalb des Gewebe-Blut-Sondenkontaktes gelegenen oberflächlichen Gewebebereiche relativ stärker erwärmt als bei trockenen Verhältnissen, und infolge der erhöhten elektrischen Leitfähigkeit ergibt sich zusammen

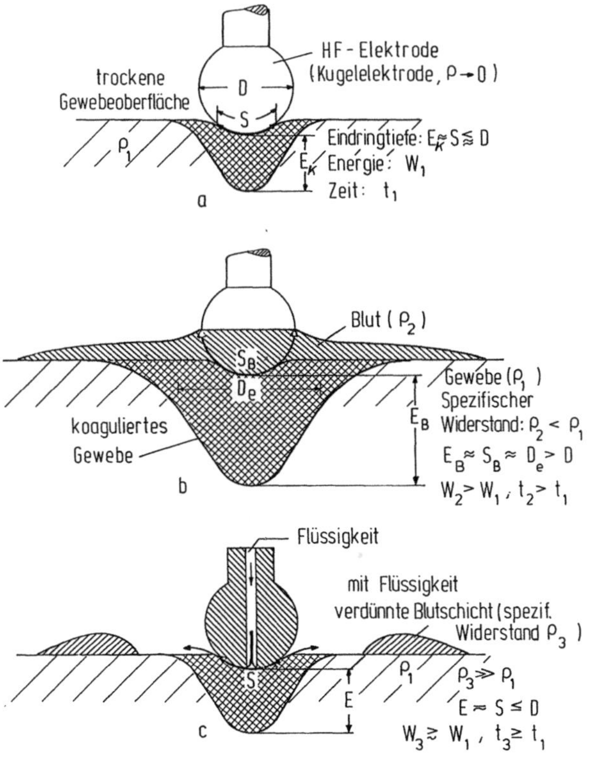

Abb. 58 a–c. Ausdehnung des Koagulationsbereiches bei homogenem Gewebe nach HF-Koagulation. **a** Verhältnisse bei trockener Gewebeoberfläche, **b** Verhältnisse bei Koagulation auf blutbedeckter Oberfläche, **c** Verhältnisse bei Flüssigkeitsunterstützung. (Mod. nach REIDENBACH et al. [400])

mit der in Serie geschalteten besser leitenden Blutschicht eine größere transversale Ausdehnung des Koagulationsbereiches. Dies läßt sich näherungsweise durch einen effektiven Elektrodendurchmesser (effektive Kontaktlänge) D_e erfassen, der erfahrungsgemäß größer ist als der Sondendurchmesser D (Tafel I, 5). Eine genaue Festlegung von D_e bei der praktischen Anwendung, d.h. bei einer Koagulation unter Blut, ist bei der Vielfalt der möglichen Einflußparameter (z.B. Blutmenge, Blutschichtdicke, Blutaustrittsgeschwindigkeit, Leitfähigkeit unter Koagulationsbedingungen, anatomische Verhältnisse usw.) nicht unmittelbar möglich. Die resultierende Koagulationstiefe E_B wird aber nach praktischen Erfahrungen größer als E_K und ist vor allem unkontrollierbar, d.h. für die Anwendung relativ dünnwandiger Abschnitte im Magen-Darm-Kanal zu risikoreich. Die größere Eindringtiefe erklärt sich teilweise auch aus der Tatsache, daß zur Erzielung gleichartiger Koagulationseffekte wie bei trockener Gewebeoberfläche bei gleicher zugeführter HF-Leistung ein durch die veränderten Stromverteilungsverhältnisse vergrößertes Gewebevolumen erwärmt werden muß, was sich auch in einer erfahrungsgemäß größeren Koagulationsdauer t_2 ausdrückt.

Durch die Flüssigkeitsunterstützung mit destilliertem Wasser kann das bedeckende Blut praktisch von der zu koagulierenden Stelle weggespült und in der unmittelbaren Umgebung, wie es die Skizze in Abb. 58c zeigt, so weit als Elektrolyt verdünnt werden, daß die durch Blut bedingte erhöhte elektrische Leitfähigkeit an der Oberfläche verhindert wird. Betrachtet man dabei das destillierte Wasser in Analogie zu einer dünnen Kunststoffschicht als Dielektrikum, so wird auch durch diese isolierende Schicht kapazitiv der Stromkreis geschlossen. Bei gleichen Schichtdicken, wie sie bei Verwendung von PTFE-Antihaftschichten vorkommen, ist dabei der kapazitive Widerstand wegen der vergleichsweise größeren relativen DK der Flüssigkeit geringer als bei einer Kunststoffschicht und damit kleiner als der Übergangswiderstand $R_ü$ bei galvanischem Kontakt mit dem Gewebe. Eine quantitative Angabe dieses flüssigkeitsbedingten kapazitiven Widerstands ist aber wenig sinnvoll, da es sich methodisch bedingt um einen dynamischen Vorgang mit örtlich wechselnder Benetzung der Elektrodenoberfläche handelt und praktisch in jedem Fall direkte galvanische Brücken zwischen Elektrodenoberfläche und Gewebe den jeweiligen Teilkapazitäten parallelgeschaltet sind und sie in ihrer Wirksamkeit auf den Gesamtübergangswiderstand nach meßtechnischer Nachprüfung praktisch unwirksam machen.

Das aus einer oder mehreren Düsen (Tafel I, 8 u. Tafel II, 1) ausströmende Wasser bewirkt während der Koagulation durch seine im Vergleich zur Gewebetemperatur T_G kleinere Ausströmungstemperatur $T < T_G$ eine Kühlung insbesondere des oberflächennahen Gewebes und verhindert eine durch Überhitzung bedingte zu große Austrocknung des koagulierten Gewebes, die zu einer Erhöhung des Übergangswiderstands – und im Extremfall praktisch zur galvanischen Trennung von Elektrode und tiefer gelegenem Gewebe – führt. Wegen der relativ hohen Leerlaufspannung des HF-Generators treten in diesen Fällen bei der „trockenen“ Koagulationsmethode Funkenüberschläge mit konsekutiver Brandschorfbildung auf. Da aber der entstehende Brandschorf eine sehr niedrige elektrische Leitfähigkeit hat, erhöht sich der Übergangswiderstand noch weiter, und die Funkenüberschläge nehmen an Intensität zu. Die auftretenden Funken können unter ungünstigen Bedingungen bei der HF-Koagulation bzw. HF-Polypenabtragung (HF-Polypektomie) im unteren Verdauungstrakt zu Methangasexplosionen führen (vgl. [390, 408, 512]). Die Verwendung der flüssigkeitsunterstützten HF-Koagulation reduziert diese Komplikationsgefahr und macht evtl. die Insufflation eines Inertgases während des hochfrequenzchirurgischen Eingriffes unnötig. Entsprechende Untersuchungen stehen noch aus.

Da das aus den Düsen der Koagulationselektroden austretende destillierte Wasser insbesondere durch Konvektion, d. h. Wärmeaufnahme von der erhitzten Gewebeoberfläche, geringfügig erwärmt wird, muß diese Wärmeabfuhr bei gleicher HF-Leistung wie bei trockener Gewebeoberfläche teilweise durch eine etwas größere HF-Energie $W_3 \gtrsim W_1$, d. h. eine etwas längere Koagulationsdauer $t_3 \gtrsim t_1$ (vgl. Abb. 58a u. c) kompensiert werden.

Die quantitative Bestimmung der von der Flüssigkeit durch Konvektion vom Entstehungsort abgeführten Wärmemenge $\Delta Q_ü$ ist nach Gl. 131 an die Kenntnis des Wärmeübergangskoeffizienten α gebunden. Für das reale Modell einer flüssigkeitsunterstützten HF-Koagulation auf einer deformierten Gewebeoberfläche nach Abb. 59a ist aber eine Bestimmung von α infolge fehlender Parameter (vgl. 2.3.4) direkt nicht möglich. Zur experimentellen Bestimmung der Wärmeabfuhr wurden das Volumen V (Abb. 59a) des von der Koagulationsstelle abfließenden erwärmten Wassers, die Temperaturerhöhung ΔT des Wassers durch die Konvektion und die Zeitdauer Δt meßtechnisch in mehreren Koagulationsversuchen bestimmt. Hierbei ergab sich, daß bei langsamer Koagulation, d. h. relativ niedriger HF-Leistung ($P \approx 12-20$ W bei einem Elektrodenradius $r_0 \approx 1{,}25$ mm) und relativ langer Ko-

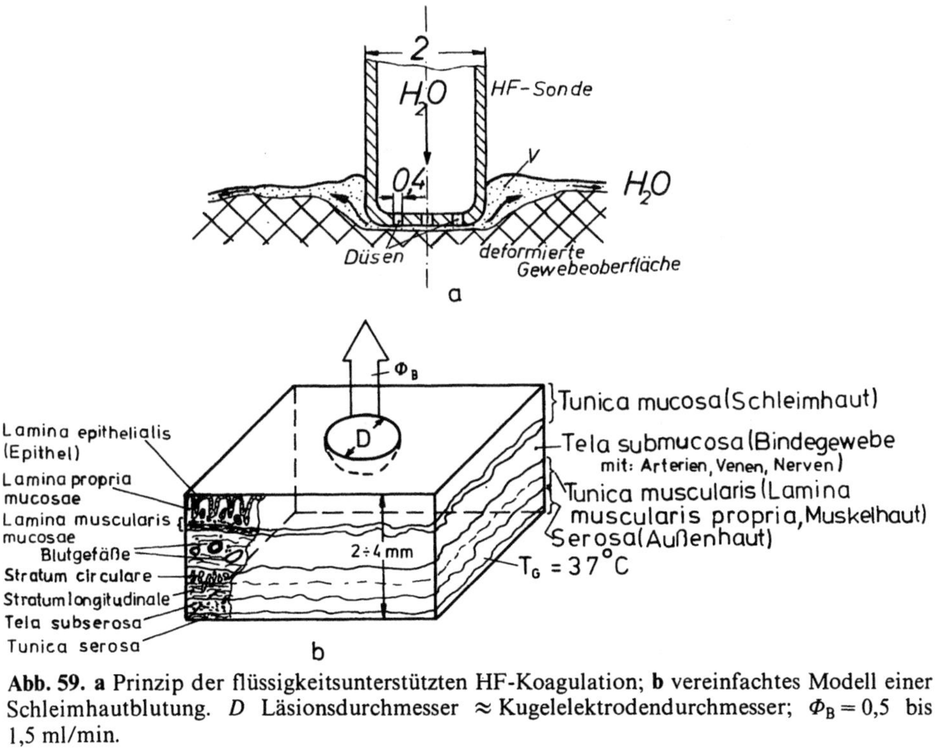

Abb. 59. a Prinzip der flüssigkeitsunterstützten HF-Koagulation; **b** vereinfachtes Modell einer Schleimhautblutung. *D* Läsionsdurchmesser ≈ Kugelelektrodendurchmesser; $\Phi_B = 0{,}5$ bis 1,5 ml/min.

agulationsdauer ($\Delta t \approx 45-60$ s), maximal die Hälfte der aus der gemessenen mittleren abgegebenen Wirkleistung des HF-Generators berechneten zugeführten HF-Energie durch Konvektion, d.h. ausströmende Flüssigkeit, abgeführt wird. Bei kürzerer Koagulationsdauer mit entsprechend höherer HF-Leistung wird prozentual weniger Wärme durch die Flüssigkeit abgeführt. Durch Verwendung von erwärmter Flüssigkeit zur Unterstützung der Koagulationsmethode konnte zur Bestätigung dieser Befunde experimentell nachgewiesen werden, daß sich die gleiche Koagulationswirkung mit einer reduzierten HF-Leistung erzielen läßt.

Die Wärmeabfuhr durch die Flüssigkeit reduziert aber lediglich die Temperatur der Gewebeoberfläche, während eine aktive Blutung aus der Läsion bzw. die Durchblutung des Gewebevolumens die in der Tiefe des Gewebes entstehende Wärme teilweise konvektiv abführen.

Die durch das auf das Gewebe gespritzte Wasser reduzierte Maximaltemperatur der Gewebeoberfläche ist eine wichtige Voraussetzung für eine relativ geringe Koagulationstiefe. Nach experimentellen In-vitro-Versuchen an trockener und mit Frischblut bedeckter Schweineleber wurde bei der flüssigkeitsunterstützten HF-Koagulation im Mittel eine um ca. 15% geringere Koagulationstiefe erzielt als bei trockener Gewebeoberfläche. Zum Vergleich dazu erreicht man mit einer nur von innen wassergekühlten Elektrode (Tafel I, 7) ohne den Wasserstrahleffekt nur eine Reduzierung der Koagulationstiefe um maximal 3% gegenüber derjenigen bei ideal trockener Gewebeoberfläche. Dies zeigt, daß die Kühlung der Gewebeoberfläche für die Reduzierung der Koagulationstiefe bei der flüssigkeitsunterstützten HF-Koagulation von entscheidender Bedeutung ist. Allerdings kann die prozentuale Koagulationstiefenreduzierung durch die aus Düsen auf die Gewebeoberfläche gespritzte Flüssigkeit nicht durch eine aus Gl. 171 unmittelbar zu bestimmende Verringerung der Maximaltemperatur T_0 auf ca. 94 °C bei 15% geringerer Koagulationstiefe erklärt werden. Die Gewebeoberfläche zeigt zwar nach thermographischen Übersichtsmessungen (Tafel IV, 3) keine Gewebeflüssigkeitsverdampfung, d.h. für die Maximaltemperatur gilt $T_0 \lesssim 100$ °C, aber neben der Maximaltemperatur ist das Wärmeprofil im tiefer gelegenen Gewebe für die Ausbildung des Koagulationsbereiches bedeutsam. Dies beweisen auch die bei relativ kleinen Koagulationszeiten experimentell erzeugten Bereiche koagulierten Gewebes, deren Durchmesser wegen des flüssigkeitsbedingten Kühleffekts an der Oberfläche geringer ist als in einer Tiefe von ca. 1 mm, d.h. es ergibt sich ein etwa „pilzkappenförmiges“ Koagulationsvolumen. Die durch eine akute Blutung verlängerte Koagulationsdauer bedeutet auch bei der flüssigkeitsunterstützten HF-Koagulation eine erfahrungsgemäß etwas größere Koagulationstiefe, die jedoch wesentlich geringer bleibt als bei Bedingungen unter Blut und damit das Perforationsrisiko weitgehend eliminiert.

Die flüssigkeitsunterstützte HF-Koagulation erwies sich im akuten Tierexperiment [298] als wirksame Blutstillungsmethode. An narkotisierten Tieren (Katzen und Hunden) wurden nach Laparotomie bzw. Thorakotomie und Gastrotomie insgesamt über 200 standardisierte und reproduzierbare Blutungen [297] zur Simulation z.B. eines Ulkus in den verschiedensten Abschnitten des Gastrointestinaltrakts (Speiseröhre, Magen, Zwölffingerdarm, Dünndarm, Dickdarm) artifiziell erzeugt. Obwohl sich diese mechanisch künstlich erzeugten Blutungen in ihrer geometrischen Form, Größe, Struktur und im Aufbau von realen blutenden Ulzerationen durchaus unterscheiden können – ein morphologischer und histologischer direkter Vergleich liegt noch nicht vor –, macht die weitgehende Reproduzierbarkeit diese Methode zur künstlichen Erzeugung einer gastrointestinalen Blutung geeignet. Zur Blutungsverstärkung wurden die Tiere entweder teilweise heparinisiert, d. h. durch Injektion eines gerinnungshemmenden Mittels (Heparin) wurde verhindert, daß die erzeugten Blutungen spontan sistierten, oder es wurde durch mechanische Unterbindung der Pfortader für eine verstärkte Blutung gesorgt. Dabei konnten alle Blutungen ohne primäre Perforation gestillt werden. Auf Tafel II, 3 a – d, ist der typische sequentielle Ablauf der Blutstillung einer bei einem heparinisierten Versuchstier im Magen artifiziell erzeugten Schleimhautblutung wiedergegeben. Deutlich zeigt sich hier, daß durch die Flüssigkeitszufuhr vor der Koagulation die Blutungsquelle lokalisiert werden kann und daß durch die Flüssigkeitsunterstützung während der Koagulation u. a. die Karbonisation des blutenden Gewebes vermieden wird und eine weißliche Koagulationszone minimaler Ausdehnung entsteht. Die methodisch integrierte Möglichkeit der Scanbewegung der Sonderspitze und der weitgehenden Anpreßdruckbegrenzung (s. S. 159) sind ebenfalls aus dieser Abbildungsfolge zu ersehen. Die Zeitdauer bis zur endgültigen Blutstillung betrug in der Mehrzahl der Fälle weniger als 6 s und lag nur in Ausnahmefällen bei maximal 180 s, wobei praktisch immer ein zentral aus dem Ulkusgrund blutendes Gefäß für die relativ lange, aber bei der flüssigkeitsunterstützten Methode dennoch nicht zur Perforation führende Koagulationsdauer verantwortlich war – der genaue Grund für dieses Blutungsverhalten ist noch nicht bekannt.

Die hier auch unter ungünstigsten Bedingungen vorliegenden Blutstillungszeiten lagen aber dennoch weit unter der mit der konventionellen HF-Koagulationsmethode bisher berichteten mittleren Behandlungsdauer von 5 min [170] bzw. 7,8 min [169].

In weiteren Versuchen wurde experimentell die „therapeutische Breite" ermittelt, d. h. es wurde u. a. die Koagulationsdauer auch nach der Blutstillung so lange verlängert, bis eine Perforation der Magen-Darm-Wand auftrat. Dies war z. B. frühestens nach ca. 30 s im Kolon einer Katze der Fall, wobei außerdem durch Ausübung von Druck mit der Sonde auf die Darmwand für eine effektive Reduzierung der Wandstärke gesorgt wurde. Im menschlichen Darm liegen u. a. größere Wandstärken vor, so daß eine noch größere therapeutische Breite erwartet werden kann.

Über die Heilungsphasen von koagulierten Blutungsquellen und die zugrunde gelegten interdisziplinär durchgeführten chronischen Tierversuche an Katzen und Hunden wurde in einer weiteren Arbeit berichtet [299].

Die im akuten und chronischen Tierversuch im Falle einer Blutung manchmal geringere Koagulationstiefe als bei nichtblutender Gewebeoberfläche unter sonst gleichen Bedingungen ist zwar insbesondere aus anatomischen Gründen noch nicht vollständig geklärt, ein wesentlicher Grund ist aber in der Wärmeabfuhr durch das aus der Gewebeoberfläche austretende Blut zu sehen. Unter Zugrundelegung eines artifiziell erzeugten Blutungsmodells nach Abb. 59 b muß mit einem Blutfluß $\Phi_B = \frac{\Delta V}{\Delta t} \approx 0{,}5 - 1{,}5$ ml/min aus dem Bereich des submukösen Bindegewebes gerechnet werden. Nach dem in 2.4.4.4 dargestellten Beispiel der Wärmeabfuhr bei durchblutetem Gewebe kann man mit den experimentell bestimmten Blutflußwerten (Minutenvolumen) im Falle einer Blutung mit einer vom ausströmenden Blut abgeführten Wärmeenergie von $\Delta Q \approx 2{,}3-6{,}8$ Ws rechnen, d.h. bei einer HF-Leistung von 50 W und einem Energieumwandlungswirkungsgrad $\eta_{max}=1$ werden maximal ca. 15% der zugeführten Energie durch das ausströmende Blut von der zu koagulierenden Blutungsquelle entfernt. Dabei ist die infolge Temperaturerhöhung des Blutes größere Wärmeleitfähigkeit, deren Werte als Funktion von T nicht bekannt sind (vgl. 2.3.4), noch unberücksichtigt. Außerdem nimmt im Idealfall einer Blutstillung die vom ausströmenden Blut abgeführte Wärme kontinuierlich gegen Null ab. Zur Erwärmung des gemessenen Blutminutenvolumens selbst von $T_G \approx 37\,°C$ auf ca. 95% der Koagulationstemperatur muß nach Gl. 78 und Tabelle 3 eine Wärmemenge $\Delta Q \approx 0{,}7-2$ Ws zugeführt werden. Ein ganz erheblicher Teil der zugeführten HF-Energie wird natürlich zur Koagulation des Gewebes benötigt. Die Schwierigkeit der Parametererfassung besteht ebenso wie bei der realen Schleimhautläsion z.B. darin, daß weder genaue Lage (z.B. im Ulkusgrund oder am Rand) und Gefäßgröße noch Blutströmungsgeschwindigkeit aus den jeweils eröffneten Gefäßen unter dynamischen Koagulationsbedingungen, d.h. im Hinblick auf Dilatation und Obliteration, vorherbestimmbar sind. Außerdem befindet man sich bezüglich der in 2.4.4.2 zur Darstellung der Strömungsfelder gemachten Annahmen im Grenzbereich der Gültigkeit, da der in Abb. 59b vereinfacht gezeigte Schichtaufbau der Magen-Darm-Wand einen heterogenen Aufbau besitzt und die transversale und vertikale Durchblutung des theoretischen Gewebevolumens unter Berücksichtigung der mikroskopischen Unterschiede sowohl in der elektrischen als auch in der Wärmeleitfähigkeit nur zu einer sich im Mittel aus vielen Einzelbeobachtungen ergebenden Interpretationsanalyse führt.

Gerade bei der durch ein Ulkus bedingten relativ dünnen Wandstärke sind Verzerrungen des symmetrischen Strömungsfeldprofils nicht von vornherein auszuschließen. Ebenso hat die sich nach Koagulationsbeginn einstellende Hyperämie mit einem teilweise stark erhöhten Blutfluß aus einer Schleimhautläsion einen dynamischen Einfluß auf den Koagulationsablauf, d.h. es ist mitunter von entscheidender Bedeutung, daß z.B. ein dominant an der Blutung beteiligtes Gefäß oder der jeweilige Gefäßstumpf unmittelbar erkannt und möglichst rasch verschlossen wird, was wiederum durch die Flüssigkeitsunterstützung möglich ist, während man bei der bisherigen Methode blind, d.h. ohne Einsicht der Blutungsquelle, koagulieren mußte. Andernfalls kommt es oft erst nach mehreren Sekunden zu einer Obliteration über Schrumpfungs- und Hyperämieprozesse des umliegenden Gewebes. Hierbei hat der Wärmeabtransport durch ausströmendes Blut und erwärmte Flüssigkeit aus der Koagulationssonde eine reduzierende Wirkung auf die Koagulationstiefe, so daß nach allen bisherigen Erfahrungen keine unmittelbare Gefahr einer Perforation auch bei relativ langer Stromflußdauer besteht, während diese ohne Flüssigkeitsunterstützung nachgewiesenermaßen meist zur Primärperforation der Wand führt. Für die klinische Anwendbarkeit dieser neuen Methode ist es auch wichtig, daß selbst nach HF-Leistungszufuhr in das koagulierte Gewebe über mehrere Sekunden nach Abschluß der Blutstillung die aus der Sonde ausströmende Flüssigkeit im vorgenannten Sinne eine weitere Penetration der Wärme mit Perforationsgefahr verhindert und die Methode so zu einem insgesamt bei richtiger Anwendung sicheren therapeutischen Verfahren werden läßt, das zwar erlernt werden muß, aber auch beherrscht werden kann.

Der erste erfolgreiche endoskopische Einsatz der flüssigkeitsunterstützten HF-Koagulation in der Humanmedizin erfolgte an der Medizinischen Klinik in Erlangen am 13. Juli 1978 bei der Behandlung eines Zwölffingerdarmgeschwürs (Ulcus duodeni) [142]. Seither wurde diese neue Methode wiederholt bei Notfallendoskopien zur Blutstillung erfolgreich angewandt und gehört zu den wirkungsvollen therapeutischen Mitteln der operativen Endoskopie, wobei selbst eine Verdrängung der anerkannt effektiven Laserphotokoagulationsmethode, die ebenfalls erstmals erfolgreich in Erlangen 1975 zur Anwendung kam (vgl. 3.4.2), aufgrund der methodisch bedingten Vorteile der flüssigkeitsunterstützten HF-Koagulation möglich ist. Diese klinisch optimal einsetzbare Methode läßt sich insbesondere durch folgende Merkmale kennzeichnen:

1. Erzielung einer mindestens annähernd blutfreien Gewebeoberfläche,
2. optimale visuelle Kontrolle und Lokalisierbarkeit des zu koagulierenden Schleimhautbereichs vor und während der HF-Applikation durch den behandelnden Arzt selbst bei stärkeren Blutungen,
3. bessere Einschätzung von Ausdehnung und Schwere der Blutung und damit effektivere therapeutische Vorausbeurteilung,
4. kein Anhaften von Teilen des erzeugten Koagels an der aktiven HF-Elektrode mit der Gefahr der Initiierung einer Sekundärblutung,
5. keine Karbonisation des Gewebes,
6. Reduzierung des Perforationsrisikos durch eine besser kalkulierbare Koagulationstiefe und
7. Verringerung der Koagulationsdauer gegenüber der HF-Koagulation unter Blut.

Damit sind aber praktisch alle „Problempunkte" gelöst, die sich nach einer von Stadelmann et al. [464] bei 58 Gastroenterologen an 36 Kliniken durchgeführten Umfrage bei der bisherigen endoskopischen HF-Koagulation ergeben hatten.

Während des endoskopischen Einsatzes von HF-Sonden zur HF-Koagulation bzw. -Polypektomie finden z. B. aufgrund von Peristaltik, Atmung und Aortenpulswelle physiologische Bewegungen des Magens statt. Diese Bewegungen müssen ausgeglichen werden, damit es während der HF-Stromflußdauer nicht durch erhöhte Druckausübung der Magen-Darm-Wand auf die Sonde und umgekehrt zu einer so ausgeprägten Verringerung der Wandstärke kommt, die nach den Überlegungen der beiden vorangegangenen Abschnitte im Hinblick auf die Koagulationstiefe zu einer Perforationsgefahr führt. Über einen in der Sonde integrierten Druckmechanismus wurde von Reidenbach [395] 1978 erstmals berichtet. Bei der flüssigkeitsunterstützten HF-Koagulationsmethode wird seither die Sondenspitze federnd ausgeführt und ist dadurch imstande, die auftretenden Bewegungen aufzunehmen, und bietet gleichzeitig die Gewähr für einen ständigen Elektroden-Gewebe-Kontakt, ohne jedoch zu einer partiellen und effektiven Verringerung der gastrointestinalen Wandstärke zu führen. Zur Erhöhung der Sicherheit wurde die maximale Wegänderung, die einer Kraft von ca. 0,21 N entspricht, des nach einem Federzylinderprinzip gestalteten Druckmechanismus (Tafel II, 3c) durch eine deutlich im endoskopischen Bild der Sondenspitze erkennbare Rundum-Strichmarkierung gekennzeichnet.

Das repräsentative endoskopische Einsatzbeispiel (Tafel III, 7 u. 8) für die flüssigkeitsunterstützte HF-Koagulation wurde auch auf andere Teilgebiete therapeutischer Anwendungen entsprechend modifiziert (z. B. durch Verwendung quasistarrer Koagulationssonden in der Trokarhülse) übertragen. Nach tierexperimentellen Untersuchungen scheint ein laparoskopischer Einsatz bei z. B. nach Leberbiopsien auftretenden Blutungen als geeignete Blutstillungsmethode durchführbar. Eine Bestätigung aus der Humanmedizin steht derzeit jedoch noch aus.

Nach eingehenden tierexperimentellen Untersuchungen an laparotomierten Hunden gelang die Blutstillung selbst bei Leberparenchymschnitten und bei den stark vaskularisierten Organen Milz und Niere mit Hilfe der flüssigkeitsunterstützten HF-Koagulation, wobei selbst bei massiven Blutungen die Karbonisationseffekte relativ klein blieben. Bei parenchymatösen Blutungen, d. h. diffusen Blutungen aus zahlreichen kleinen und wenigen großen Gefäßen in den Schnittflächen eines Parenchymgewebes, kann die Blutstillung u. U. sehr schwierig sein, da es nicht möglich ist, einzelne Gefäße chirurgisch zu versorgen. Aus diesem Grund wurde die HF-Koagulation in diesen Fällen auch bislang praktisch nicht eingesetzt. Gerade bei dieser Anwendung zeigt sich in der flüssigkeitsunterstützten HF-Koagulationsmethode ein weiterer entscheidender Vorteil. Es ist nämlich unter optimalen Sichtbedingungen möglich, durch eine manuell ausgeführte Scanbewegung der Sondenspitze (vgl. Tafel II, 2 u. Tafel IV, 5) über die blutende Gewebeoberfläche z. B. eine stufenweise Koagulation durchzuführen, wobei zunächst durch relativ rasch ausgeführte Transversalbewegungen (vergleichbar mit Pinselbewegungen beim Streichen) die weniger stark blutende Schnittfläche „vorkoaguliert" wird. Durch ein solches methodisches Vorgehen werden die stärker blutenden Gefäße, die normalerweise durch eine Ligatur versorgt werden müssen, gewissermaßen isoliert und können anschließend sukzessive einzeln obliteriert werden. Verschmutzte Elektroden mit verkohltem Gewebe bzw. Blutresten, die Anlaß für eine Fulguration mit Karbonisationseffekten geben, kommen hier bei der flüssigkeitsunterstützten HF-Koagulation praktisch nicht vor. Das bedeutet aber auch, daß die sonst für das Reinigen der Elektrodenoberfläche benötigte Zeit jetzt effektiv zur Blutstillung zur Verfügung steht. Histologisch zeigte sich bei Leberkoagulationen, die im Tierversuch an Hunden durchgeführt wurden, eine feingeweblich regelrechte Strukturierung mit wenigen umschriebenen Stellen, und zwar sog. Parenchymdefekten. An Stelle des Parenchyms lag bei der Abheilung ein von lockeren Bindegewebsfibrillen durchzogenes Hohlraumsystem vor, das unscharf gegen die Leberläppchen abgegrenzt erschien. Die zu den kleinsten makroskopischen Strukturen der Leber, d. h. den Leberläppchen, gehörigen Gefäße (Blutgefäße, Lymphgefäße und Gallengänge) waren als Bahnen erhöhter Leitfähigkeit an einigen Koagulationsstellen deutlich mehr in die Tiefe koaguliert (radiäre Ausdehnung) als das umgebende Gewebe. Die feingewebliche Untersuchung nach flüssigkeitsunterstützter HF-Koagulation an der Milz zeigte nach Koagulation durch Scanbewegung mit einem Elektrodendurchmesser von 4 mm ein unterschiedlich faserreiches lockeres Bindegewebe, das bis 1,5 mm dick war und durch kollagene Fasern vom Milzparenchymgewebe relativ scharf abgegrenzt war. Bemerkenswert scheint auch die Feststellung, daß im Bereich mit Flüssigkeitsunterstützung koagulierter Stellen keine Verwachsungen vorlagen, während bei Anwendung der bisherigen Koagulationsmethodik deutlich sichtbare Verwachsungen mit dem umgebenden Fettgewebe vorlagen.

In modifizierter Form ist ein „Scannen" der Blutungsquelle mit Hilfe der vom proximalen Ende aus beweglichen Instrumentenspitze auch beim endoskopischen Einsatz möglich und wurde bereits klinisch durchgeführt.

Experimentelle Untersuchungen mit „trockenen" Elektroden zeigen, daß ein vergleichbares Vorgehen wegen des Anklebens und der sich verändernden elektrischen Widerstandsverhältnisse praktisch damit nicht möglich ist. Entsprechende positive Langzeitüberlebensversuche nach flüssigkeitsunterstützter HF-Koagulation bei parenchymatösen Blutungen weisen auch hier den Weg zu einer möglichen therapeutischen Anwendungsbreite, die z.Z. noch nicht vollständig abzuschätzen ist, da keine vergleichbaren Alternativen existieren. Beispielsweise muß die derzeit geübte Praxis der Entfernung der Milz nach Milzruptur nicht notwendigerweise erfolgen, d.h. sie kann durch flüssigkeitsunterstützte HF-Koagulation evtl. vermieden werden. Über pathohistologische Ergebnisse bisheriger Untersuchungen aus dem Bereich der experimentellen allgemeinen Chirurgie ist ein Bericht aus medizinischer Sicht vorgesehen. Durch interdisziplinär geprägte Zusammenarbeit ist eine Übertragbarkeit der geeignet modifizierten flüssigkeitsunterstützten HF-Koagulation z.B. unter Beachtung von Sterilitäts- (Tafel VI, 1) und Isotonieforderungen auf weitere medizinische Disziplinen zu erwarten, da das Problem der Blutstillung eines der vordringlichsten bei vielen therapeutisch-operativen Eingriffen darstellt und hierbei diese neue Methode zu einer Ablösung anderer Verfahren und einer generellen Optimierung führen kann.

Die sehr positiven Erfahrungen mit der ohne Gewebekontakt erfolgenden Photokoagulation zur endoskopischen Blutstillung (vgl. 3.4) führten bei der monopolaren HF-Koagulation zu Untersuchungen, bei denen an Stelle eines metallischen Sondenkontaktes mit dem Gewebe ein flüssiger Stromleiter Verwendung fand. Von Reidenbach et al. [403, 405] wurde erstmals über eine sog. Salzstrahlmethode berichtet, deren Prinzip in Abb. 60 dargestellt ist. Tafel III, 4 zeigt den experimentellen Einsatz dieser Methode im Tierversuch.

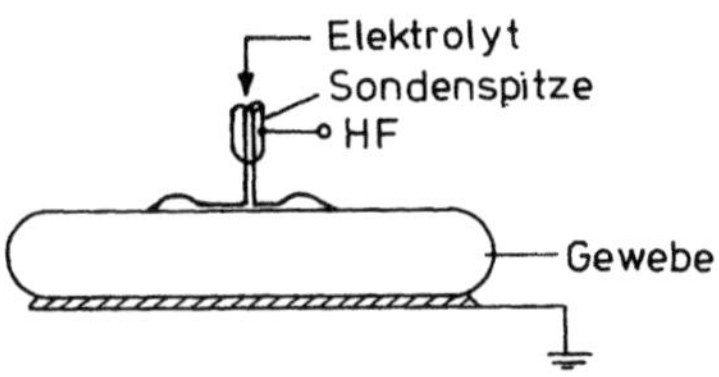

Abb. 60. Prinzip der Salzstrahl-HF-Koagulationsmethode

Der metallische Kontakt wird bei dieser Methode durch eine elektrolytische Flüssigkeit ersetzt, die in einer Durchflußmenge $\Phi \approx 0{,}4 - 1$ ml/s mit einem Strahldurchmesser $D_S \approx 0{,}7$ mm aus einer Düse der aktiven Elektrode auf das zu koagulierende Gewebe gespritzt wird (Tafel III, 2). Die ausführlichsten Untersuchungen wurden mit Kochsalzlösungen von physiologischer bis zu gesättigter (34%iger) Konzentration durchgeführt, insbesondere mit sog. physiologischer, d.h. isotoner (0,9%iger) NaCl-Lösung. Durch Zufuhr dieser Lösung bleibt die Osmolarität der Gesamtkörperflüssigkeit unverändert, und die zugeführte Lösung führt nur zu einer Vergrößerung des Extrazellulärraumes ([239], S. 11.8). Nichtisotone Kochsalzkonzentrationen verändern den osmotischen Druck im Extrazellulärraum, wobei hypertone NaCl-Lösungen einen Wasseraustritt aus den Zellen bewirken. Hypertone Flüssigkeiten wie z.B. Mineralwasser erzeugen im Magen-Darm-Kanal durch Konzentrationsänderungen in der Schleimhaut eine Reizung. Hypotone NaCl-Lösungen mit 0,4–0,46% führen zu beginnender und solche mit 0,3–0,36%

NaCl zu vollständiger Hämolyse [92]. Relativ kleine Mengen nichtisotoner Kochsalzlösung rufen i. allg. nur geringfügige Reaktionen hervor, die tolerierbar erscheinen.

Bei der elektrolytischen Leitung, die bei Kochsalzlösungen durch quasi freibewegliche Na^+- und Cl^--Ionen bewirkt wird, hängt die elektrische Leitfähigkeit im wesentlichen von der Ionenkonzentration, der Viskosität der Lösung, der Lösungstemperatur, der Frequenz und der elektrischen Feldstärke ab. Für gesättigte NaCl-Lösung (34%ig bei Raumtemperatur) ist die elektrische Leitfähigkeit $\varkappa_{18\,°C} = 0{,}261\ \Omega^{-1} \cdot cm^{-1}$ ([511], S. 102), nimmt bei 5% auf $\varkappa = 0{,}0672\ \Omega^{-1} \cdot cm^{-1}$ ([77], S. 1225 f.) ab und beträgt nach eigenen Messungen für physiologische NaCl-Lösung nur noch $\varkappa = 0{,}013\ \Omega^{-1} \cdot cm^{-1}$, d. h. sie liegt in der Größenordnung des Blutserumwertes (vgl. Tabelle 2 bzw. 4). Bei den zur HF-Koagulation üblichen Frequenzen im MHz-Bereich ist der Leitfähigkeitsanstieg mit der Frequenz nach Auswertung und Umrechnung von Literaturangaben ([82; 83; 113; 263 a, S. 215; 265; S. 35 f. und S. 130]) bei den verwendeten molaren Konzentrationen zwischen 0,162 mol/l (0,95 Gewichtsprozent) und 3,4 mol/l (20 Gewichtsprozent) der NaCl-Lösung vernachlässigbar, und es kann die Gleichstrom- bzw. NF-Leitfähigkeit betrachtet werden. Entsprechend den berichteten Relaxationszeiten [82] ist eine merkliche Dispersion erst im Bereich $f \approx 10 - 100$ MHz zu erwarten.

Die Anordnung mit der aus einer Düse austretenden Salzlösung kann näherungsweise als Zylinderkondensator mit senkrecht zur Elektrode liegender radialer Schichtung aufgefaßt werden, der ein Übergangswiderstand $R_ü$ in Serie geschaltet ist (vgl. Abb. 61):
Die elektrische Feldstärke ist dabei im Elektrolyten und in der umgebenden Luft wegen der Stetigkeit der Tangentialkomponenten gleich groß.

Experimentell wurde unter Koagulationsbedingungen bei physiologischer NaCl-Lösung ein Salzstrahlwiderstand von $R_S \approx 4{,}1\ k\Omega$ (theoretisch: $R_S = 5{,}85\ k\Omega$

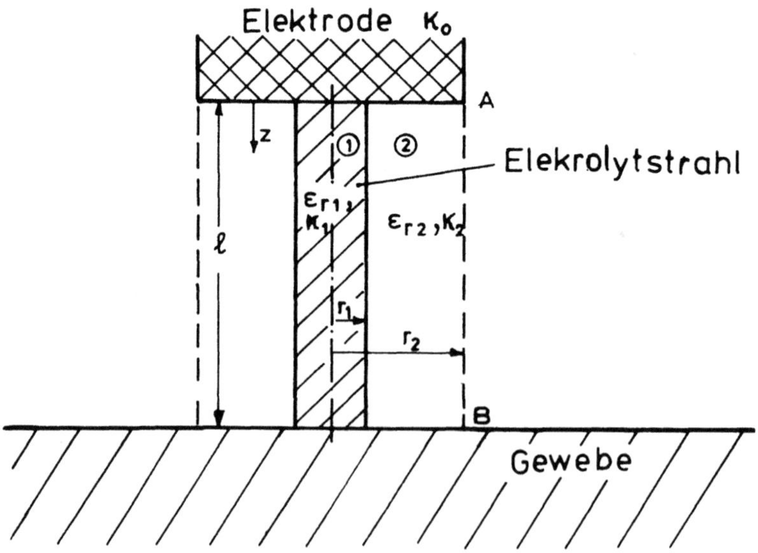

Abb. 61. Modell der Salzstrahlmethode

bei einem Strahldurchmesser D = 0,7 mm und einer Strahlhöhe l = 3 mm) gemessen, während er bei 20%iger NaCl-Lösung $R_S \approx 300-350\,\Omega$ (theoretisch: $R_S = 390\,\Omega$) beträgt. Die kleineren experimentellen Werte lassen sich dabei durch die mit steigender Temperatur des Salzstrahls unter Koagulationsbedingungen auftretende Leitfähigkeitserhöhung erklären. Da die elektrolytische Lösung eine endliche elektrische Leitfähigkeit besitzt, trifft erwärmte Lösung auf das Gewebe auf. Mit dem in Abb. 62 skizzierten Meßaufbau kann die Erwärmung des Elektrolyten ermittelt werden. Hierzu wurde zur Simulation des gleichen Koagulationseffekts bei konstantem Arbeitswiderstand R_a und konstanter Spannung U_a die Temperatur des seitlich von der Auftreffstelle wegfließenden Elektrolytstrahls, der mit einer Durchflußmenge $\Phi \approx 0{,}5 - 1\ \text{ml}\,\frac{\text{ml}}{\text{s}}$ austritt, unter Koagulationsbedingungen mit einem Meßfühler gemessen. Für 20%ige NaCl-Lösung wurde eine Temperaturerhöhung von 5 K ermittelt, während bei physiologischer Kochsalzlösung immerhin $\Delta T \approx 50-55$ K ist.

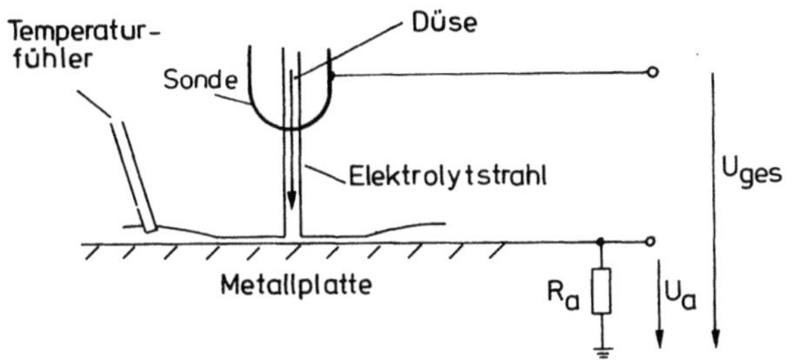

Abb. 62. Anordnung zur Messung der Elektrolyttemperatur. Erläuterungen im Text

Bei dem vorstehend genannten äquivalenten Strahlwiderstand R_S einer physiologischen Kochsalzlösung, für den $R_S > R_ü$ (nach 2.4.4.2) gilt, kann näherungsweise davon ausgegangen werden, daß die zugeführte HF-Energie zum größten Teil im Strahl selbst in Wärme umgewandelt wird. Eine Abschätzung der Temperaturerhöhung ΔT bei der verwendeten Durchflußmenge $\Phi \approx 0{,}5$ ml/s ergibt nach Gl. 78 $\frac{\Delta T}{(\text{K})} \approx 0{,}48 \cdot \frac{\Delta Q}{(\text{Ws})}$, d.h. bei einer in $\Delta t \approx 1$ s vollständig in Wärme umgewandelten HF-Leistung von $P \approx 100-120$ W, wie sie bei der HF-Koagulation üblicherweise zugeführt wird, erhält man in guter Übereinstimmung mit experimentellen Werten theoretisch eine Temperaturerhöhung von $\Delta T \approx 48-58$ K. Die eigentliche Koagulation findet daher durch die Kombination von erhitzter NaCl-Lösung und in Wärme umgewandelter HF-Energie statt.

Um das Problem des in der praktischen Anwendung z. B. durch die Magen-Darm-Peristaltik bedingten variablen Abstands zwischen der Elektrode und dem Gewebe und einen direkten Kontakt zwischen Sonde und Gewebe zu vermeiden, wurde der Raum ② in Abb. 61 durch ein PTFE-Abstandsröhrchen ausgefüllt und damit der Abstand konstant gehalten. Obwohl sich auf diese Weise ebenfalls ein Anhaften des Koagels an der Elektrode vermeiden läßt und tierexperimentell befriedigende Koagulationsergebnisse erzielt wurden, ist zu bedenken, daß es in ungünstigen Behandlungssituationen durch die ausströmende Salzlösung, die gleichzeitig für eine Blutfreiheit sorgt und als HF-Stromleiter dient, zu einer „Salzlache“

kommen kann (Tafel III, 3 u. 4). Hierdurch entstehen Leitfähigkeitsverhältnisse an der Gewebeoberfläche, die teilweise denjenigen in einem Blutsee entsprechen, wobei natürlich die Salzlösung im Unterschied zum Blut selbst nicht koagulieren kann. Auch ohne die Ausbildung eines leitfähigen „Sees" um die Blutungsquelle erzeugt die radial in einer dünnen Schicht (ca. 0,3 – 0,5 mm experimentell bestimmt) nach außen strömende Salzlösung u. U. aufgrund der Salzstrahltemperatur eine thermische Oberflächenkoagulation (Tafel III, 3), die sich aus der relativ hohen Temperatur der zuvor vom Strom direkt durchflossenen Salzlösung erklärt. Außerdem kann nicht von vornherein ausgeschlossen werden, daß es bei der Behandlung einer ohnehin bereits geschädigten Schleimhaut durch die Anwendung eines Elektrolyten als einem flüssigen Stromleiter bei einer quasi berührungslosen HF-Koagulation zur multiplen Ulzeration kommt. Eine entsprechende Überprüfung dieser Vermutung wurde aber bislang noch nicht im Langzeitversuch durchgeführt.

Als Variante der „1-Salzstrahl-Methode" unter Verwendung von 0,95%iger Kochsalzlösung aus den obengenannten physiologischen Gründen wurde z. B. mit einem 20%igen zentralen Kochsalzstrahl koaguliert, der ringförmig von aus mehreren Öffnungen austretenden Strahlen aus bidestilliertem Wasser umgeben war (Tafel III, 5). Hierdurch wurde zum einen die höhere Leitfähigkeit ($\varkappa \approx 0{,}2\,\Omega^{-1} \cdot \mathrm{cm}^{-1}$) des stärkeren Elektrolyten zur Stromleitung und Koagulation ausgenutzt, während das koaxial ausströmende Wasser neben der Mischung zur physiologischen NaCl-Konzentration auch für eine Kühlung des transversal von der Auftreffstelle wegströmenden Blut-NaCl-Lösungsgemisches sowie des oberflächlichen Gewebes sorgte und damit eine reduzierte transversale Koagulationsausdehnung ergab (Tafel III, 6).

Der technische Aufwand einer solchen „2-Flüssigkeiten-Methode" ist jedoch, insbesondere für den endoskopischen Einsatz, relativ hoch und die zugeführte gesamte Flüssigkeitsmenge nicht unerheblich.

Die alternative Salzstrahl-HF-Koagulationsmethode beinhaltet zwar sehr viele der bei der Wasserstrahlmethode genannten Vorteile (vgl. Tafel III, 1. u. 2), und es ist nicht auszuschließen, daß durch geeignete Modifikationen auch diese flüssigkeitsunterstützte HF-Koagulationsmethode weiter verbessert werden kann; derzeit spricht jedoch die Einfachheit der Wasserstrahlmethode zusammen mit der nachgewiesenen Effektivität für ihre bevorzugte klinische Anwendung.

2.4.4.6 Bipolare Verfahren mit Flüssigkeitsunterstützung

Grundsätzlich lassen sich die mit destilliertem Wasser erzielten methodischen Verbesserungen bei der monopolaren HF-Koagulation auch auf bipolare Verfahren übertragen (vgl. Tafel V, 1 a, b). Den allgemeinen Vorteilen einer geringeren erforderlichen HF-Leistung und einer Entlastung des Patienten vom Stromfluß durch den Körper, was insbesondere bei Herzschrittmacherträgern diskutiert wird, stehen für endoskopische Einsätze die Nachteile der erheblichen Erschwerung einer technischen Realisierung geeigneter Sonden gegenüber, da neben einer bipolaren HF-Stromzufuhr auch noch geeignete Düsen für den Flüssigkeitsaustritt vorgesehen werden müssen. Außerdem besteht bei dem erforderlichen kleineren Abstand der beiden Elektroden die Gefahr von Funkenüberschlägen. Abbildung 63

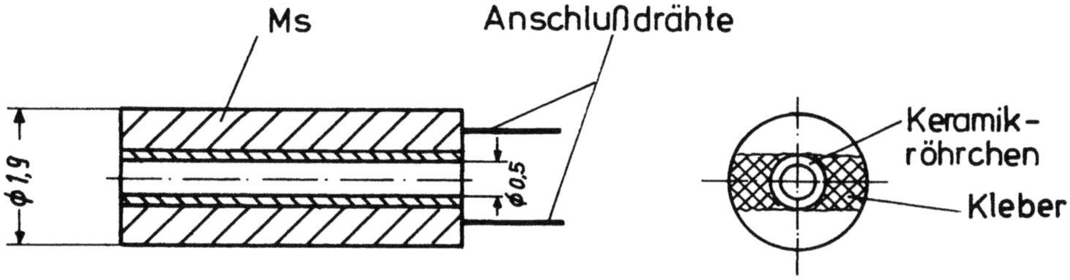

Abb. 63. Technische Ausführung einer Bipolarelektrode mit Öffnung für Flüssigkeitsaustritt

zeigt ein technisches Ausführungsbeispiel, mit dem erste Erfahrungen bei einer flüssigkeitsunterstützten bipolaren HF-Koagulation gesammelt wurden (Tafel II, 4).

Um auch bei flüssigkeitsunterstützten bipolaren Verfahren einen vergleichbaren Wissensstand über die mögliche therapeutische Breite der Methode zu erhalten, wie dies bei der monopolaren Methode der Fall ist, müssen noch zahlreiche entwicklungs- und herstellungstechnische Probleme gelöst und jahrelange tierexperimentelle Erfahrungen mit der monopolaren flüssigkeitsunterstützten HF-Koagulationsmethode nachvollzogen werden. Die bisherigen experimentellen Ergebnisse ermutigen generell zu weiteren Untersuchungen, wenn auch die monopolare Methode bereits erfolgreich im klinischen Einsatz ist.

Im Bereich der Koagulation von artifiziell erzeugten Parenchymschnitten, insbesondere bei Niere und Milz, zeigen erste Erfahrungen mit der bipolaren flüssigkeitsunterstützten HF-Koagulation (Tafel IV, 6) insbesondere bei relativ langer Koagulationsdauer (mehrere Minuten) eine quantitativ geringere Ausdehnung der Wärmeschädigung des an die Koagulationsfläche angrenzenden, zuvor vitalen Gewebes. Bei den großflächigen und wegen der Blutflußmenge langandauernden Parenchymblutungen muß aber mit ca. doppelter HF-Leistung im Vergleich zu Schleimhautblutungen im Magen-Darm-Trakt gearbeitet werden. Zur Erzielung einer Blutstillung mit vertretbarer Behandlungsdauer kann man entweder mit großflächigeren Elektroden (Tafel IV, 4 u. 5) arbeiten, da hier die Koagulationstiefe primär kein Perforationsrisiko wie bei gastroenterologischer Anwendung beinhaltet, oder durch eine relativ schnelle Scanbewegung mit kleineren Elektroden größere Blutungsflächen behandeln (Tafel II, 2 u. Tafel IV, 5) und damit die Wärmeausdehnung reduzieren. Ein dritter Weg besteht in einem sinnvollen Konzept und geeigneter Realisierung der bipolaren Methode.

Nach ersten Erfahrungen mit den verschiedensten technischen Ausführungen bipolarer Sonden (Tafel IV, 6 u. 7) ist das Auftreten von Funkenüberschlägen zwischen den relativ nahe (z. B. endoskopischer Einsatz, Tafel II, 4 u. 5) beieinander angeordneten gleichwertigen Elektroden ein noch nicht gelöstes technisches Problem, und zwar kann es insbesondere beim Abheben der Sonde unter Stromfluß bzw. bei geschlossenem Stromkreis, aber noch nicht vorhandenem Kontakt mit dem Gewebe wegen der meist gerätetechnisch bedingten hohen HF-Leerlaufspannung zu den genannten Überschlägen kommen. Experimentell wurde eine mehr oder weniger starke Neigung zu Funkenüberschlägen bei verschiedenen Bipolarsondentypen auch beim Eintauchen in eine Blutlache beobachtet, wenn aufgrund ungeeigneter Strömungsverhältnisse an den jeweiligen Flüssigkeitsaustrittsöffnungen nur eine ungenügende Blutverdünnung zwischen den beiden eng benachbarten Elektroden vorlag und es zu einer oberflächlichen Blutschichtkoagulation mit partieller Austrocknung kam. Dies wird u. a. auch durch die in den obersten Schichten infolge dynamischer Leitfähigkeitserhöhung, wie sie in 2.4.4.4 beschrieben wurde, erhöhte Stromdichte erklärbar, und es kann in ungünstigen Fällen sogar zur Karbonisation von Blut unmittelbar auf der Bipolarelektrode kommen.

Zur Lösung der genannten Probleme sollten weitere technische Verbesserungen in Phantomversuchen und in tierexperimentellen Studien untersucht werden – selbst wenn im Augenblick die mit der flüssigkeitsunterstützten monopolaren HF-Koagulation erzielten Blutstillungserfolge zu beinahe „idealen" Ergebnissen geführt haben und damit ein „aktueller Wunsch" der Praktiker nach einer anderen Methode nicht bestehen sollte.

Eine bipolare Methode mit Flüssigkeitsunterstützung könnte theoretisch die von der monopolaren EHT(= Elektrohydrothermosation)-Methode dargelegten Vorteile gegenüber konventionellen Techniken besitzen und zudem mit geringeren HF-Leistungen bei örtlich begrenzter HF-Strom-Applikation ausgeführt werden und damit in verschiedenen Anwendungen evtl. noch vorteilhafter eingesetzt werden. Eine Bestätigung dieser Annahmen kann aber nur durch eine interdisziplinär durchgeführte experimentelle Untersuchung erfolgen.

2.4.4.7 Anwendungen der Hochfrequenzkoagulation

Während die flüssigkeitsunterstützte HF-Koagulation bisher nur bei der endoskopischen Blutstillung und Verödung von Schleimhautveränderungen im Gastrointestinaltrakt des Menschen angewendet wurde und ihr Einsatz zur Blutstillung bei Parenchymblutungen aus Leber, Niere und Milz beabsichtigt ist, wird die bisherige HF-Koagulationsmethode in den verschiedenartigsten medizinischen Teildisziplinen eingesetzt. Ein Ersatz durch die flüssigkeitsunterstützte Methode ist dabei in fast allen Fällen, zumindest wenn es sich um akute Blutungen handelt, angezeigt. Die folgende Übersicht der Anwendungen erhebt nicht den Anspruch auf Vollständigkeit, sondern beabsichtigt, neben einer Darlegung verschiedener Anwendungsmöglichkeiten auch Anregungen für eine gezielte Erarbeitung eines erweiterten Indikationskatalogs für eine optimierte HF-Koagulation zu geben.

HF-Koagulation findet in der allgemeinen Chirurgie Anwendung zur Blutstillung bei Blutungen und Verletzungen von Organen, zur Vorbereitung von Gewebeabtragungen und als Klemmkoagulation von Blutgefäßen, wobei letztere Anwendung bislang in manchen chirurgischen Einrichtungen als einzige Indikation angesehen wird. In der Urologie wird bei der transurethralen Elektroresektion (TUR) häufig im Anschluß an eine Abtragung das blutende Gewebe koaguliert, und zwar unmittelbar mit der zum Schnitt verwendeten Drahtschlinge (Resektionsschlinge).

In der Ophthalmologie können mit einer Kugelelektrode auf der Lederhaut kleine Koagulationspunkte gesetzt werden, die beim Heilungsprozeß ein Anwachsen der Netzhaut an die Lederhaut bewirken und so eine vorhandene Netzhautablösung durch Abriegelung und Verschluß von Rissen günstig beeinflussen oder zur Prophylaxe dienen (diasklerale HF-Koagulation). Außerdem wurde über die Behandlung intraokulärer Erkrankungen, wie z. B. von Geschwülsten, berichtet.

In der Neurochirurgie findet praktisch nur die bipolare HF-Koagulation Anwendung, und zwar wird bei der sog. Mikrokoagulation mit Pinzetten und kleinsten HF-Leistungen (ca. 5 W) der Verschluß kleinster Gefäße vorgenommen. Eine monopolare Koagulation birgt die Gefahr der Schädigung des umgebenden gesunden Hirngewebes in sich. Bei den sog. stereotaktischen Operationen zur Beseitigung bzw. Reduzierung von Rigor und Tremor bei der PARKINSON-Krankheit ([483], S. 25f.) wird darüber hinaus auch die Temperatur an der Elektrodenspitze kontrolliert – was prinzipiell auch bei der gastrointestinalen HF-Koagulation durchführbar ist.

Mikrokoagulation findet darüber hinaus Anwendung im Bereich der HNO und der plastischen und der Handchirurgie. Auch zur Durchführung der laparoskopischen Tubensterilisation wird in der Gynäkologie von vielen Anwendern die bipolare Koagulationsmethode eingesetzt (z.B. [205]). Hierdurch werden unbeabsichtigte Koagulationen am Darm (Häufigkeit: 0–0,5%) und/oder ausgedehnte Verschorfungen der Tuben [204], die bei monopolarer Technik berichtet wurden, weitgehend vermieden. Bei der kolposkopischen Anwendung wird dagegen von der monopolaren Koagulationstechnik bei intraepithelialen Zervixerkrankungen (z.B. Zervixveränderungen, Zervixkarzinom) berichtet [212], wobei zuerst mit einer eingestochenen Nadel, danach mit einer Kugelelektrode das betreffende Gewebe koaguliert wurde.

Aus dem Bereich der Zahnheilkunde wurde über den Einsatz der HF-Koagulation zur Zerstörung von papillomatösem Gewebe, Leukoplakien und zur Vernichtung inoperabler Krebsherde berichtet. Außerdem erfolgt häufig ein Trocknen und Sterilisieren von Wurzelkanälen durch HF-Koagulation.

In den Bereich der Dermatologie fällt ebenfalls die HF-Strom-Behandlung von Leukoplakien und kleinen Hautgeschwülsten wie z.B. Warzen. Darüber hinaus wird auch die Epilation koagulativ ausgeführt.

Die Anwendung der HF-Koagulation bei rektalen Karzinomen gilt bei einigen Anwendern (z.B. [288, 289, 418]) als kurative oder palliative Maßnahme.

2.4.5 Hochfrequenztomie

Neben dem Überbegriff der Elektrotomie im Sinne der Definition 5 sind für die Hochfrequenztomie die Begriffe Elektroakutomie, -sektion, -resektion, Acusection und elektrisches Schneiden in der Literatur zu finden (nach NÖSKE [345] werden z.B. Elektrotomie und Elektroresektion als getrennte Begriffe betrachtet). Die Hochfrequenztomie wird dabei häufig im Sinne der speziellen HF-Chirurgie zur Abgrenzung gegenüber der in 2.4.1 definierten allgemeinen HF-Chirurgie verstanden. Die synonyme Verwendung der Bezeichnung „chirurgische Diathermie" zur Unterscheidung von der „medizinischen Diathermie" als HF-Erwärmungsmethode nach 2.3.3 kann nach den Darlegungen des Hauptabschnitts 2.3 nicht empfohlen werden. Der Formulierung von SCHÖN ([434], S. 19), wonach der Unterschied in der Koagulations-, Fulgurations- oder Hochfrequenztomiewirkung nur im Tempo der Schnittführung liegt, kann nicht ohne Einschränkung zugestimmt werden, da z.B. die Elektrodenform auf das HF-Chirurgie-Verfahren entscheidenden Einfluß hat.

Unter Hochfrequenztomie ist in Anlehnung an das Wort „τομή“ (Schnitt) die Gewebedurchtrennung und -entfernung mittels hochfrequenter elektrischer Ströme zu verstehen. Diese mit mechanischer Operationstechnik unterstützte und durchgeführte therapeutische Maßnahme der Erzeugung „destruktiver Wärme“ wird durch eine Kausalitätskette erreicht, bei der sich durch spezielle Elektrodenformen eine relativ hohe HF-Stromdichte im Gewebe ergibt, die zu einer lokal begrenzten, relativ raschen Wärmeentwicklung durch den Gewebewiderstand führt. Dadurch kann ein momentanes Verdampfen der extra- und intrazellulären Flüssigkeit erreicht werden, d. h. eine Sprengung der Zellen und Zellverbindungen vor der Hochfrequenztomieelektrode erfolgen.

Als HF-Generatoren wurden zunächst Löschfunkensender mit – für damalige Verhältnisse – hoher Funkenfrequenz verwendet. Die seit ca. 1920 bekannten Röhrensender begannen sich erst ab 1945 in der Hochfrequenztomie durchzusetzen, wobei insbesondere die Möglichkeit einer kontinuierlichen HF-Strom-Erzeugung für die Überlegenheit der Röhrensender ausschlaggebend war und erst nach einem Rückgang des Senderöhrenpreises, der anfangs noch sehr hoch war, eine gerätetechnische Ablösung erfolgte. In neuerer Zeit werden transistorisierte Sender für die HF-Chirurgie entwickelt und auch bei der Hochfrequenztomie erprobt. Eine Ablösung der Röhrensender ist aber noch nicht erfolgt.

2.4.5.1 Hochfrequenzschnittarten und -schneidevorgang

Die HF-Schnittarten werden ganz wesentlich von den verwendeten Elektrodenformen bestimmt. Abbildung 64 a–c zeigt die derzeit bevorzugt eingesetzten Formen.

Die Messer- oder Skalpellelektrode erinnert durch ihre geometrische Form an das in der Medizin für Inzisionen und Präparationen gebräuchliche Operationsmesser. Allerdings bestehen zwischen der Entstehung des konventionellen und des HF-Schnittes prinzipielle Unterschiede, die im folgenden ebenfalls dargestellt werden sollen. Mit messerförmigen Elektroden kann während des Schneidens durch Andrücken der Messerbreitseite eine evtl. erforderliche Koagulation auf den Schnittflächen durchgeführt werden. Bedingt durch die relativ großen Abmessungen und die Messerform, sind einer Schnittführung mit Richtungsänderungen bei dieser Elektrodenform praktische Grenzen gesetzt.

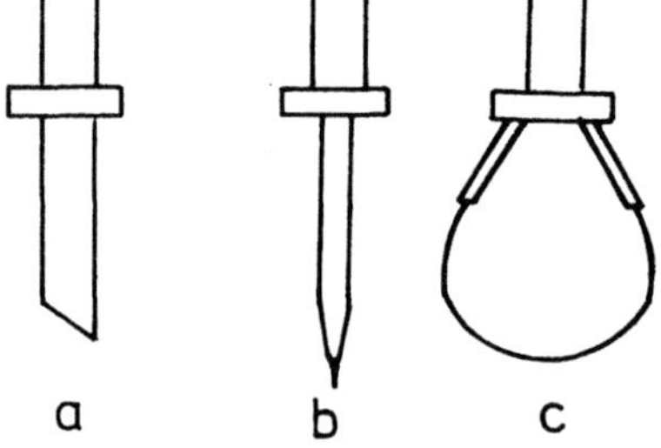

Abb. 64 a – c. Elektrodenformen. **a** Messer- oder Skalpellelektrode, **b** Nadel- oder Drahtelektrode, **c** Schlingen- oder Bandelektrode

Nadel- oder Drahtelektroden besitzen eine wesentlich geringere Wärmekapazität C_W als Messerelektroden. Deshalb wird die Nadel beim Schneiden selbst warm, und es besteht die Gefahr, daß aufgrund der geringeren Wärmekapazität besonders leicht koaguliertes Gewebe an der Spitze hängenbleibt. Dabei kann sogar ein Glühen mit „Verzunderung" der Elektrode die Folge sein. Bei idealen Schnittbedingungen erzielt man jedoch beim Schnitt mit einer Nadelelektrode einen sehr dünnen Koagulationssaum.

Schlingen- und Bandelektroden eignen sich zur Durchführung eines sog. „Hohlschnittes", wie er in der Urologie bei der TUR (z. B. Prostataresektion) und in der Dermatologie zur Entfernung von Gewebeteilen angewandt wird. Die Abtragung des Gewebes erfolgt dabei hobelartig.

Das bei der Nadelelektrode vorstehend genannte Warmwerden während des Schneidens gilt mehr oder weniger für alle genannten Schneideelektrodenformen, obwohl in der Literatur häufig von einer kalten Elektrode und nicht zuletzt von der „Kaltkaustik" gesprochen wird [447]. In eigenen experimentellen Untersuchungen konnte aber gezeigt werden, daß eine zum Schneiden verwendete Elektrode nach Unterbrechung des HF-Stromkreises beim Kontakt mit organischem Gewebe über eine in der Regel bis zur oberflächlichen Koagulation ausreichende Wärmekapazität verfügt, was durch ein sichtbares Weißwerden des berührten Gewebes nachgewiesen werden kann. Unter anderem besteht hierdurch auch eine Gefährdung für den Operateur. Insbesondere ist dieser Effekt aber zusammen mit der raschen Erhitzung des Gewebes als Folge der relativ hohen HF-Stromdichte unmittelbar vor der Schneideelektrode für das rasche Exsikkieren des Gewebes und das daraus resultierende Ankleben an der erwärmten metallischen Elektrode verantwortlich. Hierdurch kommt es relativ häufig zu einer Karbonisation des anhaftenden Gewebes, und der erhöhte Übergangswiderstand bedingt das Auftreten von Funkenüberschlägen. Da aber ein HF-Schnitt mit einer teilweise durch karbonisiertes Gewebe bedeckten Elektrode zu einer langsameren Schnittausführung führt, wird zwangsläufig mehr Gewebe zerstört, was sich in der Regel an einem schlechter verheilenden Schnitt durch eine relativ breite Narbe zeigt.

Nach der historischen Entwicklung kann man die HF-Schnittarten in die Forestisation, d. h. Operation mit der DE FORESTschen Nadel ([335], S. 44), die Lichtbogenoperation, den Funkenschnitt und den Elektrohydrothermosationsschnitt (EHT-Schnitt, 2.4.5.2) einteilen. Medizinische Wörterbücher weisen den durch Elektrochirurgie erzeugten Schnitt generell als sog. Schmelzschnitt aus ([505], S. 364). Erfahrungsgemäß ist hier aber eine qualitative Unterteilung in den glatten und den verschorften Schnitt angebracht.

Beim glatten Schnitt (HF-Akutomie, Scharfschnitt, Sprengschnitt) sind die entstehenden Schnittflächen nur wenig verfärbt und entsprechen darin dem Schnitt mit einem normalen Skalpell. Ein glatter Schnitt wird bevorzugt mit unmoduliertem oder z. B. mit 100 Hz amplitudenmoduliertem HF-Strom erzeugt, wobei die AM erfahrungsgemäß das Anschneiden des Gewebes verbessert (vgl. 2.4.6.1).

Ein verschorfter Schnitt entsteht in erster Linie als Folge eines langsam durchgeführten Schnittes, d. h. bei im Vergleich zum glatten Schnitt kleinerer Schnittgeschwindigkeit. HF-Chirurgie-Geräte zur Ausführung eines verschorften Schnittes besitzen entweder nur einen Röhrensender oder zusätzlich einen Funkenstreckengenerator. Als therapeutischer Strom zum Schneiden kommt dabei entweder ein sog. „Röhrenstrom“ oder bei Überlagerung eines vom Funkenstreckengenerator gelieferten sog. „Funkenstreckenstromes“ ein sog. „Mischstrom“ z.B. zum Abtragen von Polypen [463] zur Anwendung (vgl. 2.4.6.1). Diese 3 Begriffe für die sog. „Stromqualität“ (vgl. 2.4.6.1) werden praktisch ausschließlich in der medizinischen und medizintechnischen Fachliteratur sowie in rein technischen Abhandlungen, die sich mit HF-Chirurgie-Geräten befassen, verwendet. Mit ihrer technischen Einordnung befassen sich die Ausführungen in 2.4.6.1. Der Grad der Verschorfung läßt sich durch Variation der Stromdichte im Gewebe unmittelbar vor der aktiven Elektrode beeinflussen. Durch eine zusätzliche Impulsmodulation, d.h. mit einem Strom-Zeit-Verlauf, bei dem die Impulse gewissermaßen Momentanwerte relativ hoher HF-Leistung, bezogen auf den Mittelwert der zugeführten HF-Leistung, darstellen, wird erfahrungsgemäß eine tiefergreifende Koagulation der Schnittflächen erzielt, die aber im Vergleich zu der mit HF-Koagulationsmethoden erzeugten Tiefenausdehnung noch als oberflächlich bezeichnet werden sollte. Kleinere Blutgefäße lassen sich aber auch auf diese Weise während des Schnittes verschließen.

Eigentlich ist der Begriff des verschorften Schnittes nicht ganz zutreffend, da hierdurch das Vorhandensein eines Brandschorfes im Sinne von 2.4.1 assoziiert wird. Dies ist aber beim Schneiden gar nicht erwünscht – im Gegenteil, es wird nur eine Eiweißgerinnung und Weißfärbung der Schnittflächen angestrebt. Neben der Elektrodenform und der Stromart hängt die Schnittqualität wesentlich von der Schnittgeschwindigkeit und der zugeführten HF-Leistung ab.

Erfahrungsgemäß besteht bei zu geringer Schnittgeschwindigkeit, d.h. beim langsamen Ziehen der Elektrode durch das Gewebe, eine Verbrennungsgefahr. Zur Funkenbildung und damit zur Fulguration mit Brandschorfbildung kommt es auch häufig, wenn der Operateur Pausen während des Schnittes unter HF-Stromfluß einlegt. Solche Verbrennungen werden auch erzeugt, wenn der HF-Stromkreis geschlossen wird, bevor sich die Elektrode in einer für die Hochfrequenztomie ausreichend geringen Arbeitsentfernung vom Gewebe befindet. Oringer empfiehlt dagegen in seinem Lehrbuch ([351, S. 118), daß der Stromkreis stets vor dem Kontakt der Elektrode mit dem Gewebe geschlossen werden soll, was nach eigenen Erfahrungen aber zu den obigen Effekten führen kann.

Die ideale Schnittgeschwindigkeit ist diejenige, bei der man die aktive Elektrode ohne Druckanwendung durch das Gewebe ziehen kann („ziehender Schnitt“, vergleichbar mit dem Ziehen eines heißen Messers durch Butter oder Wachs). Der Operateur muß daher die Schnittiefe visuell beurteilen und stellt sie beispielsweise nicht dadurch ein, daß er die jeweils verwendete Elektrode vor Schließen des Stromkreises auf die beabsichtigte Tiefe eindringen läßt und dann zu schneiden beginnt. Bei mehrlagigen – also tieferen – Schnitten ist es für die Schnittgeschwindigkeit entscheidend, daß eine Wärmeakkumulation aus den einzelnen sukzessiven Schnitten vermieden wird, d.h. es muß evtl. zwischen zwei Schnitten, die an der gleichen Stelle im Gewebe ausgeführt werden, um sukzessive einen gezielten, tieferen Schnitt in das Gewebe zu erreichen, eine kurzzeitige Pause gemacht werden. Zum anderen spielt der Feuchtegrad des Gewebes eine Rolle, d.h. bei einem erneuten, tiefer eindringenden Schnitt an der örtlich gleichen Stelle muß u.U. für ein Anfeuchten des infolge des davor durchgeführten Schnittes ausgetrockneten Gewebes gesorgt werden, damit es nicht zu ausgedehnten Koagulationseffekten kommt. Diese Maßnahme ist bei der Hochfrequenztomie nach der EHT-Methode (vgl. 2.4.5.3) bereits impliziert. Der Einfluß der HF-Leistung auf die Schnittqualität äußert sich zum einen – bei zu hohem HF-Strom – erfahrungsgemäß in einer ausgeprägten Braunfärbung des Gewebes und ist zum anderen an der mehr oder weniger starken Ausbildung ausgeprägter Funkenüberschläge zu erkennen.

Wenn eine ungenügende HF-Leistung zugeführt und damit zu geringe Wärme im Gewebe entwickelt wird, kommt es zu einem deutlich wahrnehmbaren Anhaften des Gewebes an der Schneideelektrode. Dabei verfärbt sich dieses Gewebe weißlich, da der zu schwache HF-Strom lediglich zu einer Koagulation und evtl. zum Kochen des vor der Schneide befindlichen Gewebes ausreicht, eine Zellsprengung aber unterbleibt. Es gehört daher mit zur Ausübung ärztlicher Kunst, durch Vorversuche und systematisches Sammeln von Erfahrungen die für das jeweilige zu durchtrennende Gewebe richtige HF-Einstellung zu finden und in interdisziplinärer Zusammenarbeit auszuwerten. Bei der unübersehbaren Zahl im Einsatz befindlicher verschiedener HF-Chirurgie-Geräte ist es praktisch unmöglich, allgemein gültige Angaben nach Maß und Zahl zur optimalen Einstellung der Geräte zu machen, auch wenn dies vielfach vom Praktiker gewünscht wird, da hierdurch die Gefahr der kritiklosen Übernahme ohne Rücksicht auf vorhandene Unterschiede in Geräteleistung (bis ca. 200 W), Innenwiderstand, Stromform und Stromstärke – um nur einige der Parameter zu nennen – besteht und sich das ohnehin bei dieser Anwendung etwas gestörte Verhältnis zur Technik weiter verschlechtern würde.

Bei einer richtigen HF-Einstellung gleitet die Schneideelektrode mühelos durch das Gewebe und ergibt einen glatten Schnitt. Beim Schneidevorgang selbst verdampft im wesentlichen die Gewebeflüssigkeit im Schnittbereich, d.h. der spezifische Widerstand des von der aktiven Elektrode („HF-Messer") zu trennenden Gewebes steigt an. Damit wird der wirksame Körperübergangswiderstand, der im Muskelgewebe 130–300 Ω und im Fettgewebe 500 Ω bis mehrere 1000 Ω beträgt (vgl. [448], S. 20, und $R_ü$ bei der Koagulation nach Tabelle 5 und nach Gl. 192), durch die temperaturbedingten Veränderungen an der Berührungsstelle ebenfalls erhöht. Außerdem bleibt der effektive HF-Stromquerschnitt nur bei absolut gleichmäßiger Schnittführung im homogenen Gewebe und bei optimaler Generatoreinstellung konstant. Daraus resultiert eine nur bedingte Reproduzierbarkeit des HF-Schnittes.

Die unterschiedlichen Leitfähigkeiten der verschiedenen Gewebetypen sind auch entscheidend für die Tiefenausdehnung der Koagulation in der Schnittfläche. Beispielsweise ist der transversale Koagulationssaum bei einem durch Haut, Fett- und Muskelgewebe bis zum Knochen durchgeführten HF-Schnitt mehr oder weniger stark ausgedehnt, wie aufgrund histologischer Untersuchungen festgestellt wurde. In dem mehrschichtig verhornten epithelialen Anteil der Oberhaut (Epidermis) ist die transversale Koagulationsausdehnung größer als im darunter gelegenen bindegewebigen Anteil der Lederhaut (Corium oder Kutis), in der u.a. die Blutgefäße verlaufen. In der von der Kutis nicht scharf abgegrenzten Subkutis ist der Koagulationssaum mit demjenigen in der Kutis vergleichbar, während er im Unterhautfettgewebe sehr viel tiefer und ausgeprägter ist. Erreicht der Schnitt das darunterliegende Muskelgewebe, so ist hier in den bindegewebigen Zwischenräumen der Muskelschichtung die Koagulation am ausgeprägtesten. Wird ein Blutgefäß durchtrennt, so weicht das Blut zu beiden Seiten der Schnittstelle – natürlich mit von der Strömungsrichtung abhängiger unterschiedlicher Ausdehnung – im Gefäß zurück, vorausgesetzt, daß der Gefäßschrumpfungs- und der koagulationsbedingte Agglomerationsprozeß des Blutes zum Gefäßverschluß ausreichen. Die innerste Schicht der Gefäßwandung (Intima) wird nach genaueren Untersuchungen dabei von allen Gefäßwandschichten am stärksten geschädigt. Erreicht der HF-Schnitt einen Knochen, so breitet sich die Wärmewirkung zunächst in der Blut- und Lymphgefäße sowie Nerven enthaltenden Knochenhaut (Periost) aus, wodurch eine relativ ausgedehnte Schädigung möglich ist. In diesem Zusammenhang sei darauf hingewiesen, daß McFee [305] bereits 1925 davor gewarnt hat, das Periost zu schädigen, da es evtl. Monate bis zur Heilung dauern kann, insbesondere wenn ausgedehnte Koagulationen vorliegen. Im Knochen selbst dringt die Schneideelektrode nur relativ langsam vor; es ist aber, wie in eigenen Versuchen z. B. an Rippenknochen beim Hund nachgewiesen wurde, durchaus möglich, Knochen mit dem HF-Schnitt zu durchtrennen.

Eine Erklärung der unterschiedlichen Koagulationsausdehnungen findet man nach den in 2.3.2.1 zu Abb. 27 gegebenen Darlegungen des Einflusses von Parallel- und Serienschaltungen von Geweben mit verschiedenen elektrischen Leitfähigkeiten, wie sie z. B. für den hier interessierenden MHz-Bereich Tabelle 2 bzw. 4 entnommen werden können. Dabei ist die sich durch die Durchblutung und Schichtung des Gewebes im Sinne einer elektrischen Analogiebetrachtung mit Teilwiderständen ergebende Unterteilung zu berücksichtigen. Außerdem sind bei Verwendung einer Nadelelektrode infolge einer bevorzugten Serienschaltung von Gewebeteilwiderständen Abweichungen vom vorstehenden Koagulationsverhalten möglich, das insbesondere für messerförmige Elektroden gilt, wobei die Breitseiten als dominante Koagulationselektroden wirken, während die für mechanische Schnitte relativ stumpfe Schnittkante als Schmalseite für das Vordringen des Schmelzschnittes verantwortlich ist. Erfahrungsgemäß werden also Haut und Fettgewebe bei sonst gleichen Bedingungen koagulationsreicher durchtrennt als Muskelgewebe. Der beim Schneiden entstehende Koagulationssaum bedeutet elektrisch gesehen eine Zone höheren Widerstands. Dadurch wird der Stromfluß transversal zur Schnittrichtung verringert, da die ausgetrockneten Zellreste quasi isolierend wirken. Als Folge dessen ist die Wirkung des HF-Schnittes verstärkt in die Tiefe gerichtet, ohne daß eine mechanische Druckanwendung erforderlich ist.

Der mit HF-Strom erzielte Gewebeschnitt unterscheidet sich in einigen Punkten ganz wesentlich vom konventionellen Schnitt. Wird nämlich der Schnitt mit einem normalen chirurgischen Skalpell ausgeführt, so entsteht dabei eine kapillare Resorptionsfläche, die durch „Wiedereinschlürfung" Zellfragmente und flüssige Abbaustoffe aus dem Gewebeschnittbereich aufnimmt. Diese resorbierten Stoffe können als Giftstoffe, und zwar als sog. Frühgifte (nach Freund), auf den Körper wirken. Eine ideale Schmelzschnittfläche ist dagegen durch den die Hochfrequenztomie begleitenden Koagulationseffekt so dicht verschlossen, daß nachgewiesenermaßen selbst durch die Einwirkung von sonst tödlichen Giften wie Curare und Tetanustoxin auf die frische Schnittwunde im Tierversuch keine Wirkung erzielt wird [448, 449]. Insbesondere gilt es zu beachten, daß in der Regel von den Kapillaren direkt nur Teilchen von der molekularen Größe z. B. der Aminosäuren und des Zuckers aufgenommen werden können, während Kolloide und größere Teilchen nur über die Lymphgefäße an der Schnittstelle in den Körper gelangen können (vgl. MAYO [303]). Die Tatsache, daß die in den Lymphgefäßen enthaltene Lymphe praktisch die gleichen Konzentrationen an Salz und Elektrolyten besitzt wie das Blutplasma ([175,], S. 72), bedeutet, daß diese Kanäle – Kontraktilität vorausgesetzt – aber bei der richtig ausgeführten Hochfrequenztomie ebenfalls wirkungsvoll verschlossen werden [448]. Es besteht nur eine geringe Chance dafür, daß Bakterien und maligne Zellen von den Phagozyten in die Lymphbahnen gebracht werden. Eventuell an der aktiven HF-Elektrode anhaftende maligne Zellen werden mit sehr großer Wahrscheinlichkeit durch die bei der Umwandlung von HF-Energie in Wärme entstehende Hitze zerstört, und es dürften nur diejenigen eine Überlebenschance besitzen, die während des Tomievorganges an eine Stelle geringerer Stromdichte gelangen. Die Skalpellanwendung bei malignen Tumoren birgt dagegen die Gefahr der Trennung und Zerstörung des Lymphapparates und daher der Dissemination – also einer Metastasierung – in sich ([434], S. 20). Als weitere Folgen der verhinderten Wundresorption werden geringere „Allgemeinwirkungen“ beim Patienten genannt [449], d.h. der postoperative Schmerz (Nachschmerz) wird als wesentlich geringer als nach mechanischem Messerschnitt angegeben, und dies selbst dann, wenn präoperativ ein schmerzhafter Zustand vorlag. Der Grund dürfte im wesentlichen darin liegen, daß nach einem HF-Schnitt die Nervenfasern nicht mehr frei in der Schnittfläche als funktionelle Rezeptoren vorliegen, sondern durch die mit dem Schnitt verbundene Koagulation physiologisch derart verändert werden, daß die Schmerzleitung entweder reduziert oder ganz aufgehoben ist. Manchmal wird auch von einem geringeren Operationsschock berichtet. Durch den HF-Schnitt wird außerdem eine „aktive“ Hyperämie bewirkt, d.h. nach Ansicht einiger Autoren wird die Ausheilung eitriger und anderer entzündlicher Krankheitsherde durch die mit der Blutanreicherung infolge der erhöhten Gewebetemperatur verbundene zelluläre Schranke aus Leukozyten und Wanderzellen, die sich an der Hyperämiezone amöboid sammeln und die wichtige Funktionen bei der Schutzkörper- und Narbenbildung haben, unterstützt. Ein Schnitt mit dem „HF-Messer“ wird unter größter mechanischer Gewebeschonung ausgeführt, und die reduzierten Blutverluste ergeben auch eine Verbesserung der Sichtverhältnisse auf die Operationsstelle.

Die nach Hochfrequenztomie auftretende Exsudation, wobei aus Blutgefäßen und Lymphkanälen mit Zellen vermischte Flüssigkeit austritt, wird gelegentlich ebenfalls als methodisch bedingte Ausschwemmung von Bakterien betrachtet. Meist zeigen mit HF-Strömen erzeugte Schnitte eine gute Verheilungstendenz, d.h. es entstehen weiche Narben, die gut mit dem Umgebungsgewebe übereinstimmen und bei denen wegen des Fehlens postoperativer Schrumpfungen und Kontrakturen ein guter kosmetischer Effekt resultiert. Der Heilungsverlauf richtet sich generell auch nach der Schnittart [449]. So ist nach einem koagulationsarmen glatten Schnitt eine ähnliche Heilung wie bei einer Skalpellwunde zu erwarten, während es nach einem koagulationsreichen verschorften Schnitt, insbesondere bei zu starker Verschorfung, vorkommen kann, daß keine Verklebung der Wundflächen zustande kommt. Dadurch wird aber der Heilungsverlauf verzögert, und man muß verklebungsfähige Schichten lege artis überlappend über den Schnitt nähen, damit die Wundheilung erfolgen kann. Es wurde aber berichtet, daß es dabei in der Tiefe des Schnittes zu einer verzögerten Wundheilung kommt. Vom medizinischen Standpunkt aus betrachtet, kann dieser Effekt auch beabsichtigt sein und ausgenutzt werden [448].

Allgemein ist zur Darstellung der Vorteile des HF-Schnittes anzumerken, daß die hier vorgestellte Interpretation nicht einhellig die Meinung aller Anwender und insbesondere nicht derjenigen wiedergibt, die diese Methode – aus welchen Gründen auch immer – meist von vornherein ablehnen. Eine interdisziplinäre Zusammenarbeit sollte aber auch bei dieser lokalen Anwendung hochfrequenter Energie für therapeutische, destruktive Wärme entscheidend dazu beitragen können, daß man bei der Hochfrequenztomie zu einer vorurteilsfreien neuen Wertung und Abgrenzung gegenüber alternativen Methoden gelangt.

Den Vorteilen, insbesondere des blutarmen und weitgehend sterilen Schnittes, stehen aber auch einige Nachteile der Methode gegenüber. Zunächst muß ein spezielles Gerät gekauft und eine neue Technik erlernt werden. Dabei kann es bei unsachgemäßer Anwendung zur Verbrennungsgefahr für Patient und Operateur kommen [72, 312]. Mit brennbaren Gasen und Flüssigkeiten muß äußerst vorsichtig umgegangen werden [312] – so muß vor jedem rekto- und koloskopischen Einsatz zweckmäßigerweise auch eine Darmreinigung erfolgen.

Als Folge der bisher unbeachteten Erwärmung der Elektrode beim Schneidevorgang können anschließend bei unbeabsichtigtem Kontakt auch stromlos Koagulationen in der Umgebung der Schnittstelle auftreten. Gelegentlich wird von der Gefahr des Einreißens des Schnittrandes berichtet, während es fast regelmäßig bei parenchymatösen Organen zu Nachblutungen kommt. Auch das Verkleben der aktiven Elektrode ist eine bekannte Tatsache, die für manchen Mißerfolg aufgrund veränderter elektrischer Widerstandsverhältnisse bei der Anwendung der Hochfrequenztomie verantwortlich zu machen ist. Auch Herzschrittmacherstörungen [301] sind infolge des Stromflusses durch den Körper möglich. Die infolge Gleichrichterwirkung, mit der jeder Funkenüberschlag zwischen der Elektrodenspitze und dem Körpergewebe verbunden ist (vgl. [118]), auftretenden niederfrequenten faradischen Ströme im µA-Bereich führen insbesondere bei Operationen in der Neurochirurgie zu faradischen Reizen und können u. U. auch Muskelreizungen hervorrufen. Durch Reihenschaltung genügend kleiner Kapazitäten zur Schneideelektrode sollte sich aber hier ebenso wie bezüglich der beim Einschaltvorgang auftretenden niederfrequenten Anteile für Abhilfe sorgen lassen. Nicht zuletzt wird die verbrennungstypische Geruchsbelästigung während eines Eingriffes als Nachteil der Methode aufgeführt.

Zur exemplarischen analytischen Darstellung des Schneidevorgangs wird die Anwendung der Hochfrequenztomie bei der Polypektomie, bei der endoskopischen Papillotomie mit Extraktion von Gallensteinen [64, 86] oder bei der transurethralen Resektion betrachtet. In diesen Fällen wird oft eine nach Abb. 64c modifizierte Schlingenelektrode verwendet. Nimmt man vereinfachend eine Elektrode mit dem Durchmesser $D = 2 \cdot r_0$ an, die auf einer Breite L (Gewebe-Elektroden-Kontaktlänge) ohne mechanische Druckanwendung durch das Gewebe „gezogen" wird, so erhält man nach Gl. 142 für die Leistungsdichte pro Volumen

$$p_V(r) = \frac{1}{2} \cdot \frac{\hat{I}^2}{(2\pi \cdot L)^2 \cdot \varkappa \cdot r^2} \cdot \qquad (189)$$

Der theoretische Übergangswiderstand ist bei dieser Elektrodenform als Funktion des Abstands r von der Drahtmitte

$$R_{ü}(r) = \frac{1}{2\pi \cdot \varkappa \cdot L} \cdot \ln\left(\frac{r}{r_0}\right). \quad (190)$$

Mit der Generatorleistung $P_0 = \frac{1}{2} \cdot \hat{U}_0 \cdot \hat{I}_0$ und unter der Annahme eines quasi rein ohmschen Gewebewiderstands, gilt für den Betrag des komplexen Scheinwiderstands $Z_{r_0 r} \approx R_{ü}(r)$, und man kann die auf das Volumen bezogene Leistungsdichte ausdrücken durch

$$p_V(r) = \frac{1}{2} \cdot \frac{\hat{U}^2(r)}{(2\pi \cdot L)^2 \cdot \varkappa \cdot R_{ü}^2(r) \cdot r^2}, \quad (191\,a)$$

wobei die Leistungsdichte unmittelbar an der Elektrodenoberfläche

$$p_V(r_0) \approx \frac{R_{ü}(b) \cdot \varkappa \cdot P_0}{r_0^2 \cdot \left(\ln \frac{b}{r_0}\right)^2} \quad (191\,b)$$

ist. (McFee [305] nahm dagegen bei den ersten Röhrengeneratoren eine von der Elektrodenform unabhängige Wärmeentwicklung an.) Hierin läßt sich die radiusabhängige Spannung näherungsweise durch

$$\hat{U}(r) \approx \hat{U}_0 \cdot \frac{\ln \frac{r}{r_0}}{\ln \frac{b}{r_0}}$$

beschreiben. Unter Zugrundelegung eines Abstands b ($b \gg r_0$) der Drahtelektrode von der großflächigen Neutralelektrode gilt für den praktisch vorliegenden Übergangswiderstand

$$R_{ü}(b) \approx \frac{1}{2\pi \cdot \varkappa \cdot L} \cdot \ln\left(\frac{b}{r_0}\right). \quad (192)$$

Das Ergebnis dieser analytischen Beschreibung soll an einem Zahlenbeispiel weiter diskutiert werden: Nimmt man einen Schnittvorgang in Leber- oder Muskelgewebe entsprechend einer Leitfähigkeit $\varkappa \approx 5 \cdot 10^{-3}\,\Omega^{-1} \cdot \mathrm{cm}^{-1}$ (Tabelle 2 bzw. 4) mit einer Elektrode mit dem Radius $r_0 \approx 125\,\mu\mathrm{m}$ bei einer Elektroden-Gewebe-Kontaktlänge $L = 1$ cm an, so erhält man bei einer im Abstand $b \approx 12{,}5$ cm von der aktiven Elektrode angebrachten großflächigen Neutralelektrode nach Gl. 192 einen Übergangswiderstand $R_{ü}(b) \approx 220\,\Omega$. In Abb. 65 ist die Leistungsdichte p_V pro Volumen als Funktion des radialen Abstands r von der Elektrodenmitte für 2 HF-Generator-Leistungen P_0 aufgetragen.

Mit den vorstehenden Annahmen läßt sich Gl. 191 a umformen in

$$p_V(r) \approx \frac{P_0}{2\pi \cdot L \cdot \ln \frac{b}{r_0}} \cdot \frac{1}{r^2}. \tag{193}$$

Anhand der in Abb. 65 eingetragenen Koagulationsschwelle und der 100 °C-Schwelle kann man die den jeweiligen Temperaturen entsprechenden theoretischen radialen Ausdehnungen der Wärmewirkung abschätzen. An der Elektrodenoberfläche beträgt die spezifische Leistungsdichte in diesem Beispiel $p_V \approx 2{,}2 \frac{W}{mm^3}$, während in einem Abstand von r = 1 mm nur noch $p_V \approx 0{,}035 \frac{W}{mm^3}$ wirksam sind. Die bei r = b = 12,5 cm theoretisch vorhandene Leistungsdichte ist mit $0{,}2 \frac{\mu W}{mm^3}$ bezüglich einer Erwärmung völlig vernachlässigbar, wie es das verwendete Modell fordert.

Bei einem Energieumwandlungswirkungsgrad $\eta \approx 1$ erhält man nach Gl. 151 und Gl. 78 mit den für organische Gewebe nach Tabelle 3 gültigen Daten für die Temperaturerhöhung pro mm^3 und pro s, wenn p_V in W/mm^3 eingesetzt wird:

$$\frac{\Delta T}{\Delta V \cdot \Delta t} \approx 250 \cdot \frac{p_V}{(W/mm^3)}. \tag{194}$$

In unmittelbarer Nähe des Schneidedrahtes wird folglich das vor Schnittbeginn auf $T_G \approx 37$ °C befindliche Gewebe sehr schnell „kochen", d. h. die Temperatur von 100 °C wird in Zeiten $\Delta t \ll 1$ s erreicht. Für das obige Beispiel wurden diese Überlegungen in Abb. 66 ausgewertet. Dabei ist die zum Erreichen der 100 °C-Schwelle erforderliche Zeitdauer Δt als Funktion des Abstands r aufgetragen.

Die große Temperaturerhöhung in relativ kurzer Zeit ergibt infolge des bei ca. 100 °C einsetzenden Kochens eine mikroskopische Blasenbildung. Damit ist aber eine Volumenvergrößerung verbunden, d. h. durch die sich entwickelnden Dampfblasen wird physikalisch betrachtet der Trennvorgang des Gewebes eingeleitet. Die Zellmembran wird gesprengt und der Zellinhalt verdampft größtenteils, d. h. es wird extern eine Dampfbildung feststellbar.

Sieht man das organische Gewebe vereinfacht als eine Kohlenwasserstoffmatrix mit wassergefüllten Interstitialräumen an, so wird die destruktive Wirkung der Dampfblasenbildung verständlich. Nach außen hin sind nur wenige Blasen zu sehen, da es sich um einen örtlich eng umschriebenen Vorgang handelt und das umgebende Gewebe als entsprechende Wärmesenke dient.

Es ist bei diesem Modell noch zu berücksichtigen, daß für den Übergang der Zell- und Gewebeflüssigkeit in den Dampfzustand die Verdampfungswärme r_D erforderlich ist. Da genaue Werte für Gewebeflüssigkeit nicht vorliegen, ist mit dem bereits in 2.4.1 verwendeten Zahlenwert für die Wasserverdampfung $r_D \approx 2260 \frac{J}{g}$ eine Abschätzung möglich. Zur Verdampfung der Masse m ≈ 1 mg, entsprechend einem Volumen $\Delta V \approx 1\ mm^3$, wird eine Energie $\Delta Q \approx 2{,}26$ Ws benötigt. Demzu-

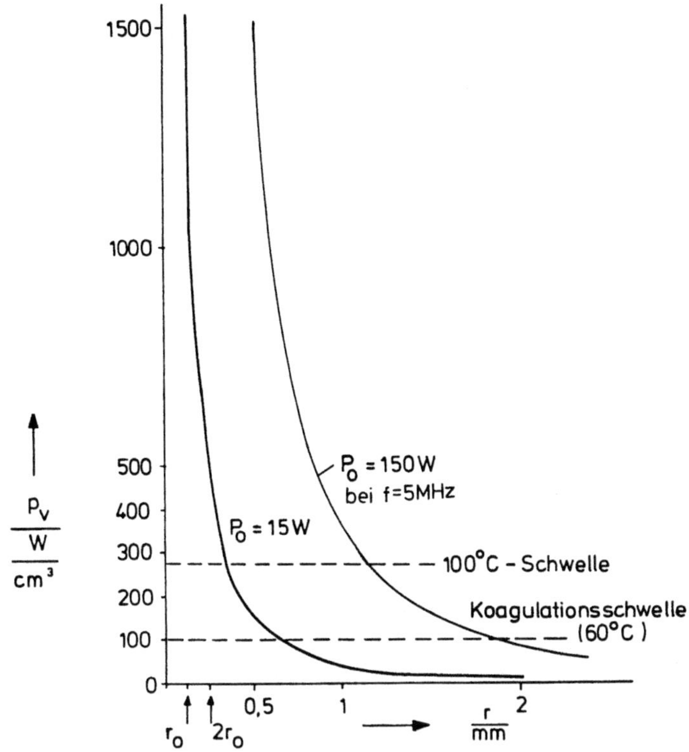

Abb. 65. Leistungsdichte p_V pro Volumen als Funktion des Abstands r für Generatorleistungen $P_0 = 15$ W und $P_0 = 150$ W ($r_0 \approx 125$ µm, $L = 1$ cm, $b \approx 12{,}5$ cm, $\varkappa \approx 5 \cdot 10^{-3}\,\Omega^{-1} \cdot \text{cm}^{-1}$)

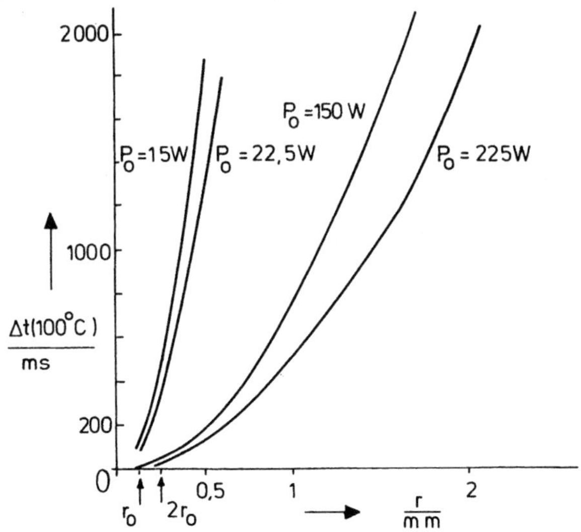

Abb. 66. Ermittlung der 100 °C-Schwelle. Zeitdauer Δt als Funktion des Abstands r; Parameter: Generatorleistung P_0

folge reicht eine spezifische Leistungsdichte $p_V \approx 2{,}2 \frac{W}{mm^3}$, wie sie sich in dem gewählten Beispiel bei einer Generatorleistung von $P_0 \approx 15$ W unmittelbar an der Elektrodenoberfläche ergibt, gerade noch zur Dampfblasenbildung aus, die nach Gl. 194 und Abb. 66 nach ca. 180 ms an der Elektrodenoberfläche beginnt. Um eine raschere Zellsprengung durch isobare Überhitzung der Gewebeflüssigkeit, die eine zusätzliche Überhitzungswärme erforderlich macht, zu erreichen, sind daher bei der gewählten Elektrode Generatorleistungen $P_0 \gtrsim 15$ W erforderlich.

Ändert sich die elektrische Leitfähigkeit $\varkappa$ während des Schneidens, z.B. beim Übergang von Muskel- in Fettgewebe um den Faktor 15 (vgl. Tabelle 2 bzw. 4) so wird der Übergangswiderstand im Fett theoretisch ca. 15fach größer als im Muskelgewebe. Die Leistungsdichte bleibt nach Gl. 193 aber theoretisch gleich. Praktisch wird jedoch infolge der Fehlanpassung durch den viel höheren Übergangswiderstand an den Innenwiderstand der HF-Generator eine viel kleinere Leistung abgeben, und damit sinkt auch die Temperaturerhöhung, d.h. bei kleinerer elektrischer Leitfähigkeit wird bei gleicher Geräteeinstellung eine geringere Schneidewirkung erzielt. Aus den vorstehenden Betrachtungen wird deutlich, daß man beim Schneiden Draht-, Nadel- oder Schlingenelektroden mit relativ kleinen Elektrodendurchmessern einsetzt, die mit relativ großer Schnittgeschwindigkeit ($v_S \approx 0{,}2$ bis 5 cm/s) durch das Gewebe gezogen werden. Mit Messerelektroden sind zwar vergleichsweise geringere Geschwindigkeiten möglich; die erforderliche höhere Leistung ergibt aber zusammen mit der geometrischen Form der Messerelektrode eine größere thermische Schädigungstiefe im Gewebe. Die Seitenflächen eines solchen HF-Skalpells wirken als Flächenelektroden und neigen bei der Hochfrequenztomie zum Ankleben.

Der bei Schnittbeginn häufig zu beobachtende Koagulationssaum läßt sich ebenfalls aus den vorstehenden Ausführungen erklären. Obwohl die Zufuhr der HF-Energie momentan erfolgt, so liegt doch eine Zeitverzögerung bezüglich der adäquaten Wärme als „Schnittenergie" vor (vgl. Abb. 66), während der einfach noch nicht alle Voraussetzungen für eine Sektion des Gewebes erfüllt sind. Keine Trennung des Gewebes, d.h. nur eine Verkochung und Koagulation, findet statt, wenn die HF-Leistung inadäquat ist. Wird in einem solchen Fall der Schnitt mehr oder weniger „gewaltsam" erzeugt, so resultiert daraus meist eine atypische Heilung, und es kommt oft zu beträchtlichen postoperativen Schmerzen.

Im Zusammenhang mit dem HF-Schnitt in diffus wachsenden Geschwülsten betrachtete GULEKE „die Rauchentwicklung als Vorzug, da sie dem Operateur immer wieder vor Augen führt, welche gefährlichen Kräfte er anwendet und ihn zwingt, Pausen einzuschieben, die dem Gewebe eine Abkühlung ermöglichen" [180] – eine Meinung, die längere Zeit vertreten wurde.

Durch die Anwendung der im folgenden Abschnitt vorgestellten flüssigkeitsunterstützten Hochfrequenztomie wird u.a. das Problem der Rauchentwicklung und Geruchsbelästigung weitestgehend eliminiert.

2.4.5.2 Flüssigkeitsunterstützte Hochfrequenztomie

Angeregt durch die positiven Ergebnisse bei der monopolaren flüssigkeitsunterstützten HF-Koagulation (2.4.4.5), wurden nach theoretischen Überlegungen in interdisziplinärer Zusammenarbeit des Instituts für Hochfrequenztechnik und der Chirurgischen Klinik mit Poliklinik der Friedrich-Alexander-Universität Erlangen-Nürnberg seit dem 24. Juli 1978 in einer tierexperimentellen Studie an zahlreichen narkotisierten Hunden Schnittversuche mit flüssigkeitsunterstützter Hochfrequenztomie als sog. Elektrohydrothermosationsschnitt (EHT) sowohl zum Durchtrennen der Bauchdecken (sog. Subkostalschnitt zur Laparotomie) als auch zur chirurgischen Sektion bei Leber (Tafel V, 4. u. 5), Milz und Niere durchgeführt. Weiterhin wurden Schnitte in praktisch allen Abschnitten des Magen-Darm-Kanals (z. B. Gastrotomie, Kolotomie) sowohl longitudinal (Tafel VI, 2) als auch transversal (Tafel VI, 3) zur anatomischen Verlaufsrichtung untersucht. Die Versuche wurden sowohl akut als auch chronisch unter Beachtung besonderer Sterilitätsbedingungen (Tafel VI, 1) durchgeführt. Dabei erfolgte bei Parenchymschnitten an Leber, Milz und Niere die endgültige Blutstillung durch Einsatz der flüssigkeitsunterstützten HF-Koagulation, d. h. es wurde mit dem gleichen HF-Chirurgie-Gerät, das den HF-Strom für die Schnitte lieferte, auch koaguliert (vgl. Tafel V, 3a, b). Entsprechend den von endoskopischen Verhältnissen abweichenden Gegebenheiten konnten beim laparotomierten Versuchstier auch solche Elektrodendurchmesser erprobt werden, die für einen endoskopischen Einsatz wegen des limitierten Endoskop-Arbeitskanaldurchmessers nicht in Frage kamen (vgl. Tafel IV, 5 u. 6). Das dabei experimentell ermittelte relativ flache Optimum einer Koagulationselektrode liegt bei einem Durchmesser von 2,5 – 4 mm (Tafel IV, 5) und wird entscheidend von der Blutstillungstechnik, d. h. Scangeschwindigkeit und Elektrodenführung, den anatomischen Blutungsgegebenheiten, die z. B. flächenhaft-eben oder -winklig, riß- oder spaltenförmig und punktuell sein können, und von der Blutungsintensität bestimmt.

Bei Magen-Darm-Schnitten mit der EHT-Methode war in praktisch keinem Fall eine Nachkoagulation erforderlich, und es wurden sogar beim Schnitt durchtrennte Blutgefäße bis zu einem Durchmesser von ca. 0,5 mm ohne weitere Maßnahmen durch therapeutische Wärme verschlossen. Zum Vergleich wurden bei den jeweils gleichen Versuchstieren transversale Schnitte mit dem normalen Skalpell, einem skalpellförmigen HF-Messer, einer herkömmlichen HF-Nadelelektrode und mit verschiedenen Nadelelektroden nach der EHT-Methode durchgeführt. Die Anastomosen zeigten eindeutig nach Anwendung der EHT-Methode die beste Heilung mit der unauffälligsten Vernarbung und ohne Verwachsungen (vgl. Tafel VI, 5 – 8).

Die Ergebnisse makroskopischer und histologischer Befunde bei der Dünndarmanastomose zeigten, daß nach Anwendung des normalen chirurgischen Skalpells die Wand des Darms verdünnt, die Narbe relativ breit und das Lumen eingeengt ist (Tafel VI, 4 u. 6), während selbstverständlich keine Verödung von Gefäßen vorliegt. Bei Anwendung des herkömmlichen Hochfrequenztomieschnittes kommt es im Bereich der Anastomose zu einer umfänglichen Narbenbildung, die bis in das Mesenterium reicht. Außerdem ist eine deutliche Lumeneinengung zu verzeichnen (Tafel VI, 4 u. 5). Dagegen zeigen die untersuchten Dünndarmanastomosen nach EHT-Schnitt eine suffiziente Anastomose mit schmaler Narbenbildung, wobei reichlich kollagenes Bindegewebe vorhanden ist. Subserös sind einige größere arterielle Gefäße in unmittelbarer Umgebung der Narbe obliteriert. Eine Stenosierung des Dünndarmlumens tritt nicht auf (Tafel VI, 4, 5, 8), und die Dünndarmwand ist im Narbenbereich nicht wesentlich verdünnt. Über die in interdisziplinärer Zusammenarbeit erzielten Ergebnisse ist, gestützt auf histologische Auswertungen, ein weiterer Bericht vorgesehen.

Grundsätzlich sind alle HF-Elektrodenformen nach entsprechender technischer Modifikation bei der flüssigkeitsunterstützten Hochfrequenztomie einsetzbar. Die überzeugendsten Schnitte (Tafel V, 6 u. 7) konnten aber mit Nadelelektroden mit Halbkugelspitzen und mit kugelförmigen Spitzen erzielt werden, wobei die Elektroden selbst fast auf der gesamten Länge von einem Hohlröhrchen umgeben waren (vgl. Tafel V, 2). Durch das freie Lumen zwischen diesem äußeren Rohr und der Nadelelektrode verläßt die Flüssigkeit die Sonde und umfließt dabei den aktiven Teil der Nadelelektrode, d.h. der Schnitt findet unter Flüssigkeit statt. Die Nadel selbst ist bis auf den zum Schneiden des Gewebes erforderlichen vorderen Teil kunststoffisoliert (Tafel V, 3a, b), wodurch ein unbeabsichtigter metallischer Kontakt mit dem Gewebe außerhalb der Schneidespitze vermieden wird.

Versuche mit stumpfen bzw. spitzen flüssigkeitsdurchströmten Röhrchen als Schneideelektrode haben gezeigt, daß beim Schnitt in organischem Gewebe relativ rasch die Austrittsöffnung durch Gewebe verstopft wird und sich infolge fehlender Flüssigkeitsunterstützung Verhältnisse ergeben, wie sie von der konventionellen Hochfrequenztomie bekannt sind.

Für eine Nadelelektrode mit Halbkugelspitze kann mit einem Übergangswiderstand $R_ü$ nach Gl. 149 gerechnet werden. Bei einem Gewebe mit der elektrischen Leitfähigkeit $\varkappa \approx 5 \cdot 10^{-3}\,\Omega^{-1} \cdot \mathrm{cm}^{-1}$ erhält man bei einem Kugelradius $r_0 = 125\,\mu\mathrm{m}$ einen Übergangswiderstand $R_ü \approx 2500\,\Omega$ (vgl. Tabelle 5 und 2.4.5.1). Die Leistungsdichte pro Volumen p_V ist nach Gl. 151 proportional zu r^{-4}, d.h. die Gewebetrennung infolge lokaler Temperaturerhöhung bleibt bei Verwendung einer Nadelelektrode mit Halbkugelspitze auf einen noch kleineren Raum beschränkt als in dem in 2.4.5.1 beschriebenen Beispiel einer Schlingenelektrode. Erfahrungsgemäß erhält man durch Verwendung einer Nadelelektrode eine relativ geringe Nekrosetiefe. Bei der EHT-Methode mit dieser Elektrode wurden praktisch nur oberflächlich koagulierte, weißlich gefärbte Schnittränder und -flächen erzielt. Zur Vermeidung einer zufälligen Koagulation auf den Schnittflächen mit der zylindrischen Fläche einer Nadelelektrode wurde eine Nadelelektrode mit kegelförmiger Spitze nach Abb. 67 (vgl. auch Tafel V, 3a) untersucht. Der Übergangswiderstand $R_ü$ im Bereich I läßt sich nach Gl. 149 beschreiben, während in Bereich II die geometrische Form einer Zylinderelektrode mit variablem Radius $r_2'(y)$ näherungsweise zu einem Übergangswiderstand (vgl. Gl. 190)

$$R_{üz}(y) \approx \frac{1}{2\pi \cdot \varkappa \cdot y_2} \cdot \ln \frac{r_2'(y)}{\bar{r}} \tag{195}$$

mit $\bar{r} \approx \dfrac{r_0 + r_2}{2}$ führt. Für eine praktische Ausführung mit $r_0 = 125\,\mu\mathrm{m}$, $r_2 = 1\,\mathrm{mm}$, $y_2 = 10\,\mathrm{mm}$ und mit der Annahme eines Abstandes $r_2' \approx 12{,}5\,\mathrm{cm}$ zur großflächigen Neutralelektrode variiert das Verhältnis $\dfrac{R_{üz}(y)}{R_ü}$ im Bereich $0 \leqq y \leqq y_2$ von $6{,}9 \cdot 10^{-3} - 4{,}8 \cdot 10^{-3}$, d.h. es ergibt sich eine von der Halbkugelspitze stetig ab-

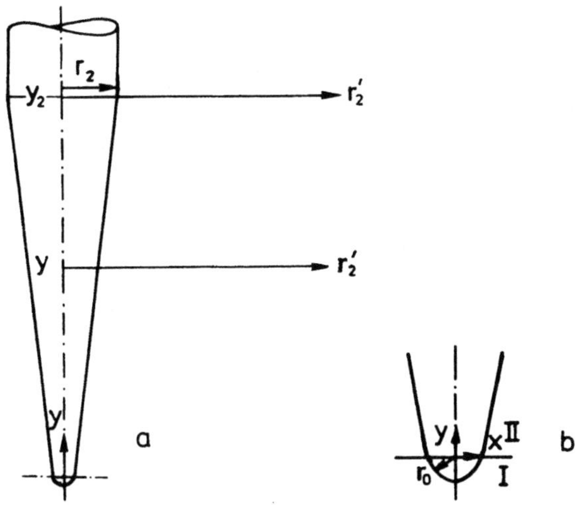

Abb. 67. **a** Nadelelektrode mit kegelförmiger Spitze, **b** Halbkugelspitze (Ausschnitt aus **a**)

nehmende Stromdichte an der Elektrodenoberfläche und damit eine reduzierte Gefahr ungewollter Koagulationen.

Den weiteren Kontaktschutz oberhalb der kegelförmigen Spitze ($y > y_2$) übernimmt die bereits erwähnte Kunststoffbeschichtung bzw. -umhüllung der Nadelelektrode.

Betrachtet man die Nadelspitze als Halbkugel mit dem Radius r_0, so ergibt sich als Zeitkonstante τ bezüglich der Wärmeleitung im Sinne der Ausführungen in 2.4.4.4 aus Gl. 165 mit den Angaben nach Tabelle 3 für ein $r_0 \approx 125\,\mu m$ ein Wert $\tau \approx 13$ ms. Bei einer praktisch üblichen mittleren Schnittgeschwindigkeit von $v_S \approx 1$ cm/s wird sich daher eine sich aus Wärmeleitungsgründen ergebende Koagulationstiefe einstellen, die aus dem Koagulationsmodell nach 2.4.4.4 abgeschätzt werden kann. Dies steht in Übereinstimmung mit histologisch festgestellten Nekrosetiefen, die trotz zum Zwecke besserer Koagulationswirkung langsamerer Schnittausführung in stark durchbluteten parenchymatösen Organen kleiner als 1 mm waren.

Während beim herkömmlichen HF-Schnitt zwischen der aktiven HF-Elektrode und dem Gewebe erfahrungsgemäß bei der praktischen Schnittausführung ein sehr kleiner Funke überspringt, ist dies unter Flüssigkeitsbedingungen nicht mehr der Fall. Kelly u. Ward [240] stellten sogar die unbewiesene Behauptung auf, daß ohne einen Funken kein Schneiden, das sie als „Acusection" bezeichneten, möglich wäre – was zumindest bei der EHT-Methode nicht mehr haltbar ist. Auch von Mitchell u. Lumb ([328], S. 5) wird das Auftreten des Funkens als notwendige Voraussetzung für die Gewebetrennung bezeichnet. Längere Funken mit Fulgurationswirkung treten bei der bisherigen Hochfrequenztomiemethode auf, wenn die HF-Strom-Einschaltung erfolgt, bevor die aktive Elektrode „leicht" auf das zu schneidende Gewebe aufgesetzt ist. Das gleiche gilt grundsätzlich auch für das unter HF-Strom-Einschaltung erfolgende Abheben der Elektrode vom Gewebe, das einen Stromabreißfunken bewirkt. Bei der flüssigkeitsunterstützten Hochfrequenztomie treten Funken methodisch bedingt nicht auf, und die ansonsten nicht immer einfach einzuhaltende und für den Praktiker einschränkende Vorschrift in bezug auf ein Arbeiten mit wechselnden Bedingungen bei geschlossenem Stromkreis wird aufgehoben. Damit entfällt aber auch eine sich durch Funkenüberschläge und resultierende niederfrequente Stromanteile ergebende faradische Reizung z. B. der Muskeln. Ebenso entfällt natürlich ein evtl. erforderliches Anfeuchten (vgl. 2.4.5.1) vor einem zweiten, tiefergehenden Schnitt an der räumlich gleichen Gewebestelle bei der EHT-Methode.

Wird z. B. steriles destilliertes Wasser als Flüssigkeit verwendet, so resultiert daraus eine Erhöhung der Sicherheit gegen die Aufnahme von malignen Zellen, da unter dem Einfluß des durch das Wasser veränderten osmotischen Druckes weitere dieser Zellen zerstört werden – wenn auch gleichzeitig einige gesunde Zellen ebenfalls zugrunde gehen.

2.4.5.3 Anwendungen der Hochfrequenztomie

Bevorzugte Anwendung findet die Hochfrequenztomie als vereinfachte Operationstechnik durch die Befürworter dieser Methode zur Muskeldurchtrennung, zum Schneiden von Faszien, Sehnen, Bändern und Fettgewebe bei Operationen im Hals- und Gesichtsbereich – nicht zuletzt wegen des erzielbaren guten kosmetischen Effektes – und bei Amputationen von Extremitäten [449]. Insbesondere der methodisch integrierte Koagulationseffekt spricht für die Anwendung bei Schnitten an parenchymatösen Organen wie Leber, Milz und Niere. Neben Magen-Darm-Schnitten wird auch bei der Resektion im Gastrointestinaltrakt häufig die Hochfrequenztomie eingesetzt. Die mechanische Schonung umliegender Areale ist beim Einsatz bei Gehirnoperationen besonders vorteilhaft, während die verringerte Infektionsgefahr bei Tumoroperationen und bei der Eröffnung von Abszessen herauszustellen ist.

Die Hochfrequenztomie wird seit einiger Zeit mehr oder weniger in den Fachgebieten allgemeine Chirurgie, Urologie, Chirurgie im Mund- und Kieferbereich, Zahnheilkunde [434], Neurochirurgie, Gynäkologie und Ophthalmologie [416] – um die wichtigsten zu nennen – eingesetzt. Es kommen aber auch neuere Gebiete hinzu: So erfolgte 1971 durch Classen u. Demling [63] sowie Ottenjann [357] der erstmalige Einsatz in einem Fiberendoskop zur sog. endoskopischen Elektrosektion oder Polypektomie, d. h. zur Entfernung von Magen- und Darmpolypen. Die Zahl der bei der Polypenabtragung mit der „HF-Schlinge" auftretenden Blutungen variiert zwischen 0,66 und 7,7% [494]. Wesentlichste Ursache dieser Blutungen dürfte die unzureichende Koagulation der durch den Polypenhals führenden Blutgefäße (bei dicken Polypen) mit der Polypektomieschlinge sein. Die flüssigkeitsunterstützte HF-Koagulation kann auch in diesen Fällen dem Patienten eine Operation ersparen. Neuerdings wird von Williams u. de Peyer [494] für große Polypen mit einem Durchmesser > 1 cm zur Erhöhung der Effektivität der Polypektomie eine modifizierte Form der bipolaren Technik (bipolare Schlingenpolypektomie) vorgeschlagen – Ergebnisse müssen aber noch abgewartet werden.

Gerade die endoskopische Einsatzmöglichkeit der Hochfrequenztomie verdient besondere Beachtung, da hierdurch in vielen Fällen eine große Operation mit allen daraus resultierenden Belastungen für den Patienten vermieden werden kann [89], d.h. es können auch bei älteren und schwächeren Patienten durchaus – vorsichtig ausgedrückt – lebensqualitätserhöhende, lebenserwartungserhöhende, wenn nicht sogar lebenswichtige Eingriffe vorgenommen werden, wie dies z.B. erfolgreiche Prostataresektionen bei über 90 Jahre alten Patienten [300] und die operative HF-Therapie von Blasentumoren [198, 313] beweisen, die seit etwa 1971 häufiger transurethral als mit einer offenen Operation ausgeführt werden. Zu den gefürchteten Komplikationen bei der transurethralen Operation zählt das Auftreten von Harnröhrenstrikturen, d.h. hochgradigen Verengerungen, hervorgerufen durch Traumatisierung und reibende Bewegung des Resektionsschaftes an der Urethraschleimhaut. Die bei transurethralen HF-Resektionen an Prostata oder Harnblase auftretenden Harnröhrenstrikturen [189] werden mit einiger Wahrscheinlichkeit auch durch HF-Stromverletzungen hervorgerufen. Zur Vermeidung wurde von ELSÄSSER u. ROOS [106] eine modifizierte bipolare Ausführung der Resektionsschlinge erprobt. Der von einem erdschlußfreien HF-Generator gelieferte HF-Strom fließt dabei von der aktiven Elektrode (Schlinge) durch das zu resezierende Gewebe und das Spülwasser direkt zu einer ringförmigen, am distalen Ende des Resektoskopschaftes angebrachten Neutralelektrode. Die Beseitigung der Strikturen wird in neuester Zeit durch Laserstrahlung, die per Lichtleiter zum Bestrahlungsort geleitet wird (vgl. 3.4), versucht (M. BÜLOW 1978, persönliche Mitteilung).

Diese Aufzählung exemplarischer Anwendungen der Hochfrequenztomie erhebt weder Anspruch auf Vollständigkeit noch soll der Eindruck erweckt werden, daß die genannten Eingriffe nicht mit alternativen Methoden erfolgreich durchgeführt werden können. Es besteht aber die auf positive Tierversuche gestützte Hoffnung, daß mit der beabsichtigten Einführung der flüssigkeitsunterstützten Hochfrequenztomie in interdisziplinärer Zusammenarbeit eine Optimierung dieser Methode und eine neue Wertung der Hochfrequenztomie allgemein erreicht sowie ein besseres Verständnis für die Technik in der Medizin im allgemeinen und für die Anwendung elektromagnetischer Energie für therapeutische Wärme im speziellen geschaffen wird; denn die Hochfrequenztomie ist nicht nur irgendein anderes „Instrument", sondern „eine neue Disziplin" (MCFEE [305] meinte schon 1925, daß die Elektrizität ein guter Knecht, aber ein schlechter Meister sei, womit er wohl zur Lernbereitschaft aufrufen wollte).

Der Chirurg VON SEEMEN, einer der Pioniere der HF-Chirurgie, erhielt 1956, also 24 Jahre nach seinem leider zu wenig beachteten Buch über die allgemeine und spezielle Elektrochirurgie [448], „lebhaften Beifall" für einen Vortrag über die praktische Bedeutung der Elektrochirurgie [449], den er mit den Worten „Wie das Skalpell an sich nicht den glatten Verlauf einer Operation garantiert, so wenig ist es auch mit dem besten elektrochirurgischen Apparat und Instrumentarium der Fall. Nur die Beherrschung der besonderen Operationstechnik und ihre sinngemäße kritische Anwendung entscheidet. Die Gesetze des durch den Körper fließenden Hochfrequenzstromes müssen einem gegenwärtig sein. Nur so können die großen und bedeutenden Vorteile ausgenutzt werden." Dieser Meinung schließt sich auch der Autor dieser Abhandlung mit dem Hinweis auf die vereinfachte und effektivere Operationstechnik durch die flüssigkeitsunterstützte Hochfrequenztomie in der HF-Chirurgie an.

2.4.6 Hochfrequenzstromarten und -geräteleistungen

Ein HF-Chirurgie-Gerät ist im wesentlichen ein Gerät, in dem die elektrische Energie aus dem Netz in eine solche mit gewünschter Frequenz und Strom-Spannungs-Relation umgewandelt wird, wobei sich diese Kombination nach dem therapeutischen Ziel richtet. Dies gilt im übrigen auch verallgemeinert für Geräte zur HF-Erwärmung nach 2.3. Die elektrochirurgischen HF-Apparate wollte KEYSSER ([241], S. 2) der Kürze halber unter dem Begriff „Elchirapparate" zusammenfassen. Bei den zur Anwendung kommenden Generatoren handelt es sich um solche der „mittleren Leistungsklasse" ($P \lesssim 600$ W). Dabei folgten die HF-Chirurgie-Geräte selbst, deren historisch erste Ausführung im sog. D'ARSONVAL-Apparat ([335], S. 19f.) noch eine aus 2 Kugeln oder Platten bestehende Knallfunkenstrecke enthielt, dem jeweiligen Entwicklungsstand der Technik. So folgte auf den ersten Knallfunkensender und den POULSEN-Lichtbogensender der Einsatz einer WIENschen Löschfunkenstrecke, die eine Erhöhung der Entladungszahl ermöglichte. Die Einführung der Elektronenröhre in die Technik führte nach 1945 zum Aufbau von HF-Chirurgie-Geräten mit Senderöhren in Rückkopplungsschaltungen, und heute werden die ersten transistorisierten Geräte praktisch erprobt.

Teilweise wird aber heute trotz Einführung von Transistorgeräten nach wie vor die Frage gestellt, ob ein Röhren- oder Funkenstreckengerät sich besser als HF-Chirurgie-Gerät eignet. Dabei wird von der Mehrzahl der Hersteller und Anwender die Meinung vertreten, daß ein Röhrendefekt den Totalausfall des HF-Chirurgie-Gerätes zur Folge hat – aus Kostengründen besteht in praktisch keinem Gerät ein Ersatzsystem – und daß dies während einer Operation zu einer lebensbedrohlichen Situation für den Patienten führen kann.

Ein Verschleiß der Funkenstrecken durch Abbrand führt dagegen nicht zum völligen Ausfall des grundsätzlich einfacher aufgebauten und robusteren Funkenstreckengenerators, d.h. man kann mit verminderter Leistung weiterarbeiten bzw. muß auf eine, in aller Regel vorhandene, höhere HF-Leistungsstufe umschalten. Vergleichende objektive, öffentlich zugängliche Untersuchungen, insbesondere unter Einbeziehung transistorischer Geräte, existieren derzeit zu diesem Problem nicht. Eine Aufarbeitung bisher existierender Einzelberichte ist vorgesehen; allerdings liegen von transistorisierten Geräten noch keine aussagekräftigen praktischen Erfahrungen vor. Nach ersten eigenen experimentellen Untersuchungen stellen die kommerziellen Neuentwicklungen der HF-Chirurgie-Geräte noch keinen vollwertigen Ersatz der erprobten und im Einsatz befindlichen Geräte dar – eine Erkenntnis, die auch derzeit von einigen erfahrenen Praktikern gestützt wird.

2.4.6.1 Einfluß des zeitlichen Stromverlaufs

Nach dem heute im Bereich der „Technik in der Medizin" gültigen Sprachgebrauch (vgl. z.B. [410], S. 88; [390]) werden für hochfrequenzchirurgische Anwendungen nur 2 sog. Stromarten, d.h. HF-Ströme verschiedener Schwingungsformen, unterschieden, und zwar der sog. „Funkenstreckenstrom" (Tafel VII, 5 u. 6) und der „Röhrenstrom" (vgl. 2.4.5.1 und Tafel VII, 1 u. 2). Die durch Überlagerung dieser beiden Stromarten entstehende Form wird auch als „Mischstrom" (Tafel VII, 7) bezeichnet, und es ist durchaus üblich, diese 3 Begriffe zur Kennzeichnung der entsprechenden Stromausgangsbuchsen der medizintechnischen Geräte zu verwenden. Neben dem Begriff „Stromart“ wurde selbst von Ingenieuren die wenig kennzeichnende Bezeichnung „Stromqualität“ für die verschiedenen HF-Schwingungsformen eingeführt (vgl. z. B. ROOS [410], S. 88; KEBBEL u. SEELIGER [237]).

Da bei den HF-Chirurgie-Geräten mit einem Funkenstreckengenerator im wesentlichen durch eine Kondensatorentladung über eine Funkenstrecke eine Serie von Schwingungszügen erzeugt wird, d. h. eine Schwingung mit veränderlicher Amplitude bei vielen Frequenzen (Tafel VII, 4), die in einer bestimmten Beziehung zur Grundfrequenz (ca. 500 kHz – 2 MHz) stehen, wird vorgeschlagen, von einer gedämpften HF-Schwingung (Tafel VII, 5 u. 6) anstatt vom Funkenstreckenstrom zu sprechen. Die Grundfrequenz selbst ist bei den vorliegenden technischen Ausführungen der Funkenstreckengeneratoren erfahrungsgemäß im Sinne eines Frequenzmittelwertes zu verstehen.

Im historischen D'ARSONVALschen HF-Apparat ([266], S. 197 ff. und [335], S. 19 ff.) wurden mit einer Knallfunkenstrecke bei einer Netzfrequenz $f_N = 50$ Hz jeweils pro Sekunde $n_F = 100$ Funken erzeugt. Jeder dieser Funken erzeugte im Erregerkreis einen gedämpften Schwingungszug von ca. $N_S = 20$ (10 – 30) immer schwächer werdenden Einzelschwingungen. Bei einer Arbeitsfrequenz von $f_A = 1$ MHz resultierte daraus eine Zeitdauer der Einzelschwingung $T_2 = \frac{N_S}{f_A} \approx 20\,\mu$s. Der ganze Schwingungszug dauerte $T_S = n_F \cdot T_2 \approx 2$ ms, die Strompause betrug $\frac{499}{500}$ s.

Mit den Weiterentwicklungen zur sog. „Diathermiefunkenstrecke“, die eine WIENsche Löschfunkenstrecke war, wurden bei $f_N = 50$ Hz $n_F \approx 10\,000$ Funken pro Sekunde mit je $N_S \approx 20$ entstehenden Einzelschwingungen im Schwingungszug erzeugt. Damit ergab sich eine Stromflußdauer von 0,2 s bei einer Pause von 0,8 s, also eine wesentlich bessere Energieausnutzung. SLABY beschrieb den „akustisch hörbaren Fortschritt“ nach Einführung der Löschfunkenstrecken gegenüber der Knallfunkenstrecke der Zeit entsprechend: „Anstelle des Donners einer Kanone trat das ununterbrochene Knarren der Maschinengewehre“ ([266], S. 196).

Moderne HF-Chirurgie-Geräte arbeiten heute teilweise mit einer Funkenzahl (Funkenwiederholfrequenz) von $n_F \approx 50\,000 - 80\,000$ pro Sekunde und verwenden dazu 1 – 5 in Serie geschaltete Wolframfunkenstrecken mit Abständen von 10 bis 50 µm. In neueren Geräten erfolgt die Simulation der Funkenstrecke z. B. durch eine als sog. „Sperrschwinger“ bezeichnete Oszillatorschaltung [237] (z. B. ein HF-Oszillator in MEISSNER-Schaltung mit besonderer Dimensionierung der Schaltglieder), wodurch sich eine gleichmäßigere Funkenfolge erzielen läßt [237].

HF-Chirurgie-Röhrengeräte enthalten einen Ein- oder Mehrröhren-Oszillator, wobei die Aussteuerung der Röhre oft nur während positiver Halbwellen erfolgt. Die Frequenz der erzeugten Schwingung wird vom angeschlossenen Schwingkreis bestimmt, während sich die Einhüllende nach der Steuerspannung richtet. Bei entsprechender Filterung der transformierten und gleichgerichteten Spannung wird ein CW (continuous wave)-Betrieb des Röhrenoszillators möglich. Bei einem Röhrengerät wird daher vorgeschlagen, von einer „ungedämpften HF-Schwingung“ (Tafel VII, 1 u. 2) anstatt vom „Röhrenstrom“ zu sprechen.

Spätestens mit der Einführung transistorisierter HF-Chirurgie-Geräte haben die bisherigen, auf historischer Grundlage gewachsenen Bezeichnungen der Stromform zur Erzeugung therapeutischer Wärme ihren Sinn verloren, da eine definitionsgemäße Benennung eines von einem Transistorgerät erzeugten sog. Röhren- oder Funkenstreckenstroms wenig sinnvoll erscheint. Größtenteils erfolgt bei diesen HF-Generatoren von seiten des Herstellers hinsichtlich der erzeugten Stromform nur noch eine Einteilung in modulierten (z. B. 20 kHz) und unmodulierten HF-Strom, wobei durch die Angabe eines „Crestfaktors" (Verhältnis: Maximal- zu Effektivwert der HF-Spannung; bis ca. 7) evtl. der Verschorfungsgrad „vorwählbar" ist. Nach eigenen Erfahrungen bedürfen die Herstellerhinweise bezüglich der jeweiligen HF-Chirurgie-Anwendung meist einer Überprüfung durch den Anwender. Teilweise findet die Herstellerangabe, die den bisherigen Erfahrungen mit älteren HF-Generatoren zu widersprechen scheint, eine Erklärung darin, daß z. B. die zur Koagulation erforderlichen HF-Leistungen mit transistorisierten Generatoren derzeit nicht ohne Fremdbelüftung (Keimverschleppungsgefahr!) wirtschaftlich erzielt werden können.

Mit relativ stark gedämpften Schwingungen (Abb. 68 u. Tafel VII, 6) – die sich durch eine ausgeprägte Amplitudenänderung des HF-Stromes auszeichnen – wie sie von Funkenstrecken oder simulierten Funkenstreckengeneratoren erzeugt werden, wird erfahrungsgemäß ein intensiver dehydrierender Effekt auf biologisches Gewebe ausgeübt. Aufgrund der hohen Feldstärken an den Kanten bzw. kleinen Radien der Schneideelektroden kommt es fast immer zur Funkenbildung an der aktiven Elektrode, insbesondere natürlich dadurch begünstigt, daß im zeitlichen Spannungsverlauf Spitzen typisch sind. Ein solcher auch als „reiner Koagulationsstrom" bezeichneter HF-Strom führt zu Hitzevakuolen und zu einer Nekrose derjenigen Zellen, die von der erzeugten Wärmezone erfaßt werden. Meist kommt es dabei zur Ausbildung eines Brandschorfes bis hin zur Gewebeverkohlung. Eine zügige Schnittführung ist praktisch dadurch erschwert, daß sich die aktive Elektrode sehr schnell mit verkohltem Gewebe überzieht. Die Heilung der mit dieser Schwingungsform hochfrequenztherapeutisch erzeugten Gewebeveränderung ist meist verlangsamt, und es kann zu postoperativen Schmerzen kommen.

Bei den relativ großflächigen Koagulationselektroden ist dagegen die Gefahr der Funkenbildung relativ gering, und aufgrund der mit Funkenstreckengenerato-

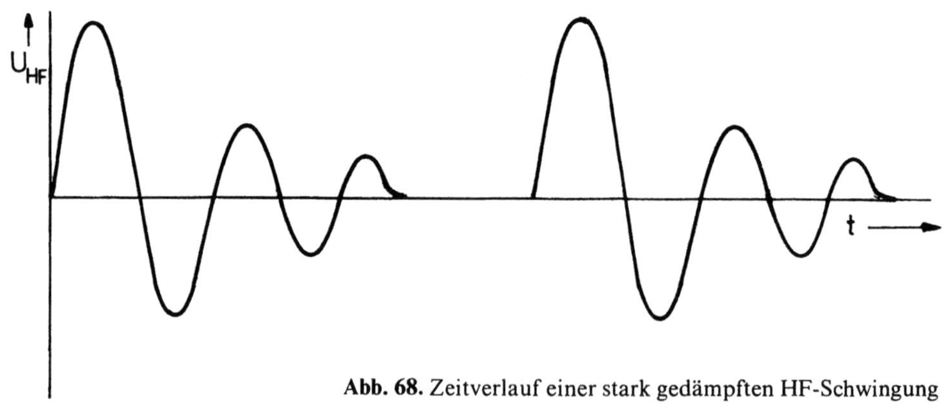

Abb. 68. Zeitverlauf einer stark gedämpften HF-Schwingung

ren erzeugten relativ hohen Spannungsspitzen (bis ca. 4000 V, Tafel VII, 6) kann man mit diesen stark gedämpften Schwingungen das Durchschlagen der dehydrierten Gewebeschichten und damit eine größere Tiefenwirkung als mit geringeren HF-Spannungen erzeugen.

Die hier genannten Gründe für die schlechte Eignung stark gedämpfter HF-Ströme zum Schneiden von Gewebe gelten aber nicht uneingeschränkt. Erfahrungsgemäß läßt sich nämlich ein HF-Schnitt ohne ausgeprägte Verschorfung mit einer Funkenzahl von 50000 – 70000 pro Sekunde erreichen, wie dies älteren Berichten zu entnehmen ist. Die dabei zur Anwendung gekommenen HF-Chirurgie-Geräte verfügten bereits über Funkenstreckengeneratoren, bei denen eine Frequenzumschaltung für HF-Koagulation und Hochfrequenztomie vorgenommen werden konnte, wobei zum Schneiden die höhere Arbeitsfrequenz gewählt wurde. Die heute allgemein vertretene Ansicht, daß ein Funkenstreckengenerator generell nicht zum Schneiden von organischem Gewebe verwendet werden kann ([410], S. 88), ist also nicht haltbar und gilt modifiziert nur bei zu geringer Funkenzahl. Das zuvor diskutierte Beispiel der erhöhten Funkenzahl n_F zeigt, daß bei $n_F \approx 50000$ pro Sekunde die Stromflußdauer bei einer Arbeitsfrequenz von $f_A = 1$ MHz unter Annahme von ca. $N_S \approx 20$ Einzelschwingungen im gedämpften Schwingungszug, d.h. pro Funke, praktisch 1 s beträgt, d.h. es ergibt sich ein quasikontinuierlicher Stromfluß, während unter sonst gleichen Bedingungen bei 10000 Funken pro Sekunde in der $\frac{4}{5}$ s betragenden Stromflußpause und daher leistungslosen Zeit natürlich kein vernünftiger und zügiger Schnitt durchgeführt werden kann.

Für eine Hochfrequenztomie mit gedämpfter HF-Schwingung muß aus den genannten Gründen die Arbeitsfrequenz f_A größer sein als bei einer HF-Koagulation und läßt sich aus der Funkenzahl n_F pro Sekunde und der Zahl N_S der Einzelschwingungen pro Funke zu

$$f_A \gtrsim n_F \cdot N_S \tag{196}$$

angeben, d.h. man nähert sich dem kontinuierlichen Betrieb – allerdings mit gedämpftem Verlauf der einzelnen Schwingungszüge. Mit wachsender Frequenz kann aber die HF-Spannung reduziert werden, da sich auch so eine ausreichende Energie bereitstellen läßt. Wenn allerdings bei relativ geringer Funkenfolge zur Erzielung einer Mindest-HF-Leistung beim Schneiden – also auch eines bestimmten Effektivwertes der HF-Spannung – sehr hohe Spannungsspitzen vorliegen, entstehen an der Aktivelektrode Funken. Dies hat zur generellen praktischen „Verbannung" dieser HF-Stromform aus der Hochfrequenztomie geführt. Eine von einem Funkenstreckengenerator erzeugte HF-Schwingung wird um so ungünstiger für eine Anwendung zur Hochfrequenztomie, je größer das Verhältnis der Maximalspannung zum Effektivwert der HF-Spannung wird.

Die niedrigere Frequenz und nach Gl. 196 folglich auch kleinere Funkenzahl hat bei der HF-Koagulation auch noch einen anderen Grund: Infolge der zur Durchführung einer HF-Koagulation erforderlichen, im Vergleich zur Hochfrequenztomie größeren HF-Stromstärke muß die Funkenzahl verringert werden, da andernfalls bei den derzeit technisch realisierbaren Funkenstreckengeneratoren die Gefahr einer Überhitzung der Funkenstrecken besteht. Zum Schneiden von Gewebe können also HF-Chirurgie-Geräte mit Funkenstreckengeneratoren verwendet werden, wenn die zuvor genannten Bedingungen erfüllt sind, was bei den im Einsatz befindlichen Geräten, aber insbesondere nach Einführung der Röhrengeräte bzw. bei mit Funkenstrecken und Röhren ausgerüsteten Apparaten, nicht immer der Fall ist. Wenn aber vom HF-Schneiden mit sog. „Funkenstreckenstrom" die Rede ist, der für eine Anwendung in der Hochfrequenztomie aus den genannten Gründen keine unterbrochene Schwingung, sondern eine quasikontinuierliche Form besitzen muß, empfiehlt sich folgende Differenzierung: Bei Verwendung einer Schwingungsform mit geringer Dämpfung (Abb. 69a) wird eine Hochfrequenztomie mit mäßiger Hämostasewirkung erzielt, d.h. man kann Schnitte mit geringer Dehydratation des Gewebes ausführen. Sickerblutungen können dabei erfolgreich verschlossen werden. Anwendung findet diese Stromform insbesondere in der transurethralen Resektion (TUR).

Eine merkliche Hämostase erreicht man bei Verwendung eines mäßig gedämpften HF-Stromes (Abb. 69b). Damit können z.B. Muskeln durchtrennt und Routineoperationen in der Tumorchirurgie ausgeführt werden.

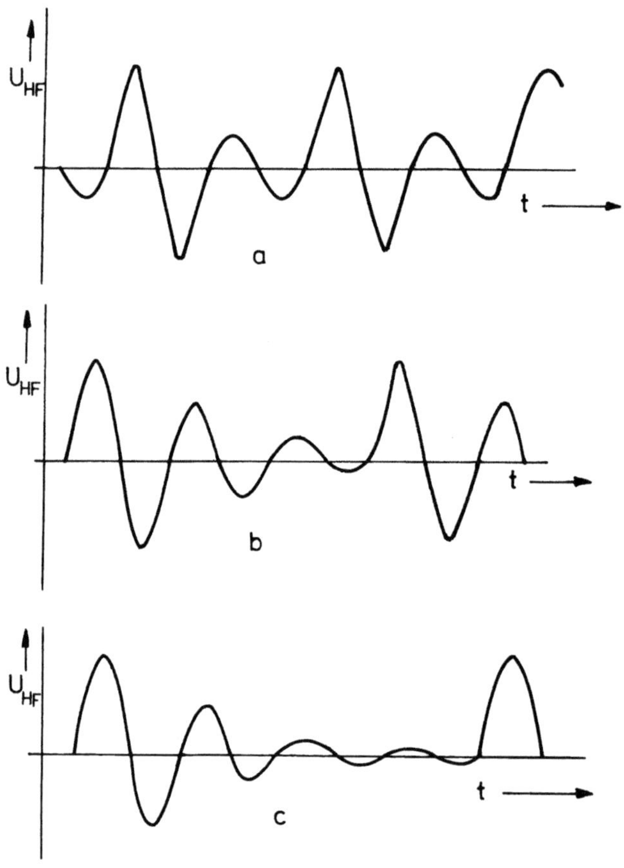

Abb. 69a–c. Prinzip des zeitlichen Verlaufs gedämpfter HF-Schwingungen zur Anwendung bei der Hochfrequenztomie. **a** Schwingungsform mit hoher Funkenzahl und geringer Dämpfung, **b** mäßig gedämpfter HF-Strom, **c** stark gedämpfter HF-Strom

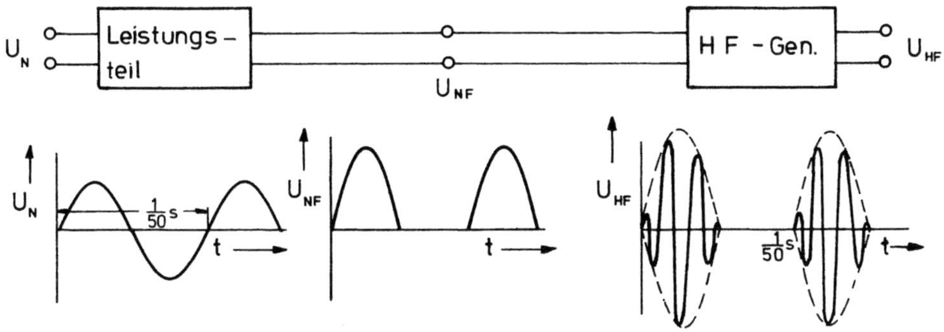

Abb. 70. Prinzipdarstellung der Erzeugung und des zeitlichen Verlaufs einer HF-Spannung nach Einweggleichrichtung (U_{N} Netzspannung, U_{NF} Niederfrequenzspannung)

Wie bereits zuvor ausgeführt, besitzt eine stark gedämpfte Schwingungsform die ausgeprägtesten Hämostaseeigenschaften, so daß der Einsatz z.B. bei chirurgischen Eingriffen in vaskularisierten Tumoren möglich ist. Der koagulationsreiche HF-Schnitt (häufig als Verschorfungsschnitt bezeichnet, vgl. 2.4.5.1) könnte z.B. als „HF-Koagulotomie" bezeichnet werden.

Eine andere Wirkung auf biologisches Gewebe als mit einer gedämpften Schwingung bei niedriger Funkenzahl erzielt man mit einem durch Einweggleichrichtung (Halbwellenbetrieb) oder 1-Röhren-Betrieb erzeugten HF-Schwingungsverlauf, wie er in Abb. 70 dargestellt ist.

Diese Stromform wird auch als „unterbrochener ungedämpfter HF-Strom" bezeichnet. Es läßt sich damit ein schneidender Effekt erzielen, der von einer oberflächlichen Koagulation begleitet ist, da während der Teil-Stromflußdauer (und nicht, wie von Oringer [351], S. 31, behauptet, während der Strompausen), die energiemäßig nicht zum Schneiden ausreicht, einige – erfahrungsgemäß aber sehr wenige – Zellen in einer dünnen Schicht auf der Schnittfläche koaguliert werden. In der Regel ist der erzielte Koagulationsgrad so gering, daß der Abheilungsverlauf praktisch unbeeinflußt bleibt. In der Anwendung ist bei vielen HF-Chirurgie-Geräten zur Erhöhung der Koagulationswirkung bei der Hochfrequenztomie eine additive Überlagerung, die von Hersteller und Anwender als „Mischung" (Tafel VII, 7) bezeichnet wird, dieses „reiner Schneidestrom" benannten, zeitlichen Schwingungsverlaufs mit dem zuvor bezeichneten „reinen Koagulationsstrom" vorgesehen und wird bevorzugt zur Koagulation größerer Gefäße beim Schneiden verwendet. Aber auch mit einer z.B. mit 100 Hz modulierten ungedämpften Schwingung von 500 kHz – 2 MHz nach Abb. 71a, wie sie z.B. nach Doppelweggleichrichtung (vgl. Coles [69]) der niederfrequenten Hochspannung des Netztransformators erzeugt werden kann (Verdopplung des Generatorwirkungsgrads), wird praktisch ein reiner Schneideeffekt erzielt, und zwar im Idealfall ohne merkliche Koagulation. Bei genaueren Untersuchungen kann man einen kleinen pulsierenden Effekt im Schnitt erkennen ([351], S. 62), der durch den periodischen Schwingungsverlauf mit einem Nulldurchgang der Leistung erklärt werden kann. Neben der Anwendung zur Erzielung eines glatten Schnittes wird diese Stromform bei der Blutstillung an der Pinzette oder Klemme (2.4.4.1) verwendet. Durch Zwi-

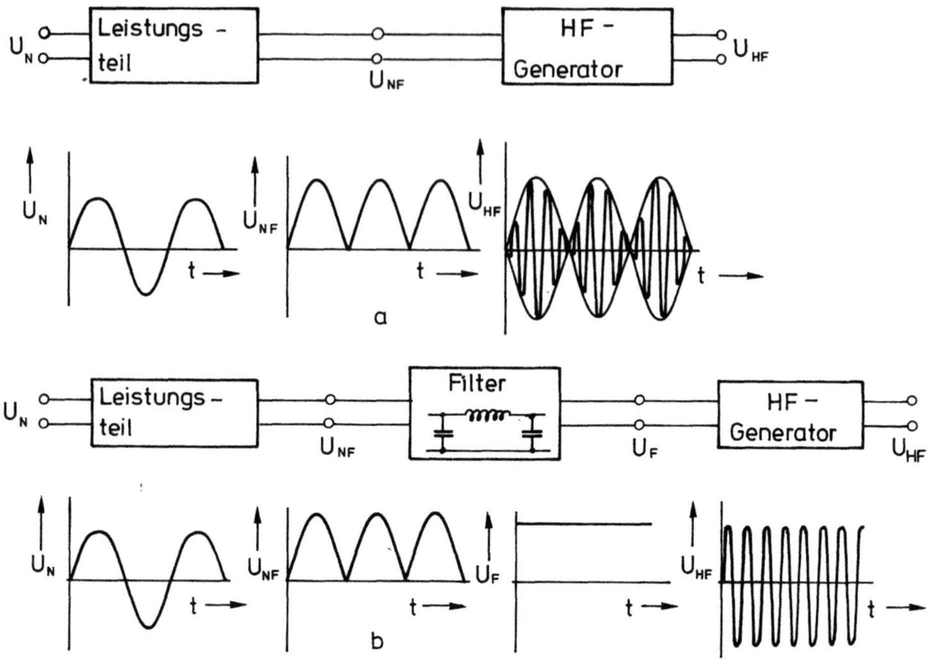

Abb. 71. a Zeitlicher Verlauf einer durch Vollwellenbetrieb erzeugten modulierten HF-Schwingung mit Hüllkurve (Zeitdauer der Einzelperiode der Schwingung z.B. 0,5 – 2 µs); **b** Glättung des HF-Stromes (Prinzipdarstellung)

schenschaltung eines geeigneten Filters erhält man einen gleichmäßig periodischen oder kontinuierlichen HF-Spannungsverlauf (voll gleichgerichtete, geglättete HF-Schwingung, Abb. 71 b). Häufig wird bei diesem zeitlichen Spannungsverlauf jedoch die verringerte blutstillende Wirkung, die dadurch entstehen kann, daß eine vergleichsweise geringe HF-Spannung eine hohe HF-Leistung ergibt, als nachteilig empfunden. Nach Untersuchungen, die im Bereich der Zahnmedizin durchgeführt wurden ([351], S. 31), wird vermutet, daß es beim periodischen „Vollwellen-HF-Stromverlauf" nach Abb. 71 a zu Beginn jeder Halbwelle zu praktisch nicht festgestellten, d. h. submikroskopischen Oberflächenkoagulationen kommt, die bereits zu einem beginnenden, wenn nicht sogar vollständigen Verschluß der durchtrennten Kapillaren gemäß der Darstellung in 2.4.4.1 führen. Die von ORINGER ([351], S. 62) aufgestellte Hypothese, wonach die Obliteration allein durch „Verstopfen" der Lumina der durchtrennten Kapillaren mit atomarem Kohlenstoff erfolgt, der nach einem Verdampfen der Gewebezellen übrigbleibt, konnte nach histologischer Auswertung eigener Schnittexperimente dagegen keine Bestätigung finden (B. KADUK 1978, persönliche Mitteilung). Die in den USA insbesondere auf diese Vermutungen hin durchgeführten Versuche mit einer sog. „HF-Paketierung", wobei der kontinuierliche HF-Strom nach Abb. 71 b „zerhackt" und ein rascher Spannungsanstieg zur CW-Amplitude angestrebt wurde, sind bislang nicht entsprechend in der Literatur belegt (mündlichen Berichten zufolge entstehen beim Schnitt an der Elektrodenspitze kleine Funken), und ihrer klinischen Erprobung stehen in Deutschland die derzeit geltenden Vorschriften für HF-Geräte zu therapeutischen Zwecken entgegen (VDE 0871, VDE 0750). Bei einer deutschen Alternative zur Erzielung eines verschorften Schnittes wird z.B. mit einer zusätzlichen Impulsmodulation von ca. 30 kHz mit einem relativ großen Tastverhältnis (ca. 5:7) gearbeitet. Durch eine entsprechende Erhöhung der Amplitude des kontinuierlichen HF-Stromes nach Abb. 71b entstehen auch bei dieser Schwingungsform Funken, und es kommt zur Karbonisierung des Gewebes. Allerdings unterscheidet sich dieser bei der Hochfrequenztomie erzeugte Effekt von demjenigen einer mit stark gedämpfter Schwingungsform erzeugten HF-Fulguration (vgl. 2.4.2) dadurch, daß infolge einer zu hohen Schneideleistung die entstehende Wärme wesentlich stärker lateral in das Gewebe eindringt.

Bei entsprechend höherer HF-Leistung sind aber auch Röhrengeräte mit den zuvor genannten HF-Schwingungsformen – bei Verwendung einer geeigneten Elektrodenform – durchaus zum Koagulieren geeignet. Bei den technischen Geräteausführungen reichen jedoch die vorhandenen HF-Spannungen von 500 bis 700 V in aller Regel nicht aus, um die beim Schneiden entstehenden, ausgetrockneten Zellreste zu überbrücken, wodurch die Koagulation oberflächlicher bleibt und tieferliegende, für die Blutzufuhr zur Gewebeoberfläche sorgende Gefäße nicht wirkungsvoll verödet werden und es insbesondere zu weiteren Sickerblutungen durch das teilweise karbonisierte, poröse Gewebe kommt. Mit der relativ geringen HF-Spannung wird bei ungedämpften HF-Schwingungen im Hinblick auf die Hochfrequenztomie also zum einen die Gefahr der Funkenbildung reduziert, aber gleichzeitig eine relativ große und für die Ausführung der Hochfrequenztomie ausreichende mittlere HF-Leistung zur Verfügung gestellt.

Beim Schneiden und Koagulieren „unter Wasser", d.h. bei der TUR unter Verwendung einer zum Blut hypotonen, ein Eindringen in das Gewebe verhindernden elektrolytfreien Spülflüssigkeit, wird erfolgreich eine mit 50 oder 100 Hz amplitudenmodulierte HF-Spannung zum Schneiden verwendet, wobei die Modulation, z.B. durch Betrieb mit ungeglättetem Netzgleichrichterstrom, ein gutes Anschneiden bei gleichzeitig relativ geringer mittlerer HF-Spannung und damit auch mittlerer erzeugter Wärme ergibt, was z.B. bei Behandlungen in der hinteren Harnröhre wichtig ist. Außerdem wird zusätzlich die verwendete Drahtschlinge (vgl. 2.4.5.1) geschont. Eine Verschorfung wird weitgehend vermieden, und damit ist ein gutes erneutes Anschneiden und relativ schnelles Arbeiten mit der Drahtelektrode möglich. Die Koagulation von eröffneten Blutgefäßen in der Schnittfläche, die beim Schneiden nicht verschlossen wurden, wird nach dem Schneiden mit einer mit 20–30 kHz impulsmodulierten HF-Spannung mit der gleichen im eingeführten Resektoskop verschieblichen Drahtschlinge ausgeführt. – Nach eigenen experimentellen Untersuchungen mit verschiedenen HF-Chirurgie-Geräten insbesondere zur HF-Koagulation im Magen-Darm-Bereich und bei Parenchymblutungen sowie zur Hochfrequenztomie in der allgemeinen Chirurgie, Urologie und HNO kann eine allgemein für alle im Einsatz befindlichen Geräte gültige Empfehlung für die jeweils optimale Schwingungsform nicht unbedingt gegeben werden, da die Vielzahl der gerätespezifischen Parameter dies sinnvollerweise nicht zuläßt, so daß als einzige relevante Kriterien für die Eignung einer bestimmten Stromform der praktische Versuch und der Erfahrungsaustausch gelten können. Der in der Literatur auch als „Stromqualität" bezeichnete zeitliche Verlauf einer HF-Schwingung spielt also im wesentlichen bei der Hochfrequenztomie eine Rolle, während er bei der HF-Koagulation von untergeordneter Bedeutung ist, wie Koagulationserfolge, die mit den verschiedensten HF-Chirurgie-Generatoren erzielt werden, beweisen.

Einer Untersuchung von FRIEDMANN [126] zufolge, die an 5 kommerziellen HF-Chirurgie-Geräten für zahnheilkundliche Anwendungen durchgeführt wurde, zeigten bis auf eine Ausnahme alle Geräte sowohl für „Koagulation“ und „Desikkation“ als auch für „Schneiden“ die gleiche HF-Schwingungsform, d. h. die aus der HF-Energie erzeugte therapeutische Wärme für die verschiedenen destruktiven Stufen der Gewebeveränderung wurde nur durch die Wahl der Elektroden und den vom Operateur „beabsichtigten Zweck“ bestimmt.

In einer anderen Studie [107] wurde festgestellt, daß z. B. ein „Schneidestrom“ mit einer Maximalspannung von ca. 100 V zur Koagulation der Tuben bei der laparoskopischen Sterilisation geeignet ist, während zur Fulguration mindestens eine HF-Spannung von 700 V erforderlich ist. LARBIG et al. [267] zeigten in Temperaturmessungen während der laparoskopischen Sterilisation, daß bei höheren HF-Leistungen (50 – 100 W), die zu Funkenüberschlägen führen, Temperaturen bis zu 600 °C auftreten, während bei 30 W nur eine zur Koagulation ausreichende Temperatur von etwa 100 °C erreicht wird. Mit der flüssigkeitsunterstützten HF-Chirurgie werden die Einflüsse der verschiedenen zur Anwendung kommenden Schwingungsformen weitgehend reduziert, da die HF-Stromzufuhr im Gewebe praktisch „unter Wasser“ stattfindet. Im Bereich der HF-Koagulation treten dabei praktisch keine Funken und keine Karbonisationseffekte auf, während ihr Auftreten bei der Hochfrequenztomie weitgehend vermieden und ein Schnitt auch mit gedämpften HF-Schwingungen ausgeführt werden kann, d. h. die Widerstandsanpassung des HF-Generators an den Körper- und Gewebewiderstand ist bei dieser Methode von größerer Bedeutung für eine optimale Behandlungsausführung.

2.4.6.2 Leistungscharakteristik

Neben der Betrachtung des jeweiligen bei einer hochfrequenzchirurgischen Behandlung vorliegenden zeitlichen Verlaufs des HF-Stromes muß man zur Beurteilung experimenteller und klinischer Ergebnisse die HF-Leistungscharakteristik des verwendeten HF-Chirurgie-Gerätes berücksichtigen.

Die bei medizintechnischen Geräten für die Erzeugung therapeutischer Wärme möglichen Schalterstellungen geben dem Anwender weder eine eindeutige Auskunft über die abgebbare noch über die abgegebene HF-Leistung. Daher ist auch ein Vergleich der üblicherweise in der Literatur – wenn überhaupt – angegebenen Schalterstufen praktisch nicht einmal für das gleiche HF-Chirurgie-Gerät möglich, solange nicht weitere Parameter wie z. B. Elektrodenform und -abmessungen, Behandlungsdauer, Übergangs- bzw. Körperwiderstand usw. angegeben sind. Die häufig übliche Praxis der kritiklosen Übernahme von durch erfolgreiche Behandlungen vorgegebenen Einstellungen eines bestimmten HF-Chirurgie-Gerätes ohne Berücksichtigung weiterer Parameter auf ein evtl. anderes Gerät dürfte daher auch für viele Mißerfolge verantwortlich gemacht werden können; möglicherweise hat dies auch dazu beigetragen, daß es zu einer relativ verbreiteten Ablehnung der durch den Einsatz von HF-Chirurgie-Geräten möglichen Anwendung hochfrequenter Ströme zur Erzeugung therapeutischer Wärme gekommen ist.

Vergleicht man z.B. bei einem bestimmten HF-Chirurgie-Gerät, das sowohl einen Röhren- als auch einen Funkenstreckengenerator besitzt, die an den beiden HF-Ausgängen zur Verfügung stehenden mittleren Leistungen, so kann z.B. „Stufe 6“ einer ungedämpften periodischen Schwingung (sog. „Röhrenstrom“) der „Stufe 3“ einer gedämpften Schwingung (sog. „Funkenstreckenstrom“) entsprechen. Diese Abweichung in den Stufen ist insbesondere deshalb üblich, weil der Funkenstreckengenerator wegen der vom Hersteller vorgeschlagenen und daher vom Operateur bevorzugten Koagulationsanwendung die größere HF-Leistung liefern muß. Das scheinbare, durch die höhere Stufenzahl (maximal meist 10) suggerierte „Mehr an Leistung“ entspricht also in Wirklichkeit u.U. sogar einer geringeren mittleren HF-Leistung, was allerdings dem Anwender praktisch verborgen bleibt.

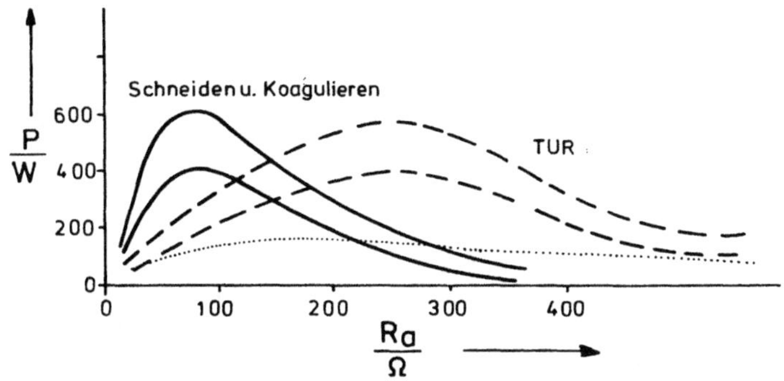

Abb. 72. Leistungscharakteristik eines HF-Chirurgie-Gerätes zur universellen Anwendung: HF-Ausgangsleistung P als Funktion des Lastwiderstands R_a

Abbildung 72 zeigt die typische Leistungscharakteristik eines modernen HF-Chirurgie-Gerätes mit einer maximalen HF-Leistung von $P \approx 600$ W bei 2 zur Verfügung stehenden HF-Ausgängen, und zwar für „Schneiden und Koagulieren“ sowie für „TUR-Anwendung“ (von KEYSSER wurde dagegen für ein „einwandfreies elektrochirurgisches Arbeiten“ eine elektrische Leistung von mindestens 900 bis 1200 W bei 30–40 Ω gefordert [241], S. 23f.). Die Darstellung zeigt eindrucksvoll, daß beide HF-Generatoren des Gerätes einen unterschiedlichen Innenwiderstand R_i besitzen, d.h. man muß bei Leistungsbetrachtungen die Absolutwerte des jeweiligen Generatorinnenwiderstands R_i und des Lastwiderstands R_a (Übergangs- bzw. Körperwiderstand) beachten. Die Herstellerangabe stellt bezüglich der abgegebenen HF-Leistung bei Ungleichheit von R_i und R_a daher nicht das Optimum der in Wärme umwandelbaren elektrischen Leistung dar. Die Leistungscharakteristik selbst steht aber – bis auf wenige Ausnahmen – dem Anwender nicht zur weiteren Auswertung zur Verfügung.

Auch die Angabe einer sog. „automatischen Leistungsanpassung“ an die Kontaktfläche zwischen Gewebe und aktiver Elektrode, wie sie bei manchen HF-Chirurgie-Geräten vom Hersteller gemacht wird, ist in praxi lediglich eine Anpassung des Generators an 2, evtl. 3 mögliche Außenwiderstände (vgl. Abb. 72). Die Tatsache, daß bereits bei der Koagulation bzw. beim Schneiden mit jeweils verschiedenen Elektrodenabmessungen operiert werden kann, bleibt dabei ebenso unberücksichtigt wie der sich bei der konventionellen HF-Chirurgie während der Anwendung verändernde Übergangswiderstand, der im wesentlichen mit dem Arbeitswiderstand identisch ist. Bezüglich dieser dynamischen Widerstandsänderung wirkt die flüssigkeitsunterstützte HF-Chirurgie derart, daß der Übergangswiderstand in relativ weiten Grenzen für jeweils eine Elektrodenform und -abmessung konstant gehalten wird.

Um die allgemein in der praktischen Anwendung der HF-Chirurgie vorkommenden verschiedenen Übergangswiderstände bei der Koagulation bzw. Hochfrequenztomie für den Anwender hinsichtlich des Einflusses auf die zur Verfügung stehende HF-Leistung „unwirksamer“ zu machen, sollte z. B. gerätetechnisch angestrebt werden, daß die Leistungscharakteristik ein relativ flaches Maximum besitzt (vgl. Abb. 72, punktierte Linie), d. h. vom Belastungswiderstand relativ unabhängig wird. Eine 1977 in Großbritannien durchgeführte Untersuchung hat z. B. gezeigt, daß zahlreiche HF-Chirurgie-Geräte im Bereich praktisch vorkommender Widerstände eine für Koagulationszwecke ungenügende HF-Leistung im Gewebe zur Verfügung stellen [61]. Bei Dobbie [93] ist auch die Vermutung ausgesprochen, daß der eigentliche Grund für die Ablehnung der Funkenstreckengeneratoren für die TUR einfach in der inadäquaten HF-Leistung der kommerziellen HF-Generatoren liegt (vgl. 2.4.6.1). In dieser Arbeit werden darüber hinaus einige Leistungscharakteristiken britischer HF-Chirurgie-Geräte analysiert. Eine auf gastrointestinale Anwendungen zugeschnittene Darstellung der Leistungscharakteristik (HF-Leistung für Schneiden/Koagulieren als Funktion der Schalterstufeneinstellung 0 – 10 bzw. 0 – 100 an einem Lastwiderstand von 200 Ω) verschiedener amerikanischer HF-Chirurgie-Geräte hat Curtiss [72] veröffentlicht, wobei die Willkürlichkeit der Eichung der Schalterstufenstellungen bei kommerziellen Geräten deutlich wird.

Um Vergleiche zwischen verschiedenen und/oder gleichen Anwendungen machen zu können und zur Beurteilung der Effizienz der jeweiligen Methode ist eine Messung der Ausgangsleistung sinnvoll. Am HF-Gerät ist der Strom eine meßbare Größe. Da er aber nicht nur vom Generator und dessen Innenwiderstand, sondern auch vom jeweiligen Körperwiderstand abhängt, muß die Angabe einer Stromstärke mit derjenigen eines Bezugswiderstands erfolgen, damit eine Leistungsaussage gemacht werden kann.

Die Messung des effektiven HF-Stromes könnte z. B. auf bekannte Art und Weise mittels Thermoelement(en) oder Hitzdrahtinstrument erfolgen und zur direkten Anzeige des Stromwertes verwendet werden. Andererseits bietet sich eine kalorimetrische Messung der erzeugten Wärme z. B. in Stoffen mit bekannten thermischen Eigenschaften an.

Die Messung bzw. Anzeige des HF-Stromes könnte z. B. während einer HF-Koagulation dazu dienen, den Zeitpunkt der oberflächlichen Beendigung der Eiweißgerinnung anzugeben, da in diesem Fall die isolierende Wirkung des koagulierten Gewebebereichs unter der aktiven Elektrode (Operationselektrode) ein Absinken des HF-Stromes im Arbeitskreis zur Folge hat (vgl. auch [435]).

Über Messungen des HF-Stromes und der Ausgangsleistung unter Einbeziehung der HF-Geräte zur HF-Erwärmung nach 2.3 wird nach Durchführung weiterer detaillierter Untersuchungen zu berichten sein.

3 Lasertechnik in der Medizin

Da ein durch Vorschriften abgegrenzter Bereich für Laserwellenlängen bzw. -freqenzen z. Z. nicht vorgegeben ist, wird in dieser Abhandlung bei der medizinisch-technischen Grundlagenforschung und Anwendung folgender Frequenzbereich für die Lasertechnik in der Medizin definiert:

$$f_{u,L} = 300\ \mathrm{GHz} < f < 30\,000\ \mathrm{THz} = f_{o,L}.$$

Dies entspricht einem Vakuumwellenlängenbereich $\lambda_0 = 10$ nm – 1 mm, worin der sog. „sichtbare“ Spektralbereich durch $\lambda_{0,s} \approx 350-750$ nm, der Infrarot(Ultrarot- oder IR)-Bereich durch $\lambda_0 > \lambda_{0,s}$ und der Ultraviolett(UV)-Bereich durch $\lambda_0 < \lambda_{0,s}$ enthalten sind. Darüber hinaus ist es üblich, den optischen Spektralbereich zu unterteilen. Begonnen wird dabei mit dem „Vakuum- bzw. extremen UV“ (VUV) mit $\lambda_0 < 180$ nm, wobei die Grenze $\lambda_0 = 180$ nm durch die historisch ermittelte, ausgeprägte Absorption von Quarz und Luft bedingt ist. Daran schließt sich das „ferne UV“ (FUV) von $\lambda_0 = 180-320$ nm an, dessen obere Grenze $\lambda_0 = 320$ nm ebenfalls aus historischen Gründen als Transmissionsgrenze für optische Gläser eingeführt wurde. Die Lücke von $\lambda_0 = 320-350$ nm zur unteren Wellenlängengrenze des „sichtbaren Spektrums“ nimmt das „nahe UV“ (NUV) ein. An den sichtbaren Spektralbereich schließen sich mit $\lambda_0 = 750-2500$ nm das „nahe IR“ (NIR), das „mittlere IR“ (MIR) von $\lambda_0 = 2{,}5-50$ µm und das „ferne IR“ mit $\lambda_0 > 50$ µm (FIR, nach Triple Commission for Spectroscopy) an. Die angegebenen Bereiche sind zwar im Sprachgebrauch bei der Beschreibung optischer Eigenschaften von Materie üblich, aber hinsichtlich der Zahlenwerte noch im Fluß (vgl. abweichende Benennung in den USA [324]). Der Frequenzdefinitionsbereich der lasertechnischen Anwendungen in der Medizin, der eine „obere“ Fortsetzung des in Kap. 2 definierten Bereichs der Hochfrequenz in der Medizin darstellt, kann auch zu einem Frequenzbereich der „verallgemeinerten Hochfrequenz“ zusammengefaßt werden.

Eine Betrachtung der möglichen Wechselwirkungen im Laserfrequenzbereich zeigt, daß neben innermolekularen und innerkristallinen Wechselwirkungen Rotationen und Vibrationen angeregt werden und Wechselwirkungen mit den äußeren Elektronen der verschiedensten Atome erfolgen können. Da sich aber der definierte Bereich auch in denjenigen sog. ionisierender Strahlen (Grenze: $\lambda_0 \approx 91{,}2$ nm, $W_0 \approx 13{,}6$ eV, entsprechend der Ionisierungsgrenze des Wasserstoffatoms, vgl. [482]) erstreckt, ergeben sich bei diesen höheren Photonenenergien auch Wechselwirkungen mit den inneren Elektronen der Atome.

Derzeitige experimentelle und teilweise klinische Anwendungen des Lasers sind wellenlängenmäßig noch im wesentlichen auf den Bereich $\lambda_0 \approx 200$ nm – 11 µm beschränkt.

3.1 Historischer Überblick

Die Geschichte der Lasertechnik in der Medizin ist, verglichen mit derjenigen der HF-Technik in der Medizin, noch sehr jung; andererseits liegt die erste technische Realisierung durch MAIMAN [291] selbst erst 20 Jahre zurück, und bereits 1960 begannen SOLON et al. [461] mit Untersuchungen der physiologischen Einwirkungen dieser kohärenten Strahlung auf Lebewesen. ZARET et al. [504] gingen im folgenden Jahr insbesondere der Frage nach möglichen Augenschäden durch den optischen Maser nach, wie das neue Bauelement zunächst noch vielfach genannt wurde, während KOESTER et al. [57, 253] 1962 erste experimentelle Netzhautkoagulationen mit einem Rubinlaser durchführten. Systematische Bestrahlungen organischer Zellen, ebenfalls mit Hilfe eines Rubinlasers, wurden von BESSIS et al. [29] berichtet. 1963 kam es dann zu einer sehr großen Anzahl von Veröffentlichungen insbesondere über experimentelle Studien zur therapeutischen Laseranwendung in vielen medizinischen Teilgebieten. Ohne Anspruch auf Vollständigkeit soll daher die folgende Zusammenstellung sich im wesentlichen auf einige bedeutsame Experimente und Untersuchungen beschränken, die gleichzeitig das relativ breite Spektrum möglicher Laseranwendungen in der Medizin aufzeigen. So wurden von ROUNDS u. CHAMBERLAIN [413] Untersuchungen zum Wachstum von Zellkulturen durchgeführt, während BESSIS [28], SAKS [418] und MALT [294] Forschungsbeiträge im zellularen und subzellularen Bereich lieferten, die als Vorstufe zur heutigen Laseranwendung in der Mikrochirurgie angesehen werden können. Von Blutgefäß-Anastomosen-Versuchen unter Einsatz des Lasers berichtete YAHR [501]. Die meisten Untersuchungen galten aber bis 1963 der ophthalmologischen Fragestellung. Mit den Basisuntersuchungen zur Netzhautkoagulation sind die Namen von ZARET [503], FLOCKS [120], CAMPBELL [56, 58], FREEMAN [125], L'ESPERANCE [279], GEERAETS [147, 148] und ZWENG [508, 509] in vorderster Linie verbunden. Ein erster Laserphotokoagulator wurde von KAPANY et al. [224] entwickelt und bei ophthalmologischen Tierexperimenten eingesetzt. FREEMAN [125], CAMPBELL [57], AMAR und FREEMOND führten erste Tumorbehandlungen im Auge durch. Mit der allgemeinen Tumorbestrahlung beschäftigten sich MCGUFF [309] und MINTON [326] im Tierversuch, während HELSPER [194], GOLDMAN [158, 164] und MCGUFF von Untersuchungen zur Laserbestrahlung von Krebs beim Menschen berichteten [193, 306, 307].

Die Einsatzmöglichkeiten des Lasers in der Zahnheilkunde wurden von MCGUFF, TAYLOR et al. [480], SHERMAN, RUBIN, GOLDMAN [159], HORNBY, STERN et al. [472], SOGANNES, KINSERLY et al. [249], JARAKAK, DEMENT und GORDON [172] diskutiert und in ersten experimentellen Studien ermittelt. Die ersten dermatologischen Laserbestrahlungsversuche gehen auf GOLDMAN [157], BLANEY, HELWIG et al. [192], FINE u. KLEIN [117] zurück. Die Einflüsse von Laserstrahlung auf das Nervensystem studierten MCGUFF, EARLE et al. [99], FOX et al. [122], HAYES, FINE, KLEIN, STELLAR et al. [469] und ROSOMOFF et al. [411].

1964 berichteten in den USA KAPANY et al. [225] vom Einsatz eines ophthalmologischen Photokoagulators beim Menschen, während in der UdSSR MALAIAN, TUMANIAN und KOSTANIAN die Wirkung der Laserstrahlen auf die Sklera des Auges untersuchten.

Goldman et al. [163, 165] berichteten 1965 über die Behandlung von Tätowierungen mit einem Rubinpulslaser.

Mulvaney u. Beck führten 1968 die Bestrahlung eines Blasenkarzinoms und von Harnsteinen mit einem Argonionenlaser durch [332]. Von L'Esperance [278, 280] wurde der gleiche Lasertyp als Photokoagulator eingeführt.

Laserstrahlen für die Wundheilung setzten Mester et al. [318] erstmals 1969 erfolgreich ein, wobei unter Verwendung eines He: Ne-Lasers * eine Granulationsbildung bei schlechtheilenden Wunden nachgewiesen wurde.

1970 gelang durch Goodale et al. [170] ein erster endoskopischer Einsatz des CO_2-Lasers mit einem starren Gastroskop im Tierexperiment. Müssigang [330] untersuchte den YAG (= Yttrium-Aluminium-Granat): Nd (= Neodym)- und den CO_2-Laser bei Nieren- und Milzoperationen.

Die Einführung der Laserchirurgie im Kehlkopfbereich geht auf erste Berichte von Strong [477] und Jako [219, 220] 1971 zurück. Ungeklärt sind bislang die auf Untersuchungen von Plog 1973 zurückzuführenden Einsatzmöglichkeiten des He: Ne-Lasers bei der Akupunktur, die mancherorts mit He: Ne-Laser praktiziert wird.

Vom ersten erfolgreichen endoskopischen Einsatz eines Argonionenlasers in der Gastroenterologie zur Blutstillung von Schleimhautläsionen berichteten 1975 in Erlangen Frühmorgen et al. [132], während in der gleichen Disziplin eine Gruppe um Kiefhaber et al. [247] in München einen YAG: Nd-Laser zur Verödung von Ösophagusvarizen einsetzte.

Der Beginn der urologischen Anwendung des Lasers liegt in Deutschland einige Jahre gegenüber ersten Versuchen in den USA zurück. Von Hofstetter wurde 1976 die Koagulation einer Krebsgeschwulst in der Harnblase berichtet, wobei besonders auf die schnelle und ausreichende Vernichtung des Tumormaterials bis tief in die Harnblasenmuskulatur hingewiesen wurde.

Über Laserchirurgie in der Rhinologie, insbesondere in der Nasenhöhle, wurde 1978 von Lenz et al. berichtet [276].

Parallel zu diesen Untersuchungen von grundsätzlicher Bedeutung für die therapeutische Anwendung des Lasers erfolgten zahlreiche Studien zum diagnostischen Einsatz des Lasers in der Medizin, über die aber in dieser Abhandlung nicht berichtet werden soll.

Eine von Eichler u. Lenz [100] veröffentlichte Bibliographie, die sich auf den Index Medicus und die Laser Abstracts stützt, enthält 916 Literaturzitate zu 23 Teilgebieten der Laseranwendung in Medizin und Biologie aus dem Zeitraum 1963–1974 unter Angabe des jeweils erstgenannten Autors und kann als Ergänzung zu den vorstehenden historischen Daten, die einen größeren Zeitraum und eine andere Wertung umfassen, betrachtet werden, obwohl die Auswahl [100] relativ willkürlich erfolgt ist.

In verschiedenen medizinischen Teilgebieten wie z. B. Ophthalmologie, Endoskopie, allgemeine Chirurgie, Urologie, Dermatologie und Otorhinologie ist der Laser bereits aus dem experimentellen Stadium herausgekommen; die therapeutische Anwendung blieb aber bislang weitgehend auf die wenigen – im wesentlichen – klinischen Einrichtungen beschränkt, in denen auch die ersten

* Stoff hinter dem Doppelpunkt kennzeichnet das sog. laseraktive Medium

experimentellen Forschungsergebnisse erzielt wurden. Eine sich teilweise bereits abzeichnende Tendenz, wonach ein Laser praktisch in einer klinischen Einrichtung vorhanden sein muß – eine Meinung, die vielleicht mit stimuliert wird durch eine beinahe „magische Wirkung" des „Reizwortes" Laser auf den nicht unmittelbaren Spezialisten –, kann nicht bedenkenlos unterstützt werden, vielmehr sollte der 1971 von GOLDMAN und ROCKWELL geprägte Satz „Wenn man keinen Laser braucht, dann soll man ihn auch nicht einsetzen" sinnentsprechend beachtet werden ([162], S. 1), zumal noch zahlreiche Probleme bei vielen therapeutischen Anwendungsfällen zu lösen sind. Die Aufzählung der zahlreichen Stationen bei der Einführung des Lasers in der Medizin bringt deutlich zum Ausdruck, daß viele erfolgreiche Untersuchungen und daraus resultierende Anwendungen nur durch intensive Zusammenarbeit interdisziplinärer Gruppen möglich waren und auch nur in dieser Form für zukünftige Forschungen Erfolg versprechen. Über einige wesentliche Gesichtspunkte beim Lasereinsatz in der Medizin bis 1970 finden sich z. B. Berichte in [117, 407].

Erst in den letzten Jahren hat eine Ausweitung der Laseranwendung auf andere Zentren begonnen, die entweder durch Wiederholung und/oder Erweiterung von Forschungsergebnissen zu einer gesicherten Kenntnis der therapeutischen Laseranwendung beitragen. Experimentelle Untersuchungen werden gegenwärtig im wesentlichen bei laserchirurgischer Anwendung, zum endoskopischen Einsatz, zur Krebsbehandlung, beim Vorliegen von Tätowierungen und Gefäßmälern, zur Wundheilung und bei der Hautverpflanzung durchgeführt.

Neben einer kurzen Darlegung einiger Fakten bei der Laserchirurgie wird in dieser Abhandlung insbesondere über die auf eigene Untersuchungen gestützten Ergebnisse beim Einsatz des Lasers zur endoskopischen Photokoagulation und in der Dermatologie berichtet.

3.2 Wechselwirkungen des Laserlichtes mit biologischem Gewebe

Bis zur technischen Realisierung des Lasers wurde bei Betrachtungen der optischen Eigenschaften von biologischem Gewebe im wesentlichen von der Überlegung ausgegangen, daß die mit konventionellen Lichtquellen erzeugbaren Photonen bei der Wechselwirkung mit den Bausteinen des biologischen Gewebes nur eine zur Beeinflussung der äußeren Elektronenenergieniveaus der jeweiligen Atome ausreichende Energie besitzen. Mit der Einbeziehung eines Teilbereiches der ionisierenden Strahlen in den Frequenzbereich der Lasertechnik in der Medizin muß das „Spektrum" des Wechselwirkungsverhaltens erweitert werden. So fällt z. B. die Anregung der sog. σ-Elektronen von Einfachbindungen in den VUV-Bereich, während unterhalb $\lambda_0 \approx 400$ nm die Valenzelektronen, d. h. insbesondere die sog. π-Elektronen der Mehrfachbindungen der Makromoleküle, angeregt werden (vgl. Resonanzen mit Absorption in Abb. 7).

Nach biologischen Kriterien läßt sich der UV-Bereich z. B. einteilen in folgende, teilweise überlappende Wellenlängenbereiche: $\lambda_0 \approx 10-91{,}2$ nm: ionisierende UV-Strahlung (teilweise auch bis 100 nm, da H-Atome in Makromolekülen schwächer gebunden sind); $\lambda_0 = 91{,}2\,(100) - 180$ nm: Einfachbindung trennende UV-Strahlung; $\lambda_0 \approx 170-230$ nm: ozonbildende UV-Strahlung; $\lambda_0 \approx 220-280$ nm: keimtötende UV-Strahlung (maximale Wirkung bei $\lambda_0 \approx 260$ nm); $\lambda_0 \approx 250-320$ nm: erythembildende UV-Strahlung (maximal bei $\lambda_0 \approx 250$ und 300 nm, [112]) und $\lambda_0 \approx 320-350$ nm: sog. „Schwarzlicht"-UV (teilweise bis 400 nm angegeben, vgl. [324] und 3.5). Die natürlich vorkommende UV-Strahlung der Sonne wird praktisch nur für $\lambda_0 \gtrsim 290$ nm biologisch wirksam, da für kürzere Wellenlängen eine effektive Absorption durch in der Atmosphäre enthaltenes Ozon erfolgt. Die transmittierte Sonnenstrahlung kann aber zu den bekannten photochemischen Effekten an der Oberfläche biologischer Körper führen. Ein induzierter karzinogener Effekt wird dabei nach [33, 34] im Bereich $\lambda_0 = 280-400$ nm (maximal zwischen 290 und 320 nm) nicht ausgeschlossen. Obwohl gerade die Wechselwirkung von UV-Strahlung mit biologischem Gewebe – wegen der geringen Eindringtiefe insbesondere für die Haut und das Auge – schon seit langem untersucht wird, sind bislang zahlreiche Reaktionsabläufe und Effekte weitgehend unbefriedigend zu erklären (vgl. z. B. [324] bezüglich einer Standardisierung im Hinblick auf Schutzmaßnahmen für UV-Strahlung ausgesetzte Personen).

Bei älteren Untersuchungen optischer Gewebeeigenschaften wurde das Wellenlängenspektrum nach oben bei $\lambda_0 \approx 1{,}5$ µm abgebrochen, da Wasser bei größeren Wellenlängen sehr stark absorbiert und die meisten biologischen Materialien für $\lambda_0 > 1{,}5$ µm praktisch undurchsichtig sind.

Die Energie längerwelliger Photonen beeinflußt nicht mehr die Elektronenniveaus der betreffenden Atome, sondern es werden ähnlich wie bei Polymermolekülen [394] nur die Schwingungs- und Rotationsenergieniveaus geändert, d. h. es erfolgt im FIR und NIR ein Anstieg der Bewegungs- und/oder Wärmeenergie in den betreffenden Molekülen, mit denen die Wechselwirkung erfolgt (vgl. Resonanz in Abb. 9). Photochemische Reaktionen, die aufgrund einer Wechselwirkung mit den äußeren Valenzelektronen auftreten, entstehen bei diesen größeren Wellenlängen daher nicht mehr wie im sichtbaren Spektrum und NUV, sondern die einfallende Strahlung wird bevorzugt in Wärme umgewandelt. Allerdings gilt diese Umwandlung grundsätzlich, wenn auch nicht ausschließlich bei der Absorption von Strahlung durch Materie. Das IR-Gebiet wird daher eigentlich nicht ganz zu Recht als Wärmestrahlungsbereich bezeichnet.

Das einfallende Laserlicht kann nach bekannten Gesetzmäßigkeiten vom biologischen Gewebe reflektiert, gestreut, transmittiert und/oder absorbiert werden.

Erfahrungsgemäß ist die Absorption um so größer und die Reflexion und Transmission um so geringer, je dunkler ein Gewebe ist. Daher fällt auch die Koagulationsnekrose in den oberflächlichen Gewebeschichten um so intensiver aus, je pigmentierter die Haut ist. Zur gezielten Behandlung kann man demzufolge unpigmentierte Hautbezirke künstlich mit geeigneten Farbstoffen anreichern und damit die Wechselwirkung, insbesondere die Absorption, des Laserlichtes mit dem Gewebe indirekt erhöhen.

Die Absorption des Laserlichtes in biologischem Gewebe läßt sich z. B. durch die formale Einführung eines komplexen Brechungsindex

$$\underline{n} = n \cdot (1 - j \cdot \varkappa_n) \,, \tag{197}$$

für dessen Quadrat die Beziehung

$$\underline{n}^2 = \mu_r \cdot \varepsilon_r \cdot (1 - j \cdot \tan\delta) \tag{198}$$

gilt, wobei $\varkappa_n$ der Absorptions- oder Dämpfungsindex und $\tan\delta$ der Verlustfaktor ist, beschreiben.

Für ein durch die 2 Kenngrößen $\tan\delta$ und ε_r gegebenes homogenes und isotropes Medium mit der Permeabilität $\mu \approx \mu_0$ ($\mu_r \approx 1$ für organisches Gewebe) gilt dann für den Betrag des komplexen Brechungsindex (reeller Brechungsindex)

$$n = \sqrt{\tfrac{1}{2} \cdot \varepsilon_r \cdot \left(\sqrt{1 + \tan^2\delta} + 1\right)} = \frac{\lambda_0}{\lambda}, \tag{199a}$$

für den Absorptionsindex

$$\varkappa_n = \sqrt{\frac{\sqrt{1 + \tan^2\delta} - 1}{\sqrt{1 + \tan^2\delta} + 1}} \tag{199b}$$

und für den Verlustfaktor

$$\tan\delta = \frac{2 \cdot \varkappa_n}{1 - \varkappa_n^2}. \tag{200}$$

Über das skalare komplexe Ausbreitungsmaß (vgl. Gl. 86a)

$$\underline{\gamma} = \alpha + j \cdot \beta = j \cdot \beta \cdot (1 - j \cdot \varkappa_n) = j \cdot \frac{2\pi}{\lambda_0} \cdot \underline{n} = j \cdot \frac{\omega}{c_0} \cdot \underline{n} \tag{201}$$

erhält man unter Beachtung von Gl. 199a, 199b und $n = \frac{\lambda_0}{\lambda}$ mit der Materialwellenlänge λ das Dämpfungsmaß

$$\alpha = \frac{2\pi}{\lambda_0} \cdot n \cdot \varkappa_n = \frac{2\pi}{\lambda_0} \cdot \sqrt{\frac{1}{2} \cdot \varepsilon_r \cdot \left(\sqrt{1 + \tan^2\delta} - 1\right)} \tag{202}$$

(vgl. Gl. 124 mit $\alpha = \frac{\alpha_a}{2}$ und [394], S. 89; $n \cdot \varkappa_n$ entspricht der Theorie von Drude, vgl. z. B. [363]).

Die durch das biologische Gewebe hervorgerufene Dämpfung durch Absorption der optischen Strahlung kann man durch die Eindringtiefe z_0 (nach Gl. 104) charakterisieren.

In diesem Zusammenhang erscheint es erwähnenswert, daß die für optische Frequenzen bei $\mu = \mu_0$ häufig benutzte Maxwell-Beziehung $n^2 = \varepsilon_r$ nur besagt, daß das Quadrat des reellen Brechungsindex n eines nichtabsorbierenden, unmagnetischen Materials bei diesen Frequenzen gleich der relativen DK ε_r ist. Daraus kann aber nicht auf die DK $\varepsilon_{r,\,\mathrm{stat}}$ im statischen Fall geschlossen werden.

Mit Gl. 201, 86a und 30 erhält man dagegen für das Quadrat des komplexen Brechungsindex

$$\underline{n}^2(\omega) = -\left(\frac{\lambda_0}{2\pi}\right)^2 \cdot \underline{\gamma}^2 = c_0^2 \cdot \mu \cdot \left(\varepsilon - j \cdot \frac{\varkappa}{\omega}\right) = \mu_r \cdot \underline{\varepsilon}_r(\omega), \tag{203}$$

wobei im organischen Gewebe $\mu_r \approx 1$ ist (vgl. z.B. [188], wobei allerdings vom Zusammenhang $\underline{n} = n + j \cdot k$ mit dem Extinktionskoeffizienten k, für den nach Gl. 197 $k = -n \cdot \varkappa_n$ gilt, ausgegangen wird).

Der reelle Brechungsindex von Wasser, das auch bei der Absorptionsbetrachtung im Laserfrequenzbereich als ein Hauptbestandteil biologischer Gewebe von großer Bedeutung ist, ist für $\lambda_0 = 0{,}235 - 2$ µm in Abb. 73 dargestellt und kann als höchstfrequente Fortsetzung des Verlaufes von $\varepsilon_r(\omega)$ in Abb. 11 angesehen werden.

Als effektive optische Absorber in biologischem Gewebe sind insbesondere Melanin und Hämoglobin anzusehen. Die stickstoffhaltigen dunklen – meist braunen oder schwarzen – Farbstoffe des Melanins, die unter anderem für die Färbung und Pigmentierung der Haut verantwortlich sind, werden in einer Zellschicht unter der Epidermis gebildet, d.h. bei der Lasereinstrahlung auf die Haut erfolgt die Wechselwirkung merklich bereits unmittelbar unter der Oberfläche.

Diese gewissermaßen als Strahlenfilter wirkenden Pigmente sind z.B. in Leberflecken, Sommersprossen und sonnengebräunter Haut vermehrt vorhanden, wodurch eine erhöhte Absorption für optische Strahlung besteht. Je nach Pigmentierung der menschlichen Haut kann für die sog. Absorptionszahl ε_K, die gleich der entsprechenden Emissionszahl in Gl. 139 ist, ein Wert von $\varepsilon_K = 0{,}5 - 0{,}8$ bei

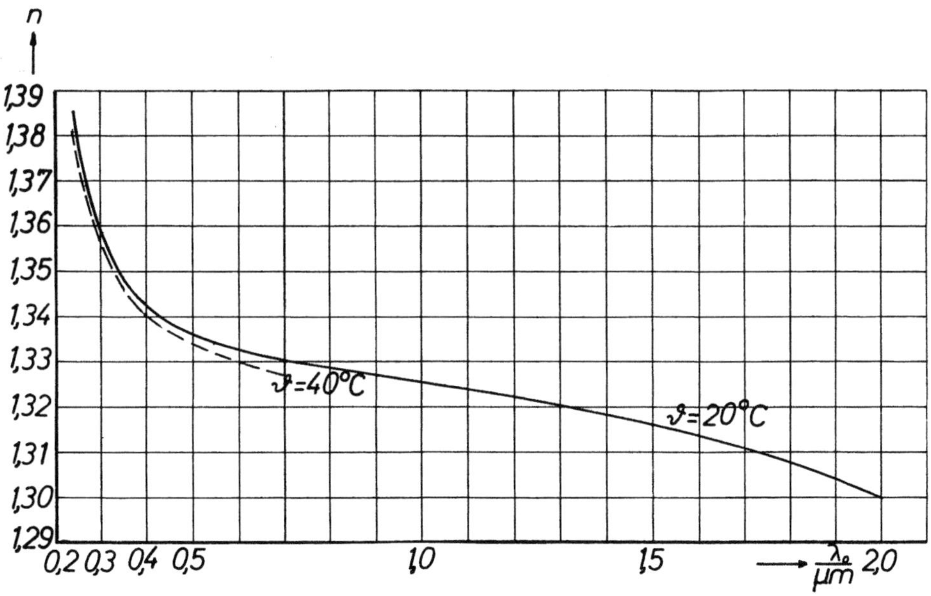

Abb. 73. Reeller Brechungsindex n von Wasser als Funktion der Vakuumwellenlänge λ_0 (Parameter: Temperatur)

Frequenzen des sichtbaren Spektralbereichs angesetzt werden, während im langwelligen IR-Bereich die Hautfarbe praktisch keine Rolle mehr spielt und $\varepsilon_K \approx 0{,}95$ ist ([239], S. 9.7). Bei entsprechender Leistungs- und Energiedichte des einfallenden Laserlichtes wird Melanin chemisch verändert bis hin zur Verdampfung.

Hämoglobin absorbiert die Strahlung ebenfalls sehr stark – eine Veränderung dieses aus verschiedenen Aminosäuren aufgebauten Proteins tritt aber erst bei vergleichsweise höherer Strahlungsintensität auf. Hämoglobin (Hb) ist insgesamt für die rote Farbe des fast zu gleichen Teilen aus eiweiß- und salzhaltigem Plasma und darin schwimmenden Blutkörperchen, und zwar den roten (Erythrozyten) und den weißen Blutzellen (Leukozyten) bestehenden Blutes verantwortlich. Eine detaillierte Betrachtung zeigt, daß beim Hämoglobin die sog. Häm-Gruppe, das ist ein aus C-, N- und H-Atomen, dem sog. Porphyrinsystem, aufgebautes Ringsystem, in dessen Mitte ein Fe-Atom sitzt (vgl. z. B. [379]), für die Erythrozytenfärbung maßgebend ist.

Das im Muskelgewebe vorkommende Myoglobin – ein Protein – ähnelt in seiner Zusammensetzung und Struktur einer sog. Untereinheit des Hämoglobins und kann ebenfalls als effektiver, bis heute noch relativ wenig beachteter Absorber für Laserstrahlung in biologischem Gewebe angesehen werden.

Die sauerstofffreien Lösungen von Hämoglobin und Myoglobin – also Desoxyhämoglobin und -myoglobin – erscheinen dabei purpurrot wie venöses Blut, während nach Sauerstoffeinleitung in diese Lösungen, d. h. bei Oxyhämoglobin und -myoglobin, eine scharlachrote Färbung wie bei arteriellem Blut zu beobachten ist. Der Hämoglobingehalt von 100 ml Blutserum beträgt normalerweise ca. 15 g (12 – 18 mg/100 ml nach [92]) und ergibt außerdem in dünnen Schichten eine gelbliche und erst in dickeren und dichten Schichten die bekannte rote Farbe des Blutes. Abbildung 74 zeigt die an eigenem, frisch entnommenem Blut gemessenen Absorptionswerte in Prozent für unterschiedlich dicke Blutschichten im Wellen-

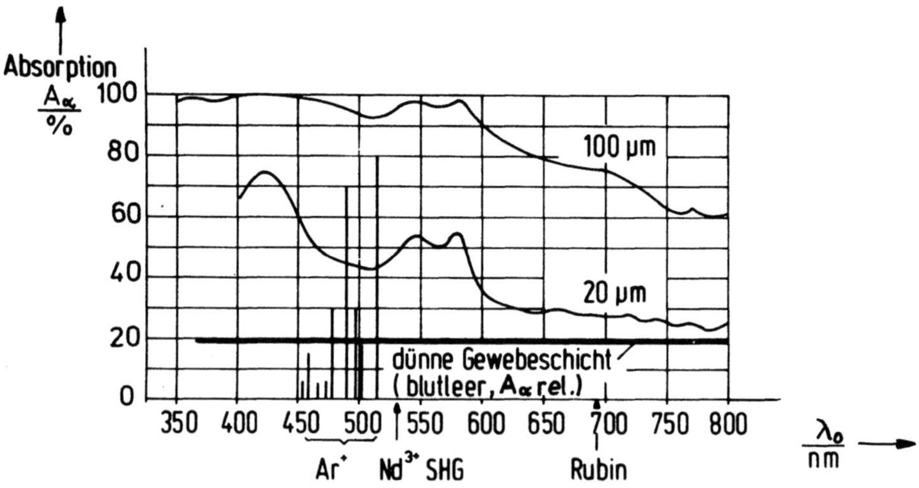

Abb. 74. Absorption A_α verschieden dicker Blutschichten als Funktion der Wellenlänge λ_0 und relative Absorption für eine blutleere Gewebeschicht (Magenwand). *Ar*$^+$-Laserlinien entsprechend der relativen Leistungsverteilung bei multifrequentem Laserbetrieb; *SHG* (Second Harmonic Generation) 2. Oberschwingung

längenbereich $\lambda_0 = 350-800$ nm [400]. Hierbei sind die aus Extinktionskurven des Oxyhämoglobins (Hämoglobin nach Reaktion mit Sauerstoff zu HbO_2) bekannten 2 sog. Absorptionsbänder mit Doppelmaximum bei 540 und 580 nm (vgl. z. B. [388], S. 453 u. [239], S. 417) sehr deutlich ausgeprägt und quantitativ bestimmbar (vgl. auch [279] u. [39], S. 7; Einfluß der Streuung [492]). Abbildung 74 enthält darüber hinaus einige markante Laserwellenlängen der für medizinische Applikationen in Betracht kommenden Laser, wobei es sich wie z. B. im Falle eines Argonionenlasers auch um ein Viellinien-Ausgangsspektrum unterschiedlicher absoluter Leistung handeln kann, das vom Laser als quasimonochromatische, kohärente Strahlung extremer Bündelbarkeit bei sehr hoher Leistungs- und Energiedichte emittiert wird. Die Argonionenlaser-Wellenlängen fallen dabei nicht, wie von Kiefhaber et al. [242] und Hillenkamp et al. [203] berichtet, mit den Absorptionsmaxima von Oxy-Hb zusammen, sondern liegen in einem relativen Minimum zwischen einem Maximum bei 425 nm und dem bekannten Doppelmaximum.

Als Laser für eine medizinische Anwendung werden derzeit neben dem He:Ne-Laser ($\lambda_0 = 632{,}8$ nm) insbesondere folgende Lasertypen mehr oder weniger eingesetzt: Kryptonionenlaser ($\lambda_0 = 413{,}1-799{,}3$ nm, mehrere Linien), Argonionenlaser ($\lambda_0 = 454{,}5-514{,}5$ nm, mehrere Linien), Kupferdampflaser ($\lambda_0 \approx 500$ nm), frequenzverdoppelter YAG:Nd-Laser ($\lambda_0 = 530$ nm), Rubinlaser ($\lambda_0 = 694$ nm), YAG:Nd-Laser ($\lambda_0 = 1{,}06$ µm) und CO2-Laser ($\lambda_0 = 10{,}6$ µm).

Die Reaktion des biologischen Gewebes auf Laserstrahlen wird in der Literatur sehr häufig terminologisch als „thermisch, physikalisch oder elektromagnetisch" unterschieden.

Die Wechselwirkung der Laserstrahlung mit dem Gewebe stellt eine Reihe von komplexen Ereignissen dar, die nicht alle zeitlich mit dem Auftreffen des Laserstrahls auf das jeweilige Gewebe zusammenfallen, d. h. einige Prozesse werden dadurch erst eingeleitet. Dabei hängt die individuelle Reaktion des Gewebes nicht allein von der Leistungsdichte und der Einwirkungsdauer, also der Energie ab, die auf die Gewebeoberfläche fällt und dort mit dem Gewebe eine Wechselwirkung ergibt, sondern ganz entscheidend von den optischen Eigenschaften des biologischen Gewebes selbst.

Die jeweilige Gewebefarbe beeinflußt sehr stark die Verteilung auf reflektiertes, gestreutes, absorbiertes und transmittiertes, d. h. in tiefer gelegene Gewebeschichten vordringendes Licht. Für eine Behandlung von Gewebeveränderungen und zum Schneiden von Gewebe mit Laserstrahlen ist die Eindringtiefe des Laserlichtes sehr wichtig – und dies natürlich auch hinsichtlich benachbarter und darunterliegender Gewebestrukturen wie z. B. Blutgefäße, Nerven, Gelenkflächen und Knochen. Beispielsweise können sich infolge örtlich unterschiedlicher optischer Eigenschaften bei der Laserbestrahlung eines singulären Tumors verschiedene Effekte einstellen, d. h. eine aus medizinischer Sicht gewünschte Standardisierung der Bestrahlungswerte kann zwar in einigen Fällen möglich sein, letztlich entscheidet aber die individuelle Beurteilung, und diese ist damit Voraussetzung für den Therapieerfolg.

Bezüglich „thermischer" Wirkungen können grundsätzlich alle in 2.4.1 genannten Stufen einer HF-Chirurgie-Wirkung wie z. B. Hyperämie, Denaturierung, Verkochung, Verkohlung und Verdampfung auch durch Bestrahlung des Gewebes mit Laserlicht erreicht werden. So erfolgt bei einer merklichen thermischen Reaktion des Gewebes das Auftreten einer Hyperämie, und bei sehr hoher Leistungsdichte kann es an der Gewebeoberfläche auch zur Verdampfung von Gewebebestandteilen kommen. Nach eigenen Erfahrungen ist dabei eine helle „Wolke“ unmittelbar über dem Auftreffﬂeck des Laserstrahls zu beobachten, während die Gewebeoberfläche selbst je nach dem Grad der Zerstörung, der wiederum eine Funktion der Energiedichte ist, eine mehr oder weniger starke Verkohlung, d.h. Verbrennung 4. Grades, aufweist, wobei eine Unterscheidung gegenüber der durch „normale“ Hitzeeinwirkung erfolgten Verkohlung der Oberfläche bei makroskopischer Betrachtung nicht möglich ist. Durch Messungen wurde ermittelt, daß diese Verdampfungswolke eine relativ hohe Temperatur besitzt und einen beachtlichen Druck aufweist. In dem Gas wurden bislang sehr viele angeregte Atome, einige Ionen und Elektronen sowie Aerosolteilchen, d.h. kolloidale Luftbeimengungen verschiedener Größe und Form, beobachtet bzw. nachgewiesen. Der Ausbildung dieser „Wolke“ kommt bei der Wechselwirkung des Laserlichtes mit Gewebe am Augenhintergrund, d.h. in einem abgeschlossenen Raum, eine besondere Bedeutung zu.

Neben den genannten thermisch bedingten Veränderungen bei der Wechselwirkung des Laserlichtes mit Gewebe wurde von einer Wirkung durch relativ niedrige Laserleistung berichtet, die zwar noch keine visuell erkennbare Hyperämie, aber einen Einfluß auf Enzymsysteme auszuüben vermag. Hier sind aber sicher noch weitere detaillierte Studien erforderlich, wie überhaupt die theoretische Darstellung der Reaktion des biologischen Gewebes auf Laserstrahlung noch ein weites Betätigungsfeld für interdisziplinäre Gruppen darstellt.

Als „physikalische“ Wirkungen der Laserstrahlung werden die beim Auftreffen sehr kurzer Laserpulse beobachteten Druckwellen [314], und zwar Hyperschall-, Hörschall- und Ultraschallwellen [296], bezeichnet. Außerdem wurde von sog. Rückstoßdruckwellen berichtet [166]. Die Ursache für das Auftreten dieser mechanischen Wirkungen dürfte der im Gewebe aufgebaute Druck und nicht die Laserstrahlung direkt sein. Es wird daher vorgeschlagen, von „mechanischen“ Wirkungen zu sprechen anstatt von dem weitergefaßten Begriff der physikalischen Wirkung.

„Elektromagnetische“ Wirkungen werden erst bei der Bestrahlung mit Laserpulsen sehr hoher Spitzenleistung und Energiedichte berichtet und durch das Auftreten freier Radikale, die eine merkliche Veränderung des Molekülaufbaus voraussetzen, nachgewiesen. Es kann z.B. nicht ausgeschlossen werden, daß die am Aufbau des Gewebes maßgeblich beteiligten Aminosäuren eine partielle Frequenzverdopplung der primär einfallenden Laserstrahlung bewirken. Das bei einem solchen nichtlinearen Wechselwirkungsprozeß auftretende sekundäre Laserlicht kann dabei spektral in den UV-Bereich fallen (vgl. [19]), und es ist daher ein signifikanter Effekt z.B. auf die DNS (Desoxyribonukleinsäure), d.h. auf das chemische Substrat der genetischen Informationsspeicher, nicht von vornherein auszuschließen. Es wird in diesen Fällen vorgeschlagen, statt von einer „elektromagnetischen“ von einer „nichtlinearen“ Wirkung des Laserlichtes auf biologische Strukturen zu sprechen.

Aus therapeutischer Sicht interessieren insbesondere die mit Laserstrahlen erzeugten biologischen Veränderungen des Gewebes. So vermögen Laserstrahlen

z. B. eine Schädigung der Blutzellen zu bewirken, und zwar „sprechen“ die roten Blutkörperchen bereits auf Energiedichten von 0,1 – 2 J/cm^2 an, wobei die Schädigungsskala von der Vakuolisation bis zur totalen Zerstörung reicht. Die weißen Blutzellen zeigen im wesentlichen eine Änderung ihrer Beweglichkeit. Als Folge der Wechselwirkung des Laserlichtes mit den Blutzellen kann eine Thrombosebildung im bestrahlten Gebiet resultieren. Über die neueren Ergebnisse der biochemischen Vorgänge bei der allgemeinen Blutgerinnung und Fibrinolyse berichtet z. B. WITT [495], während die Darstellung der exogen induzierten, d. h. durch Photonenabsorption bewirkten Gerinnung des Blutes, die den zentralen Vorgang der physiologischen Blutstillung darstellt und durch das Zusammenwirken der Gefäßkontraktion, der Blutplättchenaggregation und der Aktivierung der im Plasma als inaktive Vorstufe vorhandenen Enzymproteine des Gerinnungssystems zustande kommt, nach Kenntnis des Autors dieser Abhandlung noch weitgehend aussteht. Bei relativ geringer Leistungsdichte, d. h. unterhalb der für massive Verbrennungen erforderlichen Zeit-Leistungs-Relationen, wird i. allg. eine nichtspezifische Fibrose, d. h. Vermehrung des Bindegewebes, erreicht. Kollagenveränderungen, d. h. fibrinoide Verquellungen und Nekrosen bei den zu den Gerüsteiweißkörpern gehörenden Proteinen, die hauptsächlich als sog. kollagene Fasern z. B. im Bindegewebe, in Sehnen, Faszien und Bändern sowie in der Epidermis vorkommen, werden z. Z. zwar von wenigen Autoren berichtet, von anderer Seite aber als bisher nicht nachgewiesen angegeben. Sehr wenig ist bisher auch darüber bekannt, ob das durch Laserbestrahlung veränderte Gewebe gegenüber sekundären Infektionen empfänglicher wird oder nicht, d. h. die mit Laserstrahlen erzeugten Läsionen sind so zu behandeln wie solche mit tiefer und persistenter Koagulationsnekrose, bei der evtl. vorhandene Keime zwar noch antibiotikasensibel sind, aber eine solche Sekundärtherapie überstehen (vgl. [388], S. 926).

Auch die immunbiologischen Reaktionen auf eine mit Laserstrahlen erzeugte Nekrose sind weitgehend unbekannt. Hier gilt die Frage insbesondere dem möglichen Aufbau von Antikörpern. Der entzündliche Prozeß nach der Laserbestrahlung allein ist kein hinreichender Hinweis auf eine Immunreaktion.

3.3 Laserchirurgie

In Anlehnung an den in 1.1 zitierten Spruch des HIPPOKRATES stellt auch der Laserstrahl ein „Feuer“ dar, mit dem man therapeutische Maßnahmen durchführen kann. Im heute noch gültigen Sinn dieses historischen Satzes wird seit einigen Jahren die Eignung des Lasers als chirurgisches Instrument untersucht, und er ist dabei als sog. optisches oder Laserskalpell in zahlreichen Anwendungen an die Stelle des konventionellen chirurgischen Skalpells getreten.

Wenn bei sachlicher Betrachtung, d. h. ohne jede teilweise beobachtbare Mystifizierung dieses quantenoptischen Generators, die Entscheidung für den chirurgischen Einsatz eines Lasers getroffen wird, so sollte dies an der Erfüllung der Forderungen nach einer größeren Genauigkeit des erzielbaren Schnittes und der Reduzierung – im Sinne einer Kontrolle – auftretender Blutungen gemessen werden. Nicht bei allen chirurgischen Eingriffen ist ein Laser nötig, d. h. in vielen

Fällen bleibt das normale Skalpell auch weiterhin das Instrument der Wahl und hat sich bislang gegen die potentiellen Konkurrenten behauptet, zu denen neben dem Laserskalpell das „HF-Messer“ (vgl. 2.4.5.2), die Kryochirurgie und das sog. Plasmaskalpell [124] gehören, bei dem ein Gas (Ar oder He) in einem elektrischen Lichtbogen auf ca. 3000 °C erhitzt wird und einen „Schneidestrahl“ mit weniger als 1 mm Ø bei 50 W Leistung ergibt ([218], S. 3). Als neuer, aber durchaus hoffungsvoller Mitbewerber kann die in 2.4.5.2 beschriebene Methode der flüssigkeitsunterstützten Hochfrequenztomie nach den bisherigen positiven tierexperimentellen Ergebnissen angesehen werden. Der klinische Vergleich fehlt hier allerdings noch.

Die „Laserchirurgie“ umfaßt begrifflich in Analogie zur HF-Chirurgie ebenfalls die „Lasertomie“ – ein bisher jedoch nicht verwendetes Synonym für die Anwendung des Lasers bzw. des Laserstrahls als Schneidewerkzeug – und die „Laserkoagulation“; allerdings wird dabei in allen Veröffentlichungen und Berichten praktisch ausnahmslos nur von einer laserchirurgischen Anwendung gesprochen, bei der es sich aber meist um eine durch Koagulation unterstützte Lasertomie handelt. Insofern wird der weiter gefaßte Begriff der Laserchirurgie oft im Sinne der einschränkenderen Lasertomie terminologisch verwendet.

Bei dem pyrolytischen Vorgang der Trennung von Gewebe mit einem fokussierten Laserstrahl wird im wesentlichen der Wasseranteil des Gewebes verdampft, und die Proteine und Fette werden in ihre Bestandteile zerlegt. Dabei kommt es außerdem zur Verdampfung vieler am Gewebeaufbau beteiligter chemischer Bestandteile (vgl. „Wolke“ in 3.2) und zur Ausbildung einer mehr oder weniger ausgedehnten verbrannten, karbonisierten Gewebeschicht. Im wesentlichen sind dafür thermochemische Gewebereaktionen verantwortlich, obwohl die Laserbestrahlung eine photochemische Reaktion erwarten lassen könnte.

Von Stellar et al. [471] wurden bei tierexperimentellen Studien zu CO_2-Laserschnitten (40 W; Strahlfokus 0,5 – 1 mm) 3 Schichten festgestellt, und zwar eine Verkohlungszone von 10 – 20 µm, eine Dampfvakuolenzone von 100 – 200 µm Dicke und, am weitesten außen liegend, eine Ödemzone von 100 – 200 µm Dicke. Frishman et al. [126a] haben bei tierexperimentellen Schnitten mit einem 20 W-CO_2-Laserstrahl eine Schädigungsbreite von nur 2 Neuronen im Gehirngewebe und etwa von der Breite einer Muskelfaser im Skelettgewebe ermittelt. Gleichzeitig wird in der genannten Arbeit eingeräumt, daß zwar das „Erscheinungsbild“ der Zellschädigung nach CO_2-Laserstrahl-Einwirkung demjenigen einer Röntgenstrahlenschädigung gleicht, aber der als Photolyse bezeichnete Prozeß noch nicht befriedigend erklärt werden kann. In Ultrastrukturuntersuchungen nach CO_2-Laserstrahl-Einwirkung wurde von Ben-Bassat et al. [26] festgestellt, daß die verschiedenen Gewebe- und Zellbestandteile in unterschiedlicher peripherer Entfernung (30 – 250 µm) von der Schnitttrennstelle geschädigt werden.

Abbildung 75 zeigt den Prinzipaufbau eines Gerätesystems für chirurgische Zwecke unter Verwendung eines Lasers. Die zentrale Einheit eines solchen Systems stellt der Laser dar. Von den im vorigen Abschnitt genannten Lasertypen wurden insbesondere der Argonionenlaser ($P \approx 1 - 10$ W bei Leistungsdichten $p_A \approx 10^3 - 10^5\ W \cdot cm^{-2}$ [218], S. 2; [44, 407]), der YAG:Nd-[38, 177, 208, 331, 337] und der CO_2-Laser [44, 71, 228, 229, 231, 232, 384, 485] als Schneidelaser untersucht und miteinander verglichen [159, 196, 202, 330]. Nach Abb. 74 hängt die Absorption der von einem Argonionenlaser emittierten verschiedenen Laserwellenlängen stark von der Gewebefarbe ab. Die bevorzugte Absorption durch Blut führt aber beim Laserschnitt zu vermehrter Karbonisation, die wiederum den weiteren Schnitt behindert. Auch der YAG:Nd-Laserstrahl weist noch eine gewisse farbabhängige Absorption auf, seine Gewebeeindringtiefe ist aber ca. 4–10mal größer als beim Argonionenlaserstrahl. Bei der Anwendung des YAG:Nd- und insbesondere des Argonionenlasers zum Schneiden von biologischem Gewebe empfiehlt es sich daher zur Vermeidung ausgedehnter karbonisierter Flächen, daß die zu trennende Gewebestelle mechanisch unter transversalen Zug versetzt wird. Wegen der geringen Absorption der Argonionenlaserstrahlung in Fettgewebe ($\alpha_a \approx 1{,}5\ \mathrm{cm}^{-1}$ [407]) läßt sich mit diesem Lasertyp Fett praktisch nicht schneiden.

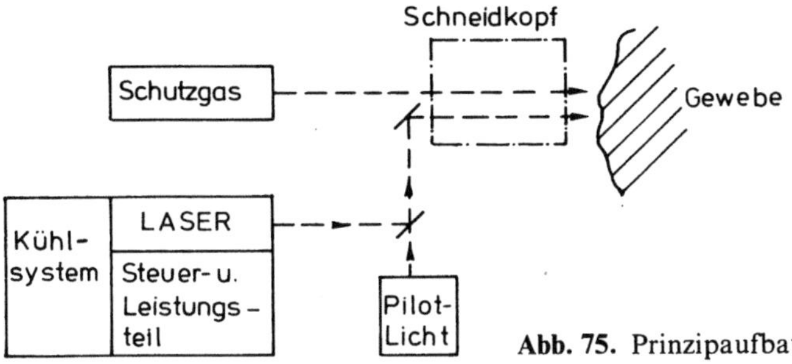

Abb. 75. Prinzipaufbau eines Chirurgielasersystems

Als Mittel der Wahl wird heute fast ausschließlich der CO_2-Laser als chirurgischer Laser zum Schneiden von Gewebe eingesetzt. Die von ihm emittierte Strahlung bei einer Wellenlänge von $\lambda_0 = 10{,}6\ \mu m$ wird praktisch unabhängig von der jeweiligen Gewebefarbe absorbiert. Das Ausmaß der Gewebezerstörung ist dabei proportional zum jeweiligen Wassergehalt des Gewebes (vgl. 2.2.2.2).

Von Breitwieser et al. [44] wird für eine H_2O-Schicht der Dicke $d = 10\ \mu m$ eine Absorption von 54% bei 10,6 µm Laserwellenlänge angegeben und die zur Verdampfung des in 1 mm^3 Gewebe enthaltenen Wassers bei einer CO_2-Laserleistung von 170 W erforderliche Zeit mit ca. 25 ms berichtet. Da die Absorption für die verschiedenen Proteine geringer ist als für Wasser, kommt es primär zur H_2O-Verdampfung, und dadurch steigt die Gefahr einer Karbonisation des Gewebes an.

Die ebenfalls in [44] für eine 10 µm dicke Wasserschicht genannten Absorptionswerte von 15% ($\alpha_a \approx 160\ \mathrm{cm}^{-1}$) sowohl für YAG:Nd- als auch für Argonionenlaserstrahlung erscheinen nach eigener Erfahrung zumindest für die Argonionenlaser-Wellenlängen zu hoch – vermutlich wurden die nicht unerheblichen Reflexionsverluste zur Gesamtabsorption addiert (vgl. α_a-Werte von H_2O für $\lambda \approx 0{,}7-10\ \mu m$, [383]). Hu u. Barnes [214] haben ein mathematisches Modell zur Beschreibung der thermochemischen Vorgänge, insbesondere bei der Bestrahlung von Kohlenstoffteilchen in Eiweiß mit Rubineinzelpulsen und für die oberflächliche Erwärmung von Eiweiß durch CO_2-Laserstrahlung, zur Diskussion gestellt. Zur Erklärung der relativ großen Nekrosezonen, die insbesondere bei Laserschnitten mit dem YAG:Nd-Laser beobachtet wurden [38], müssen aber vermutlich Betrachtungen der Wärmeleitungsgleichungen unter Berücksichtigung der dynamischen Veränderung der Parameter durchgeführt werden.

Zur Kühlung des Leistungsteils der meisten Chirurgielasersysteme findet Leitungswasser Verwendung. In vielen Fällen verläßt z.B. Stickstoff als inertes Schutzgas simultan mit dem Laserstrahl den Schneidkopf (Abb. 75) und bläst die Schnittstelle insbesondere von störendem Wasserdampf und durch Gewebekarbonisation entstehenden Gasen frei. Der Schneidkopf selbst enthält meist eine Fokussierwechseloptik, mit der nach bekannten Abbildungsgesetzen mit Linsen die Fokussierung des praktisch nur durch die Beugung begrenzten kohärenten Laserlichtes auf das Gewebe erfolgt. Die Leistungsdichte in einem realen Brennfleck läßt sich nach der für die praktische Anwendung ausreichenden Näherung gemäß Abb. 76 ermitteln. Hiernach wird ein durch den Strahldurchmesser D_L und den den vollen Fernfeld-Divergenzwinkel Θ im Fernfeld gekennzeichneter sog. TEM_{00}-GAUSS-Strahl von einer idealen Linse mit dem Durchmesser $D > D_L$ in der Brennebene, d.h. im Abstand f (Brennweite) von der Linsenmitte, theoretisch in einen Strahl mit dem vollen Öffnungswinkel Θ' und dem sog. „Brennfleckdurchmesser" d transformiert, wobei

$$d \approx f \cdot \Theta \qquad (204)$$

gilt und die Fläche des Brennflecks durch

$$A_f \approx \frac{\pi}{4} \cdot f^2 \cdot \Theta^2 \qquad (205)$$

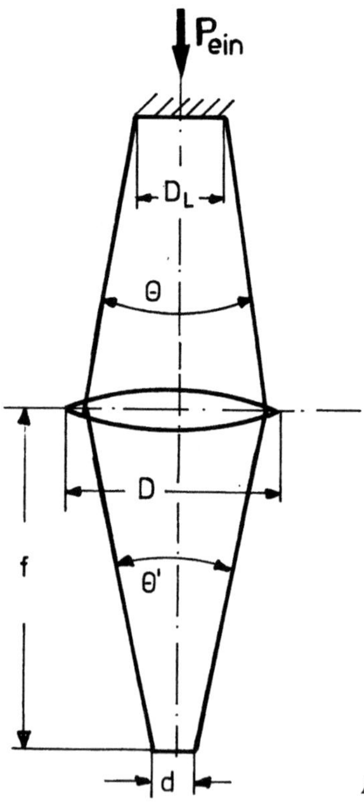

Abb. 76. Vereinfachte Strahltransformation mit einer Linse

approximiert werden kann. Bei sog. idealer f-Zahl, d.h. $\frac{f}{D} = 1$, kann bei einem Gaslaser, der den niedrigsten transversalen Wellentyp (TEM_{00}) bei der Wellenlänge λ_0 emittiert, theoretisch ein sog. beugungsbegrenzter Durchmesser (vgl. z.B. [394], S. 178)

$$d_{min} \approx 2{,}44 \cdot \lambda_0 = f \cdot \Theta_{TEM_{00}} \tag{206}$$

erzielt werden.

Die Leistungsdichte $p_{A,F}$ im Brennfleck ergibt sich bei einer auftreffenden Laserleistung P_{ein} unter Berücksichtigung der vorstehenden Gleichungen zu

$$p_{A,f} \approx 0{,}214 \cdot P_{ein} \cdot \left(\frac{D}{f \cdot \lambda_0}\right)^2 < \frac{4}{(2{,}44)^2 \cdot \pi} \cdot \frac{P_{ein}}{\lambda_0^2} = p_{A,max}\,, \tag{207}$$

wobei die einfallende Laserleistung die für GAUSS-Strahlen bzw. das Beugungsbild typische radiale Intensitätsverteilung aufweist. Für die Strahldurchmesser außerhalb der Brennebene sowie für eine Transformation des GAUSS-Strahls mit einer Teleskopanordnung zweier Linsen werden z.B. in [394], S. 95 und 134, geeignete Nährungsbeziehungen angegeben, die auch für die Wechseloptik eines Chirurgielasers Gültigkeit besitzen. Eine weitere wichtige Kenngröße für die Unterscheidung verschiedener Laserstrahlen ist die sog. Helligkeit B, für die im Fernfeld für $\Theta \ll 1$ die Beziehung

$$B \approx \frac{p_A}{\pi \cdot \Theta^2} \tag{208 a}$$

bzw. nach einigen Umformungen mit $f > D$

$$B \approx \frac{4}{\pi} \cdot \frac{P_{ein}}{f^2} \tag{208 b}$$

folgt.

Zu beachten ist ferner noch – was nicht immer geschieht –, daß nach einem Gesetz der geometrischen Optik, das sich aus dem 2. Hauptsatz der Thermodynamik ableiten läßt, die Helligkeit, d.h. die Leistung pro Fläche und Raumwinkel, eines optischen Bildes, wie es der transformierte GAUSS-Strahl darstellt, diejenige der Lichtquelle nicht übersteigen kann, d.h. die Helligkeit eines Lichtbündels ist in einem verlustlosen Übertragungssystem in jedem Querschnitt der sog. „Lichtröhre" konstant. Zur Übertragung des vom Laser emittierten Strahls sind grundsätzlich Lichtleiter einsetzbar. Im allgemeinen erstreckt sich das Wellenlängenband für Lichtleiteranwendungen von $\lambda_0 \approx 0{,}2-10\,\mu m$, wobei allerdings sowohl im UV-Bereich als auch teilweise im NIR- und MIR-Bereich noch ganz spezielle Lichtleitertypen erforderlich sind, die z.Z. außerdem eine dämpfungsarme Übertragung der entsprechenden Laserwellenlängen nur über Entfernungen von mm bis wenige cm ermöglichen. Diese meist noch im Forschungs- bzw. Erprobungsstadium befindlichen Lichtleiter unterscheiden sich von den im sichtbaren Spektralbereich und in der optischen Nachrichtenübertragung im NIR-

Bereich üblichen Lichtleitern auf Glas-, Quarz- oder Kunststoffbasis im Material und in der Konstruktion mehr oder weniger stark. Zur Übertragung von Laserlicht mit Wellenlängen $\lambda_0 > 2\,\mu m$ für chirurgische Zwecke scheiden z.Z. Lichtleiter noch aus. Die erzeugte Strahlung des bei dieser Anwendung meist verwendeten CO_2-Laser wird vom Erzeugungsort zum Schneidkopf mittels Spiegelgestängen, sog. flexiblen Armen, übertragen, die sich im Prinzip aus einer alternierenden Folge von meist rechtwinklig über „Ellenbogengelenke" mit Blöcken, in denen Prismen oder Spiegel für eine 90°-Strahlablenkung sorgen, verbundenen, ineinanderdrehbaren Röhren zusammensetzen. Die mechanische Beweglichkeit eines solchen Strahlführungssystems ist zwar beim derzeitigen Stand der Technik relativ groß, das gesamte System eines solchen CO_2-Chirurgielasers stellt aber hinsichtlich der Manipulierbarkeit nach Ansicht vieler Praktiker eine starke – manchmal nicht akzeptable – Einschränkung in der zur Durchführung eines chirurgischen Eingriffs notwendigen Bewegungsfreiheit dar, wobei vielfach auch das Erlernen einer methodisch bedingten neuartigen Operationstechnik zur Ablehnung der Laserchirurgie an sich und damit zum Festhalten am bewährten normalen chirurgischen Skalpell geführt hat. Bei der Verwendung eines CO_2-Lasers besteht außerdem wie bei einem YAG:Nd-Laser die Notwendigkeit, einen Pilotstrahl im Schneidkopf, der meist als Handgriff ausgeführt ist, parallel zum Schneidestrahl durch die Fokussieroptik austreten zu lassen, um damit ein Zielen des sog. Arbeitsstrahls zu ermöglichen. Als Pilotlicht wird fast ausnahmslos der Strahl eines He:Ne-Lasers mit der Vakuumwellenlänge $\lambda_0 = 632{,}8$ nm verwendet, der aber trotz seiner „roten" Farbe wegen der für das menschliche Auge naturgemäß ungewohnten hohen Monochromasie selbst auf durchblutetem – also ebenfalls rotem – Gewebe visuell relativ gut verfolgt werden kann. Die Verwendung eines He:Ne-Laserstrahls als Zielhilfe macht es erforderlich, daß zur gemeinsamen Fokussierung von Schneide- und Pilotstrahl z.B. Zink-Selen-Linsen verwendet werden, da die üblicherweise zur Fokussierung von IR-Strahlung verwendeten Germaniumlinsen für He:Ne-Laserlicht praktisch opak sind. Teilweise wird auch zusätzlich mit oder alleine mit einer im Handgriff integrierten mechanischen Zielhilfe gearbeitet. Erfahrungsgemäß führt der fehlende optische Bezug beim Erlernen dieser neuen Operationstechnik, bei der ein mehr oder weniger stark fokussierter infraroter Laserstrahl zum Zwecke der Gewebetrennung auf die Gewebeoberfläche gerichtet wird, zu nicht unerheblichen Fehlinterpretationen und zu nicht optimalen Schnittausführungen.

Als Alternative zum Chirurgielaser mit Gelenksystem und Handgriff mit Fokussiereinrichtung werden seit kurzem Systeme technisch realisiert, die ohne Gelenksystem auskommen, d.h. bei denen der CO_2-Laser im Handgriff integriert ist und nur noch die Gaszufuhr und evtl. erforderliche Kühlmittel von der Versorgungseinheit zum Handgriff zugeführt werden müssen.

Das parallel zum Laserstrahl austretende Schutzgas (vgl. [44]) hat neben der bereits erwähnten Funktion des Freiblasens der Schnittumgebung auch die wesentliche Aufgabe, eine Oxidationswirkung durch Luftsauerstoffzutritt beim Schnitt zu verhindern (Reduzierung der Karbonisation) und das Gewebe vor, während und nach dem Schnitt zu kühlen. Dadurch kann evtl. auch eine Reduzierung der thermisch bewirkten Nekrose erzielt werden (vgl. [229]).

Zur praktischen Ausführung von Lasersystemen werden aus energetischen Überlegungen, die sich näherungsweise aus denjenigen zur Abschätzung bei der

Hochfrequenztomie in 2.4.5 ableiten lassen, da es sich auch hier um einen absorptiven Wechselwirkungsvorgang mit der Erzeugung therapeutischer Wärme aus elektromagnetischer Energie in bevorzugt wasserhaltigem Gewebe handelt, Laserleistungen von 20–100 W erforderlich. Im Einsatz bzw. in der Erprobung befindliche CO_2-Chirurgielaser ohne Gelenksysteme liefern für chirurgische Zwecke Ausgangsleistungen $P_{ein} \approx 15-25$ W bei einem unfokussierten Strahldurchmesser von $D_L \approx 10$ mm. Durch eine Fokussierlinse mit einer Brennweite $f \approx 12-30$ mm wird bei einem mittleren Arbeitsabstand (Abstand der Fokussieroptik von der Gewebeoberfläche) von ca. 10–25 mm ein Strahldurchmesser von $d \approx 0{,}1-2$ mm eingestellt, d.h. es ergibt sich eine Variationsbreite der Leistungsdichte $p_A \approx 4{,}8 \frac{\mathrm{W}}{\mathrm{mm}^2} - 3{,}1 \frac{\mathrm{kW}}{\mathrm{mm}^2}$. Beugungsbegrenzt ist nach Gl. 207 eine maximale Leistungsdichte $p_{A,max} \approx 48 \frac{\mathrm{kW}}{\mathrm{mm}^2}$ möglich. Bei Verwendung von Spiegelbzw. Prismensystemen mit bis zu 8 sog. Ellenbogenkniestücken in einem Rohrsystem werden z.Z. CO_2-Chirurgielaser für universelle Anwendungen im Leistungsbereich $P \approx 50-100$ W erprobt und klinisch eingesetzt. Ein Teil der erzeugten Laserleistung wird dabei zur Deckung der optischen Verluste bei der Strahlumlenkung benötigt.

Von Breitwieser et al. [44] wurde für Nierenpolresektionsversuche ein Industrie-CO_2-Laser mit Universalschweiß- und Schneidkopf verwendet mit einer Laserleistung bis 250 W bei einem Strahldurchmesser $D_L \approx 20$ mm, der in einem Brennfleckdurchmesser $d \approx 0{,}6$ mm eine maximale Leistungsdichte von $p_A \approx 600 \frac{\mathrm{W}}{\mathrm{mm}^2}$ lieferte.

Nach Meinung von Kaplan (1978, persönliche Mitteilung), der seit 1972 mit dem CO_2-Laser chirurgisch tätig ist und über die umfangreichsten praktischen Erfahrungen beim Einsatz des CO_2-Lasers in der Chirurgie verfügen dürfte, entstehen an der Wechselwirkungsstelle des Laserlichtes mit dem Gewebe Temperaturen von mehr als 1000 °C, während Bellina [25] in wasserhaltigem Gewebe $\vartheta \lesssim 100$ °C und in Knochen $\vartheta > 100$ °C angibt (vgl. auch [202] und Rockwell [407], der 100–150 °C angibt). Wenn der Laserstrahl als ein „chirurgisches Messer" eingesetzt werden soll, muß die Schnittgeschwindigkeit aus der spezifischen Absorption und den thermodynamischen Eigenschaften des jeweiligen Gewebes ermittelt werden. Da es sich beim Laserschnitt um die Kombination eines Absorptions- und Verdampfungsvorgangs handelt, ist dafür Sorge zu tragen, daß das unmittelbar unter dem Strahlauftreffpunkt durch Absorption bis zur Verdampfung erwärmte Gewebe entfernt wird, damit die Absorptionseigenschaften, die eine Funktion des Gewebezustands sind, nicht unkontrolliert verändert werden. Dies kann z.B. ein koaxial bzw. parallel zum Laserstrahl auf das Gewebe auftreffender Gasstrahl bewirken.

Darüber hinaus ist für die Heilung des Laserschnittes die laterale Ausdehnung und der Schädigungsgrad des Gewebes von besonderer Bedeutung.

Bislang liegen zur Beurteilung der mit Laserstrahlen erzeugten Gewebeschnitte noch keine geeigneten Temperaturmessungen vor, es kann aber aufgrund der Erfahrungen bei der Hochfrequenztomie davon ausgegangen werden, daß die Verdampfung von Zellflüssigkeit eine Temperatur $\vartheta \gtrsim 100$ °C erforderlich macht und daß zur Fragmentierung von Gewebemolekülen Temperaturen von $\vartheta \approx 225-$

325 °C (vgl. [346] und 2.4.1) vorliegen müssen, was praktisch bei der Karbonisation erreicht wird.

Die bei defokussiertem CO_2-Laserstrahl auftretenden Leistungsdichten resultieren in praktischen Fällen in Wechselwirkungstemperaturen $\vartheta \lesssim 100\,°C$, die zum Erreichen des gewünschten Zelltodes, der bei ca. 60–65 °C eintritt, ausreichen. Von BELLINA [25] werden in Übereinstimmung mit dieser Annahme beispielweise Leistungsdichten $p_A \approx 1{,}25 \frac{W}{mm^2}$ zur Laserbestrahlung bei Metaplasien z. B. an der Plattenepithel-Zylinderepithel-Grenze der Portio uteri und $p_A \approx 1-5 \frac{W}{mm^2}$ bei Zervixhämangiomen angegeben.

Zu den heute bevorzugten chirurgischen Anwendungen des Lasers gehören Krebsoperationen wie z. B. die Brustamputation (Mamma-Amputation), da es hier besonders auf das Verschließen der Blut- und Lymphgefäße ankommt. Bei Schnitten in infizierten Bereichen wird die Sterilisierung durch den schneidenden Laserstrahl hervorgehoben. Bei Zehenamputationen und bei Abdominalplastiken wie überhaupt in der plastischen Chirurgie wurden umfangreiche Erfahrungen gesammelt. Weiterhin gehört die Chirurgie in stark durchbluteten Bereichen wie Kopf, Hals, Zunge und Mundhöhle zu den bevorzugten Anwendungsgebieten der erfahrenen Praktiker, wozu auch die Exstirpation stark durchbluteter Tumoren, wie z. B. kavernöser Hämangiome, zählt. Darüber hinaus wird vom laserchirurgischen Einsatz bei Patienten mit besonderer Blutungsneigung wie Hämophiliepatienten, bei denen eine Reduzierung der extrem teuren Antiblutungsmittel zu verzeichnen ist, und bei solchen, die unter Antikoagulanzientherapie stehen, berichtet. Mit Laserstrahlen werden neurochirurgische Eingriffe im Bereich des Zentralnervensystems [10] und des Zwischenhirns durchgeführt, wobei besonders das Fehlen mechanischer und elektrischer Beeinflussungen der Hirnströme, wie sie bei Verwendung des normalen Skalpells und des „HF-Messers" nicht auszuschließen sind, hervorgehoben werden. Ähnliches gilt für die Herzchirurgie, da während der Laseroperation Ableitungen der Herz- und Hirnströme ohne elektrische Interferenzen erfolgen können und Herzschrittmacherpatienten weniger gefährdet sind.

Zu den relativ neuen Anwendungsgebieten gehören der endoskopische und der mikroskopische Einsatz von Laserstrahlung in Körperöffnungen wie z. B. Urethra [53, 54, 207] (unter Verwendung der heute in der gastrointestinalen Photokoagulation üblichen Quarz-Kunststoff-Lichtleiter) [412], Rektum, Vagina [1, 24] und Larynx [275]. Beim mikrochirurgischen Einsatz wird z. B. in der HNO-Heilkunde ein chirurgischer CO_2-Laser mit einem Chirurgiemikroskop (Operationsmikroskop) kombiniert [476]. Dabei ist zu beachten, daß die Brennweite der vordersten Mikroskoplinse so groß ist, daß noch genügend Arbeitsraum zwischen Mikroskop und Gewebeoberfläche für die Instrumentenhandhabung wie z. B. den Einsatz eines Saugers usw. frei bleibt. Seit 1978 liegen auch erste Erfahrungen mit einem YAG:Nd-Laser (55 W) bei der endoskopischen Behandlung eines Kehlkopfkarzinoms vor [234]. Von EICHLER et al. [103] wird bei der endoskopischen Laserchirurgie im HNO-Bereich der Argonionenlaser (4 W) dem YAG:Nd-Laser vorgezogen, da der abgestrahlte YAG:Nd-Laserstrahl bei Verwendung einer Lichtleitfaser eine größere Strahldivergenz aufweist (größerer Fernfeldöffnungswinkel Θ beim YAG:Nd-Laser als beim Argonionenlaser!) als bei einem Argonionenlaser.

Die außerdem in [103] aufgeführte große Streuung der YAG:Nd-Laserstrahlung im Gewebe (nach [426] ist die Streuung bei Verwendung der Argonionenlaserstrahlung sogar größer) ist nach eigenen Erfahrungen nicht für die erforderliche höhere YAG:Nd-Laserleistung verantwortlich, sondern die 4- bis 5fach größere Eindringtiefe im Vergleich zur Argonionenlaserstrahlung (vgl. 3.4).

Durchaus positive Berichte liegen über die Anwendung des Lasers in der Behandlung von massiven und ausgedehnten Verbrennungen vor [116, 282], die zu den lebensbedrohlichsten Zuständen für einen Patienten zu rechnen sind. Neben der Anwendung des CO_2-Lasers [116] wird neuerdings ein sog. „Argonionenlaser-Skalpell" diskutiert, dessen Prinzip in Abb. 77 dargestellt ist. Das Licht eines Argonionenlasers gelangt von einer Lichtleitfaser in eine speziell ausgebildete Quarzschneide, die ebenfalls als optischer Wellenleiter wirkt. Die Schneidentaperung konzentriert die Laserstrahlung (vgl. z.B. [394], S. 37ff. u. S. 50ff.; [396]) und ermöglicht dadurch einen Schnitt mit dem an der Schneidespitze austretenden Laserstrahl.

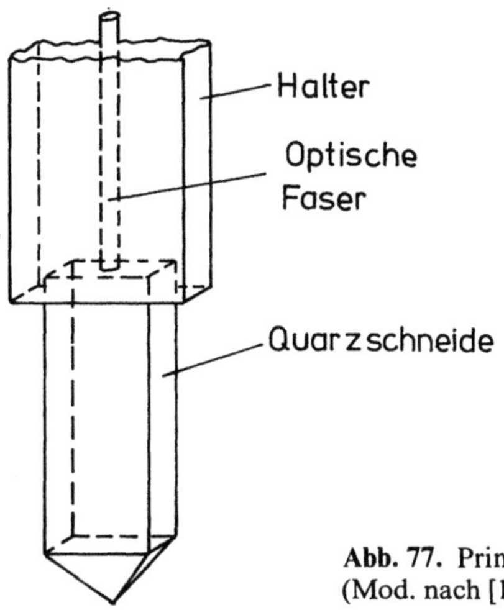

Abb. 77. Prinzip eines Laserskalpells für Argonionenlaserstrahlung. (Mod. nach [15])

Wegen der selektiven Absorption (vgl. Abb. 74) des Hämoglobins erfolgt dabei eine relativ günstige koagulative Wirkung im durchbluteten Bereich, während nichtpigmentiertes Gewebe praktisch unverändert bleibt. Bisher wurden mit einem solchen „Lichtskalpell" ca. 85% Transmission bei einem 25-W-Argonionenlaserstrahl erreicht. Die bezüglich der Entfernung von verbranntem Gewebe bisher berichteten Erfahrungen haben gezeigt, daß die anschließend vorgenommenen Hautverpflanzungen 100%ig erfolgreich waren. Ähnliche „Lichtskalpell"-Konstruktionen sind grundsätzlich auch bei Verwendung eines CO_2-Lasers denkbar, aber bisher nicht berichtet worden. Außerdem besteht z.B. die Möglichkeit der Verwendung eines metallischen bzw. dielektrischen Hohlkonus (vgl. [394]) zur Realisierung eines Laserskalpells, das auch in anatomische Körperöffnungen und -höhlen eingeführt werden kann.

Zu den allgemeinen Vorteilen der Laserchirurgie wird die relative Blutarmut des erzielbaren Schnittes gerechnet. So reicht erfahrungsgemäß beim Durchtrennen kleiner Blutgefäße (bis 0,5 mm Durchmesser nach [378]) der mit dem CO_2-Laser erzielbare Koagulationseffekt aus, d.h. Bauchwandschichten lassen sich fast ohne Blutungen durchtrennen, und es müssen im Gegensatz zum normalen Skalpellschnitt nur ganz wenige Gefäße unterbunden werden [345]. HEPPNER u. ASCHER [195] haben festgestellt, daß kleine Arterien mit dem CO_2-Laserstrahl nicht blutfrei durchtrennt werden können und eine Blutstillung durch unmittelbare Laserstrahleinwirkung nicht erzielbar ist, da nur die alleroberste Blutschicht (2- bis 3fache Erythrozytenbreite!) verdampft wird. Sie empfehlen daher die Absaugung des ausgetretenen Blutes, das Abklemmen der Gefäße und dann erst das Verschließen der Arterien mit dem Laserstrahl. Vielleicht sollte man in solchen Fällen die Blutstillung mit einem defokussierten Strahl versuchen (vgl. [459]). Nach BREITWIESER et al. [44] werden allerdings nur 68% (entsprechend $\alpha_a \approx 1140$ cm^{-1} nach Gl. 124 und 202) der CO_2-Laserstrahlung durch eine 10 μm dicke Blutschicht absorbiert, was zu einem Widerspruch gegenüber der vorstehenden Aussage führt, zumal praktisch die gleiche Absorption für YAG:Nd-Laserstrahlung angegeben wird, dieser Lasertyp aber als Photokoagulator Verwendung findet. Eine Untersuchung der wellenlängenabhängigen Absorptionsverhältnisse sollte auch diese Fragen klären helfen. Bei eigenen tierexperimentell durchgeführten Bauchwandschnitten (Subkostalschnitten) mit der flüssigkeitsunterstützten Hochfrequenztomie mußte in keinem Fall eine Maßnahme zur Abklemmung unternommen werden, und nur in einem Fall wurde eine Obliteration eines durchtrennten Gefäßes durchgeführt, und zwar mit der Hochfrequenztomienadel nach 2.4.5.2, die mit großer Wahrscheinlichkeit ein weitaus größeres Koagulationspotential besitzt als der CO_2-Laserstrahl. Entsprechende Vergleichsuntersuchungen stehen noch aus, da in dieser Abhandlung erstmals über die flüssigkeitsunterstützte Hochfrequenztomie berichtet wird. Solche – nach Möglichkeit an mehreren Zentren durchzuführenden – Untersuchungen sind aber für eine Weiterentwicklung dieser neuen chirurgischen Methoden praktisch unerläßlich, wenn eine objektive Beurteilung der kombinierten Schnitt- und Koagulationsqualitäten erfolgen soll. Im allgemeinen Fall müssen größere Gefäße, d.h. ab einem Durchmesser von 0,5 – 1 mm bei Arterien bzw. Venen, bei der Laserchirurgie konservativ chirurgisch versorgt werden. Auch hier besteht nach eigenen Erfahrungen im Tierexperiment für die flüssigkeitsunterstützte Hochfrequenztomie bzw. in Kombination mit der flüssigkeitsunterstützten HF-Koagulation eine durchaus berechtigte Chance zur Erweiterung der therapeutischen Breite, d.h. eine Ligatur wird praktisch zur Ausnahme.

Nach Erfahrungen von VERSCHUEREN u. OLDHOFF [484] beim Resezieren von Leberteilen beim Hund schließen diese Autoren, daß der CO_2-Laser für Leberresektionen beim Menschen allein nicht ausreicht. Beim Schnitt mit dem Laser an blutreichen Organen wie z.B. an der Niere läßt sich keine allein ausreichende Blutstillung erzielen, d.h. die Versorgung der Restniere muß wie bei einem Skalpellschnitt erfolgen. KAPLAN (1977, persönliche Mitteilung) hat zwar über erfolgreiche Blutstillungen mit dem CO_2-Laser auch bei sog. Nierenpolresektionen berichtet (nach NÖSKE [345] führt der CO_2-Laser hierbei lediglich zur blutstillenden Koagulation kleinerer Gefäße, während größere Parenchymgefäße einer konventionellen Nahtversorgung bedürfen), allerdings erscheint die angeführte Zeitdauer von bis zu ca. 10 min, während der zum Zwecke der Unterbrechung bzw.

weitgehenden Reduzierung der Durchblutung die 2 zentralen Nierenstielgefäße (A. und V. renalis) abgeklemmt wurden, für den Patienten bzw. für die Erhaltung der Organfunktion unzumutbar hoch; selbst wenn die Unterbrechung der Blutzufuhr bei einer Nierentransplantation bei ca. 20–40 min liegt ([388], S. 843). Nach [345] erweist sich die Blutstillung durch den CO_2-Laserstrahl lediglich an der Kaninchenniere als ausreichend. Hier konnte aber auch mit einem durch einen Lichtleiter übertragenen Argonionenlaserstrahl eine Blutstillung in eigenen Tierversuchen erreicht werden. Über die erfolgreiche Parenchymkoagulation einer Hundeniere unter Nierengefäßstielabklemmung und wiederholtem Abtupfen der Resektionsfläche mit inkohärenter IR-Strahlung wird auch in [345] berichtet. Eine Verbreitung bei diesen Blutungen hat aber weder diese noch die direkt damit vergleichbare IR-Koagulation durch NATH [340] bislang gefunden. In eigenen Tierexperimenten an Hunden wurde nach flüssigkeitsunterstützter Hochfrequenztomie eines Nierenpols und nachfolgender, mehrere Minuten dauernder flüssigkeitsunterstützter HF-Koagulation des Parenchymschnittes – allerdings ohne Abklemmung der Nierenschlagader (A. renalis) – praktisch stets eine Blutstillung erreicht. Die Effektivität wurde durch das Überleben des Versuchstieres im Langzeitexperiment bestätigt. Diese ersten positiven Erfahrungen mit der flüssigkeitsunterstützten Hochfrequenztomie berechtigen zu Hoffnungen, die allerdings durch weitere detaillierte Untersuchungen belegt werden sollen.

Als weitere Vorteile der Laserchirurgie gegenüber der Chirurgie mit dem normalen Skalpell werden außer der relativen Blutarmut genannt: die Vernichtung bösartiger Zellen beim Laserschnitt, d.h. es tritt keine Zellstreuung auf; ebenso werden Ödeme vermieden, und neben einem geringen postoperativen Schmerz wird von einer geringen Narbenbildung berichtet.

Die Laserchirurgie hat aber auch Nachteile, was nicht zuletzt auch die langjährigen Bemühungen zur Einführung des Lasers in der allgemeinen Chirurgie beweisen dürften. Nicht immer ist es nur die sehr kostspielige Anschaffung eines solchen Systems, das in keinem finanziellen Verhältnis zum normalen Skalpell steht; vielfach wird auch die sog. Mehrleistung der Laserchirurgiegeräte überhaupt angezweifelt. Wegen der erfahrungsgemäß in vielen Fällen zu geringen koagulativen Wirkung des CO_2-Lasers wäre bei alleiniger Laseranwendung neben einem CO_2-Schneidelaser z.B. ein YAG:Nd- oder Argonionenlaser zur Koagulation erforderlich, was neben dem Kostenaufwand auch den technischen Geräteaufwand nach heutigem Stand der Technik erheblich vergrößern dürfte.

Als nachteilig und lästig wird die trotz Schutzgaseinsatz vorhandene Dampfentwicklung angesehen. Ebenso ist aus einigen Berichten zu entnehmen, daß die praktisch mit dem Laserskalpell erzielbare Schnittgeschwindigkeit nachteilig geringer ist als beim normalen Skalpell. Die berichtete Gefahr des sog. „Durchrutschens" des Laserskalpells bei der Schnittführung muß im Rahmen des „Lernprozesses" der neuen Operationstechnik beurteilt werden, da sich bei Verwendung eines fokussierten Laserstrahls eine Begrenzung des Schnittes in der Tiefenausdehnung durch die näherungsweise quadratische Abhängigkeit der Leistungsdichte bei Defokussierung, d.h. außerhalb der Brennebene, ergibt. Dies ist mit einer praktisch exponentiell mit der Strahleindringtiefe abnehmenden Absorption und somit reduzierten Schneidewirkung verbunden.

Der fehlende manuelle Kontakt des behandelnden Arztes mit dem zu schneidenden bzw. allgemeiner mit dem zu bestrahlenden Gewebe führt aber zu einer fehlenden Rückkopplung, die eine Informationslücke zur Folge hat, die durch einen gezielten Lernprozeß geschlossen werden muß. Hinsichtlich der Wundheilung reicht die Beurteilung von sehr gut bis zur Angabe eines verzögerten, schlechteren Heilungsverlaufs.

Die Einführung des Lasers in der Chirurgie bringt neue Sicherheitsprobleme für das interdisziplinäre Team Arzt und Ingenieur, unter Einschluß des Patienten, mit sich. An ihre Beachtung und die Notwendigkeit der Bewältigung erinnert nicht zuletzt der als „Gründer der Lasermedizin" bezeichnete amerikanische Mediziner GOLDMAN [160]. Zu diesen allgemein angesprochenen Sicherheitsvorkehrungen, die beim Umgang mit Laserstrahlen in klinischen Einrichtungen zu beachten sind, muß bei der Laserchirurgie speziell z. B. an die Reflexionsgefahr des Schneidestrahls von chirurgischen Instrumenten gedacht und das dem zu schneidenden Gewebe benachbarte Areal vor einem unbeabsichtigten Auftreffen des Laserstrahls geschützt werden (vgl. auch weitere Literatur über Laserchirurgie [226, 227]). Zur Laserchirurgie kann auch eine modifizierte Tumorexzission [308] gezählt werden, wobei der Tumor für eine bestimmte Zeitdauer mit Laserlicht bis zur Verdampfung bestrahlt wird. Über eine diesbezügliche Anwendung des Dauerstrich-CO_2-Lasers berichteten STELLAR et al. [470] – eine klinische Etablierung hat diese erfolgversprechende Methode aber bisher nicht erfahren.

3.4 Laserphotokoagulation

Das Auge ist die einzige Stelle des menschlichen Körpers, an der Nerven und Blutgefäße nicht von einer durchscheinenden oder undurchsichtigen Schicht bedeckt sind. Dieses aus Linsensystem (Hornhaut, Linse und Iris) und Lichtempfänger (Netzhaut) bestehende optische System stand schon kurz nach der technischen Realisierung des ersten Lasers im Mittelpunkt des Forschungsinteresses, wobei neben möglichen Augenschäden auch die Therapie diskutiert und untersucht wurde.

Zur Behandlung von Netzhautablösungen wurde aber zunächst noch der seit 1959 von dem Ophthalmologen MEYER-SCHWICKERATH [323] eingeführte sog. Xenon-Weißlicht-Koagulator (Xenonhochdrucklampe mit tageslichtähnlichem Spektrum) erfolgreich eingesetzt (erste Lichtkoagulation nach dem „Vorbild der Sonnenblendung" bereits 1949). Die Nachteile der oft relativ hohen Erwärmung des unmittelbar an die vorderste Netzhautschicht angrenzenden Glaskörpers und der relativ große Koagulationsfleck des fokussierten Weißlichts konnten durch Anwendung des Lasers als ophthalmologischer Photokoagulationslichtquelle beseitigt werden. Insbesondere quasiisolierte Gefäße können mit dem Laserphotokoagulator selektiver erfaßt werden [39]. Heute wird der Laser routinemäßig bei verschiedenen Augenkrankheiten eingesetzt und hat die Weißlichtquelle nahezu verdrängt. Bis 1971 wurde die Zahl der durch ophthalmologische Laserphotokoagulation behandelten Patienten bereits mit ca. 10000 angenommen [407]. Über einige Grundlagen der Photokoagulation und mögliche Anwendungen gibt z. B. das Buch von ZWENG et al. [510] Auskunft. Die geometrischen und optischen Eigenschaften

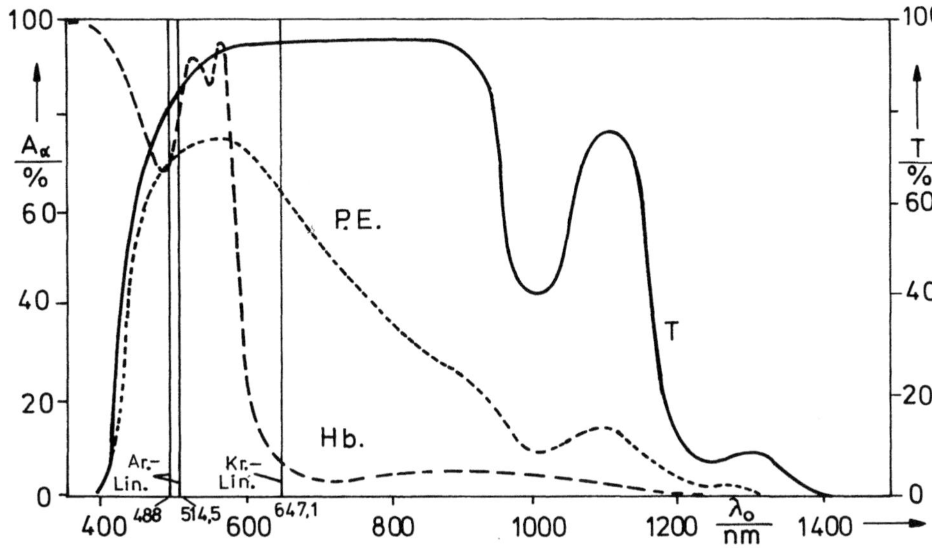

Abb. 78. Transmission T des optischen Systems zwischen Horn- und Netzhaut sowie Absorption A_α von Hämoglobin (*Hb*, 100 µm Schichtdicke; vgl. Abb. 74) und Pigmentepithel (*P.E.*, ca. 10 µm dick) als Funktion der Wellenlänge λ_0. (Nach [123, 147] zusammengestellt, vgl. auch [224])

der Augenlinse, der mit klarem Kammerwasser gefüllten Augenkammern, des zu 99% aus Wasser bestehenden Glaskörpers und die „Farbselektivität" der aus mehreren Schichten bestehenden Netzhaut (Retina) mit den Arterien und Venen, die zur Ernährung der Netzhaut dienen, sowie der angrenzenden Aderhaut (Chorioidea) und der Lederhaut (Sklera) bestimmen zusammen mit der wellenlängenabhängigen Transmission des zwischen Horn- und Netzhaut liegenden optischen Systems (Abb. 78) den für ophthalmologische Zwecke geeignetsten Lasertyp.

Für therapeutische Zwecke kommen in der Ophthalmologie neben dem historisch ersten, heute aber nur noch bedingt eingesetzten gepulsten Rubinlaser (mit Cr^{3+}-Ionen aktiviertes Aluminiumoxid Al_2O_3, $\lambda_0 = 694{,}3$ nm) insbesondere der Argonionenlaser (dominante Wellenlängen: $\lambda_0 = 488$ und 514,5 nm), daneben der Kryptonionenlaser (dominante Wellenlängen: $\lambda_0 = 530{,}8$, 568,2 und 647,1 nm), der YAG:Nd-Laser (Yttrium-Aluminium-Granat, d.h. mit Nd^{3+}-Ionen dotiertes Yttrium-Aluminium-Oxid $Y_2Al_5O_{12}$, $\lambda_0 = 1060$ nm und frequenzverdoppelt bei $\lambda_0 = 530$ nm) und der Glas:Nd^{3+}-Laser bei derselben Wellenlänge für Koagulationszwecke zur Anwendung sowie der CO_2-Laser ($\lambda_0 = 10{,}6$ µm) für chirurgische Eingriffe am Auge. MAINSTER et al. [292] haben durch theoretische Abschätzungen der Temperaturverteilung nach Netzhautbestrahlung durch elektromagnetische Strahlung im Wellenlängenbereich $\lambda_0 \approx 400 - 1200$ nm ermittelt, daß beispielsweise für die gleiche Netzhautläsion, wie sie mit einem Rubinlaser erzeugt werden kann, eine ca. 5–6fach größere Leistung bei einem YAG:Nd-Laser an der Hornhaut zur Verfügung stehen muß. Experimentelle Untersuchungen mit Farbstofflasern mit durchstimmbarer Wellenlänge liegen nur in geringem Umfang vor. Dagegen wurde sowohl über experimentelle Untersuchungen als auch über den klinischen Einsatz von ophthalmologischen Laserphotokoagulatoren von vielen Autoren ausführlich berichtet, so daß in dieser Abhandlung auf weitere Ausführungen zur ophthalmologischen Photokoagulation weitgehend verzichtet werden kann. Da aber die Verhältnisse bei der ophthalmologischen Laserphotokoagulation eine historische Basis für erste theoretische Erörterungen zum endoskopischen Einsatz der Laserphotokoagulation darstellte, soll noch auf ein Problem eingegangen werden, das bislang bei der ophthalmologischen Anwendung noch keine „befriedigende“ Lösung gefunden hat.

Aus historischen Gründen hat der Argonionenlaser den Rubinlaser als Photokoagulator abgelöst, und die relativ selektive Absorption des emittierten Argonionenlaserlichts (vgl. Abb. 74 und 78) macht eine wirkungsvolle Koagulation der Netzhaut möglich, da die Hauptlaserlinien bei $\lambda_0 = 488$ und 514,5 nm zwar nicht im Maximum, aber immerhin im Bereich relativ hoher Absorption durch sauerstoffreiches Blut (Hb in Abb. 78) liegen. Wie Abb. 78 zeigt, werden die Hauptlinien eines Argonionenlasers aber wegen der geringeren Transmission des vor dem Pigmentepithel gelegenen optischen Systems stärker in der Retina absorbiert, als dies z. B. bei der roten Kryptonlaserlinie bei $\lambda_0 = 647{,}1$ nm der Fall ist. Es besteht folglich die Gefahr einer zu ausgedehnten Schädigung der Retina mit ihren Nerven und Sinneszellen. Außerdem kann ohne detaillierte Untersuchungen nicht ausgeschlossen werden, daß die Hauptlinien des Argonionenlasers infolge der stärkeren Hämoglobinabsorption in der Chorioidea (Hb in Bild 78) zu einer Gefäßblutung führen, während sich kleinere Gefäße mit der Kryptonlaserlinie bei 647,1 nm, deren Hb-Absorption ca. 7–9fach geringer ist, risikoärmer – wenn überhaupt – verschließen lassen, was insbesondere im Makulabereich interessant sein dürfte.

Ein ähnlich günstiges Verhalten kann wegen der größeren Wasserabsorption des optischen Systems Auge nach Abb. 78 für die YAG:Nd-Laser-Wellenlänge $\lambda_0 = 1{,}06$ µm nicht erwartet werden. Eventuell stellt hier gerade der Farbstofflaser durch die Möglichkeit der Anpassung der Wellenlänge an die Maxima der Absorption von Hämoglobin und Melanin bei gleichzeitig geringerer Absorption durch die lichtbrechenden Augenmedien und Teile der Netzhaut eine optimale Lichtquelle für verschiedene therapeutische Maßnahmen in der ophthalmologischen Anwendung dar.

Eine Photokoagulation ist aber nicht durchführbar, wenn das Auge zu trübe ist – in diesem Fall wird man auf die intrasklerale Koagulation (2.4.4.7) zurückgreifen.

Über das ebenfalls noch nicht vollständig gelöste Problem des „Lichttransportes“ vom Laser zum Patientenauge und die sich durch Verwendung von Lichtleitern ergebenden Möglichkeiten wird nach Abschluß eigener Arbeiten an anderer Stelle berichtet.

Während aber z. B. für die ophthalmologische Photokoagulation nach dem heutigen Stand der Technik Dauerstrichleistungen von ca. 3 W eines Argonionenlasers für praktisch alle Behandlungen erfahrungsgemäß ausreichen, sind unter Verwendung eines geeigneten flexiblen Lichtleiters eigenen Berechnungen und Erfahrungen zufolge ca. 5 W erforderlich, die während Behandlungsdauern von ca.

20 ms bis – allerdings nur in wenigen Ausnahmefällen – 10 s vom Laser erzeugt werden müssen. Die Probleme der erforderlichen optischen Lichtleiter-Leistungsfestigkeit können beim heutigen Stand der Lichtleitertechnik moderner flexibler Lichtleiter, die z. B. einen Quarzkern und einen geeigneten Kunststoffmantel enthalten, praktisch für ophthalmologische Zwecke als gelöst betrachtet werden.

Als allerdings ab 1973 von einem interdisziplinären Team aus Ingenieuren und Medizinern des Institutes für Hochfrequenztechnik, der Medizinischen Klinik mit Poliklinik und des Pathologischen Institutes der Universität Erlangen-Nürnberg eine Studie zur Realisierung der endoskopisch einsetzbaren Laserphotokoagulation – der sog. Laserendoskopie – begonnen wurde, stand die Lösung des Lichtleiterproblems noch „in weiter Ferne".

Die Geschichte des „medizinischen" Lichtleiters beginnt – weitgehend unbekannt – 1806 mit einer Veröffentlichung BOZZINIS [41], der zugleich auch als „Vater der Endoskopie" bezeichnet werden kann und damit mehr als 150 Jahre vor HIRSCHOWITZ (1958), der als „Vater der Gastroskopie" [206] die Gastroskope mit flexiblen Glasfaser-Lichtleiterbündeln einführte, seinen ersten Lichtleiter vorstellte (zur Geschichte der Endoskopie vgl. auch [27]). BOZZINI nannte als Anwendungsgebiet z. B. „die Öffnungen des Mundes, der Nase, der Ohren, der Scheide, die ganze Höhle des Fruchtbehälters bei geöffnetem Muttermunde, die Öffnungen der weiblichen und männlichen Harnröhre, die weibliche Urinblase und die Öffnung des Mastdarms" – und dabei bestand die BOZZINIsche Beleuchtung noch aus einer Wachskerze. 1973 begann die 1. Phase der Laserendoskopie in Erlangen mit der Bestrahlung von Autopsiepräparaten und fand in akuten [134] (Tafel IX, 1 a, b) und später im Jahr 1974 in chronischen Tierversuchen [131, 133] ihre Fortsetzung, wobei im wesentlichen die therapeutische Schwelle und Breite in den verschiedenen Abschnitten des Gastrointestinaltrakts ermittelt wurde [131]. Basierend auf den ersten experimentellen Untersuchungen an verschiedenen Kunststoffasern [397] und nach Integration dieses Lichtleitertyps in einem Endoskop [399] wurden ebenfalls noch 1974 ohne Laparotomie, Thorakotomie und Gastrotomie mit Polystyrol/Polymethylmethacrylat(PS/PMMA)-Lichtleitern mit einem Durchmesser von 1,5 mm und einer Länge von 1,5 m im Ösophagus, Magen und Kolon von Hunden die ersten endoskopischen Photokoagulationen durchgeführt (Tafel VIII, 1 u. 2). Unter Verwendung eines solchen Kunststofflichtleiters, der zu dieser Zeit noch einen relativ hohen Dämpfungsbelag $a_{TL} \approx 1{,}59$ dB/m aufwies, erfolgte am 5. Juni 1975 in Erlangen die erste endoskopisch durchgeführte erfolgreiche Laserphotokoagulation in der Humanmedizin, wobei im Kolon 2 Hämangiome verödet wurden [132]. Kurz zuvor hatten DWYER et al. [98] eine erste endoskopische Blutstillung durch Laserphotokoagulation vorgenommen, die aber vermutlich wegen zu geringer Laserleistung bzw. nicht ausreichender Transmission eines außen am Endoskop angebrachten Glasfaser-Lichtleiterbündels nicht erfolgreich war.

Bereits 1976 wurde mit einem Polymethylmethacrylat/Fluorcopolymer (PMMA/F-cop.)-Kunststofflichtleiter [400] bei 2,3 m Länge eine Transmission von 81% erreicht (vgl. auch [401]) und mit einer 3 m langen Faser des gleichen Typs eine Dauerstrichleistung von 14,9 W Argonionenlaserstrahlung emittiert (vgl. [394], S. 186). Die maximale Belastbarkeit des zuvor von der Erlanger Gruppe eingesetzten Polystyrol/Polymethylmethacrylat(PS/PMMA)-Lichtleiters betrug zu dieser Zeit ebenfalls mehr als 18 W eines Argonionenlasers im multifrequenten Betrieb und nicht nur ca. 6 W, wie von KIEFHABER et al. [243] falsch berichtet wurde. Die ebenfalls in [243] genannte Divergenz (voller Öffnungswinkel) von 56° für eine PS/PMMA-Faser lag bei einer Faserlänge von 2,25 m in Wirklichkeit nur bei 14,9° ([394], S. 195). Mithin konnte auch mit Kunststofflichtleitern der Beweis angetreten werden, daß sich dieser Lichtleitertyp durchaus zur Übertragung höherer optischer Leistungen z. B. für medizinisch-therapeutische Zwecke (vgl. z. B. [394, 398, 400]) eignet, während selbst noch 1978 von verschiedenen Autoren – trotz Kenntnis der in Erlangen erzeugten klinischen Ergebnisse – die gegensätzliche Meinung vertreten wurde (vgl. z. B. [426]).

Über die grundlegenden Erkenntnisse zur Laserphotokoagulation mit Lichtleitern wurde von FRÜHMORGEN [130] bezüglich der tierexperimentellen Studien und der ersten klinischen Anwendungen, von KADUK u. FRÜHMORGEN [223] über die Ultrastruktur der mit Laserstrahlung erzeugten Gewebeveränderungen und von REIDENBACH [394] im Rahmen theoretischer und experimenteller Untersuchungen aus technisch-ingenieurwissenschaftlicher Sicht über die Probleme der Übertragung der zur Photokoagulation erforderlichen relativ hohen optischen Leistung, die bei Verwendung eines Argonionenlasers bis zu 20 W und bei YAG:Nd-Laser bis zu 100 W beträgt, ausführlich berichtet. Die klinischen Erfahrungen mit der Laserphotokoagulation werden z. B. in [465] dargelegt, während ein Bericht über den Stand der Technik (bis Ende 1976) flexibler Lichtleiter für die Laserendoskopie in [401] vorgelegt wird.

Während die Sterblichkeitsrate bei einem Streßulkus bei 35–95% liegt [170], wird das Todesfallrisiko bei Magen-Darm-Blutungen bei der Notfallchirurgie mit ca. 64% angegeben ([475], S. 122; [248]). An den Folgen gastrointestinaler Blutungen sterben nach [513] in den USA jährlich etwa 6000 Menschen. Die Laserendoskopie, d. h. die endoskopische Photokoagulation, kann dieses schlechte Ergebnis durch Anwendung präoperativ-therapeutischer Wärme verbessern, wenngleich dadurch nicht in jedem Fall eine endgültige Versorgung der betroffenen Patienten gewährleistet ist. Die endoskopisch durchgeführte Laserphotokoagulation ist primär eine kurative Maßnahme, d. h. sie macht eine Operation entweder überflüssig oder ermöglicht es, daß der Patient dem Chirurgen in einem wesentlich besseren körperlichen Zustand zur Operation „vorgestellt" wird.

Zu den „Pionieren" der Laserendoskopie, insbesondere im Magen-Darm-Bereich, können neben der interdisziplinären Erlanger Gruppe diejenigen um KIEFHABER et al. [242, 246, 338], die anfangs (1972, [248]) ebenfalls den Argonionenlaser bevorzugten [339], sowie DWYER et al. [97, 98, 502] (1,4 W Laserleistung; 3 Fasern à 2,5 m mit 200 µm ∅, außen am Endoskop angebracht), SILVERSTEIN et al. [14, 386, 451, 452, 453, 455] und WAITMAN et al. [490, 491] (2 W Laserleistung; 2,5 m lange Quarzfaser mit 250 µm ∅, außen am Endoskop angebracht) gerechnet werden. Die verschiedenen Gruppen verwendeten dabei anfangs unterschiedliche Lichtleitertransmissionssysteme (vgl. [394], S. 124).

Durch weitere Gruppen um BRUNETAUD et al. [49, 51], IHRE u. SELIGSON [216], ESCOURROU et al. [111], BUTLER u. MORRISON [55] und PANTSYREV et al. [371] (2 W Laserleistung; 2,25 m langes Faserbündel), die z. B. auch über Erfahrungen mit der HF-Koagulation [370] verfügen, wurden in der nächsten Phase der Laserendoskopie die bis dahin konzipierten Methoden übernommen und teilweise weiterentwickelt sowie durch experimentelle und klinische Erfahrungen dokumentiert. In [51] erfolgte 1977 auch der erste schriftliche Hinweis auf die neue Quarz-Kunststoff-Faser – allerdings wurden nur solche Lichtleiter mit einem Durchmesser von maximal 300 µm untersucht, während z. B. die Erlanger Gruppe mit einer solchen ca. 600 µm dicken Faser seit etwa Juli 77 endoskopische Photokoagulationen durchführt. Inzwischen gehört die Laserphotokoagulation zur Klinikroutine (typische Beispiele: Tafel IX, 2 u. 3) in der sog. operativen Endoskopie [87], und die bis heute weltweit durchgeführte Behandlungszahl kann nur noch geschätzt werden – wobei die Zahl 1000 sicher nicht zu hoch vermutet ist.

Trotz der überzeugenden Erfolge, die mit der Laserendoskopie erzielt wurden, sind auch heute noch – 8 Jahre nach der klinischen Einführung dieser Methode – eine Reihe von Fragen unbeantwortet und bieten sich für interdisziplinär durchzuführende experimentelle Untersuchungen und theoretische Abhandlungen an.

Einige der bisher als gesichert geltenden physikalisch-technischen und medizinischen Aspekte bei der endoskopischen Laserphotokoagulation zur Stillung gastrointestinaler Blutungen wurden unter Einbeziehung der neueren Ergebnisse anderer Gruppen auch unter Berücksichtigung bekannter und erwarteter Eigenschaften der Argonionen- und YAG:Nd-Laserstrahlung von Frühmorgen et al. [36, 138, 139, 141] dargestellt. Dabei wurde gleichzeitig auch auf eine Arbeit aus der UdSSR von Pantsyrev et al. [371] aus dem Jahre 1978 hingewiesen, in der von der Verwendung eines Kupferdampflasers berichtet wird. Bei einer mittleren Laserleistung von ca. 15 W [Pulswiederholfrequenz: einige kHz, Pulsbreite: 25–40 ns, $\lambda_0 = 510{,}5$ nm (70%) und $\lambda_0 = 578{,}2$ nm (30%), Lebensdauer: 200 h] beträgt der Richtpreis für einen solchen Cu-Dampf-Laser allerdings heute noch ca. 100000 US $ (Kubelik 1980, persönliche Mitteilung), d. h. auch dieses derzeit in der UdSSR erprobte System ist als kostenintensives Therapiegerät keine Alternative zum HF-Chirurgie-System. Dieser Lasertyp kann wegen seiner Emissionslinien um $\lambda_0 \approx 500$ nm bezüglich der Absorptionsverhältnisse mit dem Argonionenlaser verglichen werden.

Über die Grundlagen und Anwendungen der Photokoagulation im Magen-Darm-Bereich mittels Laser berichteten Reidenbach et al. [404].

Der bei der Blutstillung durch Photokoagulation verwendete Begriff der Koagulation von Gewebe unter Einbeziehung des Blutes umfaßt einen größeren Bereich wärmetherapeutisch, also thermisch erzeugter Gewebsstrukturveränderungen, als er einer strengen biochemischen Definition ([239], S. 48) im Sinne der Denaturierung, d. h. des Übergangs von einem hochgeordneten in einen ungeordneten, einem Zufallsknäuel vergleichbaren Zustand, entspricht.

Die Laserphotokoagulation ist das Ergebnis der Umwandlung elektromagnetischer Energie bei optischen Frequenzen (optischer Energie) in Wärmeenergie, die außerdem mit einer biochemischen Strukturänderung des bestrahlten Gewebes verbunden ist (vgl. 3.2). Die sich als Ergebnis dieser energetischen Wechselwirkung infolge erzeugter therapeutischer Wärme ergebende Gewebekoagulation zeigt wesentliche Eigenschaften der in 2.4.4.1 beschriebenen Koagulation nach Einwirkung von HF-Strömen. Die Vielzahl der kooperierenden mikro- und makroskopischen Effekte, die nur schwer – wenn überhaupt – gegeneinander abgegrenzt werden können, lassen sich phänomenologisch durch die Gefäßwandkontraktion, die Kontraktion des umgebenden Gewebes, die Ausbildung eines relativ oberflächlichen Wundschorfes und/oder eine lokale, thermisch bewirkte Erythrozytenaggregation mit Eindickung der Blutsäule in den Gefäßen beschreiben. Im Gegensatz zu der HF-Methode zur Erzeugung therapeutischer Wärme im biologischen Gewebe ist die Laserphotokoagulationsmethode aus der Sicht der Energiezuführung eine An- bzw. Bestrahlungsmethode, deren wesentliches Kennzeichen die Absorption von Photonen im bestrahlten Gewebe ist. Diese Erwärmung durch Absorption ist aber im Gegensatz zur Widerstandserwärmung bei der HF-Methode ein wellenlängenselektiver Prozeß, wie dies z. B. die Absorption von Blut in Abb. 74 zeigt.

Das quasi-wellenlängenselektive Absorptionsverhalten des Blutes ist nach den durch experimentelle Untersuchungen an nicht durchblutetem Gewebe der Magen-Darm-Wandschicht gewonnenen Ergebnissen [140, 404] und der dabei praktisch fehlenden Selektivität ohne wesentliche Modifikation zumindest im Wellenlängenbereich $\lambda_0 = 350\,\mathrm{nm} - 1{,}2\,\mu\mathrm{m}$ auch auf das durchblutete Gewebe übertragbar. Diese Tatsachen unterstützen den von FRÜHMORGEN et al. [133] experimentell ermittelten Befund, daß die Absorption des von einem Argonionenlaser emittierten „grünblauen" Laserlichts ($\lambda_0 = 454{,}5 - 514{,}5\,\mathrm{nm}$) bei der Photokoagulation gastrointestinalen Gewebes durch die zu behandelnden potentiell oder akut blutenden Areale weitgehend selektiv erfolgt (Tafel VIII, 4a–c), während gleichzeitig eine Schonung des umgebenden Gewebes festgestellt wurde. Hiermit erfuhr die auf den Erkenntnissen der ophthalmologischen Photokoagulation basierende Vermutung der optimalen Einsetzbarkeit des Argonionenlasers eine weitere, die Ergebnisse sichernde Bestätigung. Die mit diesem Lasertyp erzeugbare, für Photokoagulationszwecke ausreichende Dauerstrichleistung hat die Entscheidung für den Einsatz des Argonionenlasers zusätzlich schon frühzeitig beeinflußt, d. h. sie wurde bereits zu einem Zeitpunkt getroffen, zu dem ein geeigneter Lichtleiter noch nicht, auf experimentelle Untersuchungen gestützt, zur Verfügung stand. In vergleichenden tierexperimentellen Untersuchungen, die mit einem Argonionenlaser und einem YAG:Nd-Laser durchgeführt wurden, konnte von FRÜHMORGEN et al. gezeigt werden, daß die Photokoagulation mit dem Argonionenlaser ein weitaus geringeres Perforationsrisiko ergibt [137] – ein Ergebnis, das mittlerweise auch von anderen Arbeitsgruppen [50] bestätigt und wobei der YAG:Nd-Laser sogar als „gefährlicher" bezeichnet wurde [387]. Von KIEFHABER et al. [248] werden dagegen andere Ergebnisse mit einer Bevorzugung des YAG:Nd-Lasers berichtet, und dieser Lasertyp wird bei Koagulationen bis zu Wandstärken von 1 mm als sicher erachtet. Es darf aber nicht vergessen werden, daß bei der Anwendung des YAG:Nd-Laserlichts, das nach Abb. 74 eine ca. 4–5fach geringere Absorption bei gleicher Blutschichtdicke und daher auch nach Gl. 104 und Gl. 203 eine 4–5fach größere Eindringtiefe besitzt (vgl. auch [247]), seit dem durch KIEFHABER et al. Ende 1975 erfolgten ersten Einsatz mit Laserleistungen um 50 W bei relativ langer Koagulationsdauer ein „methodischer Wandel" eingetreten ist. Inzwischen wird insbesondere bei der bevorzugten Anwendung zur Verödung blutender Ösophagusvarizen [247] mit Laserleistungen von 70–100 W [244] (Belastbarkeitsgrenze der trikonischen Quarzfaser [248]) im quasiintermittierenden Betrieb, d. h. in Pulsdauern von ca. 1 s und evtl. darunter, koaguliert. Die sich dabei ergebenden Änderungen in einer Wärmebilanzbetrachtung wurden bislang ebensowenig analysiert, wie bisher ein Vergleich dieser veränderten Koagulationsmethode mit der bewährten Argonionenlaseranwendung erfolgt ist. Es kann z. Z.

nur vermutet werden, daß die positiven Erfolge mit dem YAG:Nd-Laser, bei dem heute weitgehend auch der im Argonionenlaser eingesetzte Lichtleiter vom Typ Quarzkern/Kunststoffmantel [404] (vgl. auch [406]) verwendet wird und nicht mehr der von NATH et al. [336, 338] entwickelte bi- bzw. trikonische Quarzlichtleiter, auf die veränderten thermodynamischen Verhältnisse im bestrahlten Gewebe zurückzuführen sind.

Durch die Verwendung der heute bevorzugt eingesetzten kunststoffschutzummantelten Quarzkern-Kunststoffmantel-Lichtleiter mit einem Durchmesser von 0,3–0,6 mm ist nun auch beim YAG:Nd-Laser-Endoskopiesystem die von Anbeginn der Untersuchungen mit dem Argonionenlasersystem praktizierte Möglichkeit gegeben, statt des von vielen Praktikern abgelehnten bzw. nur ungern eingesetzten, aber wegen der Besonderheiten des von NATH et al. entwickelten Lichtleiters zur Integration desselben erforderlichen 2-Kanal-Endoskops [248] ein den jeweiligen Erfordernissen angepaßtes 1kanaliges Endoskop zu verwenden. Auf die technische Anfälligkeit und die hohen Kosten des sog. NATHschen Lichtleiters weisen z. B. STAEHLER et al. [467] hin.

Beim Einsatz eines Argonionenlasers kann außerdem auf einen „Pilotlaser“, wie er beim YAG:Nd-Laser (meist in Form des He:Ne-Lasers) zum Zielen erforderlich ist, verzichtet werden, da durch die aus einer auf das Gewebe auftreffenden Laserleistung im mW-Bereich resultierende Fluoreszenzstrahlung (orange) die Lage des sog. Arbeitsstrahls (einige W) ausreichend markiert, andererseits aber noch keine Gewebereaktion hervorgerufen wird. Die Verwendung eines Schutzfilters (z. B. RG 610) vor dem Endoskopokular verfälscht zwar das optische Bild, da die Farben blaugrün und blau herausgefiltert sind, aber erfahrungsgemäß wird damit das Bild des Gewebes (im wesentlichen rote Gewebefarbe) bezüglich einer Detailerkennung nicht beeinträchtigt.

Auf einer Optimierungsmöglichkeit, die auf einer Selektivitätserhöhung der Absorption nach Abb. 74 durch Verwendung eines mit einem Argonionenlaser kombinierten Kryptonionenlasers basiert, mit dabei bevorzugter Emission der Wellenlängen $\lambda_0 = 476{,}5$, 530,8 und 568,2 nm hat REIDENBACH ([394], S. 122) hingewiesen, eine experimentelle Untersuchung hierzu wurde aber noch nicht durchgeführt.

Betrachtungen zu den Temperaturverhältnissen, die sich aufgrund der Laserbestrahlung in den jeweiligen Gewebebereichen ergeben, liegen praktisch ebenfalls noch nicht vor.

Der Verschluß eines Blutgefäßes wird z. B. nicht allein durch eine relativ hohe Temperatur erreicht; dies ist eine notwendige Voraussetzung für den Obliterationseffekt, wie dies bereits in 2.4.4.1 und 2.4.4.4 dargelegt wurde. Einen wesentlichen Einfluß auf den dynamischen Vorgang des Gefäßverschlusses haben die Bestrahlungsdauer, das Strömungsprofil im Gefäß, die Druckverhältnisse im Blutgefäßsystem, die Art und der Zustand der Gefäße. Experimentell wurde bei der Blutstillung durch Laserphotokoagulation festgestellt – dies gilt im übrigen auch für die HF-Koagulation –, daß sich ein endgültiges Sistieren der Blutung oft erst nach der Bestrahlung ergab. Eine Erklärung dieses Effektes könnte in dem durch die Bestrahlung erzeugten Ödem und dem hierdurch vom umgebenden Gewebe ausgeübten Druck liegen, der die Hämodynamik in den Kapillaren und kleineren Gefäßen im Sinne eines partiellen bis totalen Lumenverschlusses der Blutgefäße verändert.

Bislang liegen auch noch keine Erfahrungen darüber vor, ob eine Blutung, die mit einem Koagel bedeckt ist, das bei Erzeugung durch YAG:Nd-Laserstrahlung erfahrungsgemäß meist schwammig und relativ dick, nach Argonionenlaserbestrahlung dagegen als dünnschichtige Kruste (Tafel IX, 1a, b) vorliegt – in beiden Fällen aber vielfach porös ist, so daß nachströmendes Blut, insbesondere an den Koagelrändern, durchbrechen kann –, durch den auch nach der Laserbestrahlung andauernden physiologischen Blutgerinnungsprozeß und den zeitlichen Ablauf der mit der Energieumwandlung verknüpften Wärmetransfermechanismen nicht doch endgültig gestillt wird. Das „Aufkochen" des Blutes und die „Schwammigkeit" des Koagels bei Verwendung des YAG:Nd-Laserstrahls können nicht, wie aufgrund der in [44] angegebenen sehr hohen Absorptionskoeffizienten ($\alpha_a \approx 160\,\text{cm}^{-1}$ vgl. 3.3) von H_2O zu vermuten wäre, durch eine quasiselektive Absorption und Erwärmung des Gewebewassers erklärt werden, denn nach [20, 383] beträgt der Absorptionskoeffizient α_a von reinem H_2O bei $\lambda_0 = 1{,}06\,\mu\text{m}$ nur ca. $0{,}3\,\text{cm}^{-1}$, was der eigenen Erfahrung mit Dämpfungswertmessungen bei Flüssigkeiten (vgl. [394], S. 126ff.) entspricht, d.h. die Eindringtiefe des YAG:Nd-Laserstrahls beträgt in H_2O immerhin ca. 33 mm – allerdings ist die explizite wellenlängenabhängige Absorption des im Gewebe vorhandenen gebundenen Wassers in diesem Wellenlängenbereich bislang nicht untersucht worden.

Zur Wärmebildung innerhalb der Gefäße trägt neben der direkten Absorption der Laserstrahlung durch das Blut auch die Wärmeleitung aus dem benachbarten Gewebe bei. Im Gegensatz zu Lenz u. Eichler [274] wurde in eigenen Photokoagulationsversuchen festgestellt, daß der Gefäßverschluß nicht in allen Fällen allein durch allmähliche Näherung der Gefäßwände unter Verengerung des Gefäßvolumens erfolgt, sondern auch Thrombosierung vorliegt.

Zur modellmäßigen Beschreibung kann man bei der endoskopischen Verwendung eines Lichtleiters näherungsweise von einem quasigleichförmigen Intensitätsprofil (vgl. z.B. [394], S. 196) der auf das Gewebe auftreffenden Strahlung ausgehen, dies insbesondere auch deshalb, weil sich während der Bestrahlung z.B. wegen der Peristaltik transversale und longitudinale Geometrieparameteränderungen (Abstand Lichtleiterende/Gewebe und Strahlauftreffort) ergeben. Es kann daher auch zu Bestrahlungsbeginn von einer transversal gleichförmigen Wärmeverteilung ausgegangen werden, während longitudinal eine durch die Absorption bedingte exponentielle Temperaturverteilung erwartet wird. Diese quasimomentane Wärmeverteilung wird aber noch durch die Wärmetransfermechanismen (vgl. 2.3.4) modifiziert.

Im eingeschwungenen Zustand, d.h. bei Dauerbestrahlung, kann nach Gl. 128a die Wärmeleitung durch

$$\nabla^2 \underline{\underline{T}} - \frac{q}{\Lambda} = 0 \tag{209}$$

beschrieben werden. Dabei gilt es bei dem vorliegenden absorptiven Vorgang eines vom Lichtleiter abgestrahlten Lichtbündels mit dem Durchmesser d_S in der gastrointestinalen Wand der Dicke d für die zeitabhängige spezifische Wärmemenge

$$q(r, z, \varphi, t) = q_0 \cdot e^{-\alpha_a \cdot z} \cdot f(t) \quad \text{für} \quad 0 \leqq z \leqq d, \quad 0 \leqq r \leqq \frac{d_S}{2} \quad \text{und} \quad 0 \leqq \varphi \leqq 2\pi . \tag{210a}$$

Mit der auf die bestrahlte Fläche A einfallenden Laserleistung P_{ein} erhält man bei einer Zeitfunktion f(t) = 1 für t ≧ 0 nach ([394], S. 191) die Beziehung

$$q = \alpha_a \cdot \frac{P_{ein}}{A} \cdot e^{-\alpha_a \cdot z} \tag{210b}$$

und damit bei Vernachlässigung der Radialabhängigkeit (z.B. idealisiertes Blutgefäß) die zugehörige Wärmeleitungsgleichung

$$\frac{\partial^2 T}{\partial z^2} = -\frac{\alpha_a \cdot P_{ein} \cdot e^{-\alpha_a \cdot z}}{A \cdot \Lambda}, \tag{211}$$

für deren Lösung nach Integration

$$T(z) = \frac{P_{ein}}{\Lambda \cdot \alpha_a \cdot A} \cdot e^{-\alpha_a \cdot z} \tag{212}$$

mit der Steigung

$$\frac{\partial T}{\partial z} = \frac{P_{ein}}{\Lambda \cdot A} \cdot e^{-\alpha_a \cdot z} \tag{213}$$

folgt.

Bei einer selektiv vom Blut absorbierten einfallenden Laserleistung $P_{ein} \approx 10$ W und einem Strahldurchmesser $d_S \approx 4$ mm auf der Gewebeoberfläche, entsprechend einer Leistungsdichte $p_A \approx 0{,}8$ W/mm² (vgl. [131]; im Einzelfall werden auch ca. 8 W/mm² erforderlich [141]), erhält man bei z = 0 eine Temperaturerhöhung $T(0) \approx 55$ K ($\vartheta \approx T_G + T \approx 92$ °C), wenn Λ aus Tabelle 3 und für Blut der Absorptionskoeffizient $\alpha_a \approx 300$ cm⁻¹ (a ≈ 130 dB/mm) aus Abb. 74 gemäß

$$\alpha_a \approx -\frac{1}{d} \cdot \ln\left[1 - A_\alpha(d)/100\right]$$

(A_α: Absorption in %) eingesetzt werden. Die Eindringtiefe beträgt in diesem Fall nur $\frac{1}{\alpha_a} \approx 30$ µm, während für $\lambda_0 = 1{,}06$ µm ca. 150 µm erreicht werden. [Die in [44] angegebenen prozentualen Absorptionswerte einer 10 µm dicken Blutschicht (Hund) bei Argonionen- bzw. YAG:Nd-Laserstrahlung, die nach Umrechnung $\alpha_a \approx 1050$ bzw. 630 cm⁻¹ entsprechen, fanden keine eigene Bestätigung und widersprechen z.B. auch der 4–5fach größeren Eindringtiefe des YAG:Nd-Laserlichtes.] Nach der vorstehenden Auswertung wird in dieser Tiefe gerade noch die Koagulationstemperatur erreicht. Dies zeigt, daß bei Verwendung des Argonionenlasers in einem Blutsee eine nur oberflächliche Koagulation erreicht werden kann, was in Übereinstimmung mit den experimentellen Befunden steht und letztlich zur Einführung des koaxial zum Lichtstrahl austretenden Inertgasstrahls geführt hat [136], der für eine Koagulation unter Blut unbedingt erforderlich ist (Tafel VIII,

3a, b). Diese technische Maßnahme findet in der hier dargelegten theoretischen Betrachtung ihre Bestätigung.

Wird allerdings mit einer Laserleistung von $P_{ein} \approx 20$ W bei einem Strahldurchmesser von $d_S \approx 2$ mm bzw. mit $P_{ein} \approx 12$ W bei $d_S \approx 1{,}5$ mm photokoaguliert, so resultiert daraus an der Oberfläche theoretisch eine Temperaturerhöhung von $T \approx 440$ K, und es wird bis zu einer Schichtdicke von ca. 100 µm die Koagulation direkt möglich – allerdings meist mit einer Karbonisation an der Oberfläche (Tafel IX, 1a, b). Ob es auch im Falle der Laserkoagulation ähnlich wie bei der Lasertomie infolge der partiellen Gewebekarbonisation zu einer Fremdkörpergranulombildung kommt und welche Bedeutung dieser physiologischen Veränderung zukommt, ist bislang weitgehend unbekannt. Die Anwendung eines fokussierten Strahls am Lichtleiterende führt nach [269] häufig zu einer Gefäßwandperforation, wobei Blutungen entstehen können, die praktisch nicht beherrschbar sind, während bei Verwendung von Kunststofflichtleitern mit einem relativ großen Strahldivergenzwinkel von 10–20° z.B. die Thrombosierung perforierter Gefäße im Mesenterium gelang [135, 136]. Auch die Verwendung der neueren Quarz-Kunststoff-Lichtleiter ermöglicht zusammen mit dem Argonionenlaser und auch mit dem YAG:Nd-Laser die komplikationslose Koagulation von Hämorrhagien im menschlichen Magen-Darm-Trakt, zumindest solange die Gefäßlumina im Bereich der Submukosa (vgl. Abb. 59b) einen kleineren Durchmesser als ca. 0,7 mm besitzen.

Bei intakten isolierten Gefäßen hat der YAG:Nd-Laser wegen seiner größeren Eindringtiefe als Folge der geringeren Absorption von Strahlung im NIR-Bereich ein größeres Thrombosierungspotential als der Argonionenlaser (vgl. auch [247, 248]). Eine Übertragung auf die Verhältnisse bei Gefäßstümpfen bzw. vorliegender Gefäßruptur ist dagegen aus diesen genannten experimentellen Ergebnissen nicht unmittelbar möglich und bedarf der detaillierten Untersuchung. Über die Messung der Temperaturverteilung in Mesenterialgefäßen bei Kaninchen nach YAG:Nd-Laserbestrahlung haben Gorisch et al. [173] berichtet.

In den vorstehenden näherungsweise gültigen Betrachtungen ist der Einfluß der Temperatur auf die Wärmeleitfähigkeit nicht berücksichtigt (vgl. Tabelle 3). Völlig unbekannt ist bislang die Temperaturabhängigkeit der Absorption, d.h. eine genauere quantitative Analyse der Photokoagulation kann nur aus der thermodynamischen Betrachtung der relevanten Kenngrößen des Absorptionsprozesses und des biologischen Gewebes abgeleitet werden. Nach Breitwieser et al. [44] steigt z.B. die Absorption einer 10 µm dicken Blutschicht vom Hund bei der Argonionenlaser-Wellenlänge von 65% im frischen Zustand auf 81% bei der Trockensubstanz, während die entsprechenden Zahlen für die YAG:Nd-Laser-Wellenlänge mit 47 und 51% nur gering voneinander abweichen. Dagegen zeigt das Nierenparenchymgewebe des Hundes mit 8% Absorption ($\alpha_a \approx 85\ \text{cm}^{-1}$) im frischen Zustand und 48% im trockenen Zustand bei $\lambda_0 = 1{,}06$ µm eine Änderung um den Faktor 6, während für $\lambda_0 \approx 0{,}5$ µm mit 27 bzw. 64% Absorption nur eine Absorptionserhöhung um ca. 240% vorliegt. Von Bödecker et al. [38] werden für Leber- bzw. Nierenparenchymgewebe der Ratte Absorptionskoeffizienten von $\alpha_a \approx 15{,}2–15{,}5\ \text{cm}^{-1}$ bei $\lambda_0 = 1{,}06$ µm berichtet. Die von Eichler et al. in [102] berichteten Ergebnisse stellen zwar einen bemerkenswerten Anfang zur Messung der Eindringtiefe von Licht im Bereich von $\lambda_0 = 0{,}35–1$ µm in Gewebe (Leber-

und Nierengewebe) dar, können jedoch, da sie im wesentlichen für blutleere Gewebeproben durchgeführt wurden, nach eigenen Erfahrungen nur bedingt als Orientierungswerte zur Abschätzung der Verhältnisse in lebendem Gewebe dienen. Insbesondere erscheint auch eine Ausdehnung der Messungen auf den NIR-Bereich erforderlich, da in jüngster Zeit erste Berichte über eine gewisse Mittelstellung bezüglich Schneide- und Koagulationseigenschaften beim YAG: Holmium-Laser vorliegen [252], der bei $\lambda_0 = 2{,}1\ \mu m$ z. Z. ca. 20–50 W Laserleistung emittiert.

Außerdem ist die radiale und zeitabhängige Temperaturverteilung zu berücksichtigen, d. h. es kann nach Gl. 128, 172 und 210 zu einer exakteren quantitativen Analyse von der Wärmeleitungsgleichung

$$\frac{\partial^2 T}{\partial r^2} + \frac{1}{r} \cdot \frac{\partial T}{\partial r} + \frac{\partial^2 T}{\partial z^2} = \frac{\alpha_a(T) \cdot P_{ein}}{A \cdot \Lambda(T)} \cdot e^{-\alpha_a(T) \cdot z} \qquad (214)$$

und geeigneten Randbedingungen ausgegangen werden, die allerdings die Durchblutung und die Wärme aus Stoffwechselvorgängen nach Gl. 141 ebenfalls noch unberücksichtigt lassen. Bisher ist eine solche Darstellung nach Wissen des Autors dieser Abhandlung noch nicht durchgeführt worden. Eventuell ist auch eine durch die besondere anatomische Konstellation bedingte erhöhte Wärmeabfuhr („Kühleffekt") durch das strömende Blut für die in Ausnahmefällen beobachtete relativ lange Koagulationsdauer (> 10 s) nicht blutender Hämangiome, die allgemein problemlos mit Argonlaserlicht ($p_A \approx 1\ W/mm^2$) koaguliert werden können, verantwortlich.

Wesentlich größere Eindringtiefen der Laserstrahlen als in Blut erhält man, wie von Reidenbach et al. [404] gezeigt, im nichtdurchbluteten Gewebe, da hier kleinere Absorptionskoeffizienten α_a vorliegen, deren wellenlängenabhängige Bestimmung aber größtenteils ebenfalls noch aussteht. Von Kiefhaber et al. werden in [247] aus Transmissionsmessungen errechnete „Strahleneindringtiefen 1/1" – was immer das auch definitionsgemäß ist (vermutlich $1/\alpha_a$, vgl. auch [245]) – von 0,36 mm für den Argonlaser und 1,75 mm für den YAG: Nd-Laser in der Magenschleimhaut (0,2 mm bzw. 0,8 mm im Lebergewebe) angegeben.

Die im Magen-Darm-Bereich gewonnenen experimentellen Ergebnisse und Erfahrungen sind bezüglich der Koagulationsverhältnisse nicht ohne weiteres auf andere endoskopisch durchführbare Photokoagulationen übertragbar. So stellten z. B. Staehler et al. [465, 466] bei vergleichenden Untersuchungen an der Harnblase von Kaninchen mit einem Argonionen- und YAG: Nd-Laser fest, daß es mit YAG: Nd-Laserstrahlung regelmäßig infolge der höheren Eindringtiefe nach wenigen Tagen zur Wandperforation und zu ausgedehnten Nekrosen kam, während sich mit der Argonionenlaserstrahlung gut steuerbare Gewebedefekte erzielen ließen, bei denen die Gefahr der Blasenwandperforation nicht zu erwarten war. Inzwischen wird aber von dieser Gruppe [468] der YAG: Nd-Laser dem Argonionenlaser zur Zerstörung von Blasentumoren vorgezogen und dem Argonionenlaser unverständlicherweise eine größere Perforationsgefahr – im Gegensatz zu früheren Veröffentlichungen – zugeschrieben. Die ca. 4–5fach größere Eindringtiefe der Laserstrahlung bei $\lambda_0 = 1{,}06\ \mu m$ gegenüber derjenigen eines Argonionenlasers in Blut bzw. durchblutetem Gewebe kann aber bei ungünstigen Wandstärken z. B. von Hohlorganen ein erhöhtes Perforationsrisiko darstellen (vgl. [465]) und ist u. U.

nur durch die vorstehend erwähnte intermittierende Betriebsart mit relativ kurzen Quasilaserpulsen einigermaßen zu eliminieren. In diesem Zusammenhang sollte auch die Feststellung gesehen werden, wonach der in der Laserendoskopie verwendete YAG:Nd-Laser mit ca. 100 W optischer Ausgangsleistung leistungsstärker als der Argonionenlaser ist. Der hieraus häufig abgeleitete Schluß der Koagulationsüberlegenheit des YAG:Nd-Laser (vgl. z.B. [426]) ist jedoch nicht in dieser Form haltbar, da die ca. 4–5fach größere Eindringtiefe der YAG:Nd-Laserstrahlung in Blut bzw. in durchblutetem Gewebe im Vergleich zur Argonionenlaserstrahlung praktisch auch eine ca. 4–5fach größere optische Leistung erforderlich macht, um das der größeren Eindringtiefe entsprechende Gewebevolumen zu koagulieren. Ein gewisses Eingeständnis dieses Tatbestands ist inzwischen auch von anderer Seite zu erkennen [187]. In [187] wird darüber hinaus festgestellt, daß durch Streuung und Reflexion bei YAG:Nd-Laserstrahlung ein erheblicher Teil der eingestrahlten Laserleistung für die therapeutisch-destruktive Gewebeerwärmung verlorengeht. Eine ebenfalls sehr neue Betrachtung der Streuung der Argonionenlaserstrahlung in biologischem Gewebe wurde von Eichler et al. [104] durchgeführt. Die bisherige Erfahrung mit dem Argonionenlaser hat bei einer maximalen optischen Leistung von ca. 20 W gezeigt, daß alle mit dem YAG:Nd-Laser erzeugten therapeutischen Effekte prinzipiell auch mit Argonionenlaser erreicht werden können. So konnten mit dem Argonionenlaserstrahl auch Ösophagusvarizen und spritzende Blutungen aus größeren arteriellen Gefäßstümpfen erfolgreich behandelt werden [138, 141]. Von Kiefhaber et al. [248] wurde z.B. die Sterblichkeitsrate bei Vorliegen blutender chronischer Ulzera durch die Anwendung des YAG:Nd-Lasers immerhin von 19,6% auf 5,5% reduziert. Als Komplikationen bei der Laserphotokoagulation traten neben erneuten Blutungen 2 Perforationen als sog. Sekundärperforationen auf. Aus der Tatsache, daß beim Argonionenlaser bisher keine Perforationen berichtet wurden, läßt sich aber nicht unmittelbar ableiten, daß dies in den Fällen tiefer penetrierender Geschwüre [248] nicht ebenfalls erfolgen könnte – obwohl eine größere Sicherheit beim Argonionenlaser erwartet wird. Bei der Anwendung der Laserphotokoagulation im Gastrointestinaltrakt handelt es sich in vielen Fällen schwerer Hämorrhagien primär um eine Blutstillungsmethode, die den Patienten aus dem Schockzustand in eine operable Verfassung bringt, die aber nicht die Ursache der Blutung „beherrscht", so daß sich häufig eine chirurgische Intervention anschließt (vgl. [248]). Nach Paquet [377] ist aber z.B. die Sklerosierungsmethode (Unterspritzung der Varizen) eine bessere operative Maßnahme, da neben der Blutstillung bei der akut blutenden Varize auch benachbarte Gefäße erfaßt werden. Auch Fleig u. Rüttenauer [119] sehen in der Laserphotokoagulation blutender Varizen nur eine Methode zur Stillung der akuten Blutung, die einen länger dauernden blutungsprophylaktischen Effekt nicht bieten kann.

Eine einfache idealisierte Abschätzung der erforderlichen Laserstrahlleistung ergibt z.B. für ein zu koagulierendes Blutvolumen von 20 mm^3 (idealisiert entsprechend einer Fläche von 20 mm^2 bei einem Gefäßdurchmesser von 1 mm) bei Annahme idealer vollständiger Absorption und Energieumwandlung in Wärme bei einer mittleren Temperaturerhöhung von ca. 65 K mit den für Blut geltenden spezifischen Werten nach Gl. 78 ca. 5 W, wenn die Koagulation in 1 s erfolgen soll. Dies steht größenordnungsmäßig mit den für eine Argonionenlaserstrahl-Anwendung erforderlichen Leistungen in Übereinstimmung und ist ebenfalls mit der Abschätzung nach Gl. 188 für eine idealisierte HF-Koagulation bei einer Zeitdauer von 2 s vergleichbar. Von den weiteren Möglichkeiten zur Erzeugung therapeutischer Wärme zum Zwecke der Blutstillung [404] wurde über den Einsatz von Mikrowellenstrahlung (Tafel II, 5) bei f = 2,45 GHz von BODEM et al. [35], über die Verwendung eines Heißgasstrahls von FRÜHMORGEN et al. [142] und BODEM et al. [37], über den Wärmesondenkontakt mit konduktivem Wärmetransfer von RUBIN et al. [414] und PROTELL et al. [385], über die sog. Endokoagulation, d.h. die Anwendung von Schwachstrom (1 – 5 V) zur Aufheizung verschiedener gynäkologischer Operationsinstrumente zum intraabdominellen Koagulieren ohne Stromfluß durch den Körper, von SEMM [450] und über einen IR-Koagulator (insbesondere zur Koagulation bei Parenchymschnitten) von NATH et al. [341] berichtet. HOFSTETTER et al. [209] haben z.B. berichtet, daß bei infizierten Steinnieren mit dem IR-Kontaktkoagulator nach NATH eine Blutstillung des Parenchymschnittes nicht möglich war und daß bei solchen Koagulationen die am Quarzstab angebrachten Teflon- bzw. Perfluoralcoreykappen schmolzen und die Rückstände teilweise in das Nierengewebe einbrannten.

Die bisherigen experimentellen Untersuchungen haben aber gezeigt, daß z.Z. neben der Laserphotokoagulation nur die flüssigkeitsunterstützte HF-Koagulation als operativ-therapeutische endoskopische Blutstillungsmethode klinisch einsetzbar ist, wie dies die erste berichtete [142], am 13. Juli 1978 erfolgreich durchgeführte Anwendung gezeigt hat, der inzwischen weitere gefolgt sind. Dabei konnte auch eine Blutung aus einem sog. Ulcus Dieulafoy, einer Sonderform des Ulcus ventriculi, bei der eine kräftige, submuköse Arterie quasi senkrecht von der Subserosa kommt (vgl. Abb. 59b) und sich nach beiden Seiten verzweigt, erfolgreich gestillt werden. Nach ([388], S. 351) ist bei dieser gefäßmorphologischen Situation im Falle einer Arrosion eine spontane Blutstillung nicht mehr möglich.

3.5 Laserdermatologie und -wundheilung

Bei den Publikationen zur Laseranwendung in der Medizin lag der Anteil derjenigen Arbeiten, die sich in den Jahren von 1963 bis 1975 mit dermatologischen Lasereinsatzmöglichkeiten befaßten, bei ca. 3%, und das obwohl GOLDMAN, der häufig als „Gründer der Lasermedizin“ bezeichnet wird, als Dermatologe schon frühzeitig am Medical Center of the University of Cincinnati ein Laserlabor für medizinische Anwendung zur Verfügung hatte.

Laserbehandlungen von Tätowierungen, d.h. den Ergebnissen von Einstichelungen von Farbstoffen in die Haut aus „kosmetischen“ Gründen, führte GOLDMAN 1969 mit einem Rubinpulslaser durch und berichtete zusammen mit anderen auch über die Laseranwendung bei Angiomen und Gefäßmälern [167]. Dabei wurde der Laser als Forschungswerkzeug, aber nicht für die konventionelle Therapie empfohlen. In späteren Untersuchungen wird von GOLDMAN et al. [161, 168] auch der Argonionenlaser bei sog. Portweinflecken neben dem Rubinlaser eingesetzt [161]. Dabei wird gleichzeitig festgestellt, daß mit einem Rubinlaser und sogar mit einem inkohärenten IR-Koagulator größere Gewebebereiche aufgehellt werden können als mit dem Argonionenlaser [168]. Einen Rubinlaser verwendet seit 1975 auch OSHIRO [353], während z. B. KITZMILLER et al. [250] seit 1970, APFELBERG et al. [3–7] seit ca. 1971, GINSBACH et al. [154] seit 1976 und HAINA et al. [185, 186] zur gezielten Verödung von Blutgefäßen wie z. B. bei Feuermalen (Naevus flammeus), kavernösen Hämangiomen oder Blutschwämmchen (Haemangioma cavernosum und H. tuberosum), Teleangiektasien, d. h. geschlängelten, sichtbaren Erweiterungen von Hautkapillaren, und bei Besenreiservarizen (Tafel IX, 5), d. h. Erweiterungen kleinster Venen, und bei Tätowierungen einen Argonionenlaser einsetzen. Von GINSBACH et al. sind darüber hinaus auch Behandlungen von Radiodermatitis [155] und sog. Narbenkeloiden [185] bekannt geworden. Aber auch der CO_2-Laser [304] und der gepulste Glas:Nd-Laser finden in der Therapie von Dermatosen Anwendung [146]. So bezeichnen WAGNER et al. [489] die damit bei der Behandlung von bösartigen Hauttumoren erzielten Heilerfolge und kosmetischen Resultate als „zufriedenstellend bis sehr gut", und zwar ohne Rezidive und ohne lokale und allgemeine Nebenerscheinungen. KAPLAN u. PELED [230] erzielten bei 20 W CO_2-Laser-Leistung und Einzelschüssen von ca. 50 ms Erfolge bei der Behandlung von Teleangiektasien.

Zur dermatologischen Laserbehandlung werden z. B. Argonionenlaser mit einer maximalen Leistung von ca. 5 W eingesetzt, wobei die Verwendung eines Lichtleiters zum „Strahltransport" vom Lichtgenerator zum Patienten gegenüber der Verwendung von Spiegel-, Prismen- und Linsensystemen heute bevorzugt wird. Die Bestrahlungsdauer wird entweder in bestimmten Stufen fest vorgewählt oder durch den die Behandlung ausführenden Arzt individuell „gesteuert". Im allgemeinen kann mit einer Pulsdauer von 0,2–0,6 s bei einem Strahldurchmesser auf der Haut von 0,5–3,5 mm gerechnet werden. Die Dosierung, d. h. die Wahl der Bestrahlungsparameter Pulsdauer, Strahldurchmesser und auftreffende Leistung bzw. Leistungsdichte und/oder Energiedichte, hängt wesentlich von der Art der zu behandelnden Dermatose und erfahrungsgemäß von der „Schmerzempfindlichkeit" des Patienten ab. Die qualitative Angabe einer Schmerzempfindlichkeit ist erfahrungsgemäß gerade bei dermatologischen Behandlungen, die häufig auch aus kosmetischen Gründen angestrebt werden, mit der quantitativen Angabe einer relativ hohen Leistungsdichte identisch, die vom Patienten „erduldet" wird. Gerade bei Behandlungen der Körperoberfläche ist die örtlich unterschiedliche Innervation in das Behandlungskonzept einer dermatologischen Laserbestrahlung, die in der Regel am nichtnarkotisierten Patienten vorgenommen wird, einzubeziehen.

Bei der Anwendung der verschiedenen Lasertypen für dermatologische Zwecke muß auch die wellenabhängige Absorption der verschiedenen Hautschichten Berücksichtigung finden, da die Absorptionswerte bereits im Bereich $\lambda_0 \approx 0{,}4-1{,}1\,\mu m$ etwa um den Faktor 3 verschieden sein können (vgl. z. B. [426]). Insbesondere durchdringt die Strahlung der Argonionenlaser und He:Ne-Laser die obersten ca. 0,1–0,3 mm dicken Epidermisschichten (z. B. Stratum corneum und Stratum basale) bis zu 90%, während in dem darunter gelegenen bis ca. 2,5 mm dicken bindegewebigen Anteil der Lederhaut, der sog. Kutis im engeren Sinne, die von einem Rubinlaser emittierte Strahlung praktisch bei einem Transmissionsmaximum von ca. 35% liegt.

Erfahrungsgemäß ist bei konstanter Pulsdauer zur Erzeugung einer sichtbaren Hautreaktion bei verschiedenen Strahldurchmessern eine unterschiedliche Energiedichte erforderlich. Dies kann durch die Wärmetransfermechanismen nach 2.3.4 erklärt werden, und zwar wird bei relativ kleinem Strahldurchmesser auf der Haut ein relativ großer Teil der zugeführten Strahlungsenergie durch Konduktion zur Erwärmung in eine ringförmige, um den Bestrahlungsfleck gelegene Zone abgeleitet, d. h. die auf der Haut wirksame Dosis wird verringert. Mit wachsendem Strahldurchmesser verringert sich der Einfluß der radial gerichteten Wärmeleitung, da das Verhältnis der bestrahlten Fläche zur durch Konduktion erwärmten Fläche anwächst, d. h. der Wärmeableitungsmechanismus wird unwirksamer. Bei konstantem Strahldurchmesser ist bei wachsender Pulsdauer eine Steigerung der Dosis erforderlich, um vergleichbare Hautveränderungen hervorzurufen, d. h. zusammen mit der vorstehend genannten experimentellen Feststellung kann man mit relativ geringer Dosis lasertherapieren, wenn man bei relativ großem Strahldurchmesser mit relativ kurzer Pulsdauer bestrahlt. Zur genaueren quantitativen Analyse des Dosis-Wärmeleitungs-Problems sind u. a. detaillierte Untersuchungen über die Wärmeleitungsgeschwindigkeit an der Hautoberfläche, die z. Z. mit ca. 1,2 mm/s angegeben wird, erforderlich.

Erfahrungsgemäß wird z. B. bei der Behandlung von Feuermalen mit einer Laserleistung von 3 W bei einem Strahldurchmesser von ca. 3 mm und einer Pulsdauer von ca. 400 ms, entsprechend einer Leistungsdichte von ca. 40 W/cm^2 bzw. einer Energiedichte von ca. 17 J/cm^2, bestrahlt. Ein Spinnenwebennävus (Spider-naevus), d. h. von einem kleinen zentralen, knopfförmigen Blutgefäß ausgehende kleinste Radiärgefäßerweiterungen, wird im Zentrum des Nävus mit einer Leistungsdichte von 250 W/cm^2 bei einer Energiedichte von 50 J/cm^2 behandelt, während für die erweiterten Radiärgefäße ebenso wie zur Behandlung von Teleangiektasien und Venektasien (Varizen) meist eine 5fach geringere Leistungsdichte ausreicht.

Eine linien- oder flächenhaft ausgedehnte Dermatose wird normalerweise mit vielen „Einzelschüssen" lasertherapiert (Tafel IX, 5). Dabei wird als unmittelbare thermische Wirkung, d. h. wenige Sekunden bis Minuten nach der erfolgten Laserbestrahlung, eine weißliche Gewebeverquellung sichtbar, deren Ausdehnung meist etwas größer ist als das direkt bestrahlte Gebiet. In den folgenden Stunden und Tagen erfolgt eine relativ geringe Exsudation. Oft schon nach 3 Tagen tritt eine Schorfbildung auf und dieser Schorf wird nach etwa einer Woche abgestoßen.

Nach den bisherigen – relativ geringen – Erfahrungen ist die Lasertherapie in der dermatologischen Anwendung den bisherigen Methoden in mancher Hinsicht überlegen. Dies gilt insbesondere bei ausgedehnten und ausgeprägten Teleangiektasien im Gesicht und bei der Aufhellung von Feuermalen und Tätowierungen.

Aus den bisher berichteten Erfolgen kann aber verantwortungsbewußt heute nicht die Meinung vertreten werden, daß der Laser in praktisch allen Fällen einen Therapieerfolg verspricht. Eine absolute Erscheinungsfreiheit bei Vorliegen verschiedenster Dermatosen ist u. a. nach eigener Erfahrung kaum zu erzielen. Außerdem sind z. Z. noch relativ wenige gesicherte Ergebnisse vorhanden, und in einigen Anwendungen wird je nach Autor von erfolgreicher bis erfolgloser Laseranwendung wie z. B. bei Spontan- und älteren Narbenkeloiden berichtet.

Teilweise wird der Lasereinsatz auch bei Vorliegen von Basaliomen (Basalzellenkarzinom) und Melanomen [166] empfohlen. Hier liegen aber praktisch noch keine Langzeitbeobachtungen vor, und die Warnung vor einer Gewebeprobenentnahme zur Verlaufskontrolle muß bei Melanomverdacht (z. B. in einem Muttermal) auch berücksichtigt werden, da ein angeschnittenes Melanom erfahrungsgemäß eine starke Neigung zur Tochtergeschwulstbildung aufweist. Große Vorsicht bei der Laserbehandlung von malignen Hautgeschwülsten empfiehlt auch MESTER [320].

Zur richtigen Einordnung des Stellenwertes der Laserdermatologie müssen weitere Forschungs- und klinische Ergebnisse vorliegen, die auch zur Frage des Auftretens bzw. Beschleunigens von Hautkrebs durch Laserbestrahlung eine Antwort geben sollten.

Die Beschleunigung kutaner Prozesse wird heute z. B. nicht vollständig bei der sog. PUVA-Therapie [43] (Kombination von Medikamenteneinnahme und Bestrahlung mit langwelligem UV-Licht mit einem Maximum bei ca. 360 nm, d. h. UVA $\cong \lambda_0 = 315-400$ nm nach [458]) bei der Psoriasiserkrankung ausgeschlossen, wie z. B. aus Diskussionsbemerkungen bei der IX. Fortbildungswoche für praktische Dermatologie und Venerologie in München zu entnehmen ist (vgl. [518]), wo von Plattenepithelkarzinomen und Basaliomen nach Bestrahlung berichtet wurde. Der kausale Zusammenhang ist aber noch unklar.

Die Psoriasis, ein hartnäckiges Hautleiden, von dem weit mehr als 1 Mill. Bundesbürger mehr oder weniger stark betroffen sind, kann evtl. ebenfalls einer Laserbehandlung zugeführt werden, da nach Einzelberichten (z. B. [153]) und aufgrund dessen begonnenen, noch nicht abgeschlossenen Eigenversuchen (Tafel IX, 4a, b) diese Möglichkeit derzeit nicht vollständig ausgeschlossen werden kann. Dies könnte durchaus zu einem interessanten Aspekt der medizinischen Laseranwendung werden, zumal nach heute praktisch geltender Fachmeinung z. Z. keine effektive Therapie der Psoriasis existiert, die nicht irgendwelche Schäden verursachen kann.

Neben der gezielten Gewebezerstörung, wie sie bei der Lasertomie erfolgt, weil die vom Gewebe absorbierte Laserstrahlenergie nicht rasch genug durch die in 2.3.4 betrachteten Wärmetransfermechanismen abgeführt wird und es infolgedessen zu einer partiellen Zellgewebeverdampfung kommt, und der Laserkoagulation, bei der es durch gezielte Umwandlung von Strahlungsenergie in therapeutische Wärme zu einer Koagulationsnekrose des Gewebes kommt, stellt die Laserstrahlabsorption für dermatologische Behandlungen teilweise eine Erweiterung der möglichen Wechselwirkungsgegebenheiten dar. Dabei erfolgt in vielen Fällen – insbesondere aus kosmetischen Gründen – nur eine solche Energieumwandlung, daß es nicht zu einer ausgedehnten Koagulationsnekrose mit der Gefahr einer Narbenbildung kommt. Wird dieser Bereich der Temperaturerhöhung weiter unterschritten, so kann die entstehende Wärme praktisch durch Wärmeleitung und im Falle durchbluteter Areale auch durch Wärmeübergang (vgl. 2.3.4) aus dem bestrahlten Gebiet abgeführt werden, ohne daß es zu einer Gewebeschädigung kommt. Vor allem in Analogie zur Mikrowellenbestrahlung mit „kleinster Dosis" hat auch dieses Gebiet bei der Absorption von „niederenergetischer" Laserstrahlung Anlaß zu Spekulationen über sog. „athermische" Effekte gegeben. Darüber hinaus ist in diesen Grenzbereich meßbarer thermisch induzierter Wechselwirkungen auch die Laserwundheilung einzuordnen. Vor einigen Jahren wurden die von dem ungarischen Chirurgen Mester [317] seit 1968 durchgeführten Untersuchungen zur Stimulierung der Wundheilung bekannt [319, 320]. Bei dieser Methode werden insbesondere schlecht heilende Wunden mittels He:Ne-Laserbestrahlung zur Bildung von Granulationsgewebe stimuliert. Diese mit He:Ne-Laserleistungen von ca. 50 mW bei Bestrahlungsdauern von einigen Sekunden ca. 2–3mal wöchentlich (entsprechend 2mal 4 J/cm^2 [320]) über eine Behandlungsdauer von 10–12 Wochen erzielten, bildlich dokumentierten bemerkenswerten Heilungserfolge haben vor einigen Jahren zumindest auch beim Autor dieser Abhandlung einen ersten bleibenden Eindruck bezüglich der Möglichkeiten einer Laserstrahltherapie hinterlassen. Wenngleich mit den in dieser Anwendung verwendeten Energiedichten von ca. 4 J/cm2 eine therapeutische Wärmewirkung nach heutigem Wissens- und Erfahrungsstand kaum zu erwarten ist, so muß aber auch die Laserwundheilung in das Gesamtkonzept der Lasertherapie miteinbezogen werden, da sie weder bei der Laserdermatologie noch bei der Laserkoagulation völlig unberücksichtigt bleiben sollte.

Von Haina et al. wurden 1975 Mesters Versuche aufgegriffen und mit ähnlichen Erfolgen mit etwas längeren Abheilungszeiten bestätigt [184]. Über Arbeiten mit einem He:Ne-Laser (25 mW) zur Wundheilungstherapie in der UdSSR berichteten Babayants et al. [16].

Nach neuesten Ergebnissen von Mester et al. scheint sich der Stimulationseffekt bei Anwendung von Argonionenlaserstrahlung bei Leistungen um 100 mW ausgeprägter darzustellen als bei He:Ne-Laserbestrahlung [321, 322]. Eine diesbezügliche Interpretation steht aber noch aus.

Die Bestrahlung von Hautkrankheiten, Ulzerationen und Wunden mit schlechter Heilungstendenz gehört an und für sich bereits seit vielen Jahren zu den lichttherapeutischen medizinischen Methoden ([266], S. 135), neu ist jedoch, daß mit der Laserbestrahlung Photonen des sichtbaren Spektrums und nicht wie bei der bekannten Quarzlichtbestrahlung erythemerzeugende UV-Strahlung Verwendung finden.

Allgemein geht Mester bei der von ihm gewählten Einteilung der Laserstrahlwechselwirkung mit biologischem Gewebe, die als destruktiv, hemmend und stimulierend bezeichnet wird, von einer kumulativen Wirkung bei intermittierendem Laserbetrieb aus [317, 320]. In seiner Hypothese der Wundheilungsstimulierung wird die sog. Kollagensynthese, die durch einen enzymatischen Vorgang beschleunigt wird, als Angriffspunkt der Laserstrahlung gesehen. Der histochemisch nachgewiesene Anstieg bestimmter Enzyme einige Stunden nach der genannten Laserwundbehandlung scheint diese Annahme zu stützen. Zumindest bei dieser Fragestellung muß das aus Arzt und Ingenieur bestehende interdisziplinäre Team seine Erweiterung durch einen Biochemiker erhalten, die auch in der Laserdermatologie und bei der Laserkoagulation sinnvoll erscheint. So wurde als bemerkenswertes Ergebnis bisheriger mit Laserunterstützung durchgeführter Zellfunktionsstudien gefunden, daß sich bei der Bestrahlung einzelner Blutzellen eine positive Chemotaxis nachweisen läßt, d.h. eine infolge „starker" Bestrahlung zugrunde gehende Blutzelle „zieht" die benachbarten an. Welche Auswirkungen sich hierdurch z.B. auf die Eiweißdenaturierung in Blutgefäßen ergeben, ist bislang noch nicht berichtet worden.

Aufgrund immunologischer Untersuchungen bei der Wundheilung wird heute z. B. von Mester die Vermutung ausgesprochen, daß Laserstrahlen nicht nur eine lokale, sondern auch eine „allgemeine Wirkung" besitzen. Eine solche, vermutlich athermische Wirkung ist jedoch zunächst nur spekulativ. Aus dem Bereich elektromagnetischer Energie für therapeutische Wärme, die Gegenstand dieser Abhandlung ist, wird sie voll ausgeklammert, das bedeutet aber nicht gleichzeitig, daß ihre Existenz definitiv verneint wird.

4 Zusammenfassung

In der vorliegenden Abhandlung werden die wesentlichsten Grundlagen und Anwendungen hochfrequenter elektromagnetischer Energie für therapeutische Wärme dargestellt. Da eine solche Thematik fächerübergreifend ist, kann zu ihrer Darstellung grundsätzlich vom technisch-physikalischen oder vom medizinischen Standpunkt ausgegangen werden. Dem interdisziplinären Wechselbezug zwischen den Grundlagen und den jeweiligen Anwendungen hochfrequenter elektromagnetischer Energie in der Medizin wird hier durch Vermittlung des ingenieurwissenschaftlichen Kenntnis- und Erfahrungsstandes Rechnung getragen, der erforderlich ist, um eine erfolgreiche, auf theoretischen und experimentellen Grundlagenuntersuchungen basierende Übertragung in die experimentelle medizinische Forschung einerseits und in die klinische Anwendung andererseits zu gewährleisten.

Die Zielsetzung der Verringerung des fachspezifisch bedingten Abstands zwischen Medizin und Technik wird in dieser Abhandlung durch die Darlegung fundamentaler Wechselwirkungsbeziehungen zwischen elektromagnetischer Energie und biologischer Materie und der daraus ableitbaren theoretisch begründeten und experimentell sowie praktisch nachweisbaren Zusammenhänge verwirklicht. Der menschliche Körper wird dabei elektrophysiologisch als kompliziertes System verschiedener Elektrolyte, die teils neben- und teils umeinander angeordnet und durch permeable Membranen voneinander getrennt sind, beschrieben.

Trotz teilweise gleicher Indikationen der Hochfrequenz- und der Lasertherapie werden beide Techniken weitgehend getrennt abgehandelt, wobei die Hochfrequenztechnik in der medizinischen Anwendung in Anlehnung an den historischen Werdegang im Frequenzbereich von 10 kHz – 300 GHz die Langwellendiathermie, die Kurzwellentherapie und die Mikrowellenbestrahlung umfaßt. Aus der historischen Entwicklung der Hochfrequenztechnik in der Medizin wird die anwendungsbezogene Begriffsbestimmung durchgeführt.

Zur Darstellung der elektrischen Eigenschaften von biologischem Gewebe wird von einer Betrachtung der statischen bzw. der Niederfrequenzdielektrizitätskonstanten ausgegangen, wodurch sich die elementaren Verhältnisse der Wechselwirkung elektromagnetischer Energie mit Biomaterie anschaulich ergeben. Diese Ausführungen ermöglichen sowohl die Bestimmung der Dielektrizitätskonstanten aus bekannten Strukturgegebenheiten biologischer Gewebe als auch die Ermittlung z. B. kolloidaler Verteilungen im Gewebe aufgrund theoretisch und experimentell bestimmter ε_r-Werte.

Durch Berücksichtigung eines Verlustprozesses hinsichtlich des Beitrags zur elektrischen Suszeptibilität wird die Betrachtung zeitabhängiger elektrischer Felder bei den verschiedenen Polarisationsmechanismen eingeführt und eine Beschreibung des Dispersionsverhaltens der relativen Dielektrizitätszahl gegeben. Dabei wird von dem bekannten Konzept der komplexen Dielektrizitätskonstanten Gebrauch gemacht.

Die sich aus den Schwingungen freier Ladungsträger und Ionen sowie aus Dipolmolekülrotationen als Einfluß elektromagnetischer Felder auf biologisches

Gewebe ergebenden Effekte werden in ihrem Frequenzverhalten diskutiert und bezüglich der α-, β-, δ-, und γ-Dispersion der relativen Dielektrizitätszahl für biologische Makromoleküle, Strukturen und Gewebe qualitativ und quantitativ analysiert, wobei experimentelle Ergebnisse zugrunde gelegt werden. Die elektrische Leitfähigkeit der verschiedenen biologischen Gewebe wird zusammenfassend als Funktion der Frequenz unter Beachtung des Dispersionsverlaufs dargestellt und, basierend auf experimentellen Ergebnissen, eine Deutung des frequenzabhängigen Leitfähigkeitsverhaltens von Blut zur Diskussion gestellt.

Zur Beurteilung des Verhaltens biologischer Materie im Hochfrequenzfeld wird vom bekannten Formalismus der komplexen Dielektrizitätskonstanten und den durch den Ladungstransport im elektromagnetischen Wechselfeld resultierenden frequenz- und stoffabhängigen dielektrischen Verlusten ausgegangen. Dies führt auf die ebenfalls frequenz- und stoffabhängigen Größen des Dämpfungs- und Phasenmaßes und auf die bei der Hochfrequenzerwärmung bedeutsame Angabe der Verlustleistungsdichte. Dabei erfolgt die Ableitung der die Wechselwirkung beschreibenden Größen allgemein, d.h. unter Berücksichtigung der elektrischen und der dielektrischen Leitfähigkeit. Die Leitfähigkeitsbeiträge der verschiedenen Gewebearten, die sich in solche mit relativ hohem und mit relativ niedrigem Wassergehalt einteilen lassen, werden anhand experimenteller Ergebnisse diskutiert und die Eindringtiefen als Funktion der Frequenz dargestellt.

Aufbauend auf diesen bekannten bzw. erweiterten und objektbezogenen Grundlagen der elektrischen Eigenschaften biologischer Materie, werden die verschiedenen Methoden der Hochfrequenzerwärmung betrachtet.

Bei der Kondensatorfeldmethode, bei der der biologische Körper als verlustbehaftetes Dielektrikum im hochfrequenten elektrischen Feld eines Kondensators dielektrisch erwärmt wird, werden die wesentlichsten ingenieurwissenschaftlichen Fragestellungen, die sich aus dem Wirkungsprinzip der Energiedurchflutung im Kondensatorfeld ergeben, diskutiert. Dabei erhält die sich aus der Schichtung biologischer Gewebe ergebende räumliche Verteilung der Verlustleistungen eine – Mißverständnisse und Fehlinterpretationen ausschließende – neue Wertung unter Einbeziehung der gewebespezifischen, frequenzabhängigen Leitfähigkeit und Dielektrizitätskonstanten.

Die Spulenfeldmethode, bei der der biologische Körper als elektrisch leitendes Material im hochfrequenten magnetischen Feld einer Spule durch Wirbelströme erwärmt wird, erfährt ihre Einordnung in das Konzept der Hochfrequenzerwärmungsmethoden unter Berücksichtigung methodisch bedingter Eigenschaften.

Als dritte Methode wird die Strahlerfeldmethode, bei der der biologische Körper als strahlungabsorbierendes Medium durch hochfrequente elektromagnetische Strahlung erwärmt wird, diskutiert und aus ingenieurwissenschaftlicher Sicht eingeordnet.

Die verschiedenen Hochfrequenzerwärmungsmethoden erfahren ihre therapeutische Wertung durch die vergleichende Darstellung der Langwellendiathermie, Kurzwellentherapie, Dezimeter- und Mikrowellenbestrahlung und die Erarbeitung besonderer Charakteristika.

Neben der örtlichen Entstehung der Wärme als Ergebnis der Wechselwirkung elektromagnetischer Energie mit biologischem Gewebe wird das Problem der Wärmeausbreitung und -fortleitung untersucht. Dabei erfolgt die Darstellung der konduktiven, konvektiven und radiativen Wärmetransfermechanismen sowohl von den theoretischen Grundlagen her als auch in Beispielen zur Ganzkörper- und Lokalerwärmung unter Einbeziehung der sich aus der Durchblutung des Gewebes ergebenden Besonderheiten der Temperaturverteilung. In einem Überblick werden neben dem Durchblutungseinfluß die sich aus Stoffwechselvorgängen ergebenden Modifikationen berücksichtigt und in einer erweiterten Wärmeleitungsgleichung dargestellt.

Die Angabe der verschiedenen Anwendungsgebiete der Hochfrequenzerwärmung erfolgt unter Beachtung der jeweiligen Kontraindikationen und eröffnet durch die Benennung möglicher neuer Einsatzgebiete, die noch nicht oder noch ungenügend erforscht sind, insbesondere bei einer lokalen sowie mit anderen Methoden kombinierten Krebstherapie, ein interdisziplinäres Feld für gemeinsam von Medizinern und Ingenieuren getragene Forschungstätigkeit mit dem Ziel einer klinischen Anwendbarkeit.

Zur Hochfrequenztherapie wird auch die Hochfrequenzchirurgie gezählt, die bereits seit vielen Jahren unter verschiedenen Namen in der klinischen Anwendung zu finden ist, dabei aber meist wegen mangelhafter Kenntnis der Wechselwirkung hochfrequenter Ströme mit biologischem Gewebe vom Anwender nicht optimal eingesetzt wird. Die Kennzeichen der monopolaren und bipolaren Verfahren werden erörtert und gegeneinander abgegrenzt.

Nach einer Darlegung zur Begriffsbestimmung bei der Hochfrequenzchirurgie werden die wichtigsten Grundlagen der Wechselwirkung dargestellt und die unterschiedlichen Hochfrequenzchirurgiemethoden der Hochfrequenzfulguration, -desikkation, -koagulation und -tomie bezüglich der möglichen Wirkungsstufen eingeteilt.

Bei der Darstellung der Hochfrequenzkoagulationsarten werden insbesondere die Koaptation und die Obliteration herausgestellt sowie der Vorgang der Koagulation allgemein als Wechselwirkung hochfrequenter Ströme mit einer lokalen Energieumwandlung in koagulative Wärme beschrieben.

Die quantitative Analyse der Hochfrequenzkoagulation geht von dem sich aus dem meßtechnisch ermittelten Strömungsfeld ergebenden Übergangswiderstand bei mono- und bipolaren Verfahren aus und führt zu einem Temperaturfeld als Funktion hochfrequenztechnischer, geometrischer, thermodynamischer und zeitabhängiger Parameter. Daraus wird eine Kurzzeitkoagulationstiefe ermittelt. Die Berücksichtigung der Wärmeleitung beim Koagulationsvorgang erfolgt in einem neuen Koagulationsmodell und führt zu einer Abschätzung der Koagulationsdauer, der Isothermenausbreitungsgeschwindigkeit und einer quasistationären Koagulationseindringtiefe, die im wesentlichen eine Funktion der Gewebe-, Koagulations- und modellmäßig angenommenen Maximaltemperatur bei der Energieumwandlung sowie der geometrischen Elektrodenabmessung ist. Die theoretischen Koagulationstiefen werden mit den experimentell erzielten Werten verglichen und sowohl für eine monopolare als auch eine bipolare Elektrodenanordnung diskutiert.

Anhand der Koagulation eines Blutvolumens allgemein bzw. eines Blutgefäßes speziell wird der Einfluß der Wärmeleitung während der Koagulation dargestellt und die zuzuführende Energie abgeschätzt, wobei auch die Blutströmung berücksichtigt wird.

Ausgehend von den aus der Anwendung der Hochfrequenzkoagulation bekannten Nachteilen wird über theoretische Möglichkeiten und experimentelle Untersuchungen zur Beseitigung dieser die Verbreitung der Methode bislang stark einschränkenden Eigenschaften berichtet und der Weg zu alternativen Hochfrequenzkoagulationsmethoden aufgezeigt. Als optimale, klinisch einsetzbare Methode wird die flüssigkeitsunterstützte Hochfrequenzkoagulation beschrieben, mit der eine praktisch blutfreie Gewebeoberfläche, verbunden mit optimaler visueller Kontrolle der zu behandelnden Stelle vor und während des Koagulationsvorgangs, bei endoskopischem Einsatz erreicht wird. Dies führt zu einer besseren Einschätzung und damit optimaleren Therapie selbst bei starken Blutungen und dokumentiert sich in einer Reduzierung des Perforationsrisikos mit der Möglichkeit der besseren Kalkulierbarkeit der Koagulationstiefe bei der Anwendung zur Blutstillung im Gastrointestinaltrakt. Über die qualitativen und quantitativen Parameteränderungen gegenüber der bisherigen Hochfrequenzkoagulationsmethode erfolgt die Wertung dieser neuen, praktikablen Methode. Als Alternative zur Verwendung von destilliertem Wasser als Flüssigkeit wird das ebenfalls neue Konzept der Salzstrahl-Hochfrequenzkoagulationsmethode vorgestellt und bezüglich seiner Einsetzbarkeit diskutiert.

Über die bisherigen Anwendungen der Hochfrequenzkoagulation hinaus werden mögliche weitere Einsatzgebiete, insbesondere bei Magen-Darm- und Parenchymblutungen, erörtert und durch experimentelle und erste klinische Erfahrungen belegt.

Die Hochfrequenztomie wird durch die Darstellung der verschiedenen Hochfrequenzschnittarten und eine am Experiment orientierte Beschreibung des Hochfrequenzschneidevorgangs eingeführt, wobei eine Stützung auf grundlegende theoretische Erörterungen zu einem besseren Verständnis dieser Methode geeignet erscheint und zu einem effektiveren klinischen Einsatz führen kann.

Basierend auf den positiven Ergebnissen bei der monopolaren flüssigkeitsunterstützten Hochfrequenzkoagulation, wird über die flüssigkeitsunterstützte Hochfrequenztomie unter Verwendung besonderer Nadelelektroden und die Einsatzmöglichkeit dieser neuen Methode in einigen medizinischen Teildisziplinen berichtet, wobei experimentelle Ergebnisse zugrunde gelegt sind.

Der Einfluß der verschiedenen Hochfrequenzstromarten auf die Wechselwirkung mit biologischem Gewebe bei Verwendung der unterschiedlichen hochfrequenzchirurgischen Methoden wird dargestellt, wobei durch experimentell nachgewiesene Befunde eine Richtigstellung und Neuordnung bisheriger Annahmen erfolgt.

Als Frequenzbereich der Lasertechnik wird der Bereich zwischen 300 GHz und 30000 THz definiert; dabei stützt sich die Darstellung historisch relevanter Ereignisse zur Entwicklungsgeschichte der Lasertherapie nur auf besonders ausgezeichnete Laserfrequenzen.

Die Wechselwirkungen des Laserlichtes mit biologischem Gewebe werden theoretisch aus den sich durch die formale Einführung eines komplexen Brechungsindex ergebenden Beziehungen abgeleitet und quantitativ durch die Absorption der Strahlung angegeben. Insbesondere wird auf die sich aus den effektiven Absorbern Melanin und Hämoglobin ergebende wellenlängenabhängige

Laserstrahlabsorption anhand meßtechnischer Ergebnisse und auf die sich aus der Strahleinwirkung im biologischen Gewebe ergebende Veränderung eingegangen.

Die Anwendung aus Laserstrahlung erzeugter destruktiver Wärme wird in der Laserchirurgie erörtert, während die Laserphotokoagulation entsprechend der historischen Entwicklung von der ophthalmologischen zur gastrointestinalen Laserphotokoagulation beschrieben wird. Dabei werden die sich aus der Strahlführung ergebenden Probleme und Lösungen diskutiert.

Die modellmäßige Beschreibung der photokoagulativen Prozesse erfolgt unter Berücksichtigung der Wärmetransfermechanismen und führt u.a. zu einer leistungsmäßigen Abschätzung der zur Koagulation benötigten Laserleistung bei quasiselektiver Absorption der einfallenden Strahlung. In die Betrachtung der Laserphotokoagulation ist auch die Frage nach dem geeigneten Lasertyp einbezogen.

Den Abschluß dieser Abhandlung bildet eine Darstellung neuester Ergebnisse aus dem Bereich der Laserdermatologie und der Stimulierung der Wundheilung mit Laserstrahlung.

5 Anhang

5.1 Erläuterungen häufiger verwendeter Begriffe aus der medizinischen Fachsprache

abdominal, abdominell	zum Unterleib gehörig
Aggregation	Zusammenballung
Anastomose	chirurgische Verbindung zweier Hohlorgane
Antikoagulanzien	Arzneimittel, die einer Gerinnungstendenz entgegenwirken
A. pulmonalis	Lungenschlagader
artifiziell, artefiziell	künstlich entstanden
Arthritis	Gelenkentzündung
Autointoxikation	Selbstvergiftung durch Stoffwechselerzeugnisse des eigenen Körpers
Basaliom	Basalzellenkarzinom; scheibenförmige, braun-rote, schuppende Herde auf der Haut
benigne	gutartig
Dermatitis	Hautentzündung
diaskleral	durch die (gefäßarme) Lederhaut
distal	am Ende gelegen; weiter vom Rumpf entfernt
endokrin	Drüse, die ihren Inhalt unmittelbar in die Blutbahn abgibt
endoplasmatisches Retikulum	aus paarförmigen Membranen aufgebautes intrazelluläres System (Organelle)
endovesikal	innerhalb der Blase
Epidermis	Oberhaut
Erythem	Rötung der Haut, meist durch Hyperämie bedingt
Exstirpation	operative Entfernung
extrazellulär	außerhalb der Zelle
Fibrin	Faserstoff des Blutes
Fibrinolyse	Auflösung des Fibringerinnsels
Fibrom	gutartige Bindegewebsgeschwulst
fibrös	aus faserreichem Bindegewebe
Gastroenterologie	Lehre und Wissenschaft von Magen und Darm
Gastrointestinaltrakt	Magen-Darm-Kanal
Gastroskop	Endoskop, das durch die Speiseröhre in den Magen eingeführt wird
Gastrotomie	operative Schnitteröffnung des Magens
GOLGI-Feld	paarförmige glatte Membranen, Vesikel oder Vakuolen (Organelle)
Gonorrhoe	Tripper

Granulationsgewebe	junges, gefäßreiches Bindegewebe; sorgt z. B. für Durchwachsung von Gewebsdefekten
Hämangiom	gutartige Blutgefäßgeschwulst
Hämophilie	Bluterkrankheit
Hämostase	Blutstockung, Blutstillung
Hyperämie	Blutfülle
(hyperergisch) Hyperergie	gesteigerte Reaktion auf antigene Reize
Hyperplasie	Vergrößerung eines Organs
(hypertroph) Hypertrophie	übermäßige Größenzunahme der spezifischen Zellen
(hysteroskopisch) Hysteroskopie	endoskopische Untersuchung durch die Gebärmutter
innersekretorisch	innere Absonderung (Sekretion von inneren Drüsen)
interzellulär	zwischen den Zellen
intrazellulär	im Inneren der Zelle
in vitro	im Glas, tot
in vivo	lebend
Inzision	chirurgischer Einschnitt
Irritation	Reizung
Isotonie	gleichbleibender osmotischer Druck
Karotis	Kopfschlagader
kavernös	Hohlräume bildend
Keloid	Hautwulst
kollagene Fasern	feine unverzweigte Fibrillen im Bindegewebe
Koloskop	Instrument zur Ausspiegelung des Darmrohres
Kolotomie	operative Schnitteröffnung des Dickdarms
Kolposkopie	Untersuchung der Scheiden- und Portiohaut
Kutis	Haut, aus Teilen der Ober- und der darunterliegenden Lederhaut zusammengesetzt
Laparoskopie	endoskopische Besichtigung der Bauchorgane
Laparotomie	durch Bauchschnitt erzielte operative Eröffnung der Bauchhöhle
Larynx	Kehlkopf
Leukoplakie	Weißschwielenkrankheit
Lipide	Fette
Lumen	lichte Weite von Hohlkörpern
Lupus	Hauttuberkulose
Lymphangiom	gutartige Lymphgefäßwucherung
Lysosomen	enzymhaltige, von einer Membran umgebene intrazelluläre Körper (Organellen)
maligne	bösartig
Melanom	bösartige Pigmentgeschwulst
Meningiom	gutartige Geschwulst (der Hirnhäute)
Metaplasie	Umwandlung einer Gewebsart in eine andere
Mitochondrien	Zellorganellen mit Atmungsfunktion
Mizelle	flüssige, kugelförmige Gebilde in wäßriger Phase, die aus Molekülkomplexen bestehen und oberflächenaktiv sind

Mukosa	Schleimhaut
Muskularis	Muskelhaut
Myofibrillen	innerhalb des Protoplasma der Muskelfasern gelegene kontraktile Strukturelemente des Muskelgewebes
Myosin	Protein der Myofibrillen
Nekrose	örtlicher Tod von Zellen, Geweben und Organen
nekrotisch	abgestorben
neoplastisch	neugebildet (meist bösartig)
(normergisch) Normergie	Reaktionsweise des normalen Organismus bzw. seiner Teile auf einen Reiz
Ödem	Schwellung eines Gewebes durch vermehrte diffuse Wasseransammlung in den Gewebszwischenräumen
Organellen	alle außer dem Kern in einer Zelle vorhandenen Bestandteile mit einer bestimmten Stuktur und Funktion
Ösophagus	Speiseröhre
Otologie	Lehre vom Ohr und seinen Krankheiten
Papillom	Geschwulst der Haut und der Schleimhäute
papillomatös	zu einer gutartigen Schleimhautgeschwulst gehörig
Papillom der Blase	meist solitär auftretendes gestieltes Fibroepitheliom (Polyp)
Papyrus	Quelle zur Kenntnis der ägypt. Heilkunst
(parallergisch) Parallergie	veränderte Reaktionsweise im Verhalten gegenüber einer zweiten Krankheit nach vorher überstandener Infektionskrankheit
parenchymatös	aus spezifischen Zellen bestehend
pathologisch	krankhaft
perfundieren	künstlich durchströmen
Phagozyten	Freßzellen
Phagozytose	Aufnahme belebter oder unbelebter Bestandteile in die Zelle
Plethysmograph	Vorrichtung, mit der Volumenschwankungen z.B. der Blutgefäße aufgenommen werden
Polyarthritis	Gelenkentzündung
Polypektomie	Herausschneiden einer gestielten Schleimhauthyperplasie (Polyp)
Portio uteri	Scheidenteil der Gebärmutter
proximal	am Anfang gelegen; näher zum Rumpf gelegen
Psoriasis	erbliche Dispositionskrankheit, bei der zellständige Enzyme gestört sind; Schuppenflechte
Pyrexie	Fieber
Radiodermatitis	entzündliche Hautreaktion auf ionisierende Strahlung
Rektoskopie	endoskopische Spiegeluntersuchung des Mastdarms und des unteren Sigmoids (S-förmiger Teil des Dickdarms)
Rektum	Mastdarm; letzter Teil des Darmtrakts
Resorption	Aufnahme und Aufsaugung von Stoffen
Rhinologie	Lehre von der Nase und ihrer Krankheiten

Serosa	Außenhaut
Sklera	Lederhaut
Stamm	Kopf, Hals und Rumpf
Striktur	erhebliche Verengung eines Kanals durch Narbenbildung
subkutan	unter der Haut gelegen
Submukosa	unter der Schleimhaut gelegenes Bindegewebe
Thorakotomie	operative Eröffnung der Brusthöhle
Thrombozyten	Blutplättchen
Tonsillen	Mandeln
transurethral	durch die Harnröhre hindurch
Urethra	Harnröhre
viszeral	die Eingeweide betreffend
Zahnpulpa	Zahnmark
Zelle	strukturelle Organisationseinheit lebender Systeme
Zellprotoplasma	lebende Substanz der Zelle
Zentriolen	Zentralkörperchen, autoreduplikative Organellen, meist innerhalb eines GOLGI-Feldes
zervikal	zum Hals (z. B. Cervix uteri = Gebärmutterhals) gehörig
Zytostatika	tumorhemmende oder -abtötende Substanzen

Tafel I

Abb. 1. Aufschäumen und Karbonisation bei herkömmlicher HF-Koagulation unter Blut

Abb. 2. Anhaften von Teilen des Koagels beim Abheben. *Pfeile:* Funkenüberschläge

Abb. 3. Koagulationstiefe: HF-Koagulation mit Kugelelektrode auf trockener Gewebeoberfläche (vgl. Tafel VII,4). Gewebe: Leber

Abb. 4. Karbonisation des Gewebes und teilweise Verklebung der HF-Elektrode bei experimenteller HF-Koagulation im eröffneten Katzenmagen

Abb. 5. Transversale Koagulationsausdehnung bei HF-Koagulation auf trockener Gewebeoberfläche (*links*) und unter Blut (*rechts*)

Abb. 6. Karbonisation des Gewebes und Verkleben der PTFE-beschichteten HF-Koagulationssonde

Abb. 7. HF-Koagulation mit einer innen wassergekühlten Kugelelektrode. Gewebe: Leber

Abb. 8. Verschiedene endoskopisch einsetzbare Sondenköpfe mit unterschiedlichen geometrischen Abmessungen und Anordnungen der Flüssigkeitsaustrittsöffnungen

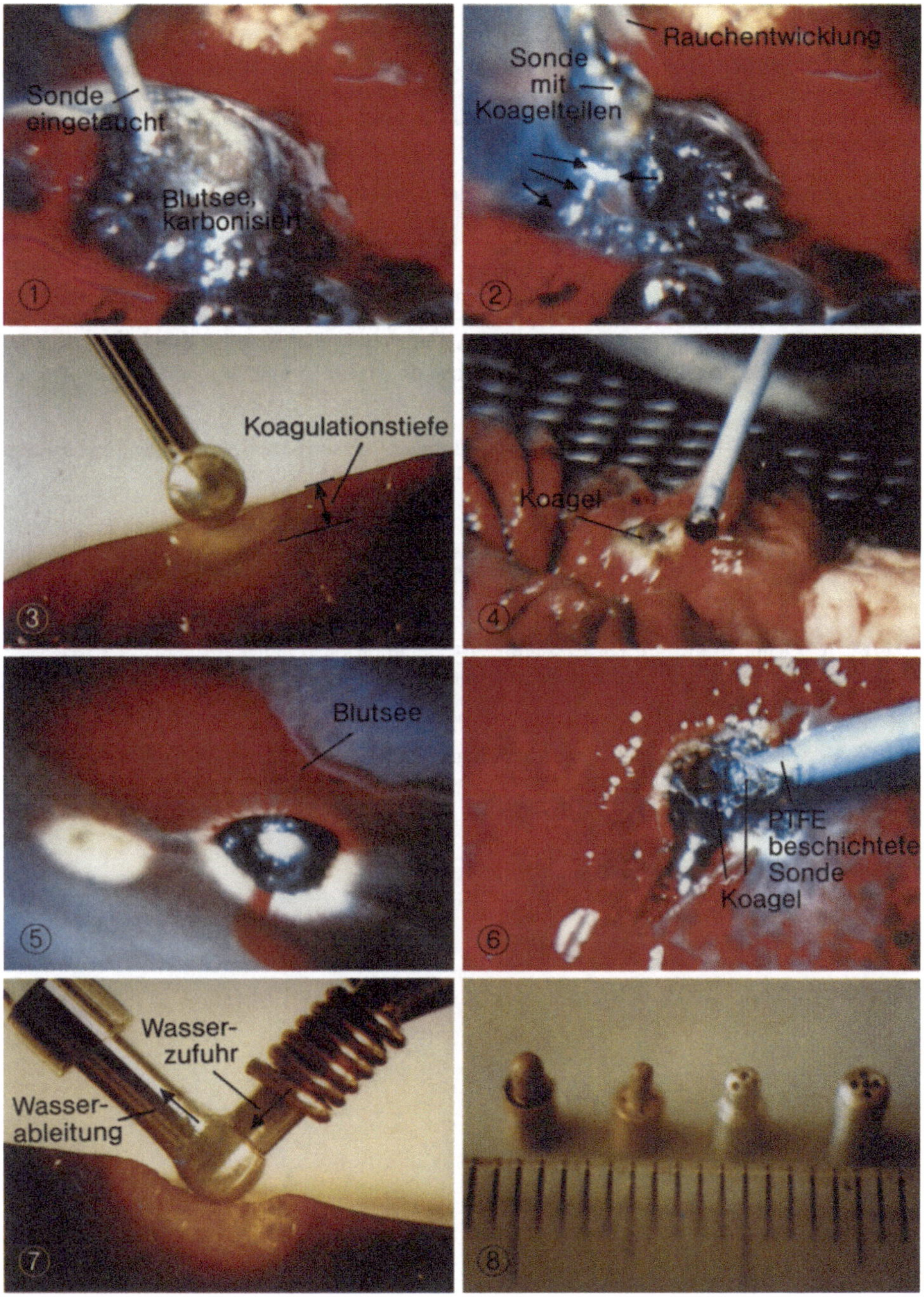
Sonde eingetaucht
Blutsee, karbonisiert
①
Rauchentwicklung
Sonde mit Koagelteilen
②
Koagulationstiefe
③
Koagel
④
Blutsee
⑤
PTFE beschichtete Sonde
Koagel
⑥
Wasser-zufuhr
Wasser-ableitung
⑦
⑧

Tafel II

Abb. 1. Aufschraubbare endoskopsiche HF-Koagulationssonden; v.l.n.r.: Kunststoffsonde mit Düse für Salzstrahl, 1 mm-Sonde mit koaxialer Flüssigkeitsunterstützung, 3 mm-Kugelelektrode (einschl. HF- und Flüssigkeitszufuhr mit PTFE-Gleit- und Schutzschlauch), 3 mm-Kugelelektrode mit einer zentralen Düsenöffnung

Abb. 2. Experimentelle Erzeugung verschiedener Koagulationen mit unterschiedlicher Transversalausdehnung durch Scannen der Oberfläche mit flüssigkeitsunterstützter HF-Koagulationsmethode. Gewebe: Leber; angeschnittenes koaguliertes Gewebe zeigt „Eindringtiefe“

Abb. 3a–d. Flüssigkeitsunterstützte HF-Koagulation einer artifiziell erzeugten und durch Heparinisierung verstärkten Blutung im eröffneten Hundemagen. **a** Artifiziell erzeugte Blutung, **b** Freispülen der Blutungsquelle, **c** HF-Koagulation mit simultaner Wasserinstillation (*Pfeil:* Federzylinder zur Andruckbegrenzung), **d** karbonisationsfreie Koagulation minimaler Ausdehnung

Abb. 4. Bipolar-HF-Koagulationssonde (endoskopisch einsetzbare Ausführung) mit zweiteiliger, isolierter Sondenspitze und HF- sowie Flüssigkeitszufuhradapter

Abb. 5. Verschiedene HF-Koagulationssonden; v.l.n.r.: koaxiale 2,45-GHz-Sonde (experimentelle Ausführung), Sonde für monopolare flüssigkeitsunterstützte HF-Koagulation mit einer Düsenöffnung (endoskopische Ausführung), Bipolarsonde (endoskopische Ausführung) und 2,45-GHz-Sonde (modifizierte Ausführung nach [35])

Abb. 6a, b. Koagulationstiefe bei bipolarer HF-Koagulation (Gewebe: Leber). **a** Kurzzeitkoagulationstiefe (geringe transversale Wärmeleitung), **b** Koagulationstiefe unter maßgeblicher Wärmeleitung (vgl. Abb. 55)

Abb. 7. Vergleich der Koagulationsausdehnung beim mono- und bipolaren HF-Koagulationsverfahren auf trockener Gewebeoberfläche und bei gleichzeitiger Scanbewegung (vgl. auch Tafel V,1 a, b)

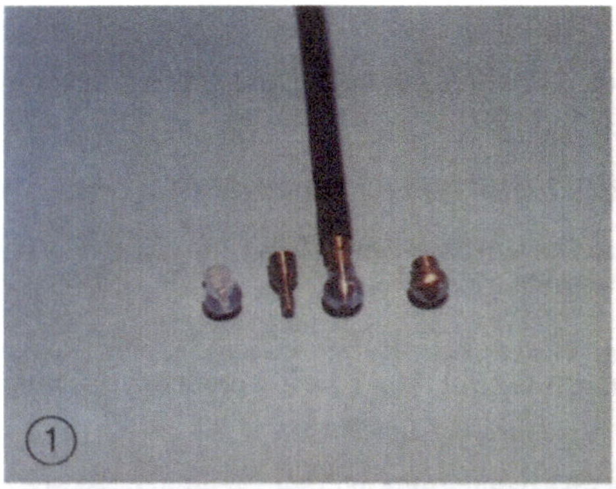
1

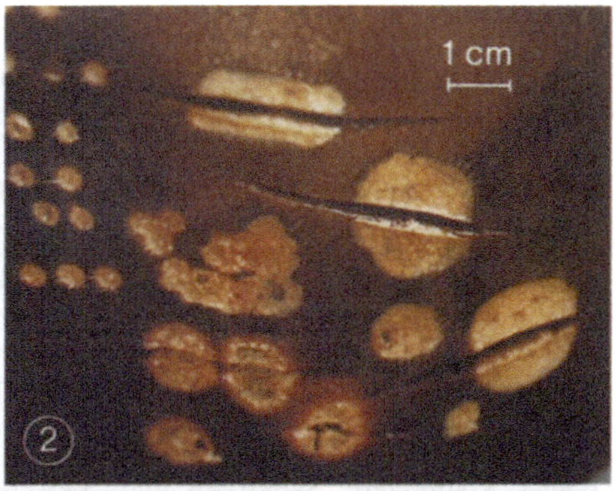
1 cm
2

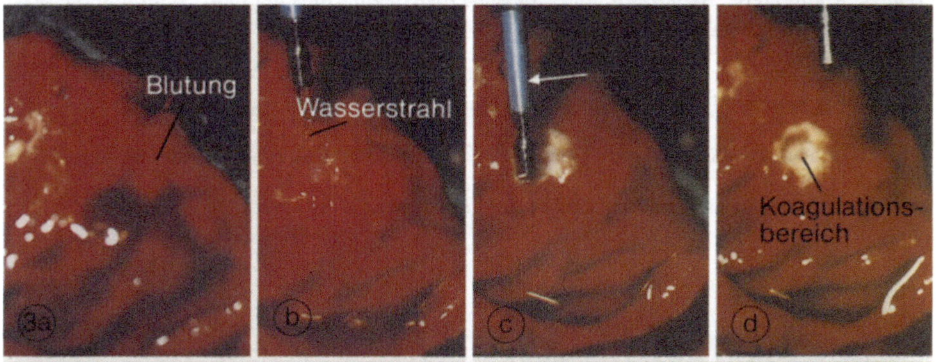
Blutung
Wasserstrahl
Koagulations-
bereich
3a
b
c
d

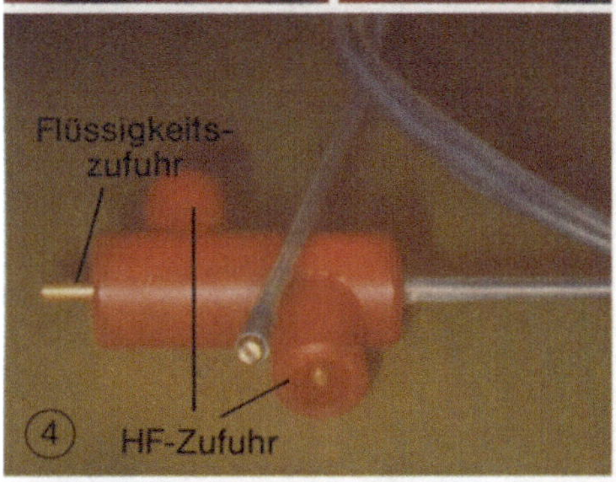
Flüssigkeits-
zufuhr
HF-Zufuhr
4

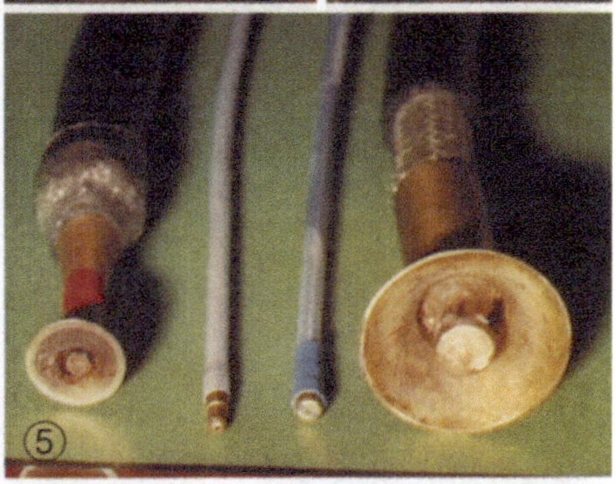
5

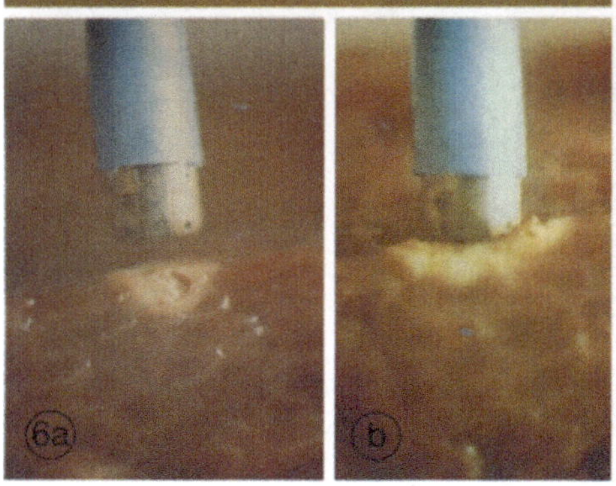
6a
b

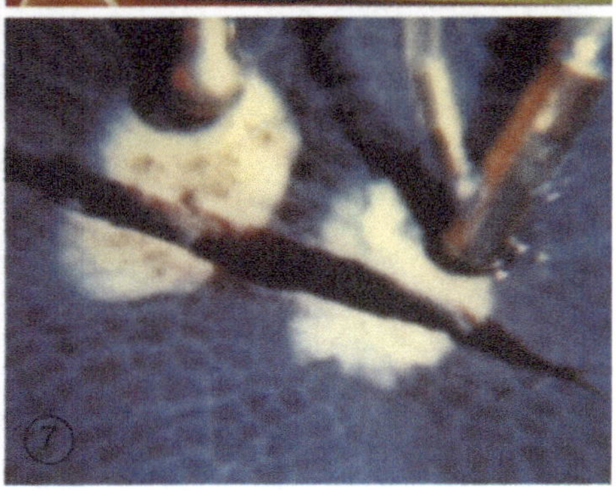
7

Tafel III

Abb. 1. Blutstillungsversuch mit herkömmlicher HF-Koagulationsmethode. Blutstillungsort: Mesenterialgefäß

Abb. 2. Blutstillung bei einem Mesenterialgefäß mit der Salzstrahl-HF-Methode

Abb. 3. Beginnende thermische Schädigung der Gewebeoberfläche (Leber) durch radial von der Auftreffstelle des Salzstrahls abfließende erwärmte Flüssigkeit

Abb. 4. Salzstrahl-HF-Koagulationsmethode im Tierversuch (Katze: Magen). *Rechts:* Koagulation mit zentraler Karbonisation und ringförmiger Ödembildung relativ großer Ausdehnung (*Pfeil*)

Abb. 5. Kombinierte Salzstrahl- und Wasser-HF-Koagulationsmethode: zentraler Salzstrahl (20%ige NaCl-Lösung) und koaxiale Wasserzufuhr. Gewebe: Leber, Sondendurchmesser: 6 mm

Abb. 6. Experimentell erzeugte Koagulation mit HF-Koagulation nach Tafel III,5

Abb. 7. In den Arbeitskanal eines Endoskops eingeführte HF-Koagulationssonde

Abb. 8. Sondenspitze am distalen Ende eines 1kanaligen Endoskops

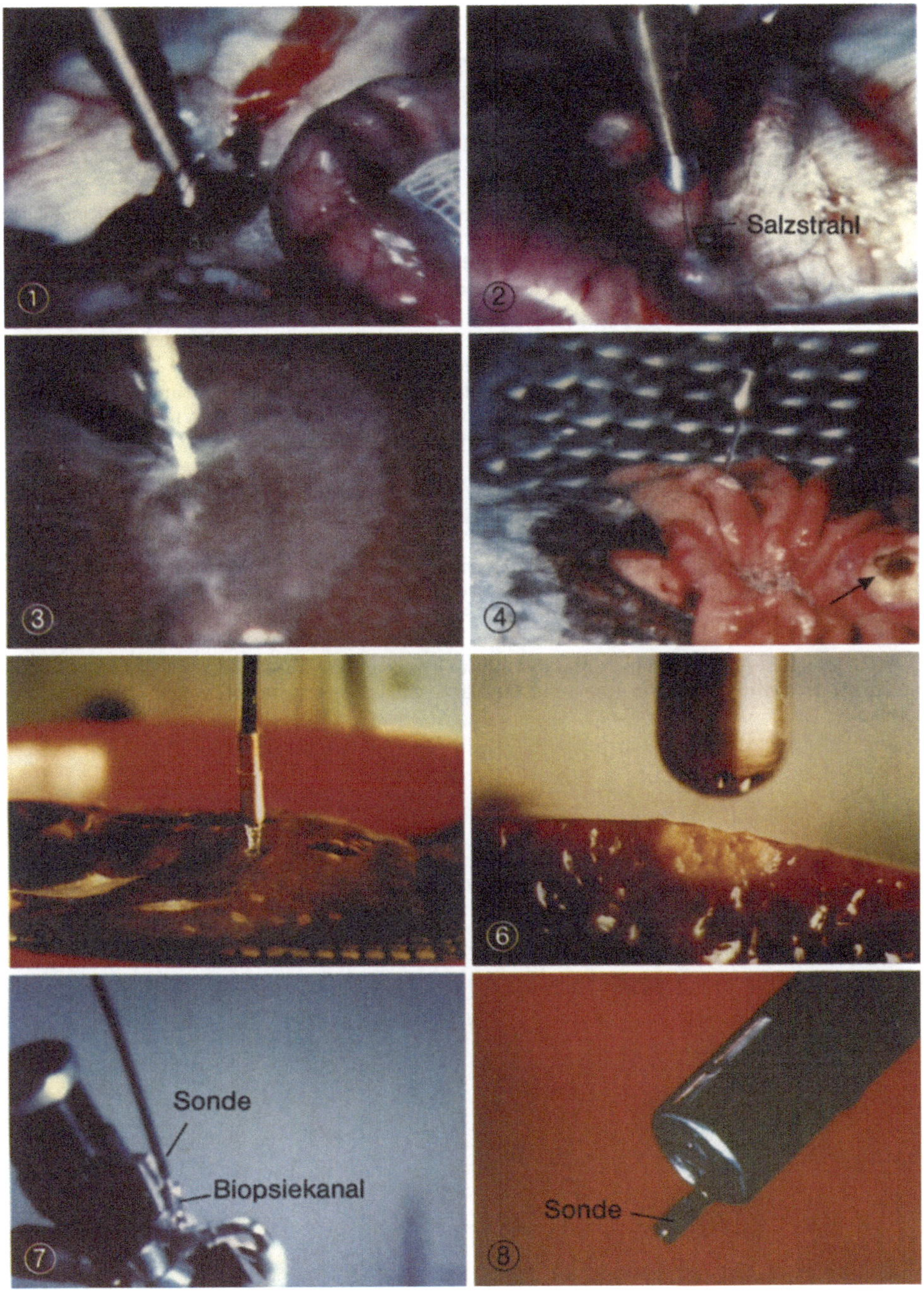
①
②
Salzstrahl
③
④
⑥
Sonde
Biopsiekanal
⑦
Sonde
⑧

Tafel IV

Abb. 1 a, b. Demonstration der Koagulation im Hühnereiweiß. **a** In flüssiges Eiweiß (Solzustand) eingetauchte Kugelelektrode (6 mm ∅), **b** quasistationärer Zustand (t ≈ 10 s) nach Eiweißgerinnung (Gelzustand)

Abb. 2. Temperaturmessung bei der Denaturierung von Eiweiß durch HF-Stromeinwirkung

Abb. 3. Thermographische Temperaturmessung (System: AGA-Thermovision 680 S) bei der flüssigkeitsunterstützten HF-Koagulation (Elektrodendurchmesser ≈ 2,4 mm) im akuten Tierversuch ($T_G \approx 37$ °C). Isotherme *1* (Durchmesser ≈ 3 mm): $T_1 \approx 70$ °C; Isotherme *2:* $T_2 \approx 50$ °C; Bereich *3* ($T_2 \approx 50$ °C) entspricht seitlich von der Koagulationsstelle wegfließender Flüssigkeit maximaler Temperatur

Abb. 4. a Großflächige Koagulationselektroden; v.l.n.r.: herkömmliche Flächenelektrode, PTFE-beschichtete Elektrode und halbkugelförmige Elektrode mit 12 Bohrungen für Flüssigkeitsunterstützung (experimentelle Ausführung für Blutstillung bei Parenchymblutungen); **b** Beschädigung (Pfeile) der PTFE-Beschichtung durch HF-Durchschläge

Abb. 5. Verschiedene Koagulationselektroden für experimentelle Parenchymflächenblutungen (Halter enthält experimentell ermittelte optimale Koagulationselektrode)

Abb. 6. Verschiedene Bipolarsonden für experimentelle HF-Koagulation mit Flüssigkeitsunterstützung bei Parenchymblutungen; v.l.n.r.: symmetrische, zweigeteilte Elektrode (Isolation: Kunststoff); koaxiale Ausführung (Isolation: Keramik) und Doppelzylinderelektrode

Abb. 7. Koagulationshalter für Parenchymblutungen und Blutstillungen im chirurgisch eröffneten Magen-Darm-Bereich (mono- und bipolare Ausführungen mit HF- und Flüssigkeitszuleitungen)

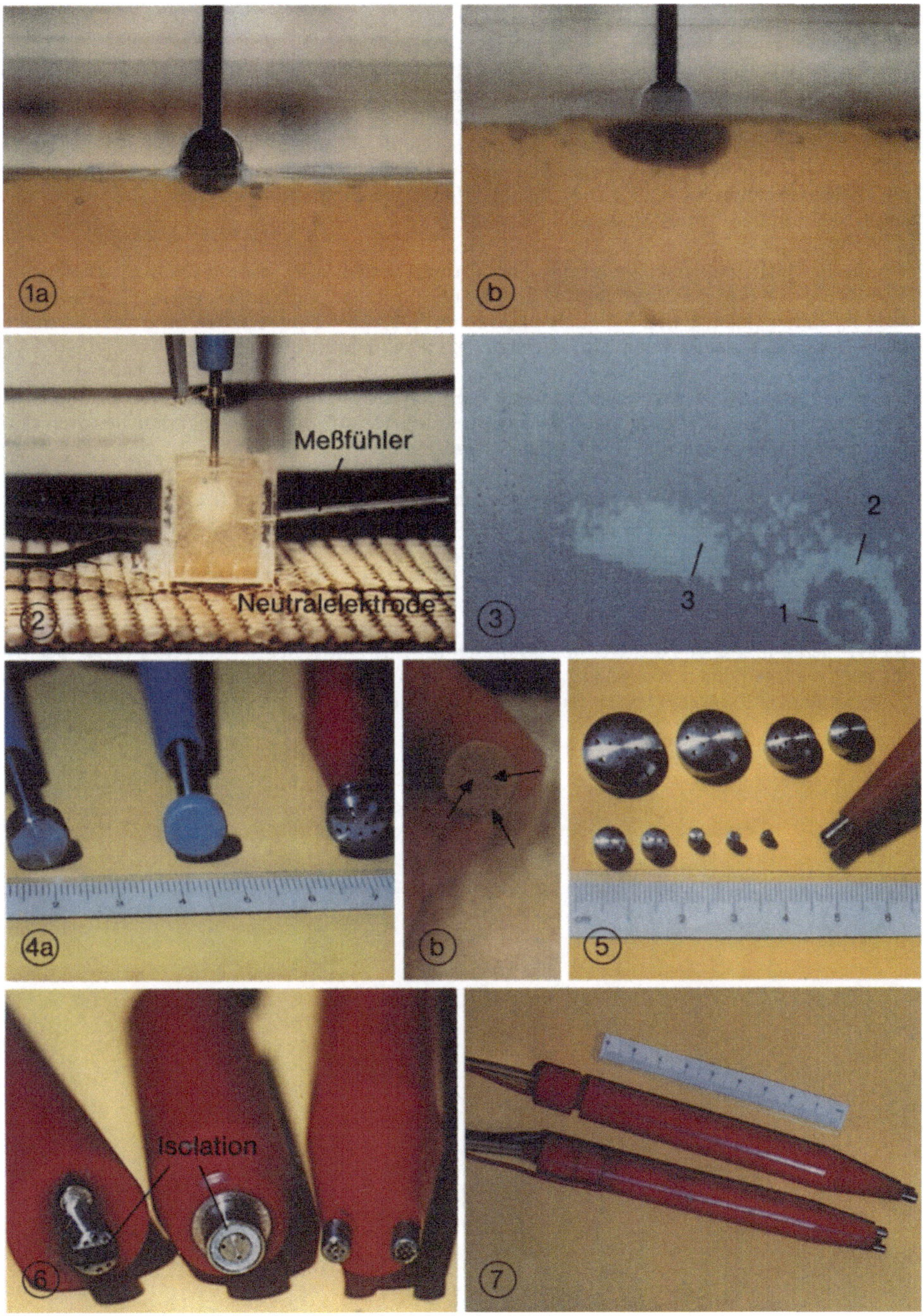
1a
b
Meßfühler
Neutralelektrode
2
2
3
1
3
4a
b
5
Isclation
6
7

Tafel V

Abb. 1 a, b. Experimentelle Koagulation an Parenchymgewebe (Leber), Vergleich der Koagulationstiefen. **a** Monopolare, **b** bipolare HF-Koagulationselektrode (flüssigkeitsunterstützt) bei vergleichbarer HF-Leistung (vgl. auch Tafel II,7)

Abb. 2. **a** Nadelelektrode mit Schutzisolation für die flüssigkeitsunterstützte Hochfrequenztomie, **b** verschiedene Nadelelektroden für Hochfrequenztomieanwendung (teilweise ohne Schutzisolation und Umhüllung abgebildet)

Abb. 3 a, b. Hochfrequenzkoagulations- und -tomiebesteck für eine flüssigkeitsunterstützte HF-Chirurgie. **a** Nadelelektrode mit kegelförmiger Spitze und monopolarer Koagulationselektrode im Halter (Handgriff); **b** Nadelelektrode mit Halbkugelspitze sowie bipolare und monopolare Koagulationselektroden zum alternativen HF-Chirurgie-Einsatz

Abb. 4. Experimentelle karbonisationsfreie Elektrohydrothermosationsschnitte (EHT) an Lebergewebe mit flüssigkeitsunterstützter Hochfrequenztomie (Schnittflächen zur besseren optimalen Einsichtnahme mechanisch auseinandergezogen)

Abb. 5. Relativ oberflächlicher Hochfrequenztomieschnitt mit Flüssigkeitsunterstützung (EHT). Geringe seitliche Koagulationsnekrose ohne Karbonisation (Detailaufnahme)

Abb. 6. Elektrohydrothermosationsschnitt mit minimaler transversaler Koagulationsnekrose (glatter Schmelzschnitt)

Abb. 7. Herkömmlicher Hochfrequenztomieschnitt mit Nadelelektrode (verschorfter Schnitt) mit relativ ausgedehnter Koagulationsnekrose und Karbonisationseffekten (wie Tafel V,6 zur experimentellen Simulation einer Tumorexstirpation durchgeführter Schnitt)

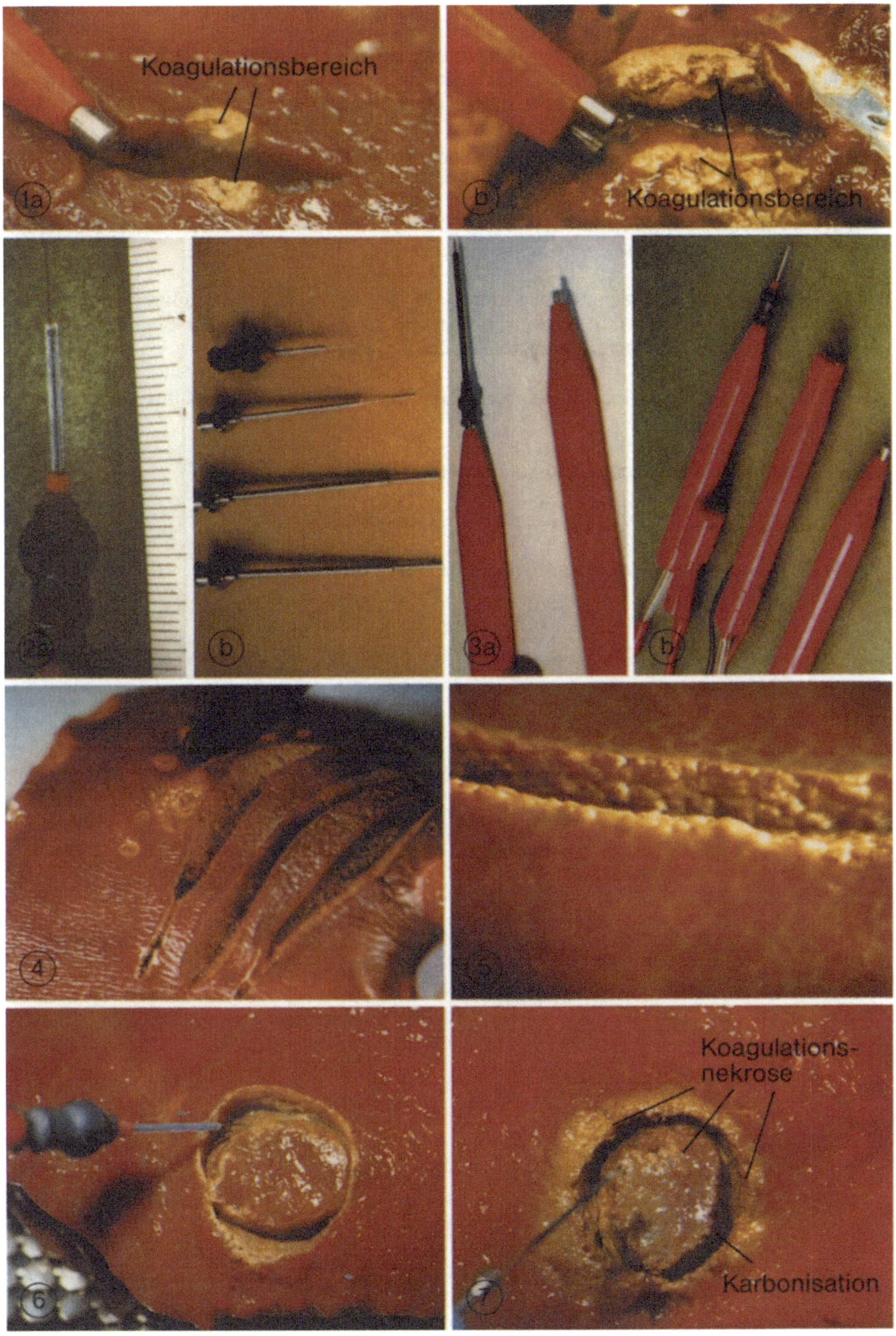
Koagulationsbereich
1a
b
Koagulationsbereich
b
3a
b
4
5
6
Koagulations-
nekrose
Karbonisation
7

Tafel VI

Abb. 1. Apparative Ausführung unter Verwendung einer drehzahlgesteuerten Schlauchpumpe (*1*) zur sterilen Flüssigkeitszufuhr (*2*), -dosierung und magnetischen Umsteuerung (*3*) der sterilen Flüssigkeit in den Tomie- (*4*) bzw. Koagulationshandgriff (*5*) (ohne HF-Generator)

Abb. 2. Hochfrequenztomieschnitt mit Flüssigkeitsunterstützung im chronischen Tierversuch (Hund: Dünndarm; longitudinaler, unblutiger Schnitt)

Abb. 3. Hochfrequenztomieschnitt mit Flüssigkeitsunterstützung im chronischen Tierversuch (Hund: Dünndarm; transversaler, unblutiger Schnitt)

Abb. 4. Anastomosen und Schnittabheilung nach 4 Wochen bei Anwendung verschiedener Schnitte am Dünndarm (Hund); Autopsiepräparat. *1* EHT-Schnitt, *2* EHT-Schnitt, *3* Skalpellschnitt, *4* herkömmlicher Hochfreauenztomieschnitt, *5* EHT-Schnitt

Abb. 5. Detail aus Abb. 4: Anastomose nach EHT-Schnitt (*5*) und Schnitt mit herkömmlicher Hochfrequenztomie (*4*)

Abb. 6. Detail aus Abb. 4: Anastomose nach normalem Skalpellschnitt (*3*)

Abb. 7. Detail aus Abb. 4: Anastomose nach EHT-Schnitt (*2*)

Abb. 8. Detail aus Abb. 4: Anastomose nach EHT-Schnitt (*1*)

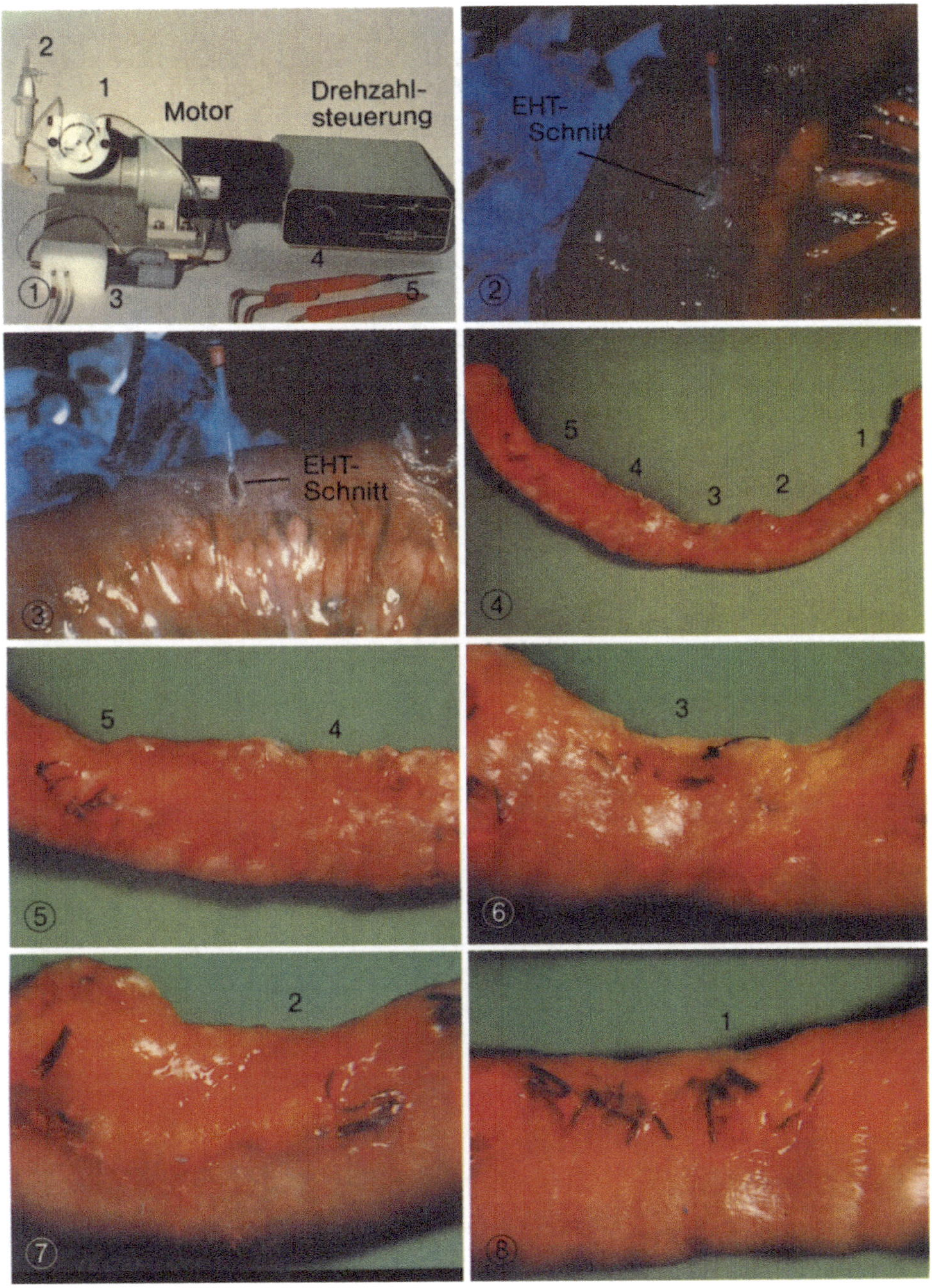
2
1
Motor
Drehzahl-
steuerung
4
5
3
①
EHT-
Schnitt
②
EHT-
Schnitt
③
5
4
3
2
1
④
5
4
⑤
3
⑥
2
⑦
1
⑧

Tafel VII

Abb. 1. Zeitlicher Verlauf einer ungedämpften HF-Schwingung („Röhrenstrom“). f = 1,65 MHz, 400 V/div (an 100 Ω Last), 0,2 μs/div

Abb. 2. Zeitlicher Verlauf einer ungedämpften HF-Schwingung („Röhrenstrom“). f = 900 kHz, 200 V/div, 500 ns/div

Abb. 3. Frequenzspektrum einer ungedämpften Schwingung („Röhrenstrom“). 1 MHz/div

Abb. 4. Frequenzspektrum einer gedämpften Schwingung („Funkenstreckenstrom“). 10 MHz/div

Abb. 5. Zeitverlauf einer gedämpften Schwingung. 500 V/div, 5 μs/div

Abb. 6. Zeitverlauf einer gedämpften Schwingung. 500 V/div, 20 μs/div (unregelmäßige Schwingungsfolge unterschiedlicher Amplituden wegen Unregelmäßigkeiten im Funkenübergang)

Abb. 7. Zeitverlauf einer Überlagerung von gedämpfter und ungedämpfter Schwingung („Mischstrom“). 500 V/div, 20 μs/div

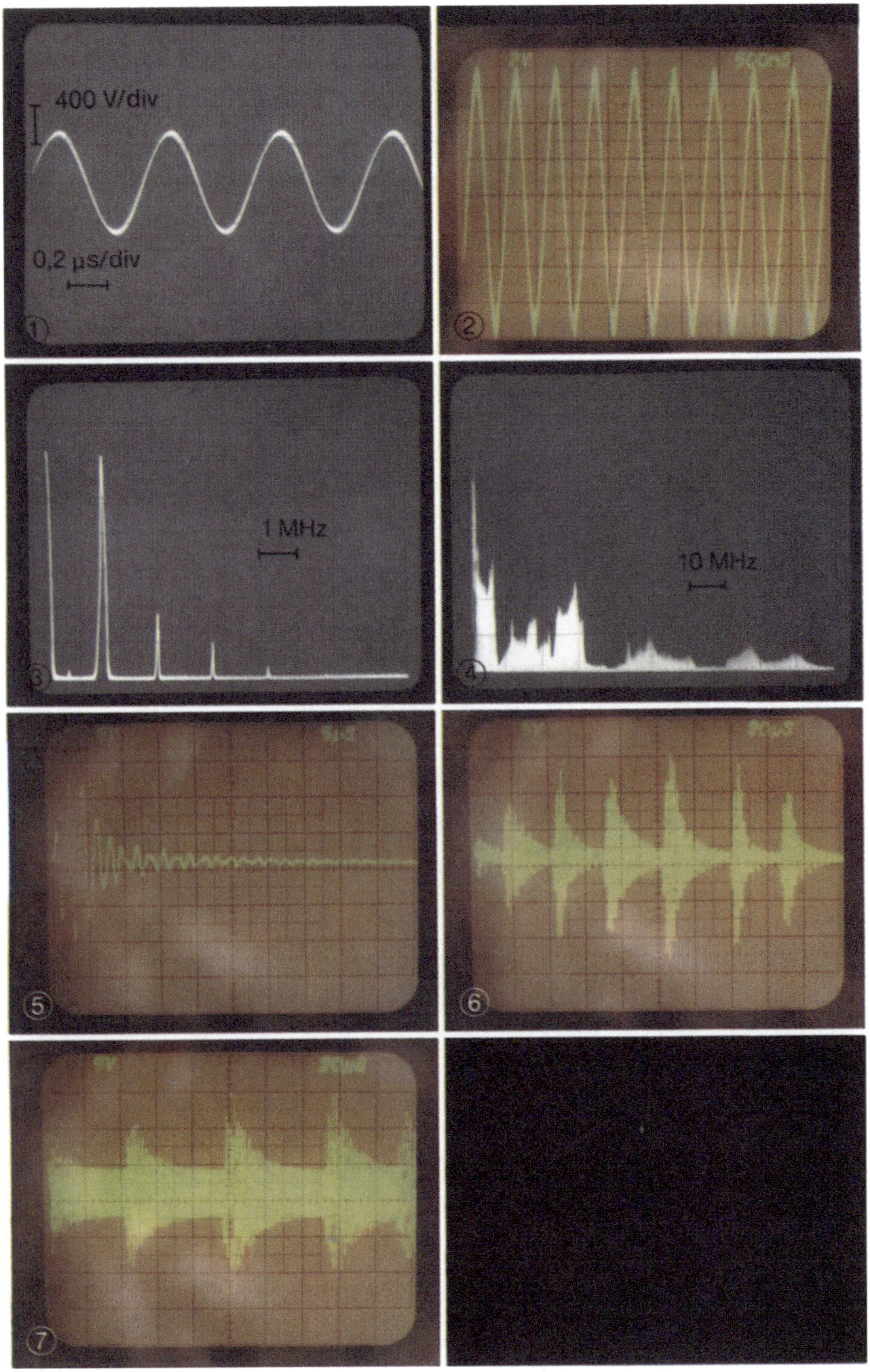
400 V/div
0,2 µs/div
1
2
1 MHz
3
10 MHz
4
5
6
7

Tafel VIII

Abb. 1. Laserphotokoagulationssystem. *1* Argonlaser, P = 20 W; *2* magnetischer Schalter zur Strahlablenkung; *3* Strahljustiereinrichtung; *4* Inertgaszuleitung (CO_2); *5* Kunststofflichtleiter mit PTFE-Gleitschlauch; *6* Abstrahlung mit koaxialem Gasaustritt; *7* Verbindungsleitung zum Fußschalter (kombiniertes und wahlweises Schalten von Laserlicht und Gas)

Abb. 2. Laserphotokoagulationssystem. *1* Optischer Schalter, *2* Lichtleiter, *3* Endoskop, *4* distales Lichtleiterende

Abb. 3a, b. Einfluß des simultanen Inertgasstromes. **a** Blutschicht, **b** experimentelles Freiblasen der Fläche unter der Blutschicht

Abb. 4a–c. Selektive Thrombosierung eines Blutgefäßes mit Argonlaserlicht und einem Kunststofflichtleiter. **a** Freipräparierte Beinvene (V. saphena magna, große Rosenvene), **b** Bestrahlung der Vene, **c** obliteriertes Blutgefäß

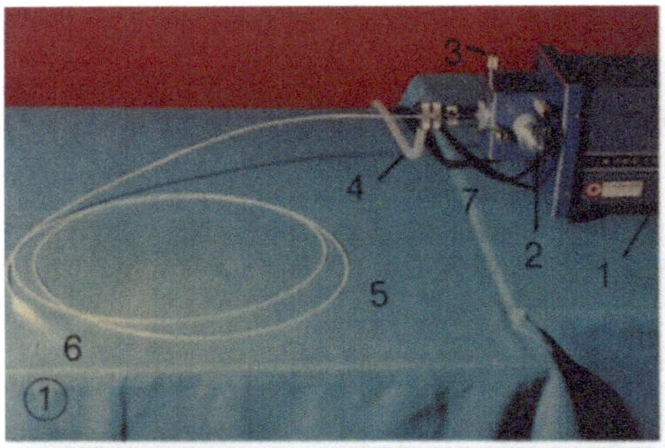
3
4
7
2
1
5
6
①

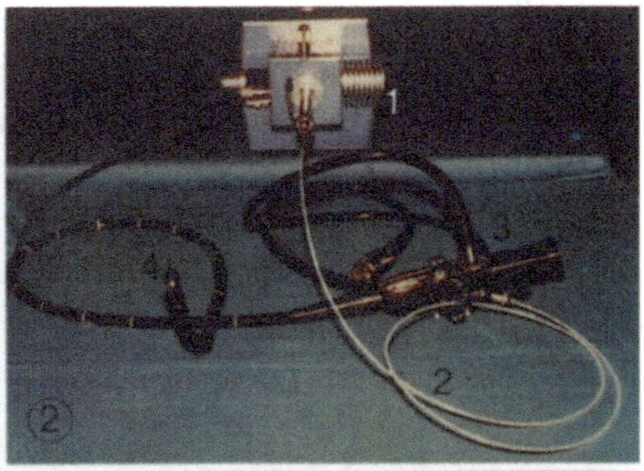
1
3
4
2
②

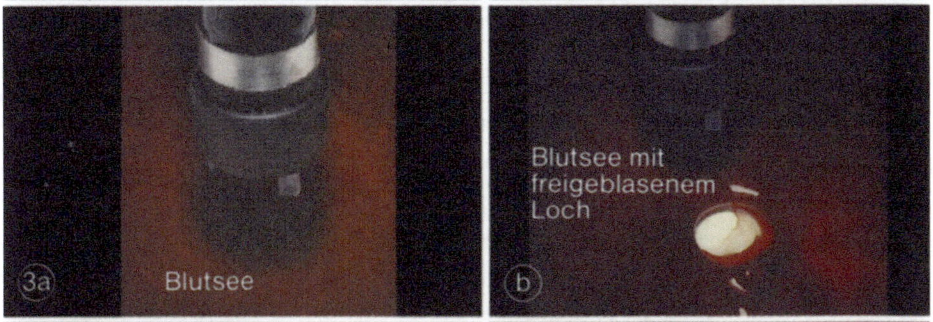
3a
Blutsee
Blutsee mit
freigeblasenem
Loch
b

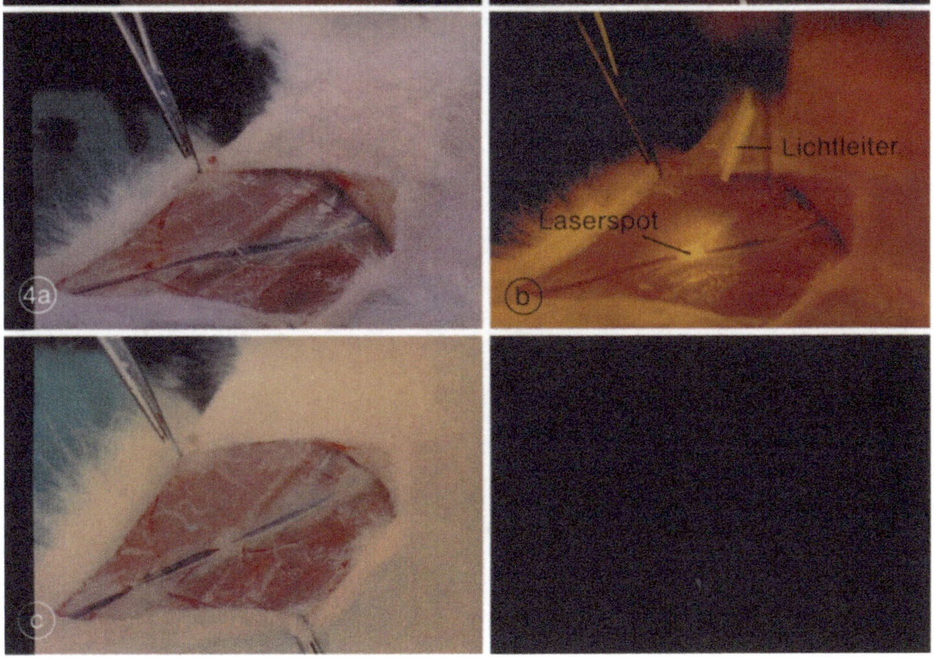
4a
Lichtleiter
Laserspot
b
c

Tafel IX

Abb. 1 a, b. Experimentelle Laserphotokoagulationen (akuter Tierversuch am Magen einer Katze). **a** artifiziell erzeugte Magenschleimhautblutung (*Pfeil*), **b** Blutstillung durch Photokoagulation; karbonisiertes Gewebe (*Pfeil*)

Abb. 2. Endoskopische Laserphotokoagulation eines blutenden Ulkus im Magen eines Patienten. *Links* vor, *Mitte* während und *rechts* nach der Koagulation (Lichtleiter am *Bildrand links unten*)

Abb. 3. Endoskopische Laserphotokoagulation eines Ulcus duodeni bei einem Patienten (vor, während und nach der Koagulation)

Abb. 4 a, b. Laserbestrahlung bei Psoriasis. **a** Zustand nach Laserbestrahlung, **b** Abheilung mit Reduzierung der Flächenausdehnung der Psoriasisherde

Abb. 5. Laserbestrahlung bei Besenreiservarizen. Einzelpunktbestrahlung und Linienbestrahlung ca. 2 W/mm^2; karbonisierte Stelle führte zu Narbenbildung (*Pfeil*)

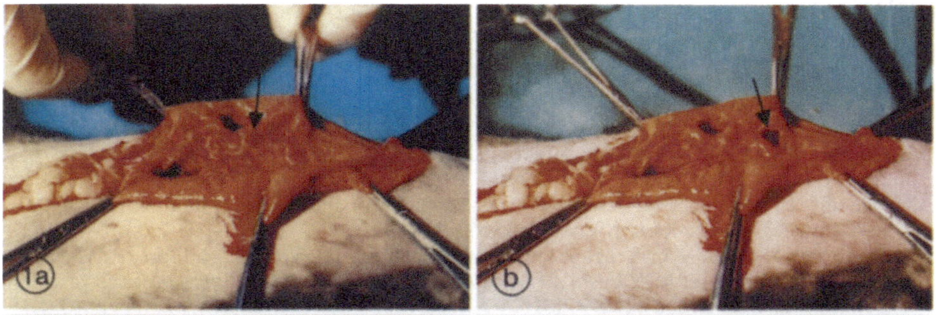
1a
b

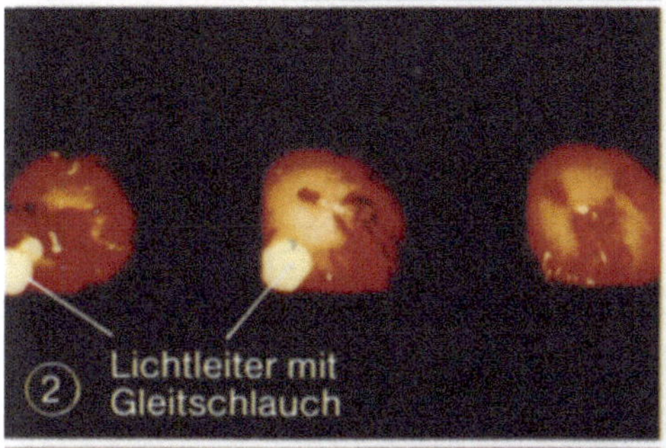
2
Lichtleiter mit
Gleitschlauch

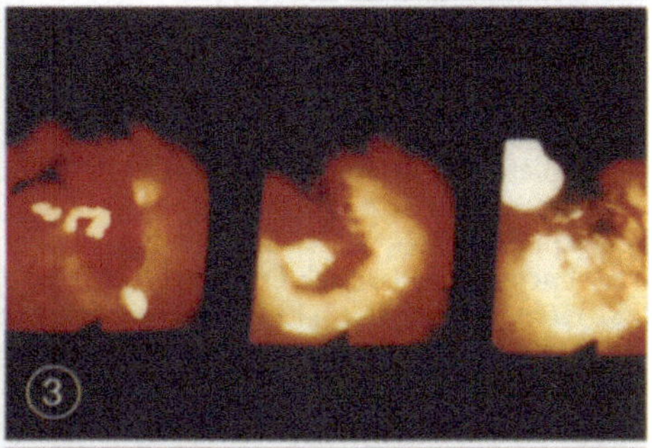
3

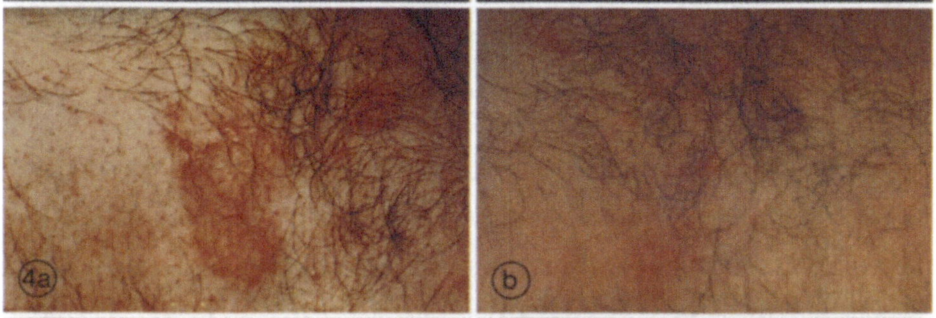
4a
b

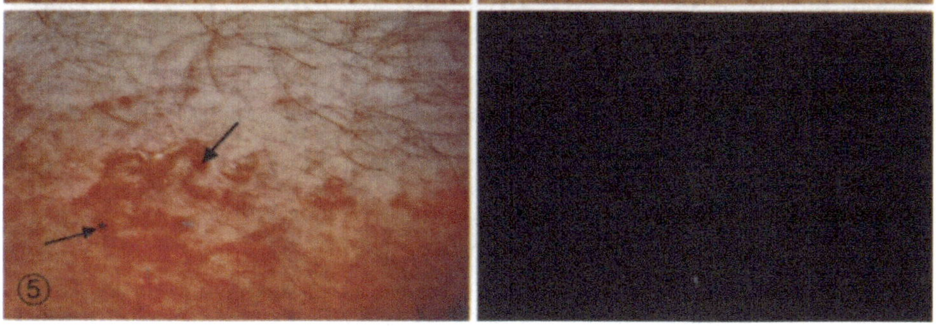
5

Literatur

1. Adducci JE (1978) Gynecologic surgery using the CO_2 Laser. Int Surg 63:72–74
2. Aleksandrov NN, Fradkin SZ, Zhavrid EA, Muravskaia GV, Malinovskii II (1978) Usilenie effekta luchevoi terapii zlokachestvennykh opukhoei s pomoshchiu svch-gipertermicheskich vozdeistvii. Vopr Onkol 24:14–19

2a. Amussat A (1876) Mémoires sur la Galvanocaustique Thermique. Baillière, Paris

3. Apfelberg DB, Maser MR, Lash H (1976) Argon laser management of cutaneous vascular deformities. West J Med 124:99–101
4. Apfelberg DB, Maser MR, Lash H (1978) Treatment of nevi aranei by means of an argon laser. J Dermatol Surg Oncol 4:172–174
5. Apfelberg DB, Kosek J, Maser MR, Lash H (1979) Histology of port wine stains following argon laser treatment. Br J Plast Surg 32:232–237
6. Apfelberg DB, Maser MR, Lash H (1979) Argon laser treatment of decorative tattoos. Br J Plast Surg 32:141–144
7. Apfelberg DB, Maser MR, Lash H (1979) Extended clinical use of the argon laser for cutaneous lesions. Arch Dermatol 115:719–721
8. Ardenne M von (1971) Theoretische und experimentelle Grundlagen der Krebs-Mehrschritt-Therapie, 2. Aufl. VEB Verlag Volk und Gesundheit, Berlin
9. Ardenne M von, Ardenne Z von, Böhme G, Reitnauer PG (1977) Selektive Lokalhyperthermie der Krebsgewebe. Homogenisierte Energiezufuhr auch in tief liegende Gewebe durch Hochleistungs-Dekawellen-Spulenfeld + Rasterbewegung des Doppelsystems. Arch Geschwulstforsch 47:487–523
10. Ascher PW (1977) Der CO_2-Laser in der Neurochirurgie. Molden, Wien
11. Aschoff J (1971) Energiehaushalt und Temperaturregulation. Urban & Schwarzenberg, München
12. Athanasoulis CA, Baum S, Waltmann AC, Ring EJ (1974) Control of acute gastric mucosal hemorrhage: Intraarterial infusion of posterior pituitary extract. N Engl J Med 290:597
13. Atkinson ER (1979) Assessment of current hyperthermia technology. Cancer Res 39:2313–2324
14. Auth DC, Lam VTY, Mohr RW, Silverstein FE, Rubin CE (1976) A high-power gastric photocoagulator for fiberoptic endoscopy. IEEE Trans Biomed Eng 23:129–135
15. Auth DC, Doty JI, Neal D, Heimbach D, Wentworth R, Colocouris J, Curreri PW (1978) 'The laser blade': A new laser scalpel. In: Kaplan J (ed) Laser surgery, vol II. Academic Press, Jerusalem, pp 27–37
16. Babayants RS, Rakcheev AP, Konstantinov AV, Ivanov NS, Makeeva NS, Shur VV (1974) On the use of lasers with low radiation in some dermatoses. Vestn Dermatol Venerol 4:7–13
17. Barański S, Czerski P (1976) Biologial effects of microwaves. Dowden, Hutchinson & Ross, Stroudsburg
18. Bardhan KD (1979) Das Ulcus Duodeni. Smith Kline & French, Wien
19. Barnes FS (1975) Applications of laser to biology and medicine. Proc IEEE 63:1269–1278
20. Bayley JG, Kartha VB, Stevens WH (1963) The absorption spectra of liquid phase H_2O, HDO, and D_2O from 0.7 μm to 10 μm. Infrared Phy 3:211
21. Becker HD, Schafmayer A, Börger HW (1979) Die Behandlung der Blutung aus akuten Schleimhautläsionen des Magens und Duodenums durch Secretin. Chirurg 50:87–90
22. Beer E (1910) Die Behandlung von gutartigen Geschwülsten der Harnblase mittels Oudinstrahlen. Zentralbl Chir 34:1115
23. Beer E (1912) Die Behandlung der gutartigen Papillome der Harnblase mit dem durch ein Ureterenzystoskop eingeführten Oudinschen Hochfrequenzstrom. Z Urol 6/12:1009
24. Bellina JH (1978) Carbon dioxide laser in gynecology. Obstet Gynecol Annu 6:371–391

25. Bellina JH (1979) Über die Anwendung des CO_2-Laser in der Gynäkologie (CO_2 Laser und Biological Effect). Vortrag: XII. Kongress d. Dt. Ges. f. End., Erlangen 15.–17. 3. 1979
26. Ben-Bassat Mi, Ben-Bassat Mo, Kaplan I (1976) A study of the ultrastructural features of the cut margin of skin and mucous membrane specimens excised by carbon dioxide laser. J Surg Res 21:77–84
27. Berci G (1976) History of endoscopy. In: Berci G (ed) Endoscopy. Appleton, New York, pp 19–22
28. Bessis MG, Ter-Pogossian M (1965) Micropuncture of cells by means of a laser beam. Ann NY Acad Sci 122:689
29. Bessis MG, Gires F, Mayer G, Nomarski G (1962) Irradiation des organites cellulaires a l'aide d'un laser a rubis. CR Acad Sci (Paris) 255:1010–1012
30. Blackwood WD, Silvis SE (1971) Electrocoagulation of hemorrhage gastritis. Gastrointest Endosc 18:53–55
31. Blackwood WD, Silvis SE (1971) Gastroscopic electro surgery. Gastroenterology 61:305–314
32. Blackwood WD, Silvis SE (1974) Standardization of electrosurgical lesions. Gastrointest Endosc 21:22–24
33. Blum HF (1958) Carcinogenesis by ultraviolet light. Univers. Press, Princeton
34. Blum HF (1969) Quantitative aspects of cancer induction by ultraviolet light: Including a revised model. In: Urbach F (ed) Biological effects of ultraviolet radiation (with emphasis on the skin). Pergamon, New York, pp 543–549
35. Bodem F, Reidenbach HD, Nehls M, Brand H, Frühmorgen P (1975) Untersuchungen über die Eignung der 2,45 GHz-Mikrowellenerwärmung für eine endoskopische Koagulationstherapie. Biomed Techn (Berlin) 20:238–239
36. Bodem F, Frühmorgen P, Reidenbach HD, Kaduk B, Brand H, Demling L (1977) Die endoskopische Photokoagulation mit dem Argon-Ionen-Laser im Magen-Darm-Trakt des Menschen. Laser '77 Opto-Electronics Conf. Proc. IPC Science, Guildford S. 361–366
37. Bodem F, Frühmorgen P, Reidenbach HD (1978) Progress of endoscopic treatment in gastrointestinal haemorrhage. Vortrag: II. Symposium International d'endoscopie digestive, Paris, Oct. 26/27, 1978
38. Bödecke V, Rudolph M, Grotelüschen B (1974) Messung der Intensitätsverteilung von YAG-Laserstrahlung im Gewebe. Biomed Techn 19:160–162
39. Boergen KP, Birngruber, Gabel VP, Hillenkamp F (1977) Tierexperimentelle Untersuchungen über die Wirkung von Laserlicht auf isolierte Gefäße. GSF-Bericht Ko 125; Neuherberg, Juni 1977
39a. Bordier (1897) Précis d'électrotherapie, galvanisation, voltaïsation sinusoïdale, faradisation, franklinisation, haute fréquence, électrophysiologie, électrodiagnostic, et électrothérapie proprement dite. Préface de d'Arsonval. Baillière, Paris
40. Bovie (1931) U. S. Patent, No. 1,813, 902. July 14, 1931
41. Bozzini PH (1806) Lichtleiter, eine Erfindung zur Anschauung innerer Teile und Krankheiten. J Prakt Heilkd 24:107–125
42. Brand H (1970) Schaltungslehre linearer Mikrowellennetze. Hirzel, Stuttgart
43. Braun-Falco O, Hofmann C, Plewig G, Burg G (1977) Photochemotherapy of Psoriasis vulgaris and Mucosis fungoides, Conf. Proc. Laser 77 Opto-Electronics. IPC Science, Guildford, pp 508–515
44. Breitwieser P, Herbrich H, Nöske HD, Zimmermann HD, Kraushaar J, Temme H (1973) CO_2-Laser als Operationsinstrumente in der experimentellen Urologie. Biomed Tech (Berlin) 18:6–13
45. Bronk BV (1976) Thermal potentiation of mammalian cell killing: Clues for understanding and potential for tumour therapy. In: Advances in radiation biology. Academic Press, New York, pp. 267–324
46. Brown AC, Brengelmann G (1965) Energy metabolism. In: Ruch, Patterson (eds) Physiology and biophysics. Saunders, Philadelphia, pp 1030–1049
47. Brown GH (1943) Heat-conduction problems in presses used for gluing of wood. Proc IRE 31:537–548

48. Brünner-Ornstein M, Randa K (1937) Versuche mit einem Magnetron-Ultrakurzwellengenerator für medizinische Zwecke. Strahlentherapie 59:267–275
49. Brunetaud JM, Maffioli C, Miro L (1977) The laser in digestive endoscopy. Acta Endosc Radiocinematogr 7:69–88
50. Brunetaud JM, Maffioli C, Flamet JB, Chelius P, Petit J (1977) L'utilisation des lasers en endoscopie digestive; étude experimentale. Vortrag: III. International Symposium of digestive endoscopy. Programme and Abstracts; Brüssel 1977
51. Brunetaud JM, Enger A, Berjot M, Maffioli C, Petit J, Flament JB (1977) Endoscopic argon-ion laser coagulation in the digestive tract: Development of a photocoagulator and experimental study, Conf. Proc. Laser 77 Opto-Electronics, IPC Science, Guildford pp 355–360
52. Bruns P von (1876) Klinische Erfahrungen über die Esmarchsche Methode der künstlichen Blutleere bei Operationen. Arch Klin Chir 19:644
53. Bülow H, Bülow U (1977) Preliminary report on endoscopic urethrotomy in dogs using a Nd-Yag-laser. Endoscopy 9:44
54. Bülow H, Bülow U, Frohmüller HG (1979) Transurethral laser urethrotomy in man: a preliminary report. J Urol 121:286–287
55. Butler ML, Morris W (1978) Use of argon laser in the treatment of experimentally induced upper gastrointestinal bleeding in primates. Gastrointest Endosc 24:117–118
56. Campbell CJ (1964) Application of fiber laser techniques to retinal surgery. Arch Ophthalmol 72:850
57 Campbell CJ, Rittler MC, Koester CJ (1963) The optical laser as a retinal coagulator: an evaluation. Trans Am Acad Ophthalmol Otolaryngol 67:58
58. Campbell CJ, Noyoriks, Ritter MC et al. (1963) Intraocular temperature changes produced by laser coagulation. Acta Ophthalmol [Suppl] 76:22–31
58a. Carpenter CM (1930) Artificial fever. Phys Ther 48:264
59. Carslaw HS, Jaeger JC (1959) Conduction of heat in solids, 2nd edn. Oxford University Press, London
60. Cater DB, Silver IA, Watkinson DA (1964) Combined therapy with 220 kV roentgen and 10 cm microwave heating in rat hepatoma. Acta Radiol 2:321–336
60a. Christie RV, Loomis AL (1929) The relation of frequency to the physiological effects of ultra-high frequency currents. J Exp Med 49:303–321
61. Claridge E, Norton MJ, O'Connell JP (1977) The selection of surgical diathermy units. J Med Eng Technol 1:218–221
62. Clark WL (1910) Oscillatory desiccation in accessible new growths. JAMA 55:1224
63. Classen M, Demling L (1971) Operative Gastroskopie: Fiberendoskopische Polypenabtragung im Magen. Dtsch Med Wochenschr 96:1466
64. Classen M, Demling L (1974) Endoskopische Sphincterotomie der Papilla Vateri und Steinextraktion aus dem Ductus Choledochus. Dtsch Med Wochenschr 99:496
65. Cohn M (1910) Über die Anwendung der ungedämpften elektrischen Schwingungen (Forestsche Nadel) zu operativen Zwecken. Wien Klin Wochenschr 16
66. Cole KS (1942) Impedance of single cells. Tabulae Biol 19:24–27
67. Cole KS, Cole RH (1941) Dispersion and absorption in dielectrics: II. Direct current characteristics. J Chem Phys 9:341
68. Cole KS, Curtis HJ (1950) Bioelectricity: Electric physiology. In: Glasser O (ed) Medical physics, vol II. Year Book Medical Publishers, Chicago, pp 82–90
69. Coles W (1958) Device for performing surgical incisions by electronic energy. United States Patent Office, No. 2,835,254
70. Cook HF (1951) The dielectric behavior of some types of human tissues at microwave frequencies. Br J Appl Phys 2:295
71. Cunningham TM, Hill DW (1970) Anwendung von Lasern in der Chirurgie. Laser Angew Strahlenther 2/3:60–63
72. Curtiss LE (1973) High frequency currents in endoscopy: A review of principles and precautions. Gastrointest Endosc 20:9–12
73. Cushing H (1928) Electro-Surgery as an aid to the removal of intracranial tumors. Surg Gynecol Obstet 47:751–784
74. Czerny V (1910) Über Operationen mit dem Lichtbogen und Diathermie. Dtsch Med Wochenschr 35/11:489–493

75. Dänzer H (1934) Über das Verhalten biologischer Körper im Hochfrequenzfeld, Ann Phys Biol Med 20/5:463–480
76. Dänzer H (1934/35) Über das Verhalten biologischer Körper bei Hochfrequenz. Ann Phys Biol Med 21/5:783–790
77. D'Ans J, Lax E (1943) Taschenbuch für Chemiker und Physiker. Springer, Berlin
78. D'Arsonval MA (1893) Production des courants de haute fréquence et de grande intensité; leurs effets physiologiques. CR Mem Soc Biol (Paris) 5:122–124
79. D'Arsonval A (1897) Action physiologique des courants alternatifs à grande fréquence. Arch Electrol Med 6:133
80. D'Arsonval A (1897) Bulletin de la société intern. des électriciens.
81. Debye P (1949) Polare Moleküle. Hirzel, Leipzig
82. Debye P, Falkenhagen H (1928) Dispersion der Leitfähigkeit starker Elektrolyte. Elektrochem 34:562–565
83. Debye P, Falkenhagen H (1928) Dispersion von Leitfähigkeit und Dielektrizitätskonstante bei starken Elektrolyten. Physik Zeitschr 29:121–132
84. Delherm, Laquerrière (1910) Action endothermique des courants de haute fréquence. Gazette Hôpit Nr. 84
85. Deltenre MA, Vanlaethem A, Peeters JP, Cremer M (1975) Electrocoagulation of digestive bleeding lesions. Paper pres. at 2nd Int. Sympos. of digestive endoscopy, Brussels
86. Demling L, Koch H, Classen M, Belohlavek D, Schaffner O, Schwamberger K, Stolte M (1974) Endoskopische Papillotomie und Gallensteinentfernung. Dtsch Med Wochenschr 99:2255–2257
87. Demling L, Frühmorgen P, Koch H, Rösch W (1976) Operative Endoskopie. Schattauer, Stuttgart
88. Denier A (1937) Die biologische und therapeutische Wirkung der Hertzschen Wellen von 80 cm Wellenlänge. Wien Med Wochenschr 28:29
89. Deyhle P, Schnaars P, Meyer HJ (1974) Perorale endoskopisch-elektrochirurgische Abtragung einer Choledochocele. Dtsch Med Wochenschr 99:71–74
90. Dietzel F (1975) Tumor und Temperatur. Urban & Schwarzenberg, München
91. Dietzel F, Seibert G, Klobe G (1975) Der Einfluß einer Hochfrequenz-Hyperthermie auf den Verlauf des Ehrlich-Aszites-Karzinoms der Maus. Strahlentherapie 149:105–177
92. Diggs LW (1950) Normal human values obtained by clinical laboratory procedures. In: Glasser O (ed) Medical physics, vol II. Year Book Medical Publishers, Chicago, pp 24–26
93. Dobbie AK (1969) The electrical aspects of surgical diathermy. Biomed Tech (Berlin) 4:206–216
94. Dodge CH, Glaser ZR (1977) Trends in nonionizing electromagnetic radiation bioeffects research and related occupational health aspects. J Microwave Power 12:319–334
95. Doyen E (1908) Bipolaire Voltaisation. Münch Med Wochenschr 48:2516
96. Doyen E (1910) Traitement local des cancers accesibles par l'action de la chaleur au-dessus de 55°C. Rev Thér Méd Chir 77:551,577 u. Ann Electrobiol Radiol
97. Dwyer RM, Haverback BJ, Bass M, Cherlow (1975) Laser-induced hemostasis in the canine stomach. JAMA 231:486–489
98. Dwyer RM, Yellin AE, Cherlow J, Bass M, Haverback BJ (1975) Laser induced hemostasis in the upper gastrointestinal tract using a flexible fiberoptic. Gastroenterology 68:A-31/888
99. Earle KM, Garner FM, Kramer KL et al. (1967) Some effects of neodymium laser radiation upon the heads of dogs. Milit Med 132:122–127
100. Eichler J, Lenz H (1977) Laser applications in medicine and biology: a bibliography. Appl Opt 16:27–45
102. Eichler J, Knof J, Lenz H (1977) Measurements on the depth of penetration of light (0.35–1.0 μm) in tissue. Radiat Environ Biophys 14:239–242
103. Eichler J, Gutsche K, Knof J, Lenz H, Salk J, Schäfer G (1978) A laser endoscope with direct beam coupling. Endoscopy 10:115–118
104. Eichler J, Knof J, Lenz H, Salk J, Schäfer G (1978) Temperature distribution in tissue during laser irradiation. Radiat Environ Biophys 15:277–287
105. Eitner (1910) Über eine neue Art von Kaustik. Wien Klin Wochenschr 23/5
106. Elsässer E, Roos E (1976) Über ein Instrument zur leckstromfreien transurethralen Resektion. Medizinal-Markt/Acta Med 24/4:129–134

107. Engel T, Harris FW (1975) The electrical dynamics of laparoscopic sterilisation. J Reprod Med 15:33–42
108. England TS (1950) Dielectric properties of the human body for wave-lengths in the 1–10 cm range. Nature 166:480–481
109. Esau A (1928) Franz. Patent 666264 v. 21. 1. 1928 u. Deutsche Patentanmeldung E 42867 VIII c/21 g
110. Esau A, Pätzold J, Ahrens E (1936) Temperaturmessungen an geschichteten biologischen Geweben bei Frequenzen von $\nu = 2{,}7 \times 10^7$ Hz bis $\nu = 1{,}2 \times 10^9$ Hz. Naturwissenschaften 33:520–521
111. Escourrou J, Frexinos J, Rumeau JL, Legrand G, Ribet A (1978) Etude experimental du laser YAG chez le chien; 2eme Sympos. Intern. d'endoscopie digestive, Paris 26.–27. 10. 1978 – Abstract, S 53
112. Everett MA, Olson RL, Sayer RM (1965) Ultraviolet erythema. Med Assoc Arch Dermatol 92:713–719
113. Falkenhagen H (1953) Elektrolyte, 2. Aufl. Hirzel, Leipzig
114. Faltin H (1968) Technische Wärmelehre, 4. Aufl. Akademie, Berlin
115. Fankhauser F (1971) Der heutige Stand der Laserchirurgie. Schweiz Med Wochenschr 101:1425–1434
116. Fidler JP, Law E, MacMillan BG, Fox SH, Rockwell RJ Jr (1976) Comparison of carbon dioxide laser excision of burns with other thermal knives. Ann NY Acad Sci 267:254–262
117. Fine S, Klein E (1969) Lasers in biology and medicine. Laser Focus 5/7:28–36
118. Flachenecker G, Fastenmeier K (1976) Die transurethrale Prostataresektion mit Hochfrequenzströmen aus elektrotechnischer Sicht. Urologe [A] 15:167–172
119. Fleig W, Rüttenauer K (1979) Endoskopische Ösophagusvarizenblutung. Medizintech 99:56–57
120. Flocks M (1966) Present and future status of laser photocoagulation. Ophthalmol Clin 6:275,389
121. Fölsche T (1954) Über die Energieverteilung im geschichteten Körper bei Einstrahlung von dm- und cm-Wellen im Hinblick auf eine Wärmetherapie. Z Naturforsch 9b:429–446
122. Fox JL, Stein MN, Hayes JR (1966) Lasers and their neurosurgical application. Milit Med 131:493
123. François J, Cambie E (1971) Retinal photocoagulation (Xenon arc and lasers). Ann Ophthalmol 3:1201–1208
124. Freeman MA, Incropera FP (1970) Operational characteristics of a prototype arc plasma scalpel. Proc Ann Conf Med Biol 23:336
125. Freeman HM, Pomeranzeff O, Schepens C (1965) An evaluation of the ruby laser as a retinal coagulating source. Ann NY Acad Sci 122:783
125a. Freund L (1904) Elements of general radiotherapy. Rebman, New York
125b. Fricke H (1925) Electric capacity of suspensions with special reference to blood. J Gen Physiol 9:137
126. Friedman J (1973) The technical aspects of electrosurgery. Oral Surg 36:177–187
126a. Frishman A, Gassner S, Kaplan I, Ger R (1974) Excision of subcutaneous fibrosarcoma in mice. Isr J Med Sci 10:637–641
127. Fröhlich H (1949) Theory of dielectrics, 2. Aufl. Clarendon, Oxford
128. Frucht AH, Matauschek J, Kahl W (1962) Handbuch medizinischer Elektronik, Teil I. VEB, Berlin
129. Frühmorgen P (1975) Endoskopische Blutstillung im Gastrointestinaltrakt. Inn Med 2:351–352
130. Frühmorgen P (1976) Tierexperimentelle Studien und erste klinische Anwendungen des Argon-Ionen-Lasers zur Lichtkoagulation im Gastrointestinaltrakt des Menschen. Habilitation, Universität Erlangen
131. Frühmorgen P, Reidenbach HD, Bodem F, Kaduk B, Demling L (1974) Experimental examinations on laser endoscopy. Endoscopy 6:116–122
132. Frühmorgen P, Demling L, Bodem F, Reidenbach HD, Brand H, Kaduk B (1975) Erste endoskopische Laser-Koagulationen im Gastrointestinaltrakt des Menschen. Dtsch Med Wochenschr 100:1678

133. Frühmorgen P, Kaduk B, Reidenbach HD, Bodem F, Demling L, Brand H (1975) Long-Term observations in endoscopic laser coagulations in the gastrointestinal tract. Endoscopy 7: 189–196
134. Frühmorgen P, Reidenbach HD, Bodem F, Kaduk B, Demling L (1975) Application du laser dans le tractus digestif. Acta Endosc Radiocin 5:69
135. Frühmorgen P, Bodem F, Reidenbach HD, Kaduk B, Demling L (1976) Endoscopic laser coagulation of bleeding gastrointestinal lesions with report of the first therapeutic application in man.Gastrointest Endosc 23:73–75
136. Frühmorgen P, Kaduk B, Bodem F, Reidenbach HD, Demling L (1976) Endoskopische Photokoagulation von Gefäßen und Blutungen mit Laserlicht. Fortschr Gastroenterol Endosk 7:151–155
137. Frühmorgen P, Kaduk B, Reidenbach HD, Bodem F, Demling L (1977) Vergleichende Untersuchungen zur fiberendoskopischen Lichtkoagulation mit einem Argon-Ionen- und einem Neodym-YAG-Laser. Fortschr Gastroenterol Endosk 8:219–225 u. 233–235
138. Frühmorgen P, Bodem F, Reidenbach HD, Demling L (1978) Was ist gesichert in der Laserkoagulation zur Stillung gastrointestinaler Blutungen? Internist 19:707–712
139. Frühmorgen P, Bodem F, Reidenbach HD, Kaduk B, Demling L (1978) Endoscopic photocoagulation by laser irradiation in the gastrointestinal tract of man. Acta Hepatogastroenterol 25:1–5
140. Frühmorgen P, Bodem F, Reidenbach HD, Kaduk B, Demling L (1979) Argon-Ion-Laser. In: Demling L, Koch H (Hrsg) Operative Endoscopy. Schattauer,Stuttgart, S 53–56
141. Frühmorgen P, Reidenbach HD, Bodem F (1979) Blutstillung durch Photokoagulation. In: Gheorghiu T (Hrsg) Das gastroenterologische Kompendium, Bd 6. Witzstrock, Baden-Baden, S 69–83
142. Frühmorgen P, Reidenbach HD, Bodem, F, Matek W, Demling L (1979) Neue Wege der Laser- und Hochfrequenztechnik in der gastroenterologischen Therapie. In: Boecker W (Hrsg) Speiseröhre – Magen. Thieme,Stuttgart, S 103–109
143. Gaisford WD (1976) A new prototype 2-channel upper gastrointestinal operating fiberscope. Gastrointest Endosc 22: 148–150
144. Galustov VD (1976) Ostanovka gastroduodenal'nogo krovotechenica pod kontrolem fibroskopa. Vestn Khir 116:26–28
145. Galustov VD (1979) Krio'elektrokoaguliatsiia pri ostrykh gastroduodenal'nykh krovotecheniiakh. Vestn Khir 121:22–25
146. Gamaleja NF, Polishchuk EI (1978) Lechenie opkholej kozhi impulsnym lazeran. Vopr Onkol 24:76–81
147. Geeraets WJ, Williams RC, Chan G, Ham WT Jr, Guerry III D, Schmidt FH (1962) The relative absorption of thermal energy in retina and choroid. Invest Ophthalmol 1:340–347
148. Geeraets WJ, Ham WT Jr, Williams RC, Mueller HA, Burkhart J, Guerry III D, Vos JJ (1965) Laser versus light coagulators: A funduscopic and histologic study of chorioretinal injury as a function of exposure time. Fed Proc 24:48–61
149. Gericke D (1978) Krebs, was wissen wir, was können wir tun? Naturwissenschaften 65:370–375
150. Gerner EW, Connor WG, Boone ML, Doss JD, Mayer EG, Miller RC (1975) The potential of localized heating as an adjunct to radiation therapy. Radiology 116:433–439
151. Gerthsen C (1966) Physik, 9. Aufl. Springer, Berlin Heidelberg New York
152. Gildemeister M (1912) Über die im tierischen Körper bei elektrischer Durchströmung entstandenen Gegenkräfte. Pflügers Arch 149:389–400
153. Ginsbach G (1977) Diskussionsbeitrag. Laser '77 Opto-Elektronik, München
154. Ginsbach G, Höhler H, Lemperle G (1977) Die Behandlung von Hämangiomen mit dem Argon-Laser. Z Plast Chir 1
155. Ginsbach G, Höhler H, Lemperle G (1977) The treatement of hemangiomas, teleangectasia, radiodermatitis and tattoos with argon laser. Conf. Proc. Laser 77 Opto-Electronics. IPC Science, Guildford, pp 367–373
156. Glasser O (ed) (1960) Medical physics. Year Book Medical Publishers, Chicago
157. Goldman L (1965) Dermatological manifestations of laser radiation. Fed Proc 24:92–93
158. Goldman L (1966) Laser in cancer research. Springer, Berlin Heidelberg New York

159. Goldman L (1975) Laser medicine: Some recent developments. Optics Laser Technol 7:87–90
160. Goldman L (1979) Sturm und Drang in the development of lasers for the good of man. Laser 79 Opto-Electronics. IPC Science, Guildford, pp 1–3
161. Goldman L, Dreffer R (1977) Laser treatment of extensive mixed cavernous and port-wine stains. Arch Dermatol 113:504–505
162. Goldman L, Rockwell RJ (1971) Lasers in medicine. Gordon & Breach, New York
163. Goldman L, Hornby P, Meyer R et al. (1965) Radiation from a Q-switched ruby laser: Effect of repeated impacts of power output of ten megawatts on a tattoo of man. J Invest Dermatol 44:69
164. Goldman L, Wilson R, Hornby P, Meyer R (1965) Laser radiation of malignancy in man. Cancer 18:533–545
165. Goldman L, Rockwell J, Meyer R et al. (1967) Laser treatment of tattoos. JAMA 201:163–166
166. Goldman L, Siler VE, Blaney D (1967) Laser therapy of melanomas. Surg Gynecol Obstet 125:49–56
167. Goldman L, Ritter EJ, Rockwell J, Meyer R, Henderson B, Kitzmiller KW (1969) Laser-Chirurgie von Angiomen. Laser Angew Strahlenther 1/4:53–55
168. Goldman L, Dreffer R, Rockwell RJ Jr, Perry E (1977) Treatment of portwine marks by an argon laser. J Dermatol Surg 2:385–388
169. Gonzales R, Edlich RF, Bredemeier HC, Polanyi TG, Goodale RL, Wangensteen OH (1970) Rapid control of massive hepatic hemorrhage by laser radiation. Surg Gynecol Obstet 131:198–200
170. Goodale RL, Okada A, Gonzales R, Borner JW, Edlich RF, Wangensteen OH (1970) Rapid endoscopic control of bleeding gastric erosions by laser radiation. Arch Surg 101:211–214
171. Gordon RT, Hines JR, Gordon D (1979) Intracellular hyperthermia. A biophysical approach to cancer research treatment via intracellular temperature and biophysical alterations. Med Hypotheses 5:83–102
172. Gordon TE Jr (1966) Some effects of laser impacts on extracted teeth. J Fl Dent Soc 37:6
173. Gorisch W, Boergen KP, McCord RC, Weinberg W (1977) Temperature measurement of laser irradiated mesenterial blood vessels of the rabbit. GSF-Bericht BPT5, Proc. Symp. Lasers in Medicine and Biology; Neuherberg, June 22–25, 1977, S. 8-1 ÷ 8-8
174. Grigull U (1966) Technische Thermodynamik. de Gruyter, Berlin
175. Grober J, Stieve FE (1966) Handbuch der Physikalischen Therapie, Bd. I. Fischer, Stuttgart
176. Grober J, Stieve FE (1971) Handbuch der Physikalischen Therapie, Bd II/1. Fischer, Stuttgart
177. Grotelüschen B, Bödecker V (1974) Zum Schneiden von parenchymatösen Organen mit Neodym-Laserstrahl. Laser Elektro Optik 6/3:55–57
178. Grundler W, Keilmann F (1978) Nonthermal effects of millimeter microwaves on yeast growth. Z Naturforsch 33c : 15–22
179. Guleke N (1929) Über die Anwendung der Elektrochirurgie bei Hirntumoren. Zentralbl Chir 44:2757–2759
180. Guleke N (1933) Das doppelpolige Schneiden. Chirurg 5:689–692
181. Guy AW, Lehmann JF (1966) On the determination of an optimum microwave diathermy frequency for a direct contact applicator. IEEE Trans Biomed Eng 13:76–87
182. Guy AW, Lehmann JF, Stonebridge JB (1974) Therapeutic applications of electromagnetic power. IEEE Trans Biomed Eng 62:55–75
183. Hahn GM, Braun J, Har-Kedar I (1975) Thermochemotherapy: Synergism between hyperthermia (42–43°C) and adriamycin (or bleomycin) in mammalian cell inactivation. Proc Natl Acad Sci 72:357–361
184. Haina D, Hutschenreuther G, Seipp W, Hohenfellner R, Waidelich W (1977) Versuche zur Wundheilung mit Laser-Strahlung. Conf. Proc. Laser 77 Opto-Electronics. IPC Science, Guildford S 501–507
185. Haina D, Seipp W, Waidelich W (1977) Lichttherapie mit dem Argon-Laser. Conf. Proc. Laser 77 Opto-Electronics. IPC Science, Guildford, S 374–380

186. Haina D, Justen V, Seipp W, Waidelich W (1978) Hochintensitäts-Lasertherapie in der dermatologischen Praxis. Biomed Tech (Berlin) [Suppl] 23:116
187. Halldorsson T, Langerholc J, Rother W (1978) Einfluß der optischen Streuung bei thermischer Umsetzung von Laserstrahlung im biologischen Gewebe. Biomed Tech (Berlin) [Suppl] 23:115
188. Hansen WN (1968) Electric fields produced by the propagation of plane coherent electromagnetic radiation in a stratified medium. JOSA 58:380–390
189. Hartung R, Mauermayer W (1979) Die Harnröhrenstriktur nach transurethralen Eingriffen: Ursachen, Vorbeugung, Ergebnisse. Urologe [A] 18:64–67
190. Harzmann R, Bichler KH, Gericke D, Altenähr E, Dietzel F, Erdmann D (1978) Lokale Hochfrequenz-Hyperthermie des Brown-Pearce-Karzinoms der Harnblase des Kaninchens. Urologe [A] 17:130–134
191. Heitz-Boyer M (1929) Action hémostatique „secondaire" du bistouri à haute fréquence. Bull Soc Natl Chir Paris 55:1946
192. Helwig EB, Jones W, Hayes J et al. (1965) Anatomic and histochemical changes in skin after laser irradiation. Fed Proc 24:483
193. Helsper JT (1964) The biological effect of laser energy on human melanoma. Cancer 17:1299
194. Helsper JT, Sharp GS, Williams HF et al. (1967) The synergistic effect of laser radiation and ionizing radiation on malignant tumours in vivo and in vitro. AJR 99:446
195. Heppner F, Ascher PW (1977) Operationen an Hirn und Rückenmark mit dem CO_2-Laser. Acta Chir Aust 9:32–34
196. Herbrich H (1975) Laser statt Skalpell. Umschau 75:133–136
197. Herrick JF, Jelatis DG, Lee GM (1950) Dielectric properties of tissues important in microwave diathermy. Fed Proc 9:60
198. Hertel E (1975) Die transurethrale Elektroresektion des Prostataadenoms. Munch Med Wochenschr 117:813–816
199. Hertz HR (1894/95) Gesammelte Werke, 3 Bde.
200. Heymann E (1930) Chirurgische Eingriffe mit Hochfrequenzströmen. Med Klin 15:539
201. Hill NE, Vaughan WE, Price AH, Davies M (1969) Dielectric properties and molecular behaviour. Van Nostrand, London
202. Hillenkamp F, Kaufmann R (1972) Zusammenfassender Bericht über das Informationstreffen Laser in der Medizin; 10.–11. 4. 1972, GSF-Bericht A39; Neuherberg, Juni 1972
203. Hillenkamp F, Kaufmann R, Remy E (1971) Der Laser als Instrument der Zellforschung im Mikro- und Submikrobereich. Laser Angew Strahlenther 3/4: 40–43
204. Hirsch HA (1974) Verbrennungen bei der laparoskopischen Tubensterilisation und Möglichkeiten ihrer Vermeidung. Geburtshilfe Frauenheilkd 34:345–349
205. Hirsch HA, Roos E (1974) Laparoskopische Tubensterilisation mit einer neuen Bikoagulationszange. Geburtshilfe Frauenheilkd 34:340–344
206. Hirschowitz BI, Curtis LE, Peters CW, Polland HM (1958) Demonstration of a new gastroscope: „The Fiberscope". Gastroenterology 35:50
207. Hofstetter A, Frank F (1979) Ein neues Laser-Endoskop zur Bestrahlung von Blasentumoren. Fortschr Med 97:232–234
208. Hofstetter A, Staehler G, Keiditsch E, Siepe W (1976) Morphologische Veränderungen der Kaninchen-Harnblase bei endoskopischer Argon-Laser-Bestrahlung. Fortschr Med 94:1679–1682
209. Hofstetter A, Staehler G, Mellin HE (1977) Blutstillung mit dem Infrarot-Kontakt-Koagulator am Nierenparenchym; GSF-Bericht BPT5, Proc. Symp. Lasers in Medicine and Biology; Neuherberg, June 22–25, 1977, S. 11-1 ÷ 11-4
210. Hohmann E (1973) Das Sirotom, ein Elektrochirurgiegerät für die Zahnheilkunde. Elektromed 2:64–67
211. Hollmann HE (1937) Zur Theorie der Bestrahlung geschichteter biologischer Objekte mit ultrakurzen Wellen. Hochfrequenztech Elektroak 50:81–91
212. Hollyock VE, Chanen W (1976) Electrocoagulation diathermy for the treatment of cervical displasia and carcinoma in situ. Obstet Gynecol 47:196–199
213. Holzer W (1944) Physikalische Medizin in Diagnostik und Therapie, 4. Aufl. Maudrich, Wien

213a. Hosmer HR (1928) Heating effects observed in a high frequency field. Science 68:325
214. Hu CL, Barnes FS (1970) The thermal-chemical damage in biological material under laser irradiation. IEEE Trans Biomed Eng 17:220–229
215. Hymmen U, Wieland C (1976) Leistung und Wirkungsmechanismen einer lokalen kombinierten Strahlentherapie-Wärmeanwendung. Med Klin 71:1183–1187
216. Ihre T, Seligson U (1978) Endoscopic laser treatment in massive upper gastrointestinal (GI) bleeding. Vortrag: IV. Congreso mundial de endoscopia digestiva. Libro de Resúmenes. Editorial Garsi, Madrid, 1–3 junio 1978, p 180
217. Imig CJ, Thomson JD, Hines (1948) Testicular degeneration as a result of microwave irradiation. Proc Soc Exp Biol Med 69:382–386
218. Incropera FP (1972) Energy and mass transfer in tissues exposed to high intensity, finely resolved energy sources: Theoretical considerations. Technical report HTGDL-7, Purdue University, West Lafayette
219. Jako GJ (1972) Laser surgery of vocal cords (An experimental study with carbon dioxide lasers on dogs). Laryngoscope 82:2204–2216
220. Jako GJ, Strong MS, Polanyi TG, Bredemeier HC (1973) Experimental carbon dioxide laser surgery of the vocal cords. Eye Ear Nose Throat Mon 52:171–172
221. Johannsen K (1976) AEG-Hilfsbuch 1, 2. Aufl. Elitera, Berlin
222. Johnson CC, Guy AW (1972) Nonionizing electromagnetic wave effects in biological materials and systems. Proc IEEE 60:692–718
223. Kaduk B, Frühmorgen P (1975) Ultrastruktur endoskopisch durch Laser-Radiatio erzeugter Erosionen und Ulzera im Gastro-Intestinaltrakt von Hunden. Inn Med 2:345–350
224. Kapany NS, Peppers NA, Zweng HC, Flocks M (1963) Retinal photocoagulation by laser. Nature 199:146–149
225. Kapany NS, Silbertrust N, Peppers NA (1965) Laser retinal photocoagulator. Appl Opt 4:517–522
226. Kaplan I (ed) (1976) Laser surgery. Academic Press, Jerusalem
227. Kaplan I (ed) (1978) Laser surgery, vol II. Academic Press, Jerusalem
228. Kaplan I, Ger R (1973) Partial mastectomy and mammaplasty performed with a CO_2 surgical laser. Br J Plast Surg 26:363–364
229. Kaplan I, Ger R (1973) The carbon dioxide laser in clinical surgery. Isr J Med Sci 9:79–83
230. Kaplan I, Peled I (1975) The carbon dioxide laser in the treatment of superficial telangiectases. Br J Plast Surg 28:214–215
231. Kaplan I, Ger R, Sharon U (1973) The carbon dioxide laser in plastic surgery. Br J Plast Surg 26:359–362
232. Kaplan I, Gassner S, Shindel Y (1974) Carbon dioxide laser in head and neck surgery. Am J Surg 128:543–544
233. Karacz B, Lindemann HJ (1972) Erste Erfahrungen über intramurale Tubensterilisation per Hysteroskop. Fortschr Endoskopie 4:197–200
234. Karduck A, Richter HG, Blank M (1978) Laserchirurgie des Stimmbandes. Klinisch-experimentelle Untersuchungen im Hinblick auf die Behandlung begrenzter Kehlkopfkarzinome. Laryngol Rhinol Otol (Stuttg) 57:419–427
235. Katon RM (1976) Experimental control of gastrointestinal hemorrhage via the endoscope: A new era dawns. Gastroenterology 70:272–277
236. Keating-Hart WDe (1909) La fulguration et ses résultats dans le traitement du cancer d'après une statistique personelle de 247 cas. Maloine, Paris
237. Kebbel W, Seeliger E (1957) Radiotom 611 ein Universalgerät für Elektrochirurgie. SRW-Nachrichten 2:3–6
238. Kebbel W, Krause W, Pätzold J (1964) Energieverteilung in Fett-Muskel-Schichten bei Behandlung mit längeren Dezimeterwellen im Vergleich mit den bisher in der Therapie angewendeten Hochfrequenz-Verfahren. Elektromed 9/3:170–179
239. Keidel WD (1979) Kurzgefaßtes Lehrbuch der Physiologie, 5. Aufl. Thieme, Stuttgart
240. Kelly HA, Ward GE (1926) The radical breast operation with the endotherm knife (Acusection) and without ligatures. Ann Surg 83:42–46
240a. Kelly HA, Ward GE (1932) Electrosurgery. Saunders, Philadelphia

241. Keysser F (1931) Die Elektrochirurgie. Fischer, Leipzig
242. Kiefhaber P, Teufel H, Moritz K (1975) Erste Laserendoskopie mit einem flexiblen Transmissionssystem. Fortschr Endoskopie 6: 9–12
243. Kiefhaber P, Nath G, Moritz K, Gorisch W, Kreitmair A, Schramm W (1976) Eigenschaften verschiedener Lasertransmissionssysteme und ihre Eignung für die endoskopische Blutstillung. Fortschr gastroenterol Endoskopie 7: 144–150
244. Kiefhaber P, Nath G, Moritz K (1977) Endoscopical control of massive gastrointestinal hemorrhage by irradiation with a high-power neodymium-yag laser. Prog Surg 15: 140–155
245. Kiefhaber P, Nath G, Moritz K, Gorisch W, Kreitmair A (1977) Endoscopical control of massive gastrointestinal hemorrhage with a high power neodymium-yag laser. GSF-Bericht BPT5. Proc. Symp. Lasers in Medicine and Biology; Neuherberg, June 22–25, 1977, S. 2-1 ÷ 2-9
246. Kiefhaber P, Nath G, Moritz K, Kreitmaier A (1977) Der Einsatz des Neodym-Yag-Lasers bei der endoskopischen Blutstillung im Rahmen der Notfallendoskopie. Fortschr gastroenterol Endoskopie 8: 226–232
247. Kiefhaber P, Nath G, Moritz K, Gorisch W, Kreitmair A (1978) Die Eignung des Nd-Yaglasers für die endoskopische Blutstillung schwerer Blutungen im Gastrointestinaltrakt. Fortschr Endoskopie 7: 33–36
248. Kiefhaber P, Nath G, Moritz K, Kreitmair A, Gorisch W (1979) Endoscopical control of massive gastrointestinal hemorrhage with a high power neodymium-yag laser. In: Demling L, Koch H (eds) Operative endoscopy. Schattauer, Stuttgart, pp 43–51
249. Kinersley T, Jarabak JP, Phatak NM, DeMent J (1965) Laser-induced microperforations in teeth sections. J Dent Res 45: 199
250. Kitzmiller KW, William K (1970) Laser treatment of tattoos and angiomas. J Med Assoc Ga 59: 385–386
251. Koch H, Pesch HJ, Bauerle H, Frühmorgen P, Rösch W, Classen M (1972) Erste experimentelle Untersuchungen und klinische Erfahrungen zur Elektrokoagulation blutender Läsionen im oberen Gastrointestinaltrakt. Fortschr Endoskopie 4: 69–71
252. Königsmann G, Köster K (1978) Künftig ein Routine-Instrument in Kliniken. Markt Technik 16: 50
253. Koester CJ, Snitzer E, Campbell CJ, Rittler MC (1962) Experimental laser retina coagulator. JOSA 52: 607
254. Korb H (1939) Erhöhung und Wirkung von Röntgenstrahlen durch lokale Kurzwellenhyperthermie. Strahlentherapie 65: 649
255. Korb H (1942) Weitere Untersuchungen zur Frage der Erhöhung der Wirkung von Röntgenstrahlen durch Kurzwellenhyperthermierung. Strahlentherapie 72: 220–243
256. Kovaćs R (1932) Electrotherapy and light therapy. Lea & Febiger, Philadelphia
257. Kowarschik J (1934) Neue Wege der Kurzwellentherapie. Klin Wochenschr 13: 1493
258. Kowarschik J (1943) Kurzwellentherapie, 3. Aufl. Springer, Wien
259. Kraeft WD (1965) Ein Verfahren zur Messung der komplexen Dielektrizitätskonstanten von konzentrierten Ionenlösungen mittels Hohlraumresonatoren. Z Phys Chem 230: 368–384
260. Kresse H (1978) Kompendium Elektromedizin, 2. Aufl. Siemens, Berlin
261. Kretzer K (1960) Handbuch für Hochfrequenz- und Elektro-Techniker, VI. Band. Radio-Foto-Kinotechnik, Berlin
261a. Krusen FH (1941) Physical medicine. Saunders, Philadelphia
262. Krusen FH (1950) Medical applications of microwave diathermy. Proc R Soc Med 43: 641
263. Landolt HH, Börnstein R (1959) Zahlenwerte und Funktionen, 6. Teil. Springer, Berlin Göttingen Heidelberg
263a. Landolt HH, Börnstein R (1960) Zahlen und Funktionen aus der Physik-Chemie-Astronomie-Geophysik-Technik. Technik, 4. Teil, Bd A. Springer, Berlin Göttingen Heidelberg
264. Landolt HH, Börnstein R (1960) Zahlen und Funktionen aus der Physik-Chemie-Astronomie-Geophysik-Technik, Technik, 4. Teil, Bd B. Springer, Berlin Göttingen Heidelberg

265. Landolt HH, Börnstein R (1960) Zahlenwerte und Funktionen aus Physik-Chemie-Astronomie-Geophysik und Technik, II. Band, 7. Teil. Springer, Berlin Göttingen Heidelberg
266. Laqueur A, Kowarschik J (1937) Die Praxis der physikalischen Therapie, 4. Aufl. Springer, Wien
267. Larbig J, Goeltner E, Baessler R (1975) Temperaturmessungen und histologische Tuben-Befunde bei laparoskopischer Sterilisation. Geburtshilfe Frauenheilkd 35:190–193
268. Law HT, Pettigrew RT (1979) New apparatus for the induction of localized hyperthermia for treatment of neoplasia. IEEE Trans Biomed Eng 26:175–177
269. Leheta F, Gorisch W (1975) Koagulation und Resektion von Blutgefäßen mit dem Argon-Laser. Fortschr Med 93:653–657
270. Lehmann JF (1953) The biophysical basis of biologic ultrasonic reactions with special reference to ultrasonic therapy. Arch Phys Med 34:741–749
271. Lehmann JF, Guy AW, Johnston VC, Brunner GD, Bell JW (1962) Comparison of relative heating patterns produced in tissues by exposure to microwave energy at frequencies of 2,450 and 900 megacycles. Arch Phys Med 43:69–76
272. Lehmann JF, McMillan JA, Brunner GD, Guy AW (1962) A comparative evaluation of temperature distributions produced by microwaves at 2,456 and 900 megacycles in geometrically complex specimens. Arch Phys Med 43:502–507
273. Lehmann JF; Masock AJ, Warren CG, Koblanski JN (1970) Effects of therapeutic temperatures and tendon extensibility. Arch Phys Med 51:481–487
274. Lenz H, Eichler J (1975) Wirkung des Argonlasers auf die Gefäße, Mikro- und Makrozirkulation der Schleimhaut der Hamsterbackentasche. Laryngol Rhinol Otol (Stuttg) 54:612–619
275. Lenz H, Eichler J (1977) Biophysikalische Grundlagen der Laserchirurgie und ihre bisherige Anwendung im HNO-Bereich. Laryngol Rhinol Otol (Stuttg) 55:529–544
276. Lenz H, Eichler J, Knof J, Salk J, Schäfer G (1978) Endonasales Ar^{+}-Laser-Strahlführungssystem und erste klinische Anwendungen bei der Rhinopathia vasomotorica. Laryngol Rhinol Otol (Stuttg) 56:749–755
277. Lertes E (1978) Beschreibung des dielektrischen Verhaltens von Gläsern mit elektrischen Ersatzschaltungen. Ceramics Glass Cement 5:1–4
278. L'Esperance FA (1968) An ophthalmic argon laser photocoagulation system: Design, construction and laboratory investigations. Trans Am Ophthalmol Soc 66:827–904
279. L'Esperance FA (1969) Clinical applications of argon laser photocoagulation. Trans Am Acad Ophthalmol Otolaryngol 73:1077–1096
280. L'Esperance FA, Labuda EF, Johnson AM (1969) Photocoagulation delivery systems for continuous-wave lasers. Br J Ophthalmol 53:310–322
281. LeVeen HH, Wapnick S, Piccone V, Falk G, Ahmed N (1976) Tumor eradication by radiofrequency therapy. JAMA 235:2198–2200
282. Levine NS, Salisbury RE, Peterson HD, Pruitt BA Jr (1976) Clinical evaluation of the carbon dioxide laser for burn wound excisions: A comparison of the laser, scalpel and electrocautery. J Trauma 15:800–807
283. Licht S (1958) Therapeutic heat. Waverly, Baltimore
284. Lorentz HA (1880) Über die Beziehung zwischen der Fortpflanzungsgeschwindigkeit des Lichtes und der Körperdichte. Ann Phys 9:641–665
285. Lorentz HA (1909) Theorie der Elektronen. Teubner, Leipzig
286. Lorenz L (1880) Ueber die Refractionsconstante. Ann Phys 11:70–103
287. Luk KH, Baker DG, Purser P, Castro JR, Manuel F (1979) The use of 2450 megahertz of microwave in cancer therapy. A pilot study. Phys Ther 59:405–408
288. Madden JL, Kandalaft S (1967) Electrocoagulation. A primary and preferred method of treatment for cancer of the rectum. Ann Surg 166:413–419
289. Madden JL, Kandalaft S (1971) Electrocoagulation in the treatment of cancer of the rectum. Ann Surg 174:530–538
290. Maddock AJ (1946) Dielectric heating. J Sci Inst 23:165–173
291. Maiman TH (1960) Stimulated optical radiation in ruby masers. Nature 187:493–494
292. Mainster MA, White TJ, Allen RG (1970) Spectral dependence of retinal damage produced by intense light sources. JOSA 60:848–855

293. Malmberg CG, Maryott AA (1956) Dielectric constant of water from 0° to 100 °C. J Res Bur Stand 56:1–8
294. Malt RA (1965) Effects of laser radiation on subcellular components. Fed Proc 24:122
295. Manegold BC (1975) Notfallendoskopie bei akuter gastrointestinaler Blutung. Med Klin 70:926–934
296. Marchal M, Marchal MT (1965) Détection d'ultra-sons induits dans le tissu cérébral par irradiation laser. Danger de ces applications. ZAMP 16:181
297. Matek W, Frühmorgen P, Seuberth K, Kaduk B, Demling L (1978) Ulcer punch: Method and use in animal experiments for the production of standardized lesions and reproducible bleeding in the gastrointestinal tract. Acta Hepatogastroenterol (Stuttg) 6:450–455
298. Matek W, Frühmorgen P, Kaduk B, Reidenbach HD, Bodem F, Demling L (1979) Modified electrocoagulation and its possibilities in the control of gastrointestinal bleeding. Endoscopy 4:253–258
299. Matek W, Frühmorgen P, Kaduk B, Reidenbach HD, Bodem F (1980) The healing process of experimentally produced bleeding lesions after electrocoagulation with simultaneous instillation of water. Endoscopy 12:231–236
300. Mauermayer W (1972) Die transurethrale Resektion der Prostate. Therapiewoche 22:3014–3023
301. Mauser R (1971) Störeinflüsse auf Herzschrittmacher durch Elektrochirurgiegeräte. Elektronik 20/6:199
302. Maxwell JC (1881/1892) Treatise on electricity, vol II. u. A treatise of electricity and magnetism, 3rd edn. University Press, Oxford
303. Mayo WJ (1925) The relative values of surgery and radiotherapy. Minn Med 8:7
304. McBurney EI (1978) Carbon dioxide laser treatment of dermatologic lesions. South Med J 71:795–797
305. McFee WB (1925) Electrocoagulation in surgery. Med J Record 122:3–6
306. McGuff PE (1965) Tumoricidal effect of laser energy on experimental and human malignant tumors. N Engl J Med 273:273
307. McGuff PE (1966) Laser radiation for metastatic malignant melanoma. JAMA 195:393
308. McGuff PE (1966) Surgical applications of laser. Thomas, Springfield
309. McGuff PE, Deterling RA Jr, Gottlieb LS, Fahimii HD, Bushnell D, Roeber F (1964) Laser treatment of experimental malignant tumors. Can Med J 91:1089
310. McLean AJ (1929) The Bovie electrosurgical current generator. Arch Surg 18:1863–1873
311. McLennan JC, Burton AC (1931) Selective heating by short radio waves and its application to electrotherapy. Can J Res 5:550
312. Melchior H (1975) Gefahren der Elektrochirurgie. Chirurg 46:370
313. Melchior H (1976) Die operative Therapie der Blasentumoren. Therapiewoche 26:4342, 4345–4346
314. Mendelson JA, Ackermann NB (1965) Study of biologically significant forces following laser irradiation. Fed Proc 24:111–115
315. Menguy R (1976) Surgery of peptic ulcer, vol 18: Major problems in clinical surgery. Saunders, Philadelphia
316. Merriman JR, Holmquist HJ, Osborne SL (1934) New method of producing heat in tissues: The inductotherm. Am J Med Sci 187:677
317. Mester E (1970) Der stimulierende Effekt von Laserstrahlen geringer Energie auf biologische Systeme. Laser Angew Strahlenther 2/1:46–47
318. Mester E, Ludány G, Frenyó V et al. (1971) Experimental and clinical observations with laser. Panminerva Med 13:538
319. Mester E, Korenyi-Both A, Spiry T, Scher A, Tisza S, Varga L (1975) Neuere Untersuchungen über die Wirkung der Laserstrahlen auf die Wundheilung. (Klinische und elektromagnetische Erfahrungen). Z Exp Chir 7:9–17
320. Mester E, Nagy EJ, Bácsy E, Korényi-Both A, Naményi J, Kovács I, Tisza S (1976) Laser in der Medizin – experimentelle und klinische Erfahrungen. In: Kaul A (Hrsg) Medizinische Physik in Forschung und Praxis. Gruyter, Berlin, S 117–135

321. Mester E, Nagylucskay S, Tisza S, Mester A (1977) Neuere Untersuchungen über die Wirkung der Laserstrahlen auf die Wundheilung: Immunologische Aspekte. Conf. Proc. Laser 77 Opto-Electronics. IPC Science, Guildford, S 490–500
322. Mester E, Nagylucskay S, Tisza S, Mester A (1979) Stimulation of wound healing by means of laser rays: Part III – Investigation of the effect of immune competent cells. Acta Chir Acad Sci Hung 19: 163–170
323. Meyer-Schwickerath G (1959) Lichtkoagulation. Enke, Stuttgart
324. Michaelson SM (1970) Human exposure to nonionizing radiant energy – potential hazards and safety standards. Proc IEEE 60: 389–421
325. Middeldorf AT (1854) Die Galvanocaustik, ein Beitrag zur operativen Medicin. Breslau
326. Minton JP (1964) Method to determine laser wavelength absorption capabilities of experimental malignant tumors. Life Sci 3: 1007–1010
327. Mitchell JP, Lumb GN (1962/63) The principles of surgical diathermy and its limitations. Br J Surg 50: 314–320
328. Mitchell JP, Lumb GN (1966) A handbook of surgical diathermy. Wright, Bristol
329. Moody FG, Cheung LY (1976) Stress ulcer; their pathogenesis, diagnosis and treatment. Surg Clin North Am 56: 1469
330. Müssigang H (1973) Neue Aspekte in der Laserchirurgie. Laser Elektro Optik 5/4: 49
331. Müssigang H, Katsaros W (1970) Experimentelle Erfahrungen mit Neodymlaserlicht bei Operationen. Laser Angew Strahlenther 2/4: 60–64
332. Mulvaney WP, Beck CW (1968) The laser beam in urology. J Urol 99: 112–115
333. Nagelschmidt F (1909) Über Hochfrequenzströme, Fulguration und Transthermie. Z Phys Diät Ther 3
334. Nagelschmidt F (1909) Über Diathermie (Transthermie, Thermopenetration). Munch Med Wochenschr 50: 2575
335. Nagelschmidt F (1921) Lehrbuch der Diathermie für Ärzte und Studierende, 2. Aufl. Springer, Berlin
336. Nath G (1972) Endlich das ideale Laser-Skalpell. Laser Elektro Optik 4/1: 49–50
337. Nath G, Fidler J (1972) High-Power Nd-YAG laser-surgery with a fiber-optic delivery system. First Europ. electro-optics markets and technology conf. pp 471–473
338. Nath G, Gorisch W, Kiefhaber P (1973) First laser endoscopy via a fiberoptic transmission system. Endoscopy 5: 208–213
339. Nath G, Gorisch W, Kreitmaier A, Kiefhaber P (1973) Transmission of a powerful argon-laser beam through a fiberoptic flexible gastroscope for operative gastroscopy. Endoscopy 5: 213–215
340. Nath G, Kreitmair A, Kiefhaber P, Moritz K (1977) Transmissionssysteme für Laser- und intensive Lichtstrahlung. GSF-Bericht BPT5. Proc. Symp. Lasers in Medicine and Biology, Neuherberg 22–25 June, 1977, S 33-1 ÷ 33-8
341. Nath G, Kreitmair A, Kiefhaber P, Moritz K (1978) Neue Infrarot-Koagulationsmethode. In: Rösch W (Hrsg) Fortschritte in der Endoskopie. Perimed, Erlangen, S 17–19
342. Nelaton A (1863) Nouvelle méthode de cautérisation destructive. Emploi d'un mince jet de flamme produit par la combustion du gaz ordinaire d'éclairage. Bull Gén Thér Méd Chir 64: 540
343. Nelson AJ, Holt JA (1978) Combined microwave therapy. Med J Aust 2: 88–90
344. Nernst W (1908) Zur Theorie des elektrischen Reizes. Pflügers Arch 122: 275–315
344a. Neymann CA (1938) Artificial fever. Baillière & Co., London
345. Nöske HD (1975) Die thermische Kauterisation in der chirurgischen Therapie. Therapiewoche 25: 1394–1402
346. Norman A, Spiegler P (1962) Thermal spikes in protein. JAP 33: 2658
347. Okress EC (1968) Microwave power engineering, vol 2. Academic Press, New York
348. Oliphant WD (1943) High frequency therapy. Electron Engin 16: 142–144
349. Oliphant WD (1943) High frequency therapy, part IV. Electron Engineer 16: 296–299
350. Oliphant WD (1944) High frequency therapy, part V. Energy absorption in biological media. Electr Eng 17: 338–341
351. Oringer MJ (1975) Electrosurgery in dentistry, 2nd edn. Saunders, Philadelphia
352. Osborne SL, Frederick JN (1948) Microwave radiations. JAMA 137: 1036–1040
353. Oshiro T (1977) Dermatologic laser treatment successfully completed in Japan. Laser Elektro Optik 9/3: 34–35

354. Osswald K (1937) Messung der Leitfähigkeit und Dielektrizitätskonstante biologischer Gewebe und Flüssigkeiten bei kurzen Wellen. Hochfreq Elektroak 49:40–49
355. Osswald K (1939) Der Siemens-Kurzwellentherapieapparat für 1 m Wellenlänge und 700 W Hochfrequenzleistung. Strahlentherapie 64:530–535
356. Ott VR, Rusch D, Ruiz-Blanco B, Kirchhof H (1966) Experimenteller und klinischer Beitrag zur Therapie mit Dezimeterwellen. Arch Phys Ther 18:1–17
357. Ottenjann R (1972) Colonic polyps and colonoscopic polypectomy. Endoscopy 4:212
358. Oudin (1910) Action de l'ętrelle de haute fręquence sur les tissues. Ann Electr Biol Radiol
359. Pätzold J (1930) Die Erwärmung der Elektrolyte im hochfrequenten Kondensatorfeld und ihre Bedeutung für die Medizin. Jahrb Drahtl Telegraph Telephon 36:85–98
360. Pätzold, J (1930) Die Erwärmung der Elektrolyte im hochfrequenten Kondensatorfeld und ihre Bedeutung für die Medizin. Z Hochfrequenztechn 36:85–98
361. Pätzold J (1932) Zur Physik der Ultra-Kurzwellen-Therapie: Das Wellenband der selektiven Erwärmung. Z Techn Physik 13:212–216
362. Pätzold J (1937) Die Absorption der Kurzwellenenergie im biologischen Gewebe. Radiologica 1:122–131
363. Pätzold J (1940) Untersuchungen über die Absorption und Bündelung kurzer elektromagnetischer Wellen in Elektrolyten und biologischen Geweben als Grundlage für eine medizinische Anwendung des Strahlenfeldes. Wiss. Veröffentl. Siemens-Werke, Berlin 19:139–165
364. Pätzold J (1943) Die Hochfrequenz in der Medizin. In: Vilbig F, Zenneck Z (Hrsg) Fortschritte der Hochfrequenztechnik Bd 2. Akad Verlagsges., Leipzig, S 763–828
365. Pätzold J (1953) Die biophysikalischen Grundlagen der Kurzwellen-Therapie unter Berücksichtigung der sog. Mikrowellen-Therapie. Strahlentherapie 92:308–324
366. Pätzold J (1976) Siemens Kompendium Elektromedizin. Siemens, Berlin
367. Pätzold J, Betz P (1934) Der Einfluß der Elektrodenanordnung in der Ultrakurzwellentherapie auf die Wärmeverteilung im Körper. Z Ges Exp Med 94:696
368. Pätzold J, Osswald K (1939) Energieverteilung in der Nahzone von Sendedipolen unter Wasser bei Verwendung von Reflektoren. Strahlentherapie 66:303–313
369. Pätzold J, Wenk P (1936) Wirkungsweise des Spulenfeldes in der Kurzwellentherapie: Wärmemessungen an geschichteten Elektrolyten im hochfrequenten Spulenfeld. Strahlentherapie 55:692–707
370. Pantsyrev YM, Gallinger YI, Suleimanov BR, Prokhorova YA (1977) Diatermokoaguliatsiia cherez 'endoskop dlia ostanovki zheludochnykh krovotechnii. Vestn Khir 118:25–28
371. Pantsyrev YM, Gallinger YI, Klyavin YA et al. (1978) Laser endoscopic coagulation in gastrointestinal hemorrhages. Laser Elektro Optik 10/1:32–33
372. Papp JP (1975) Electrocoagulation in upper gastrointestinal hemorrhage: A two year experience. Gastroenterology 68:A-183/1040
373. Papp JP (1976) Endoscopic electrocoagulation of upper gastrointestinal hemorrhage. JAMA 236:2076
374. Papp JP (1979) Endoscopic electrocoagulation of actively bleeding arterial upper gastrointestinal lesions. Am J Gastroenterol 71:516–521
375. Papp JP, Fox JM, Wilkes HS (1975) Experimental electrocoagulation of dog gastric mucosa. Gastroenterology 68:A-183/1040
376. Paquelin CA (1876) Sur un nouveau thermo-cautère instantanę minęrale. Bull Gėn Thėr Mėd Chir 90:433
377. Paquet (1979) Diskussionsbeitrag. In: Demling L, Koch H (Hrsg) Operative Endoscopy. Schattauer, Stuttgart, S 58
377a. Pauchet V (1930) Chirurgie gastro-intestinale à l'aide du bistouri diathermique. Gaz Hop 103:181
378. Peled I, Kaplan I (1975) Aplicaçöes Cirūrgicas do Raio Laser (CO^2). Folha Mėd 70:7–10
379. Perutz MF (1979) Struktur des Hämoglobins und Transportvorgänge bei der Atmung. Spektr Wissensch 2:18–34
380. Pesch HJ, Koch H, Classen M (1973) Experimentelle und histologische Untersuchungen zur Elektrokoagulation blutender Läsionen im oberen Gastrointestinaltrakt. Leber Magen Darm 3:172–176

381. Piercey J, Willard R, Auth D, Silverstein F (1977) Development, application and evaluation of an analog computer for controlling electrocoagulation of gastrointestinal-bleeding. Gastrointest Endosc 23:238
382. Pöschl K (1956) Mathematische Methoden in der Hochfrequenztechnik. Springer, Berlin Göttingen Heidelberg
383. Polanyi TG (1976) Laser energy sources in endoscopic surgery. In: Berci G (ed) Endoscopy. Appleton-Century-Crofts. New York, pp 189–200
384. Polanyi TG, Bredemeier HC (1969) CO_2- Laser zur experimentellen Chirurgie. Laser Angew Strahlenther 1/4:58–60
385. Protell R, Auth D, Terou F, Rubin C (1977) A miniaturized endoscopic heater probe: Tests of efficacy in experimental acute gastric ulcer bleeding. Gastrointest Endose 23:238
386. Protell RL, Silverstein FE, Auth DC (1978) Laser photocoagulation for gastrointestinal bleeding. Clin Gastroenterol 7:765–774
387. Protell RL, Silverstein FE, Auth DC, Dennis MB, Gilbert DA, Rubin CE (1978) The Nd: YAG-laser is dangerous for photocoagulation of experimental bleeding gastric ulcers compared with the Argon-Laser. Gastroenterology 74:1080
388. Pschyrembel W (1977) Klinisches Wörterbuch, 253. Aufl. de Gruyter, Berlin
390. Räf L, Sanner D (1973) Kirurgisk diatermi – principer och risker. Lakartidningen 70:4836–4840
391. Rajewský B (1938) Ergebnisse der biophysikalischen Forschung, Bd 1. Thieme, Leipzig
392. Rajewsky B, Redhardt A (1963) Biophysikalische Grundlagen der Mikrowellentherapie. Elektromedizin 8:2–8
393. Rajewsky B, Osken H, Schaefer H (1937) Hochfrequenzleitfähigkeit biologischer Gewebe im Wellenlängenbereich von 3 bis 1400 Meter. Naturwissenschaften 35:24–25
394. Reidenbach HD (1976) Theoretische und experimentelle Untersuchungen an Kunststofflichtleitern zur Leistungsübertragung. Dissertation, Universität Erlangen-Nbg.
395. Reidenbach HD (1978) Neue Aspekte zur Hochfrequenz-Koagulation. Vortrag: 13th European post graduate course on endoscopy of the stomach, Baden/CH 9.–11. 11. 1978
396. Reidenbach HD (1978) Erweiterung der Theorie konischer Lichtleiterteile unter Einbeziehung divergenzreduzierender Eigenschaften. Acta Phys Austr 49:237–245
397. Reidenbach HD, Bodem F (1975) Optical transmission of bulk plastic material and plastic lightguides at high optical powers. Opt Laser Technol 7:131–133
398. Reidenbach HD, Bodem F (1977) Kunststofflichtleiter für die Übertragung höherer optischer Leistungen. Conf. Proc. Laser 77 Opto-Electronics. IPC Science, Guildford, pp 322–327
399. Reidenbach HD, Bodem F, Frühmorgen P, Brand H (1975) Eigenschaften und Einsatzmöglichkeiten eines flexiblen Kunststofflichtleiters im Bereich höherer Lichtleistungen zur Photokoagulation. Biomed Tech (Berlin) [Suppl] 20:293–294
400. Reidenbach HD, Bodem F, Frühmorgen P, Brand H, Demling L (1975/76) The plastic lightguide in endoscopic laser photocoagulation. Endoscopy 7:196–201, 8:46
401. Reidenbach HD, Bodem F, Frühmorgen P (1977) Flexible Lichtleiter für die Laser-Endoskopie – eine vergleichende Zusammenstellung des Standes der Technik. Laser Elektro Optik 8/1:11–13
402. Reidenbach HD, Bodem F, Frühmorgen P, Schroeder G, Lex P, Kaduk B (1978) Eine neue Methode zur endoskopischen Hochfrequenzkoagulation von Schleimhautdefekten. Biomed Tech (Berlin) 23:71–74
403. Reidenbach HD, Bodem F, Frühmorgen P et al. (1978) Improved methods for the endoscopical high-frequency electrocoagulation. Vortrag: IV. Congreso mundial de endoscopia digestiva, Madrid, 1.–3. Junio 1978
404. Reidenbach HD, Frühmorgen P, Bodem F, Brand H, Demling L (1979) Grundlagen und Anwendung der Laser-Koagulation im Gastrointestinaltrakt. Aktuel Gastrol 8:173–182
405. Reidenbach HD, Frühmorgen P, Bodem F, Matek W, Berschneider W, Demling L (1979) Neue Aspekte zur Hochfrequenz-Koagulation. Aktuel Gastrol 8:185–186
406. Righini GC, Russo V, Sottini S (1978) Le fibre ottiche in medicina. Alta Frequenza 47:165–171
407. Rockwell RJ (1971) The current status of laser application in medicine and biology. CRC Crit Rev Bioeng 1:49–67

408. Rösch W (1974) Sofortmaßnahmen bei Komplikationen. In: Frühmorgen P, Classen M (Hrsg) Endoskopie und Biopsie in der Gastroenterologie. Springer, Berlin Heidelberg New York, S 38–54
409. Rogers BHG (1978) Hemangiomas of the cecum, colonoscopic diagnosis and therapy. Vortrag: IV. Congreso mundial de endoscopia digestiva, Libro de Resúmenes. Garsi, Madrid, p 4
410. Roos E (1969) Die technischen Grundlagen der Elektrochirurgie. In: Schön F (Hrsg) Elektrochirurgie in der Zahnheilkunde. Quintessenz, Berlin, S 79–92
411. Rosomoff HL, Carroll F (1965) Reaction of neoplasm and brain to laser. Surg Forum 16:431
412. Rothauge CF, Kraushaar J, Nöske HD (1977) Einjährige Erfahrungen mit der transurethralen Lasertherapie des Harnblasentumors. Munch Med Wochenschr 119:593–594
413. Rounds DE, Chamberlain EC (1964) Laser radiation of tissue cultures. Ann NY Acad Sci 122:713–727
414. Rubin C, Auth D, Silverstein F, Protell R, Dennis M (1976) Preliminary study of a teflon-coated heater for endoscopic control of upper gastrointestinal bleeding in a standard ulcer model. Gastrointest Endosc 22:235
415. Sänger R (1926) Temperaturempfindlichkeit der Dielektrizitätskonstanten von CH_4, CH_3Cl, CH_2Cl_2, $CHCL_3$, CCl_4 im dampfförmigen Zustand. Z Phys 27:556–563
416. Safar K (1953) Elektrochirurgie am Auge. Springer, Wien
417. Saidman J, Meyer J (1936) Les ondes courtes en thérapeutique. Doin Paris
418. Saks NM, Roth C, Charles A (1963) Ruby laser as a microsurgical instrument. Science 141:46
419. Salvati EP, Rubin RJ (1976) Electrocoagulation as primary therapy for rectal carcinoma. Am J Surg 132:583–586
420. Sander KF, Reed GAL (1978) Transmission and propagation of electromagnetic waves. University Press, Cambridge
421. Schaefer H (1932) Absolutmessung der Hochfrequenzleitfähigkeit von Flüssigkeiten bei 3 m Wellenlänge. Z Phys 77:117–121
422. Schaefer H (1934) Messung der Hochfrequenzabsorption des Blutes und seiner Komponenten im Bereich kurzer elektrischer Wellen von 3–6 m Wellenlänge. Exp Med 92:341–350
423. Schaefer H (1936) Zur Frage der selektiven Tiefenerwärmung im Ultrakurzwellen-Kondensatorfeld. Z Ges Exp Med 98:257–265
424. Schaefer H (1937) Zur Frage der selektiven Tiefenerwärmung im Ultrakurzwellen-Kondensatorfeld II. Z Ges Exp Med 100:706–715
425. Schaefer H (1954) Theoretisches zur Wirkung starker Gleich- und Wechselströme auf den Menschen. Elektromedizin 1:25–27
426. Schaffler K, Rother W (1978) Laser in der Medizin. Dtsch Ärztebl 75/21:1245–1249
427. Schereschewsky JW (1926) The action of currents of very highfrequency upon tissue cells. – Upon a transplantable mouse sarcoma. Public Health Rep 41:1939
428. Schliephake E (1928) Die Reaktionsweise des Organismus auf kurze elektrische Wellen. Hyperthermie als elektrobiologische Wirkung. Klin Wochenschr 34:1600–1602
429. Schliephake E (1929) Tiefenwirkungen im Organismus durch kurze elektrische Wellen; experimentelle Untersuchungen. Z Ges Exp Med 66:230–264
430. Schliephake E (1930) Über Tiefenwirkung und elektive Gewebswirkung kurzer elektrischer Wellen. Strahlentherapie 38:655–664
431. Schliephake E (1936/52) Kurzwellentherapie. Springer, Jena und 5. Aufl. Piscator, Stuttgart
432. Schliephake E (1958) General principles of thermotherapy. In: Licht S (ed) Therapeutic heat. Waverly, New Haven, pp 211–217
433. Schmid WE (1930) Der Widerstand des menschlichen Körpers gegen Hochfrequenzströme bei Diathermiebehandlung. Arch Elektrotechn 24:202
434. Schön F (1969) Elektrochirurgie in der Zahnheilkunde. Quintessenz, Berlin
435. Schürch O, Purtschert MJ (1930) Über einige elektrische und thermische Vorgänge bei der Diathermo-Koagulation. Beitr Klin Chir 150:161–170

436. Schwan H (1954) Die elektrischen Eigenschaften von Muskelgewebe bei Niederfrequenz. Z Naturforsch 96:245–251
437. Schwan HP (1957) Electrical properties of tissue and cell suspensions. In: Lawrence JH, Tobias C (eds) Advances in biological and medical physics, vol V. Academic Press, New York, pp 147–209
438. Schwan HP (1960) Absorption and energy transfer of microwaves and ultrasound in tissues: Characteristics. In: Glasser O (ed) Medical Physics, vol III. Year Book Medical Publishers, Chicago, pp 1–7
439. Schwan HP (1965) Biophysics in diathermy. In: Licht S (ed) Therapeutic heat and cold, 2nd edn. Waverly Press, Baltimore, pp 63–125
440. Schwan HP (1974) Biophysikalische Grundlagen der Schutzbestimmungen beim Umgang mit nichtionisierenden Strahlen. Gastvorlesung, Erlangen
441. Schwan HP (1979) Keynote adress and C. C. Johnson memorial lecture microwave bioeffects research: Historical perspectives on productive approaches. J Microwave Power 14:1–5
442. Schwan HP, Cole KS (1960) Bioelectricity: Alternating current admittance of cells and tissues. In: Glaser O (ed) Medical physics, vol III. Year Book Medical Publishers, Chicago, pp 52–56
443. Schwan HP, Kay CF (1956) Specific resistance of body tissues. Circulation Res 4:664–670
444. Schwan HP, Li K (1953) Capacity and conductivity of body tissues at ultrahigh frequencies. Proc IRE 41:1735
445. Schwan HP, Piersol GM (1954) The absorption of electromagnetic energy in body tissues, pt I. Am J Phys Med 33:371–404
446. Schwan HP, Piersol GM (1955) The absorption of electromagnetic energy in body tissues, pt II. Am J Phys Med 34:425–448
446a. Schwarz G (1962) A theory of the low-frequency dielectric dispersion of colloidal particles in electrolyte solution. J Phys Chem 66:2636–2642
447. Seeliger E (1955) Technik, Anwendung und Bedienung von Hochfrequenz-Chirurgiegeräten. Röntgen Labor Prax 8:226–232
448. Seemen H von (1932) Allgemeine und spezielle Elektrochirurgie. Springer, Berlin
449. Seemen H von (1956) Die praktische Bedeutung der Elektrochirurgie. Dtsch Z Chir 284:536–553
450. Semm K (1978) Endokoagulation, eine neue Technik für blutungsfreies, intraabdominelles endoskopisches Operieren. In: Rösch W (Hrsg) Fortschritte in der Endoskopie. Perimed, Erlangen, S 21–24
451. Silverstein F, Rubin CE, Auth D (1975) Fiberendoscopic control of experimental gastric bleeding by laser photocoagulation.Gastroenterology 68:A-189/1046
452. Silverstein FE, Auth DC, Rubin CE, Protell RL (1976) High power argon laser treatment via standard endoscopes. I. A preliminary study of efficacy in control of experimental erosive bleeding. Gastroenterology 71:558–563
453. Silverstein F, Protell R, Auth D, Dennis M, Piercey J, Rubin C (1976) Comparison of high-power and low-power argon laser photocoagulation using an animal model of acute bleeding ulcer. Gastroenterology 70:A-80/938
454. Silverstein FE, Piercey JRA, Auth FC, Rubin CE (1977) Development of an analog computer for precise quantification of electrocautery and its application to experimental bleeding control. 3rd Int. Symp. of digestive endoscopy, Brussels
455. Silverstein FE, Protell RL, Piercey J, Rubin CE, Auth DC, Dennis M (1977) Endoscopic laser treatment. II. Comparison of the efficacy of high and low power photocoagulation in control of severely bleeding experimental ulcers in dogs. Gastroenterology 73:481–486
456. Simomonian SJ, Curtis LE (1976) Treatment of hemorrhagic gastritis by antacid. Ann Surg 184:429
457. Simonyi K (1972) Physikalische Elektronik. Teubner, Stuttgart
458. Sliney DH, Freasler BC (1973) Evaluation of optical radiation hazards. Appl Opt 12:1–24
459. Slutzki S, Shafir R, Bornstein LA (1977) Use of the carbon dioxide laser for large excisions with minimal blood loss. Plast Reconstr Surg 60:250–255

460. Smyth P (1955) Dielectric behavior and structure. McGraw-Hill, New York
461. Solon LR, Aronson R, Gould G (1961) Physiological implications of laser beams. Science 134:1506
462. Stadelmann O, Raschke E, Müller R, Löffler A, Miederer SE (1972) Endoskopische Elektroresektion und Elektrokoagulation – Voruntersuchungen und erste klinische Erfahrungen. Fortschr Endosc 4:63–65
463. Stadelmann O, Miederer SE, Löffler A, Müller H (1973) Endoskopische Polypektomie. Fortschr Med 91:1149–1152
464. Stadelmann O, Weisbart D, Zeus U (1979) Electrokoagulation. In: Demling L, Koch H (Hrsg) Operative Endoscopy. Schattauer, Stuttgart, S 31–40
465. Staehler G, Hofstetter A, Müssiggang H, Gorisch W, Keiditsch E (1975) Laserendoskopie in der experimentellen Urologie. Laser Elektro Optik 4:44
466. Staehler G, Hofstetter A, Gorisch W, Keiditsch E, Müssiggang H (1976) Endoscopy in experimental urology using an Argon-laser beam. Endoscopy 8:1–4
467. Staehler G, Hofstetter A, Siepe W (1977) Endoskopische Laserbestrahlung von Harnblasentumoren, GSF-Bericht BPT5. Proc. Symp. lasers in medicine and biology, Neuherberg, June 22–25, 1977, S 3-1 ÷ 3-7
468. Staehler G, Hofstetter A, Frank F, Halldorsson T (1978) Ein Zystoskop für die Applikation von Neodym-YAG-Laserstrahlen zur Zerstörung von Blasentumoren. Aktuel Urol 9:271–274
469. Stellar S, Hayes JR, Fine S, Klein E (1969) Experimental studies with the carbon dioxide laser as a neurosurgical instrument. Minerva Chir 24:1154
470. Stellar S, Bredemeier HC, Davis TW Jr (1970) Experimental studies with the carbon dioxide laser as a neurosurgical instrument. Med Biol Eng Comput 8:549–558
471. Stellar S, Polanyi TE, Bredemeier HC (1970) Experimental studies with the CO_2-laser as a neurosurgical instrument. Med Biol Eng Comput 8:549
472. Stern RH, Sogannes RF, Goodman F (1966) Laser effect on in vitro enamel permeability and solubility. J Am Dent Assoc 73:838
473. Strebel (1904) Eine neue Behandlungsweise für Lupus und bösartige Neubildungen mittels molekularer Zerstörung durch kontinuierliche, hochfrequente Funkenströme. Dtsch Med Wochenschr 2:63
474. Streffer C, Beuningen D van, Dietzel F et al. (1978) Cancer therapy by hyperthermia and radiation. Urban & Schwarzenberg, Baltimore
475. Streicher HJ, Rolle J (1972) Der Notfall: Gastrointestinalblutung. Thieme, Stuttgart
476. Strong MS (1976) Laser excision of carcinoma of the larynx. Laryngoscope 85:1286–1289
477. Strong MS, Jako GJ (1972) Laser surgery in the larynx (early clinical experience with continuous CO_2 laser). Ann Otol Rhinol Laryngol 81:791–798
478. Sugaar S, LeVeen HH (1979) A histopathologic study on the effects of radiofrequency thermotherapy on malignant tumors of the lung. Cancer 43:767–783
479. Sugawa C, Shier M, Lucas CE, Walt AJ (1975) Electrocoagulation of bleeding in the upper part of the gastrointestinal tract: A preliminary experimental clinical report. Arch Surg 110:975–979
480. Taylor R, Shklar G, Roeber F (1965) The effects of laser radiation on teeth, dental pulp and oral mucosa of experimental animals. Oral Surg 19:786
481. Tesla N (1895) Untersuchungen über Mehrphasenstrom und über Wechselströme hoher Spannung und Frequenz, Knapp, Halle
482. Tremolieres J (1978) Effects biologiques des champs électromagnétiques non ionisants. Electron Appl 7:71–77
482a. Turrell WJ (1929) The principles of electrotherapy and their practical application, 2nd edn. Oxford University Press, London
483. Umbach W, Teirich-Leube H (1972) ABC für Parkinson-Kranke. Thieme, Stuttgart
484. Verschueren RJ, Oldhoff J (1976) The carbon-dioxide laser. A new surgical tool. Arch Chir Nederl 27:199–207
485. Verschueren RC, Koudstaal J, Oldhoff J (1976) The carbon dioxide laser. Some possibilities in surgery. Acta Chir Belg 74:197–204
486. Vogel G, Angermann H (1979) dtv-Atlas zur Biologie, Bd I, 14. Aufl. Deutscher Taschenbuch Verlag, München

487. Volpicelli NA, McCarthy JD, Bartlett JD, Badger WE (1978) Endoscopic electrocoagulation: An alternative to operative therapy in bleeding peptic ulcer disease. Arch Surg 113:483–486
488. Wagner KW (1914) Erklärung der dielektrischen Nachwirkungsvorgänge auf Grund Maxwellscher Vorstellungen. Arch Elektron 2:371–387
489. Wagner RI, Kozlov AP, Moskalik KG, Khachaturyan LM, Pertsov OL (1976) Laser therapy of human benign and malignant neoplasms of the skin. Acta Radiol Ther Phys Biol 14:417–425
490. Waitman AM, Spira I, Chryssanthou CP, Stenger RJ (1975) Application of fiberoptic-coupled argon laser in the control of experimentally produced gastric bleeding. Gastroenterology 68:A-192/1049
491. Waitman AM, Spira I, Chryssanthou CP, Stenger RJ (1975) Fiberoptic-coupled argon laser in the control of experimentally produced gastric bleeding. Gastrointest Endosc 22:78–81
492. Welsch H, Birngruber R, Boergen KP, Gabel VP, Hillenkamp F (1977) The influence of scattering on the wavelength dependent light absorption in blood. GSF-Bericht BPT5, Proc. symp. lasers in medicine and biology, Neuherberg, June 22–25, 1977, pp 14-1 ÷ 14-8
493. Wiese AV (1977) Dielektrische Relaxation in binären (H_2O-Zucker) und ternären Gemischen (H_2O-$CaCl_2$-Zucker). Dissertation, Universität Frankfurt
494. Williams CB, De Peyer RC (1979) Bipolar snare polypectomy – A safer technique for electrocoagulation of large polyp stalks. Endoscopy 11:47–50
495. Witt I (1976) Biochemie der Blutgerinnung und Fibrinolyse. Verlag Chemie, Weinheim
496. Wittmoser R (1978) Fortschritte der selektiven endoskopischen Chirurgie großer Körperhöhlen. In: Rösch W (Hrsg) Fortschritte in der Endoskopie. Perimed, Erlangen, S 25–31
497. Wodak E (1973) Die Wandsklerosierung als endoskopische Therapie bei Ösophagusvarizen. Fortschr Endosc 4:29
498. Wulff W (1974) The energy conservation equation for living tissue. IEEE Trans Biomed Eng 21:494–495
499. Wyeth A (1921) Surgical endothermy in accessible malignancy. NY Med J p 685
500. Wyeth GA (1926) Surgery of neoplastic diseases by electrothermic methods. Hoeber, New York
501. Yahr WZ, Strully KS (1966) Blood vessel anastomosis by laser and other biomedical applications. J Assoc Adv Med Instr 1:28
502. Yellin AE, Dwyer RM, Craig JR, Bass M, Cherlow J (1976) Endoscopic argon-ion laser phototherapy of bleeding gastric lesions. Arch Surg 111:750–755
503. Zaret MM (1965) Analysis of factors of laser radiation producing retinal damage. Fed Proc 24:62–64
504. Zaret MM, Breinin GM, Schmidt H, Ripps H, Siegel IM, Solon LR (1961) Ocular lesions produced by optical maser (laser). Science 134:1525
505. Zetkin M, Schaldach H (1974) Wörterbuch der Medizin, 5. Aufl. Thieme, Stuttgart
506. Zeynek R von, Bernd V, Preyss V, Radonicic (1908) Über Thermopenetration. Wien Klin Wochenschr 15:517
507. Zimmer RP, Ecker HA, Popovic VP (1971) IEEE Trans Microwave Theory Techn 19:238–245
508. Zweng HC, Flocks M, Kapany NS, Silbertrust N, Peppers NA (1964) Experimental laser coagulation. Am J Ophthalmol 58:353–362
509. Zweng HC, Flocks M (1965) Clinical experiences with laser photocoagulation. Fed Proc 24:65
510. Zweng HC, Little AL, Peabody RR (1969) Laser photocoagulation and retinal angiography. Mosby, Saint Louis

Ohne Autorenangabe:

511. (1963) Elektrische und wärmetechnische Messungen, 11. Aufl. Hartmann & Braun, Frankfurt
512. (1976) Elektrochirurgischer Koloneingriff. Med Trib 11/44:21
513. (1979) Nd-yag gastro-intestinal coagulator is Molectron's first medical product. Laser Focus 15:34

514. (1979) Neue Impulse durch Bauelemente und monolithische Integration. Mikrowell Mag 6:354–356
515. (1978) Renaissance der Hyperthermie. Selecta 20/5:366–372
516. (1966) Safety level electromagnetic radiation with respect to personnel C-95.1. (Rep. USA SI-C95.1. United States of America Standards Institute), New York
517. (1978) Special issue on microwaves in medicine, with accent on the application of electromagnetics to cancer treatment. IEEE Trans Microwave Theor Techn 26:517–628
518. (1979) Wirksam, doch nicht für Kinder. Selecta 21/38:3238

Sachverzeichnis

Der Laser

Grundlagen und klinische Anwendung

Herausgeber: **K. Dinstl, P. L. Fischer**
Unter Mitarbeit von zahlreichen Fachwissenschaftlern

1981. 107 zum Teil farbige Abbildungen, 24 Tabellen.
XIII, 239 Seiten
Gebunden DM 80,–. ISBN 3-540-10654-5

Inhaltsübersicht: Geschichte. – Physikalische Grundlagen. – Der Laser. – Die Laserstrahlung. – Laser und Mikroskop. – Laserspektroskopie in der medizinischen Grundlagenforschung. – Bedeutung und Anwendung des Lasers im Bereich der Laboratoriumsdiagnostik und der experimentellen Physiologie. – Zur Mikroskopie des Laserschnitts in verschiedenen Geweben. – Über die stimulierende Wirkung der Laserstrahlung auf die Wundheilung. – Die Anwendung der Laserstrahlen in der Ophthalmologie. – Der Sharplan-CO_2-Chirurgielaser in der klinischen Chirurgie. – Der CO_2-Laser in der Allgemeinchirurgie. – Endoskopische Lasertherapie bei gastrointestinalen Blutungen. – Der Laser in der Neurochirurgie. – Der Kohlendioxidlaser in der Gynäkologie. – Der Laser in der Urologie. – Der Neodym-YAG-Laser in der Urologie. – Die Anwendung des CO_2-Lasers in der Otorhinolaryngologie. – Der CO_2-Laser in der Mund-, Kiefer- und Gesichtschirurgie. – Der Rubin- und Argonlaser bei der Behandlung von pigmentiertem Nävus und Hämangiom. – Literatur. – Glossar. – Sachverzeichnis.

Die Entdeckung der Laserstrahlen hat sich als ungemein fruchtbar erwiesen, nicht nur für die Physik, sondern darüber hinaus auch für die verschiedenen Zweige der Naturwissenschaft und Technik. Bisher fehlte auf dem medizinischen Buchmarkt eine Monographie über den Laser und seine biologisch-medizinische Anwendung. Mit diesem Buch wird erstmalig Ärzten, Physikern, Naturwissenschaftlern und Studenten eine übersichtliche Allgemein-Information in die Hand gegeben, die eine Verbindung zwischen Laserphysik und Medizin herstellt und dabei auf zu viel mathematisch-physikalisches Wissen verzichtet. Der Benutzer wird schrittweise mit den Begriffen der Laserphysik vertraut gemacht, dabei wird der Stoff von der Praxis her beleuchtet und der erst in den letzten Jahren erarbeitete Wissensstand mit einbezogen. Ein Glossar mit Erklärungen der Termini technici vertieft die erworbenen Kenntnisse und ermöglicht es dem Benutzer, auch englischsprachige Literatur zu verstehen.

Springer-Verlag
Berlin
Heidelberg
New York

GPSR Compliance

The European Union's (EU) General Product Safety Regulation (GPSR) is a set of rules that requires consumer products to be safe and our obligations to ensure this.

If you have any concerns about our products, you can contact us on ProductSafety@springernature.com

In case Publisher is established outside the EU, the EU authorized representative is:

Springer Nature Customer Service Center GmbH
Europaplatz 3
69115 Heidelberg, Germany

Batch number: 10683525

Printed by Printforce, the Netherlands